高 等 学 校 规 划 教 材

香料香精概论

易封萍　盛君益　邵子懿　主编

An Introduction
to Fragrance and Flavor

化 学 工 业 出 版 社

·北京·

内 容 简 介

《香料香精概论》系统地介绍了日用香精和食用香精的基本概念。按照功能、适用领域和形态对香精进行了分类，分别阐述了每一类香精的成分及制备方法，详细描述了香精的品质控制方法和步骤，引用了大量香原料理化性质、感官特征和法规政策等数据，并提供了大量不同应用领域的香精配方。

本书既是一本香料香精专业的入门教材，也可作为香料香精、化妆品及其他日用品和食品加工等从业者的工具书和参考书。

图书在版编目（CIP）数据

香料香精概论/易封萍，盛君益，邵子懿主编．—北京：化学工业出版社，2022.8（2025.3重印）
高等学校规划教材
ISBN 978-7-122-41344-4

Ⅰ.①香…　Ⅱ.①易…②盛…③邵…　Ⅲ.①香料-概论-高等学校-教材②香精-概论-高等学校-教材　Ⅳ.①TQ65

中国版本图书馆 CIP 数据核字（2022）第 074612 号

责任编辑：李　琰　宋林青　　　　　　　文字编辑：葛文文
责任校对：刘曦阳　　　　　　　　　　　装帧设计：韩　飞

出版发行：化学工业出版社（北京市东城区青年湖南街 13 号　邮政编码 100011）
印　　装：河北延风印务有限公司
787mm×1092mm　1/16　印张 19　字数 472 千字　2025 年 3 月北京第 1 版第 4 次印刷

购书咨询：010-64518888　　售后服务：010-64518899
网　　址：http://www.cip.com.cn

凡购买本书，如有缺损质量问题，本社销售中心负责调换。

定　　价：58.00 元　　　　　　　　　　　　　　　　版权所有　违者必究

前　言

香料香精包含天然香料、合成香料和香精。

香气、香味一直是古老而又神秘的话题，其研究可以追溯到久远的古代。早在几千年前，我们的祖先和古埃及人就已经知道将芳香植物用于日常生活。但直到一个半世纪以前，香料仍然局限于直接从自然界的天然香料物质中获取。随着有机化学研究的进展，科学家开始了对天然香料成分的探索，并用人工合成方法仿制，从19世纪中叶开始，合成香料陆续问世。合成香料的发明，弥补了天然香料供应的不足，某些独特的合成香料又补充了天然香料经加工过程导致的气息上的某些缺陷，使调和香精效果更具有真实性。

香精是一种由人工调配出来的含有两种以上乃至几十种香料的混合物。食品香精和日化香精是香精的两个主要部分。

近二三十年有一种新型香味料异军突起，即香味增效剂，它结合天然香料、合成香料、反应型香料于一体，把香气香味的理念综合交融，创造出独特的嗅觉和味觉效果。

20世纪80年代以后，气相色谱和液相色谱的出现开创了分析领域的新纪元，气相色谱-质谱联用技术将香气物质研究分析推向新的高度。正如香料界泰斗胡勤裕教授所言，以前只能依靠鼻子闻闻、配配，仿制的香精多半不甚理想。现在依靠调香师的先进调香理念并结合气质联用仪，较短时间内就能仿制出一款香精。

时代在发展，二十一世纪是一个科学技术突飞猛进的时代，各行各业新事物不断涌现，科技水平作为决定综合国力的关键因素，其地位日益凸显。谁掌握了当今世界最新的科学和技术，谁就能跻身世界前列，引领世界潮流。正是这个道理激励了几代中国香料人兼容并蓄、博采众长，在产业升级的浪潮中一次次把握机遇与挑战，使得我国香料香精行业的发展步入快车道。

我国是一个香料香精消费大国，香料香精作为国民经济的重要行业，涉及各个领域，关系到国计民生，这就要求我们更要将引领香料香精行业发展、提升人类生活品质作为中国香料从业者的长期目标。我们这一代技术人员经过努力缩小了与欧美香料香精强国间的技术差距；同时寄希望于下一代，或再一代，希望他们能够掌握现代香料香精的最新技术，刻苦钻研，不断探索进取，实现几代香料香精人"夯实基业、引领未来"的夙愿。

本书的几位作者，易封萍、盛君益、邵子懿结合多年的工作和教学经验，归纳和总结了这本书，希望为我国从事香料香精研究的同仁们在赶超欧美强国的进程中提供一些技术支持和精神力量。

易封萍老师从事香精香料专业教学工作近三十年，曾作为专业负责人赴英国和法国等国的相关大学考察学习，并为本行业培养了大批本科生和研究生。她擅长合成香料的基础理论研究、合成制备的创新，在天然香料的深加工和利用方面都有丰富的理念和经验。

盛君益老师从事香精香料工作五十余载，是高仕香精有限公司筹建的参与者，在该公司工作二十年，其间曾 5 次作为访问学者赴美国、德国和新加坡的相关企业长期进修、学习。在香精剖析、调香、精油整理、标准化、精油掺假鉴别、香精品质管理方面有着丰富的知识和经验。

邵子懿是我国近年来培养的香精香料专业高素质研究生中的后起之秀， 2020 年毕业于上海应用技术大学香料香精技术与工程学院。他基础理论扎实、专业技术有见解，悟性高，接受新鲜事物快，并能转化为自身的学识，是一位未来可期的专业技术人才。

在本书的编辑过程中，研究生陈梓谦、王越、吴恺文参与了校对工作，研究生朱万璋、徐和杰参与了图片和分子式方面的工作，在此一并表示感谢！

正是本着上述的理念，我们共同编写了《香料香精概论》这本书，希望能为我国的香料香精振兴贡献自己微薄的力量。

编者
2022 年 2 月于上海应用技术大学

目 录

第一篇　香料香精的基础知识

第二篇　香精的制备

第三篇　香料香精的品质控制与质量评价

绪　论

　　闻过雨后森林土壤的清新，闻过儿时外婆小菜的香味，忘不了初春的草木在青香中节节高升，还有闻着母亲毛衣安睡婴儿的温馨模样……虽然和动物相比，人类的嗅觉已经退化了很多，但不可否认，我们赋予了这世界中万千气味最多的意义：我们用香味刺激营养摄取，用芳香疗法呼吸感应、提振疲惫身躯，用香气装点居室环境、提高生活质感，用香氛渲染情感、编织佳话、缔造传奇。我们比自然界的任何生物都更加青睐芳香，也更会利用芳香。各种美好的气味，从食物到日用品，丰富着我们的感觉神经，挑动着我们的思绪，打磨着我们的品位。但气味却是人类赖以生存的资源里，最难以描述的对象。许多人谈到气味如何如何，尤其是香水如何如何，如漫天神游一般，赋予香气无限色彩。诚然，好的香气能让人获得美好的感受，但如何实现好的香气，是所有香料香精行业的从业人员毕生需要钻研的课题。

　　气味的本质，就是各种具有挥发性的小分子，按照一定的种类和比例，所组成的香型特征各异、能被嗅觉器官在呼吸、进食时捕捉，引起人类嗅感和嗅觉记忆的一类混合物。自然界中气味分子的种类大约有 40 万种，在这些气味有机分子的混合物中，各种小分子通过变换种类和相对含量，就会诞生从烹煮食物到自然界鸟语花香的各种香气和香味。

　　对于初学者的你，在学会如何利用这几十万种的气味有机小分子创造美好的香和味前，不妨通过阅读绪论，了解人类与香打交道的历史，包括从人类与香接触，利用香的材料丰富生活，到对香气的研究由整体到分子级，这些内容能够更好地帮助理解：现今的香料香精行业存在的理由，就是合理地挖掘人类喜爱的香气和香味，了解它们的产生原理和过程，剖析这些香和味的化学组成，试图总结香气香味特点与化学结构之间的规律，并试图用现代有机化学、物理分离、加热或酶解等生物、化学、物理等方法，实现这些香气和香味的稳定量产。

第一节　香料香精发展史

一、中国古代香料香精发展史

　　香与香料具有丰富的历史及文化底蕴。从自古以来就用于烹饪的花椒、桂皮、葱、蒜等辛香料，到花草树木、酒食茶菜中蕴含的香气物质和芳香气息，我国人民对于香味物质的应用具有悠久的历史。《丁晋公本集·天香传》中就有记载："香之为用从上古矣。"此外，流传至今的一些古籍也表明了香文化的发展与食、医、农、林等科学的发展密不可分。

　　香料香精是香文化的重要组成部分，泛指具有香气香味的物质，这类物质大部分由天然的芳香动植物加工而成（称天然香料），小部分来源于天然香料的单离及化学合成。香料曾是最早沟通我国中外贸易的重要物资之一，随着社会生产力的发展和科学技术的不断进步，人类社会对香与香料的认知和使用，都发生了翻天覆地的变化。而在对香物质的探索、应用以及内外交流的发展过程中，香文化也随之得到了不断的充实、丰富与演绎变化。香文化，既包括不同年代香文化发展的史籍记载，又包括香物质文化遗址与出土文物。香文化起源于殷商甚至更遥远的新石器时代晚期，初步成形于两汉，于宋代达到高峰，于明清两代时没落。

现在提及香料香精及香文化，其目的就是回顾与前瞻，寻找并弘扬我国香文化史，发展与繁衍我国的香文化，促进我国香料香精工业继续发展，为人类作出贡献。

（一）秦汉香文化

早在新石器时代晚期，人们已经用燃烧柴木及其他祭品的方法祭祀，战国时期就已流行薰香，从士大夫到普通百姓，均爱佩戴香物。香草、香囊既有装饰、香体之用，又可祛秽防病，在湿热、多疫的南方地区，此风尤盛。此外，少年人拜见长辈时，既要衣冠整洁，还需佩戴香囊以示恭敬。

先秦时期，边陲与域外的香料（沉香、檀香、乳香等）尚未大量传入内地，薰香所使用的香料也以各地所产香草木为主，如：兰、蕙、艾蒿、郁、椒、芷、桂、木兰、辛夷、茅等。

《诗经》《楚辞》《山海经》等都记载了多种芳香科植物。当时的人们已经认识到，人对香气的爱好是一种本性，香气与人的身心有着密切的关系，可以养生养性，从而初步形成"香气养性"的观念。香物可陶冶性情，修炼意志。

香气不只是"芬芳""养鼻"，而且具有对内心滋养的作用。香气养性的观念对后世香文化的发展产生了深远的影响，也成为中国香学的核心理念与重要特色。

秦的统一为中国封建社会的发展奠定了坚实的基础，进入西汉，国力日渐增长，版图不断扩大，汉朝成为雄踞东方的强大帝国。汉文化也以其深厚底蕴对中国文化产生了深远影响。

香文化在汉代进入了全面发展的阶段。

两汉时期，薰香风气在王公贵族为代表的上层社会中盛行，并用于室内薰香、薰衣薰被、宴欢娱乐、祛秽致洁等许多方面。薰炉、薰笼等香具得到普遍使用，并且出现了以博山炉为代表的精美的高规格香具。产于边陲及域外的沉香、青木香、苏合香、鸡舌香等多种香料大量进入中土。

迄今发掘的多个西汉中期王墓，如广州南越王墓曾出土了多件薰炉、薰笼等香具以及香料。汉武帝之后，皇室及各地王族的用香风气长盛不衰，香具也极为讲究。

汉代用香风盛有一个突出的标志，就是用香进入了宫廷礼制。后来，人们常以"含香"代指在朝为官或为人效力。

除了薰香、香囊、香枕、香口，宫中的香料还有更多用途。汉初即有"椒房"，以花椒和泥涂壁，取温暖多子之义，用作皇后居室。后世常用"椒房"代指皇后或后妃。皇帝王族的丧葬也常用香料防腐。

生活用香是汉代用香主流。薰衣薰被，居室薰香，宴饮薰香，被视为一种享受生活的方式，或是祛秽、养生的方法。现在出土的香具中有许多是用于薰衣薰被（薰炉、薰笼），也有许多薰炉出土时位于墓葬的生活区（包括更衣场所），是作为起居生活用品出现的，有的薰炉还与酒器、乐器放在一处，表明是为宴乐薰香所用。博山炉虽构图仙山神景，云雾缭绕，实则也为日常起居所用。

祛秽为汉代用香一大功用。

西汉早期已出现混合薰烧多种香料的方法，还常常用多种香料调配香气。湖南长沙马王堆一号墓就发现了混放高良姜、辛夷、茅香等香料的陶薰炉，这其实就是合香的雏形。

此外，西汉时期咏香诗文也大量出现，气势壮美的西汉大赋常以香草香木为题材。司马相如《上林赋》就以华美的辞藻描绘出遍地齐芳、令人神往的众香世界。在《子虚赋》里写云梦泽胜景，东有种种芳草奇葩：蕙草、杜衡、兰草、白芷、杜若、射干等等；北有嘉木奇树：楠木、樟木、桂树、花椒、木兰等等。

东汉中后期，文人士大夫开始更多地关注个体生活和人生体验，以《古诗十九首》为代表的一批优秀乐府诗和反映文人日常生活情感的散文，将汉代文学推向一个高峰。在这批最早"人文觉醒"的诗歌散文中，出现了多首咏香佳作。如名篇《四坐且莫喧》、秦嘉夫妇往来书信、《艳歌行》《行胡从何方》《孔雀东南飞》《上山采蘼芜》等都涉及薰香。

宗教用香也促进了香学的全面发展。

（二）魏晋南北朝香文化

魏晋南北朝用香基本是汉代的延续。这个时代政局动荡，但哲学思想与艺术文化领域却异常活跃，"建安风骨"对中华文化影响巨大。这一时期，用香风气兴盛，香料种类和数量大幅度增加，以多种香料配制而成的合香得到普遍使用。香文化发展到一个重要阶段。

魏晋南北朝时期，贵族用香风气甚浓，注重仪容和风度，薰衣、佩香、敷粉十分流行。

南北朝时，国家的重大祭祀活动也要用香。如梁武帝在天监四年的郊祭中用沉香祭天，用"上合香"祭地。

合香已经非常普及。以多种香料配制的香品，在六朝时已广泛使用。选料、配方、炮制都已颇具法度，注重香的养生功效，而不只图气味芬芳。合香的种类繁多，有居室薰香、薰衣、薰被、香身香口、养颜美容、祛秽疗疾等品种。就用法而言，有薰烧、佩戴、涂敷、蒸薰、内服等。就香的形态而言，有香丸、饼、炷、粉、膏、汤、露等。范晔的《和香方》是目前所知最早的香学（香方）专著，但今仅存序文。魏晋南北朝时，还出现了许多香方专著，如《香方》《龙树菩萨和香方》《杂香方》《杂香膏方》等，惜已散佚。这些都反映了当时合香的制作、使用已经非常普遍。

这个时期的香料在医疗方面也得到许多应用。南北朝时的本草典籍《名医别录》即收录了沉香、檀香、乳香、丁香、苏合香、青木香、藿香、詹糖香等一批香料类药材。陶弘景为此书作注，并据此对《神农本草经》作出修订补充，编纂了著名的《本草经集注》。

（三）唐代香文化

唐代是中国封建社会发展的一个高峰。这一时期，中国香文化的发展进入精细化、系统化的阶段。香品更加丰富，制作与使用更加考究。宫廷用香奢华，礼制用香普遍，文人爱香咏香成风。美妙的香品、精美绝伦的香具和动人心怀的诗句，渲染了大唐盛世的辉煌气象。

隋的统一结束了中国社会长期割据的局面，唐代强盛的国力和发达的陆海交通使国内香料流通和域外香料输入都异常便利。各州郡也都有自己的香料特产。忻州定襄郡产麝香，台州临海郡及潮州、潮阳郡产甲香，永州零陵郡产零陵香，广州南海郡产沉香、甲香、詹糖香。

陆上丝绸之路和海上丝绸之路的繁荣促进了域外香料输入。唐与大食、波斯往来更为密切，"住唐"阿拉伯商人对香料输入贡献很大。他们长期居留中国，足迹遍及长安、洛阳、开封、广州、泉州、扬州、杭州等地，香料是他们经营的主要品种，包括檀香、龙脑香、乳香、没药、胡椒、丁香、沉香、木香、安息香、苏合香等。同时，各国进贡的香料也不在少数。

（四）宋代香文化

宋代的经济、科技、文化均属中国封建社会的顶峰。香文化的发展，在这时达到了空前绝后的高峰。北宋初期，烧香多属官宦、富豪之家的奢侈品。

到了南宋，临安城有专司供应香药与安排宴席诸事的四司六局，都城中流行焚香、点茶、挂画、插花四般闲事。茶肆酒楼，亦有换汤、斟酒、歌唱、献果、烧香药之厮波随侍服务，香已成大众常用之物。

香料贸易在宋代特别兴盛，香料贸易的收入在国家财政中成为大宗。北宋时，在广州、泉州、杭州设立市舶司，管理进口货物税收事宜。香料贸易大都通过这些地方进口。

香料产品的丰富和社会各阶层广泛用香，促使制香名家和香学大家的产生。黄庭坚、贾天赐都以善制香而闻名。与范仲淹共同抵御西夏的韩琦，亦善制香。

晚唐时开始出现的隔火薰香之法，宋代已臻于完备。宋人品香时，非常重视隔火薰香，来达到出香品闻目的，虽称之为焚香，但并非直接焚烧香材。此外，在品香境界的把握上，也具有一定的标准。

（五）宋代以后的香文化

辉煌的宋代文化，开启了明清文化先河。无论文学艺术，还是匠制工艺，明清时代无不保留着宋代文化的遗韵流风。诗文作品、瓷器漆器、宣德鼎彝等等，都能在宋代找到端倪。

元朝建立后，随着版图的扩大和中西交通的畅通，香料的来源和数量不会少宋许多。

明初实行海禁，禁民间使用番香番货，香学的发展一度处于低谷；明朝中晚期，随着商品经济的发展，海禁松弛，思想文化领域呼唤个性解放逐渐成为主流，香文化又得以回归。

清朝是中国历史上最后一个封建王朝，香文化也深受统治者的喜爱。

二、国外日化香料香精发展简史

香料一词，芬芳而充满诱惑，古老却历久弥新。香料最早用于祭祀。古人或将香料植物的颗粒或粉末混合，将其佩戴于身；或刐取木头制成香珠；或以火炙烧作为熏香；或加入热水中以供沐浴。

公元前3500年，古代美索不达米亚人和古埃及人焚香祭祀，在家中焚香达到心神合一的内容早已被埃及的墓碑记载；科学家们还在埃德芙（Edfu）神庙中发现了香水室。公元前700年，古希腊人的生活中，香水一度十分盛行：人们将药草与花朵煮沸，从中萃取香精，并将其混入油中。直至后来，雅典政治家梭伦不得不禁止香水出售，以防出现经济危机。克莉奥帕特拉，这位非常喜爱香料的埃及艳后，不仅要在出海之前涂满芳香精油，而且被人们认为，用芳香精油诱惑了当时的罗马执政官马克·安东尼。公元1年，罗马在中东和希腊的影响下，也开始盛行香水。从起初的只在宗教场合和重要葬礼上才会使用香水，到后来的酒神节上，罗马皇帝尼禄（Nero）将玫瑰水洒向晚宴的众人，再到恺撒（Caesar）统治期间，每当罗马军队获胜时，一瓶瓶香水就会抛向人群以庆祝胜利。1 世纪时，罗马每年都会用掉大约 2800 吨的乳香和 550 吨的没药，据说，当时罗马的喷泉里都流淌着玫瑰水。

直至中世纪，香水随着罗马城的陷落而失宠。当时的生活环境恶臭难闻，人们只是使用香料、花朵和其他植物让周围稍微好闻一些。直至中世纪末，香盒变得流行起来，人们把软化的石蜡、黏土和芳香物质混合在一起，放在盒子里随身携带，或与衣服放在一起防蛀。而同时期，在阿拉伯地区，使用香水的传统被延续了下来并发扬光大。阿拉伯地区是世界上最初唯一出产没药、肉桂和乳香的地方，这些稀有香料也常年用于交换其他地区珍贵的物品：阿拉伯商人赶着成队的骆驼运送松香，沿着丝绸之路穿过茫茫沙漠，到达目的地之后，用香料来换取珍珠、丝绸、马匹、瓷器和金子。文艺复兴时期，意大利人将香水制作技术提高到了一个新水平，威尼斯在成为贸易中心的同时，也成为香水和熏香进入欧洲的必经之地。与此同时，当时的欧洲科学家对从香原料中提取香气用于制作香水和药品的技术非常着迷，蒸馏技术和香水制作技术水平得以大幅度提高。1370 年，首款含乙醇的香水诞生，并被献给了匈牙利的伊丽莎白女王。这种淡香水被称为"匈牙利水"，它是用蒸馏玫瑰、薰衣草、柏木、迷迭香，并加入乙醇来制取的。文艺复兴时期，鉴于当时的皮革制作技术水平较低，香水主要用于掩盖皮革制品由于鞣制而产生的不悦气味。

16 世纪，法国的格拉斯成为欧洲的主要香料种植地区，在凯瑟琳·德·梅第奇（Catherine de Médicis，于 1533 年嫁给法国国王亨利二世）的影响下，香水业的重心从意大利转移到了法国格拉斯。18 世纪，人们采用冷吸法提取鲜花净油，废弃了受热易变质的鲜花精油提取方法。茉莉香、晚香玉等鲜花净油产品的制作成功推动了法国格拉斯地区鲜花栽培和香水制造产业。维多利亚时代，香水制作技术得到了极大的突破，欧洲科学家找到了萃取香料和合成香料的方法，其中的合成香料有：香兰素、洋茉莉醛、人造麝香、合成茉莉和玫瑰香精等。19 世纪末，首批由合成香料和天然香料混合制作而成的香水推向市场。调香师保罗·巴尔奎（Paul Parquet）使用人工香兰素调配出了"皇家馥奇"（Fougère Royale），艾米·娇兰（Aimé Guerlain）在姬琪（Jicky，市场上最早推出的一款缓释型性感香水）香水中加入了大量香兰素。1921 年，首款醛香-花香调香水香奈儿 5 号（Chanel No.5）问世。1947 年，克里斯汀·迪奥（Christian Dior）推出迪奥香水系列。20 世纪 70 年代，随着新兴女性解放思潮，圣罗兰（YSL）的 Opium 香水诞生。20 世纪 90 年代，香氛风格开始趋于统一和简洁，三宅一生（Issey Miyake）开创性的"一生之水"闻上去就和水一样，凯文克莱推出"CK one"，预示着中性香水的传统回归。

21 世纪初，沙龙香开始兴起，个性化订制成为香水市场又一目标。越来越多香精制品走入人们的生活，成为日常不可缺少的一部分。

三、国内外食用香料香精行业现状

随着食品工业的发展，目前，食用香料的应用比较集中在四个方面。

（1）制备软饮料

软饮料在国外已非常普遍。软饮料用食用香精约占整个食用香精的 50% 左右。这里面有水果型的饮料香精，也有食品型的，如可可、咖啡等。此外，也有水果型香味和食品型香味混合的，如可口可乐，既有水果的清新感觉，也有可可的振奋感。

（2）植物蛋白质的加香

目前，在日本、美国等国，植物蛋白质的生产和应用已经工业化，由于植物蛋白质的固有香味不为人们所喜爱，因此需要加香。为了香味均一，一般是在加料前就加入香料。但经过高温、高压的挤压，仍要求有可口的、一致的香味，难度就很大了。目前，国外花费了很多的精力、财力和时间，进行植物蛋白质加香的研究。

（3）方便食品用各种汤类、肉味调味品的研制

方便食品如速煮面条、膨化食品等已迅速发展。肉类作为主食，其香味容易被人们接受。所以，各种各样的肉类汤料调味品将应用于方便食品中。目前国外已有商品性肉类香味调味品，如炒牛肉、焖牛肉、炙烤牛肉、蒸牛肉、猪肉、腌猪肉、羊肉、火腿、熏火腿等。肉类香味调味品中，牛肉型占 70%，鸡肉型占 20%。

肉类香味调味品中，食用香料的量是极少的，而且香味往往和大量的盐、氨基酸、脂肪、糖等调味品有联系。所以，肉类香味以浓缩汁、浓缩浆、粉末的状态出现时，不能称之为香精，确切地说是肉类香味的调味品，除了这些单体外，防腐剂、抗氧化剂、乳化剂和稳定剂对香味也有影响，磷酸盐既能作为乳化剂又具有抗氧的增效能力，可以在应用中予以考虑。

（4）烟味矫味剂的应用

香烟低烟碱是发展的趋势。为了弥补烟味不足，研制烟味矫味剂，增加唾液分泌，提高烟味的质量，也是比较新颖的研究课题。

总的来说，食用香精的应用，主要在于食品。目前，国外对食品有两个严格的要求，一个是营养，另一个是被人们接受，要使食品易被人们接受，食用香料在应用方面还有许多工作要做。

食品香精包括水果类（水质和油质）、奶类、肉类、蔬菜类、坚果类、蜜饯类、乳化类以及酒类等，适用于饮料、糕点、冷冻食品、糖果、调味料、乳制品、罐头、酒等食品中。食用香精的剂型有液体、粉末、微胶囊、浆状等。目前我国食用香精香料的应用范围非常广泛。

冷饮饮料应用约占食用香精香料总量的 51%，糖果焙烤应用约占 25%，调味品应用约占 17%，其他应用约占 7%。食用甜味香精在冷饮市场中的用量仍将保持 20% 以上的年增长率，且总体品种格局不会发生太大的变化。

饮料市场至少有 20% 的增长率，其中茶饮料、果蔬饮料和乳饮料将有更大幅度的增长，尤其是茶饮料市场将成倍增长。日本、美国等茶饮料已居饮料总量的 25%，中国目前只占 2%。糖果市场增长可能性不大，焙烤食品年增长率将超过 10%。方便面市场基本饱和，肉制品和冷冻方便食品将有较大发展。

在竞争激烈的食品市场中，新产品上市的存活率只有 20%，如何使得一种新产品能够在市场上站稳脚跟并销售获利，占食品添加剂 2/3 的食品香料有绝对的主导性。因此，大多食品公司依赖于香料公司的服务，新产品的研发也有香料公司人员的参与。这种密切的供需关系在其他食品添加剂中十分罕见。同时，全球香料大公司通过不断兼并、合并和合资等方法进行重组，以保持公司较强的竞争力。各大公司均重视研究和发展香料。由此，市场的高度垄断和研发的高投入，使得新公司进入香料行业的门槛明显提高。

目前国内仅有少数骨干企业整体素质较强，在技术研发与创新方面达到了国际先进水平。国内香精香料行业在技术研发、产品创新领域与国际先进水平还存在一定差距，多数企业在技术创新、产品精细化功能化开发能力和水平上还有待进一步提高。国内香料香精行业

与众多食品添加剂分行业相比，企业利润空间相对较高，行业总体上发展形势略好，处于稳定增长的态势。近两年来，食用香精香料行业整体上保持稳定，多数企业的生产经营状况良好，但也面临着香精的品种过于单一，有些香精香味不典型或香气不足、不稳定，经营成本不断上升，环保压力增大以及法律法规不完善、产品取证难等问题，这些问题导致行业增长减缓，下行压力较大。

第二节　香料香精工业概况及展望

一、国内外日化香料香精行业现状

随着世界经济的发展，世界香料香精产业发展迅速。世界上香料香精工业发达的国家主要有：美国、瑞士、德国、法国、英国、荷兰、日本。美国香料香精公司有 120 多家，最大的公司是国际香料香精公司（IFF），公司在全球 29 个国家拥有创意、销售和制造设施，拥有 37 个生产基地，生产超过 46000 种产品。瑞士主要的香料香精企业有两家：奇华顿公司（Givauden）和芬美意公司（Firmenich）。奇华顿是全球日用及食用香精领域的先导，芬美意则是全球最大的从事香精原料研究和生产的公司。以德之馨香料香精公司（Symrise）产品为代表的德国香料香精，年销售额约占世界总额的 10% 左右。英国是以松节油为原料合成萜类香料最发达的国家。法国则是天然香料生产最领先，生产线主要集中在法国东部地中海的山区城市格拉斯。日本长谷川香料株式会所也是世界前十的香料香精企业，以生产合成香料为主。

从整个香料香精行业发展的过程和实际来看，其现存特点有：①高度垄断；②竞争转向发展中国家市场；③高新科技高投入；④倡导安全环保天然；⑤产业结构以香精为主。总体来看，世界香业呈现高垄断状况，市场主要掌握在国际十大香料香精公司手中。2011—2016 年排名全球前十的香料香精公司销售额占全球总销售额的 76.9%～78.6%，尤其是奇华顿、芬美意、IFF 和德之馨四家公司。通过控制关键香料品种、技术来保持其领先地位并获得垄断利润，已成为国际香料香精大公司的普遍做法。

近年的香料香精市场中，全球香料香精需求量以每年 5% 左右的速度保持稳定增长，整体发展态势良好。欧洲仍然是最大的消费天然日化香精的地区，约占 30%，但大多数发达国家的香料香精行业增长相对缓慢。而发展中国家的市场潜力较大，拉丁美洲对天然日化香精的人均消费总数最高，经济快速发展的国家（中国、印度）和最新的热点国家（如印度尼西亚、菲律宾和墨西哥），拥有较广阔的发展前景。

现今的生产商，需要找寻以天然配料为基础的或由天然衍生物得到的日化香精，而避免以合成配料为基础的产品，以规避过敏和毒性的高风险。市场对日化香精需求最大的仍然是香皂和清洁剂，但增长最快的类别是化妆品和盥洗用品。

国内香料香精行业现状为：

（1）行业整体规模持续增长

2010 年中国香料香精产品的年销售额约为 200 亿元，到 2015 年增长至 338.5 亿元，平均年增长近 10%。在当前宏观经济形式下，这一增速不仅高于全球香料香精市场同期的平均增长水平，也高于同期全国国内生产总值（GDP）的平均增速，说明香料香精行业仍处于快速发展阶段。2014 年全球香料香精市场总销售额约为 260 亿美元，我国香料香精产业在全球市场的占有率已达到20%左右，已成为全球香料香精行业最重要的国家之一。

（2）企业规模实力显著增强

我国香料香精行业领域内的大规模企业数量明显增加，年产值达亿元以上的企业增至30余家。新培育了一批上市公司，如上海百润香精香料股份有限公司、爱普香料集团股份有限公司。之前已成功上市的华宝国际、厦门中坤、深圳波顿等香料香精企业在"十三五"期间亦取得强劲的业绩增长，产能规模进一步扩大，竞争力有效增强，技术实力跻身国际水平，已成为国内香料香精行业领先企业的代表。

国际著名香料香精跨国企业纷纷加大在中国的投资力度，新建研发中心和生产工厂，如瑞士奇华顿在江苏南通兴建食用香精工厂，瑞士芬美意在上海启动其全球第三个研究创新中心并在昆明投资建设原料生产工厂，美国IFF亦在上海建设创新中心和在广州兴建旗下规模最大、技术最先进的食用香精生产基地等。

（3）产品及产业结构进一步优化

香料与香精两个大类的产品结构得到了进一步的优化，香精产品占比已达到55%左右。就香精产品大类而言，随着下游食品工业的快速发展和消费者需求的不断提升，香精产品传统类别中的食用香精、日用香精和烟用香精三项的比例进一步得到调整，国内市场食用香精销售额占比已超过50%，而日用香精和烟用香精的占比合计尚不到50%。此外，在纺织、皮革、油墨、纸张、塑料等新应用领域内出现的新型香精产品在"十三五"期间得到了快速发展，为传统的香精产品结构带来了进一步优化的空间。

在产业结构方面，当前国内香料香精行业企业中，香料生产企业占40%左右，香精生产企业占25%左右，贸易企业占35%左右，分布区域仍以华东地区和华南地区较为集中。华东地区由于其经济发展迅速，极大地促进了香精香料化妆品的研发、制造、销售。2016年底上海市香料香精行业产成品占比为25.17%，名列第一；浙江省占比为16.13%，排名第二。整个华东地区产成品占香料香精行业产成品比重超50%，行业输出能力居首位。广东省经济发展能力在全国排前列，对于香料香精发展是一个很好的基础。2016年广东省香料香精行业销售产值约为103.61亿元，占全行业销售产值的16.25%；上海市实现销售产值99.29亿元，占比为15.57%；江苏省实现销售产值约为63.64亿元。在中西部地区出现了江西金溪、云南滇中新区、新疆建设兵团农四师等一批香料香精新兴产业基地，带动了产业结构调整，中西部地区香料香精行业总产值和销售额所占比重有了较大提升。

（4）行业绿色生产水平和技术层级得到提升，自主创新能力明显增强

通过开发新产品、优化传统工艺等促进合成香料的发展，对产量大的优势产品进行生产工艺绿色化改造，采用加氢技术、双氧水氧化技术、有机电合成技术及其催化反应技术，使反应过程更加绿色环保，同时在香料生产过程中推广自动控制技术，使生产过程更加安全可控，生产效率大幅提高。

（5）法规监管和标准体系逐步完善　近年来修订了《中华人民共和国食品安全法》，调整了工业产品生产许可证管理范围，实施清洁生产审核制度等。香料香精行业也加大了相关标准的制订修订力度。

二、日化香料香精行业展望

全球日化香料香精的研究已经开始从合成活性成分向天然活性成分方向转移。天然成分对微生物污染的敏感性，以及与其他成分的不相容性迫使制造商采用微胶囊等技术。经济发

展中地区，如亚太地区和非洲-中东地区香料及香精需求强劲，当地食品、日化用品制造商仍然使用合成香料，因为与天然香料相比，合成香料更加符合经济效益。

目前，国内香料香精行业正处于年轻并且快速增长的阶段，随着市场的逐渐成熟，会形成行业集中度不断提高的良好局面。今后几年，企业之间关系将从简单分化、价格大战、价格联盟的无序或低级竞争状态转变为战略联盟。组成资源共享、技术合作、优势互补、强强携手的利益共同体，形成世界范围的有效竞争力。

国内香料香精发展趋势为：

（1）加强生物技术和行业共性关键技术的集成创新和研发

生物技术是生产天然香味化合物及其复合物最有发展与应用前景的新型生产技术，为香料产品的制备开辟了新途径，前景广阔。

（2）向自然学习，结合现代技术

使用现代分析技术和手段从天然动植物资源和食材中发现特征香气（味）组分。探讨化学结构与香气（味）的关系，对现有香料进行结构改造，使其香气（味）更具特征性，产品更安全、更环保。

（3）积极发展功能型缓释控制类香精和天然香精产品

功能型缓释控制类香精属于新型香精产品，相比于普通香精，其香气质量、稳定性和天然感都较好，留香时间也更长。天然香精产品的原料均来自天然，符合当今的消费趋势，产业融合度高，具有广阔前景。同时生产过程采用物理方法或发酵法，节能环保。

（4）研究绿色合成工艺路线，合成香料重点产品

以绿色化学工艺取代传统合成，实现高质量、低能耗和环境友好的目标。针对一批合成香料重点产品，如左旋薄荷醇等积极攻关。

（5）大力发展天然香料，培育中西部地区香料产业基地

天然香料产业链的上游涵盖了农业、林业、畜牧业等诸多领域，涉及种植、养殖、农业科技、采收加工等资源性基础环节，形成资源多样性和资源存量。

（6）加大对精油类香料产品新用途和安全性的研究

植物精油是天然香料的一种传统使用形式，而精油类产品亦是近年新兴的消费热点，随着芳香疗法的兴起，逐渐成为香料产业的新增长点。

（7）法规监管与标准化工作进一步完善

在原有基础上对我国香料香精标准进行补充、完善和优化，加强对香料香精企业的法规监管工作。

三、国外食用香料香精的发展简史

食用香料就是能增加食物香味的物质。香料本身是不能进入大脑的，但它刺激人体的感觉细胞，通过神经传递，将信号送入大脑，产生香气的感觉。一般的香料只和鼻子的嗅觉细胞有联系。而食用香料则同时与鼻子的嗅觉细胞以及舌部的味觉细胞有联系。食用香料同时赋予人们香和味的感觉：水果成熟了要发出香气，食物在烹调过程中会产生香味，产生香味本来是自然界的一种现象，对自然界的现象用科学的语言予以描述，用科学的手段予以表达，使之接近自然，这是科学本身的任务，也是食用香料研究、生产、应用和发展的规律。

1895年德国有了合成香料，一百年前已开始调配食用香料。美国形成食用香料工业则是在1914年。荷兰的食用香精、英国的调味香精，都具有很高的声誉。那时的销售额还只

有 1400 万美元，1921 年为 4000 万美元，1966 年以后，食用香料迅速发展。20 世纪 60 年代以前，香味的成分分析手段较差。新的食用香料品种少，所以食用香料以水果型为主，而且质量较差。20 世纪 60 年代以后，气相色谱技术问世，香味分析手段迅速发展，同时单离和合成的技术也得到提高，新的食用香料日益增多，水果型香料的质量有很大提高，食品型香料如肉类香料、汤类香料也相继出现，丰富了人们的生活。20 世纪 70 年代以后，咸味香料香精的研究和开发得到了很大发展。分析方法和设备的进步，使得化学家们发现了各种阈值极低而香气独特的香味化合物，进而合成了这些香料。应用氨基酸和糖类进行美拉德反应，而制备出各种咸味风味的反应香料，也促进了咸味香料香精的发展。

1971 年食用香料的销售额为 2 亿 2700 万美元，1977 年为 4 亿 8000 万美元。其中美国、加拿大和西欧各国占据了大部分份额，当时世界领先的食用香料公司有：美国 IFF 和 Fritiche Dodge Olcott、荷兰纳尔登（Naarden）、瑞士芬意美和奇华顿、德国 Haarmand Reimer、日本长谷川。同年，著名香料综述家 Bedou Kian 对食用香料发展做了论述："仅在十年或二十年前，有关香物质的研究方面的数量，和一般香料及天然精油相比，是无足轻重的。今天，这个形势逆转了，食用香料方面的研究，已和一般香料方面的研究相等，并可能超越。完全新颖的物质被发现，绝大部分肯定能被应用于食用香料及一般香料。"

工业的发展，改变了人们的生活习惯，使人们更需要现成的饮料、快餐和方便食品，而这些都需要大量的食用香料。也正是工业的发展，扩大了产量，弥补了天然原料的缺陷和不足，不断地满足消费者日益增长的需求。随着科学研究的发展，发现和合成了许多新的食用香料，并进一步合成了许多新的香味增效剂，显著提高了加香食品的香味质量。对于食物原料产生风味的前体物质的研究进展不断，例如，研究发现，前体茶多酚在多酚氧化酶作用下形成具有重要口感的黄烷醇类化合物，包括茶黄素类、花青素类和酚酸类；茶叶中的类胡萝卜素是提供二氢猕猴桃内酯、茶螺酮、5，6-环氧紫罗兰酮和9-紫罗兰酮等茶香味的重要前体。香味生成机理和前体的研究，为反应型香料的发展提供了多种模型，也为食品安全评估提出了研究方向。由此，新的香料得以被开发应用。具有香味的分子大多是低分子有机化合物，常见的有醛类、酮类、羧酸类、酯类、醇类、醚类等，在这些化合物中，有脂肪族化合物、芳香族化合物，也有近年来兴起的研究对象——杂环化合物。一些杂环化合物具有极高的香气强度和极低的香气阈值，作为特效香味化合物，是理想的食品香味配料成分。另外，利用生物技术（发酵或者酶制剂）处理天然香原料后加工得到香味逼真或独具特色的香料已经成为各个公司研发的热点。目前，美国的食用香精种类为 2000 余种，欧盟的食用香料 3000 余种，我国批准使用的食用香料为 1500 余种。根据最终产品的使用形式，可分成四大类：饮料香精、咸味食品香精、乳品香精和其他食品香精。

四、食用香料香精行业展望

发展食用香料香精，有两个任务：一个是制造，一个是应用。

目前，国内外食用香料的生产和研究可以概括为：天然的食用香料方面，主要是提高质量和改进加工方法；合成的食用香料方面，主要有以下三方面内容。

（1）研究和合成新型的安全的食用香料

迄今为止，国外已有安全的食用香料 1200 种。这些食用香料的出现，极大地丰富了食品的香和味。

关于食品型的食用香料，由于其组成非常复杂，往往找不出关键性的原料，这时候就需要科学知识的积累。有人使氨基酸和糖经过美拉德（Maillard）反应取得特征性的香味后，再从这些香味中找出关键性的原料，加以研究和生产。羟基硫酮类香料、3-呋喃基硫醚类香料相继出现，加入调味品中具有极好的鸡肉、牛肉等香味。许多香料公司竞相研究含硫化合物作为食品型的肉类香料。

（2）研究和制备"香味前驱体"

香味前驱体是指开始并不具有香气，而在食品加工过程中发出香味的物质，这些物质的优点是在食品的加工结束时具有香味。饼干、面包在烘焙过程中，一些预先加入的香料，大部分将挥发或逸出，导致食品的香味减弱或失真，香味前驱体可以纠正这些缺点。

近年来，植物蛋白质的应用越来越为人们所重视，一般纤维状植物蛋白质在挤压过程中，温度和压力都比较高，其调味香味往往容易挥发或变质，所以也要求在加料前拌入香味前驱体，在挤压加热过程中发出香味。

（3）研究和合成香味增效剂

香味增效剂是食用香料发展过程中出现的一个新的领域。香味增效剂是能显著提高食品的原有香味的物质。极微量的香味增效剂直接加入食品中，会使食品的原有风味得到显著增强，增效剂的研究，也尚属于开始的阶段，但却极具生命力。

一般来说，香味增效剂提高了感觉细胞的敏感性，从而加强了香味信息的传递，而使人们有香味增强的感觉。当感觉细胞在某个领域的作用加强的时候，其他领域的信息传递相应地被抑制。这样，香味增效剂就在增强香味的同时改善了香气。我们熟悉的麦芽酚，既能增强蔗糖的甜味，也能减少糖精的不良后味，其原因就在于此。

举例来说：菠萝中含有凤尾酮，具菠萝香味，本不存在于橘汁中，但在存放过程中，慢慢地生成了凤尾酮，只要超过 5mg/kg，橘汁就只有甜味，没有新鲜味道了，橘子罐头更是如此，这是无法避免的。但是加了增效剂，增强了新鲜的感觉，相应之下就能压制甜的感觉。奶制品也是如此，奶粉、炼乳在加工过程中，奶味重了，新鲜味减弱，也能应用香味增效剂。香烟目前往低焦低烟碱方向发展，相应地烟味也减弱，如果单从添加香精方面着手，原来的天然烟味就会被掩盖，这时候加入香味增效剂，既能增强原来的烟味，又能增强唾液分泌，改善点燃后的烟味，是比较理想的事情，这一领域统称为烟味矫味剂领域，国外报道较多。所以，随着研究的深入，可以看出香味增效剂有各种类型，而且随着不同的食物，呈现不同的作用。

人们生活需求的增加，为食用香精香料提供了广阔的市场空间。其发展的重点趋向于天然香料和（或）仿同天然香料。功能食品、方便食品、速冻食品以及微波食品的兴起和推广，为食用香精香料的发展开辟了更为广阔的市场前景。另外，随着生活节奏的加快及旅游业的发展，方便食品市场也有了较大发展，带动了新型复合调味料同步发展，调味香精市场看好。

国内食用香精的生产呈现出小型化、个体化的倾向。全行业应正确面对新常态经济形势下行业发展的机遇和挑战，积极采取应对措施，在原料采购与处置方面加强安全管理，在环保建设、科技创新和技术研发领域加大投入力度。

第一篇

香料香精的基础知识

读者可以通过学习气味与嗅觉理论，了解人类感受香气和香味的机理过程，理解气味分子对人类各项生理功能和行为活动不可或缺的意义，以及嗅觉器官对各种气味分子反应的特点。这些内容不仅能帮助理解香料香精行业对人类生活的意义，也能启发利用香气和香味为人类工作和生活行为提供更好的品质；同时提醒从业者，在遵循嗅觉客观规律的基础上开展香料研发、香精调配、感官评价、香的分析和应用试验等工作。

　　第三章详细解释"香精是什么"。笔者从香精的定义、功能、分类和应用等方面介绍日用和食用香精在日常生活中存在的形式和扮演的角色，你将会更理性地理解我们的生活与香精的联系，并初步了解这些香精是如何量产的。

　　第四章详细解释"香精里面有什么"。笔者从功能的角度剖析一支香精由哪些共性的成分组成，并对剂型较为特殊的香精（如乳化香精、微胶囊香精等）中才会涉及的材料加以阐述。读者学习本章内容后，能在应用领域和剂型已知的情况下，为某种香精选择合适的原料。由于过往的文献资料对香精中常用的溶剂、载体及其他附加物的着墨较少，因此本书对这些内容进行了重点梳理，其中包括这些材料的理化特性、在不同香精中的应用注意点和限制，帮助读者在调配香精时选择合适的溶剂或载体，以及学会如何应对诸如材料无法溶解、分层等问题。诚然，所有配料中的"灵魂角色"一定是各类香原料，但常用的香原料有三四千种之多，加之不同的香精中香原料的组合方式千差万别，香原料的感官特性也各不相同，因此有关香原料感官评价和在配方中的应用等内容，本书不做展开，读者可以阅读其他有关天然香料和合成香料的教材。

　　在"香精里面有什么"和"香精如何做"之间还有两个最重要的问题，即"香精配方如何设计（调香）"和"香精的品质如何控制"。否则，香精香气或香味不合格、品质不达标，香精的制备便没有意义。但由于这两块内容是调香师最关注的问题，如何调香和控制品质是每一个香精研发人员需要花费大量时间精力，积累经验才能完成的职业课题，因此，第五章仅对调香的基础入门知识做简要介绍，它可以帮助初学者对调香工作树立一定的概念性认识。调香的具体工作和操作步骤，以及调香理念、技艺剖析等内容，读者可阅读本系列丛书中的《香精调配和应用》。而香精的品质控制，读者可阅读本书的第三篇。

第一章

气味与嗅觉理论

气味的本质是自然界中各种具有挥发性的小分子物质的混合体。嗅觉是与香料香精行业打交道最为频繁的感觉，无论是有机化学家研发制备的香料，还是调香师调配的香精，最终都会加入产品中取悦消费者的嗅觉（当然也包括部分味觉）器官。嗅觉是香料香精行业得以生存发展的基础，从事香料香精行业的各位科学家、调香师、评香师等，他们做的有关气味的所有努力，都是为了感受美好的香气和香味，再现自然界中人们喜爱的香气或者创造配合不同情境的香氛主题，提高人们的生活质量。因此，学习气味与嗅觉理论，掌握人类嗅觉行为的基本规律和特点，有助于香料香精行业从业者为消费者在生活中的各类生产生活行为打造合适的嗅觉体验，增强人们感官的愉悦度。嗅觉是香料香精从业人员工作时依赖的最重要的感觉，嗅觉的误差对于评香分析结果将会造成很大的影响。因此，必须了解嗅觉的生理特点和嗅觉的基本规律，以便调香师和评香师在日常的工作时，能够遵循嗅觉行为的客观规律，合理安排评香工作，科学地布置室内环境，选择评香员，指定科学的实验方案，同时在评香结果处理时尽可能将嗅觉产生的误差减小到最低程度。

第一节　气味理论

1. 气味的本质

气味的种类非常多。有机化学学者认为，在 200 万种有机化合物之中，1/5 的有气味。因此，可以认为有气味的物质大约有 40 万种，包括天然的和合成的，其中有非常类似的气味被视为同系列。分类方法很多，比较著名的有三种：①物理、化学分类法；②心理学分类法；③按照嗅盲研究进行的分类。

2. 气味对人类的影响

自然界中的各种气味虽然无法使人们摄入热量、满足机体活动与代谢，但气味对于人类生产生活的重要性仍不可小觑，这是香料香精行业存在的根本原因。不同的气味对人类的呼吸器官、精神、循环系统、生殖行为等方面都有不同程度的影响。了解气味对人类各系统和器官的不同影响，能够帮助香料香精从业人员开发针对不同使用情境的香气或香味产品，从而进一步提高人们的生活品质。

美国解剖学家戴维·玻莉博士等人经过多年研究后发现，人类和大多数动物一样，会通过皮肤发出大量的无臭无味的生物化学物质，这种生物化学物质可以向其他人传递信息，而且可以影响人类的基本行为。所以，科学家仍旧把它称作信息素。信息素在人的生长发育各个阶段发挥着不同的作用。胎儿感受外部世界，婴儿识别自己的母亲，儿童进入青春期，青年人寻找配偶等，都与之有着密切的关系。戴维·玻莉博士和她的助手们认为，人们平时虽然感受不到信息素的存在，但它对人类的影响却是一直存在的。例如，两性之间之所以能够相互吸引，就是受到信息素的影响。同时，戴维·玻莉博士还指出，每一个人都有自己独特的信息素，就像每一个人都有自己独一无二的指纹一样。

第二节　嗅觉理论

嗅觉或者嗅感，是一种复杂的生理感觉。嗅觉直接依赖于人们鼻腔里的嗅觉器官，是气味物质的分子或可随呼吸气流闯入鼻子的微粒刺激鼻腔嗅觉神经而产生的一类感觉。嗅觉器官——鼻子的前庭有嗅黏膜，膜上布满着嗅觉感受器，它们由嗅纤毛、嗅小泡、嗅细胞树突和嗅细胞体等组成。最重要的嗅觉器官是嗅小泡中的嗅细胞，它是嗅觉刺激的感受器，接受有气味的分子，嗅细胞一半按极性顺着一定方向排列，表面产生负电荷。纤毛浮动在嗅黏液中，在此捕获随气流而来的气味物，然后经嗅小泡和树突将气味物传递给嗅细胞体，气味物质的分子对嗅感受体作用产生的信号（即微弱的电流）由呈兴奋状态的嗅神经传给嗅球，然后在大脑中产生识别信号，于是人们就感觉到了气味。其中产生令人喜爱的感觉的挥发性物质叫香气；产生令人厌恶的感觉的挥发性物质叫臭气。这些气味当中包含多种成分，因此，日常生活中人们闻到的气味往往是混合物的嗅觉结果。这种结果，有时会因接受者的不同而不同，是某些挥发性物质刺激鼻腔内嗅觉神经而引起的不同感觉。人们从嗅到气味物质到产生感觉，仅需 $0.2 \sim 0.3 \mathrm{s}$ 的时间。

嗅觉的适宜刺激物必须具有挥发性且可溶，否则不易刺激鼻黏膜，无法引起嗅觉。

一、嗅觉器官

人类的嗅觉器官由外鼻孔、中鼻隔、鼻甲、内鼻孔等部分组成，人体嗅觉细胞示意图见图1.1。

在一部分中鼻隔的侧壁和上鼻甲的中央壁有一块约 $2.5 \mathrm{cm}^2$ 的区域覆盖着嗅上皮即嗅觉感受区。嗅上皮的厚度约为 $150 \sim 300 \mu \mathrm{m}$ ，含有三种类型的原始细胞：嗅觉感受神经元、支持细胞和基细胞。这三种原始类型的细胞形成了嗅上皮的三层不同的黏膜层，它们连续分布，整个上皮表面均在其覆盖之下。嗅觉感受神经元是感受嗅觉的基本单元，嗅上皮包含着约 5.0×10^7 个嗅觉感受神经元。嗅上皮的表面是一层约 $60 \mu \mathrm{m}$ 厚的黏液层，黏液是由嗅上皮内的鲍曼腺分泌出来支持细胞提供特殊类型的黏多糖分泌物。

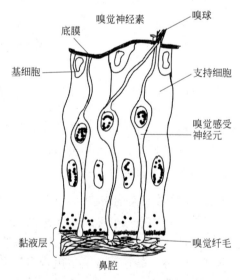

图 1.1　人体嗅觉细胞示意图

嗅觉感受神经元的主要功能是对气味的强度、持续性和气味品质进行检测、编码，并传递给嗅球和高级皮质中心。嗅觉感受神经元的纤毛伸出嗅上皮浸浴在富含脂质的黏液层里，具有挥发性的气味物质的分子溶解在黏液的脂质里，黏液有助于这些分子的运动并与嗅觉感受体相互作用而产生信号，人脑将这些信号解释为气味。每个嗅觉感受神经元有 8～20 根纤毛，它们像鞭子一样伸展，长约 $30～200\mu m$。纤毛是接受气味物质分子并开始嗅觉传递的地方。黏液层的里面则是嗅上皮的基本部分，其中处于嗅上皮最底层的是基细胞，基细胞在正常细胞更新的过程中（嗅觉感受器神经元的生命周期大约是 40 天）不仅能完成自身的更新，还能复原嗅上皮，逐渐变成有活力的干细胞，周而复始地从将发育成为功能上成熟的嗅觉感受神经元的细胞群中清除衰朽的细胞。损伤性的化学作用，使嗅上皮坏死，并随之失去嗅觉功能时，某些基细胞就会起干细胞作用，从而更新感觉上皮和恢复嗅觉功能。

嗅觉感受器细胞是原始类型的双极神经元，它的纤毛在嗅上皮伸展而与气味物质的分子相接触，其另一极——轴突伸进黏膜里层，在此与其他轴突 10～100 个成一组地穿过筛骨的筛板进入颅腔的嗅球内，嗅丝在嗅球内会聚形成突触状的嗅小球，嗅小球与会聚成组的僧帽状细胞相连。在生理学上这种会聚增加了传送到大脑的嗅觉信号的灵敏度，信息从僧帽状细胞通过嗅神经管直接传送到位于大脑皮质的较高一级神经中枢系统。

人的嗅脑（大脑嗅中枢）比较小，通常只有小指尖那么大的面积，鼻腔顶部的嗅区面积也很小，大约为 $5cm^2$（猫为 $21cm^2$，狗为 $169cm^2$），加上人类一级嗅神经比其他任何哺乳动物都要少（来自嗅觉感受器的信号经嗅球中转后，一级神经不能满足后继信号的传输需求），因此，人的嗅觉和其他动物相比还不算灵敏。人的嗅感能力一般可以分辨出 1000～4000 种不同的气味，经过特殊训练的鼻子可以分辨高达 10000 种不同的气味。

二、对嗅觉理论假说的探索

人们究竟是怎样闻出物质的气味的？为什么可以辨别这么多种不同的气味而且能够记住它们？许多学者在各自不同的方向进行研究，先后提出了几十种嗅觉刺激的理论，如微粒理论、振动理论、化学理论、酶理论等，试图寻找一种对气味和嗅觉的合理解释，但绝大多数的理论只能算是一种假说，归纳起来无非两种：微粒理论和电波理论。

（1）微粒理论

包括香化学理论等。该理论认为，香气成分粒子在嗅觉器官中，经过短距离的物理作用或化学作用而产生嗅觉。该理论认为香气是由物质的分子或粒子的物理、化学作用产生的，该作用是由化学键或分子内部振动引起的。按机理不同又可细分为化学学说、酶学说、立体结构学说、吸附理论、象形的嗅觉理论等。

① 化学学说　化学学说的前提是香物质必须是挥发性物质，气味分子从产生气味的物质向四面八方飞散后，有的进入鼻腔，并与嗅细胞的感受膜之间发生化学反应，即嗅觉受体（olfactory receptor，osmoreceptor）与香分子或发香团（osmophore，osmophore group）发生化学结合或产生吸附形成一种结合体，该结合体溶于嗅觉器官中的水溶性类脂类物质中，对嗅细胞造成刺激从而使人产生嗅觉。化学学说认为香与香物质的分子结构、发香团的种类和人的嗅觉生理构造等有关；香感觉受人的三叉神经支配。此外，嗅觉如同分泌唾液、胃液一样受条件反射影响。但是也有人认为在这一过程中不是由化学反应，而是由吸附和解吸等物理化学反应引起的刺激，即所谓"相界学说"。

② 酶学说　该学说认为气味之间的差别是由气味物质对嗅觉感受器表面的酶施加影响形成的。即气味分子刺激了嗅黏膜上的酶，是酶的催化能力、变构传递能力、酶蛋白的变性

能力等发生了变化而形成的。不同气味之间的差别在于各分子对酶所施加的影响不同。

③ 立体结构学说（又称键和键孔学说）　气味之间的差别是由气味物质分子的外形和大小决定的。1951 年由 Moncrieff 首先提出这样的设想，后来（1962 年）又经 Amoore 发展而成。他认为气味不同是由分子的大小、形状和电荷决定的，他从 616 种不同的有香物质中初步确定出七种最基本的原香（primary odor）：醚香、樟脑香、麝香、花香、薄荷香、刺激臭和腐败臭（恶臭），除最后两种外，其他气味都是由两种或两种以上的原香组合产生的。每一种原香分子到达嗅细胞后都被分别嵌入感觉器官部位上的特殊凹处（键孔）而被感知，分子与受体键孔有立体的互补性（图 1.2）。原香以外的其他众多气味则是由几种原香分子同时插入相应的键孔中，刺激不同的受体部位所产生的综合香感。

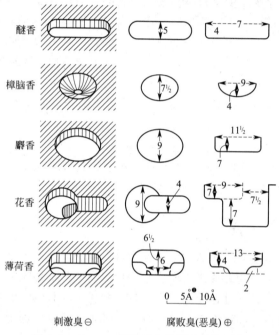

图 1.2　Amoore 学说的七种原香受体部位
及其形状与大小

（2）电波理论

该理论认为香气成分通过价电子振动，从而将电磁波传达到嗅觉器官而产生嗅觉。电波理论按嗅香机理又可细分为振动学说、辐射学说等。

振动学说（又名放射学说）认为气味特性与气味分子的振动频率有关。从发出气味的物质到感受到这种气味的人之间，距离远近不同，但是在这段距离中气味的传播和光或声音一样，是通过振动的方式进行的，当气味对人的嗅觉上皮细胞造成刺激后，便使人产生嗅觉。

以上各种学说都是不完善的，各自都存在一定的矛盾，但都能解释一些具体问题。

三、嗅觉的产生和记忆机理

关于嗅觉的产生过程，现今比较主流的学说经历了如下演化：早在 1979 年，Steven

---

❶　$1\text{Å} = 10^{-10}\text{m}$。

Price 及其合作者在嗅上皮发现了一种能与苯甲醚（茴香醚）结合的蛋白质，而 Fesenko 等发现了能与樟脑结合的蛋白质。此后一系列气味分子结合蛋白（odorant binding proteins，OPB，嗅觉受体蛋白）被研究者所发现，例如与具有樱桃-杏仁气味的苯甲醛（安息香醛）结合的蛋白质，与具有胡椒气味的 2-异丁基结合的蛋白质，与 3-甲氧基-吡嗪结合的蛋白质等。到 1991 年美国科学家 Richard Axel 和 Linda Buck 通过各自独立的研究工作，发现了一组跨膜蛋白质并认为它们就是气味的受体，同时还发现了某些用来对气味受体进行编码的基因，并指出这一大族气味受体属于 G 蛋白耦联受体（G protein-coupled receptor，GPCR）。现在已经知道在人体中大约有 350 种气味受体基因和 560 种气味受体预测基因。这近千种特定的嗅觉系统的基因和预测基因占人类 50000 多种整组基因的 2%，数量上仅次于人类免疫系统受体的基因。2000 年 Doron Lancet 及合作者在魏茨曼科学院人类基因中心建立了人类嗅觉感受器基因的数据库，这一高度自动化的不重复的数据库包括 906 种人类嗅觉感受器基因，其中 60% 以上是预测基因。

当气味受体被气味物质激发，气味受体首先活化其连接的 G 蛋白，G 蛋白依次去刺激形成环腺苷酸（cAMP），这一信息分子激发了离子通道并使之打开，整个细胞被活化了。嗅觉感受器细胞把信息传送到嗅球（图 1.3），嗅球里面有约 2000 个嗅小球，它的数目是嗅觉感受细胞种类的两倍。携带相同受体的感受细胞将其对气味信息的处理信息集中到同一个嗅小球，于是一种气味激活了嗅球中的多个嗅小球。嗅小球与聚集成组的僧帽状细胞（高一级的神经细胞）相连。在生理学上这种聚集增加了传送到大脑的嗅觉信号的灵敏度。每一个僧帽状细胞只被一个嗅小球激活，于是信息流的特征被保留下来，信息从僧帽状细胞通过嗅神经管直接向大脑传送，这些信号依次到达大脑皮质中特定的微单元，在这里来自一些不同类型的气味受体的信息合成一个表达该种气味的特征，类似电脑数据库一般在大脑特定的部位存储起来（图 1.4）。当人们再次闻到气味时，会将得到的信息与大脑里存储的各种"气味模式"进行比对，从而确定闻到了什么气味。这样就解释了人们对气味的辨认和通过感受记忆气味的原理。

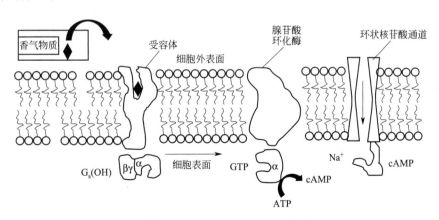

图 1.3 嗅觉神经信息传递过程

Richard Axel 和 Linda Buck 的研究揭示，人体约有 1000 个基因用来编码气味受体细胞膜上的不同气味受体，这约占人体基因总数的 3%。人的嗅觉系统具有"高度专业化"特征，每一个嗅觉感受细胞仅仅表达一个气味受体基因，有多少种气味受体，就有多少种嗅觉感受细胞，也就是说，每个气味受体细胞会对有限的几种相关分子做出反应。尽管气味受体

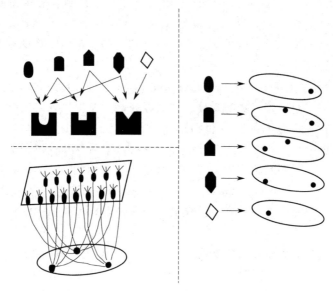

图 1.4 香气物质在大脑中的识别过程

大约只有 1000 种，但由于大多数的气味是由许多种气味物质的分子组成，为了协调器官能够感知多种气味，这些受体参与了大量的组合，即一个受体能够与多种气味物质的分子相互作用，反过来一种气味也必须能与多个受体相互作用，编码形成大量的"气味模式"，如香气物质在老鼠体内"气味模式"的形成过程。这就是人体辨别和记忆大约 1 万种不同气味的生理基础。

气味由化学物质组成，近代有机化学的研究已经阐明了许多能刺激我们嗅觉的天然与合成化合物的性质和结构。必须认识到，气味是由生物体的嗅觉器官感觉并由大脑接收的，这种生理反应的传导过程如图 1.5 所示。

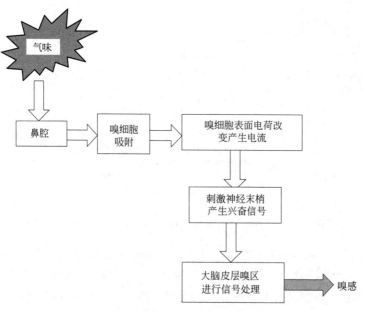

图 1.5 嗅觉传导的生理反应过程

Richard Axel 和 Linda Buck 由于在人类嗅觉研究中发现气味受体以及嗅觉过程机理方面的杰出贡献，而获得 2004 年诺贝尔生理学或医学奖。

四、嗅觉记忆与生活体验的关联

《自然-通讯》2018 年发表的一项研究 *An intrinsic association between olfactory identification and spatial memory in humans* 指出，人类的嗅觉可能与空间记忆力存在关联，且受到同一个脑区的控制。他们对 57 名志愿者进行了测试，结果显示，在不同气味识别测试中表现较好的参与者在由气味引导的寻路任务中的表现也更出色。他们分析这些参与者的大脑核磁共振结果，发现左侧内侧额叶眶区（oMFC）的厚度以及大脑右侧海马体体积增加会提升两项任务的表现水准，这说明气味识别和空间导航能力可能是由同一个脑区控制的。但是内侧眼窝前额皮质损伤患者在嗅觉识别和空间记忆方面存在缺陷，在实验中表现不佳。这佐证了他们的研究结果——嗅觉和空间记忆之间的内在联系，这种联系由共同依赖的海马体和内侧眼窝前额皮质来支持。

因此，人类的嗅觉体验和人的视觉记忆是息息相关的。基于此，调香师就可以人为地撷取人类记忆中美好的、与气味记忆同时留下的体验，例如行走森林、海边栖息和篝火边仰望星空等生活体验，通过调香复刻或是创造更多美好的气味体验，这是香水调香艺术的理论基础。人们常说的"森林的气息""海洋的生命感"，又或是"初恋情人的回眸"等表达，常常在品鉴香水时出现，这正印证了香水调香师深谙嗅觉与生活体验，尤其是与识别空间体验之间的联系，赋予香水在香气之外的故事经历背景，结合人们的生活经验，使人们在使用香水时，自然而然地想起一些过往的经历和感觉。所以，香水的艺术价值，从科学的角度解读，可以归纳为联系了经历和气味，赋予了香水"动情的情节"。一个好的香水调香师，必须明白嗅觉记忆与人的经历之间的关系，生活中处处留心各种牵动人类情绪、留下记忆的香气特点，才能够在调香艺术创作中脱颖而出，为不同的人群打造具有定制感的香水产品。

五、嗅觉的特点

（1）灵敏度高

人类的嗅觉灵敏度非常高，往往可以嗅辨到极度稀释后的香料。我们把在单位容积的空间里可以嗅辨到气息的香料数量的最小值，称之为槛限值，亦称阈值，以 mg/kg 或 μg/kg 来表示行业内也常用 ppm 或 ppb 来表示。下列香料的槛限值，足以说明人的嗅觉灵敏度。

二丁基硫醚	dibutyl sulfide	槛限值	0.0003mg/kg
硫化氢	hydrogen sulfide	槛限值	0.0005mg/kg
甲基吲哚	methylindole	槛限值	0.00000007mg/kg

（2）物质的香气浓度与强度并不是成比例地递增或递减

不论香料的浓度怎样提高，其香气强度并不按浓度那样成倍地增加。如：嗅闻 1% 的突厥酮，假设其香气强度为 0.1，那么 10% 的突厥酮的香气强度不一定是 1，纯净的突厥酮的香气强度更不会是 10。

（3）嗅觉适应/疲劳

"久入芝兰之室而不闻其香"，这是典型的嗅觉适应。我们在嗅闻某一香气时，一开始能清楚地嗅到其香气，如连续嗅闻就会嗅闻不到，这是嗅觉适应/疲劳所致，然而变换另一类不同香气时，却能明显地进行嗅辨，这可称为选择性嗅觉适应/疲劳，也有人把嗅觉疲劳现象称作嗅觉劳损。嗅细胞容易产生疲劳，这是因为嗅觉冲动信号是一峰接着一峰进行的，由第一峰到达第二峰时，神经需要 1ms 或更长的恢复时间。如第二个刺激的间隔时间大于神经所需的恢复时间，则表现为兴奋效应；若间隔时间过短，则神经处于疲劳状态，这样反而促使绝对不应期的延长，任何强度的刺激都不能引起反应，就表现为抑制性效应。而且当中枢神经系统由于气味的刺激陷入负反馈状态时，感觉受到抑制，气味感消失，这便是对气味产生了适应性。因此，在进行评香工作时，数量和时间应尽可能缩短，环境尽可能优美舒适，心情尽可能放松。调香师一般闻 3～4 个样品之后就要休息一下再闻，否则就会影响感官评价结果，影响判断。

（4）嗅觉麻痹

嗅觉麻痹是指嗅闻到某一香气后引起的嗅觉神经麻痹，同时还暂时影响嗅闻另外一些类型的香气。香气盛甜的单体香料紫罗兰酮，较易引起嗅觉麻痹现象。所以在香精配方设计过程中，一般均控制紫罗兰酮用量在 5% 以内，或者以具有类似紫罗兰酮香气的其他香料来代替，可用乙酸-3,5,5-三甲基己酯替代紫罗兰酮以减少嗅觉麻痹现象。

（5）灵敏度随机体生理状况波动

人类和动物在饥饿时的嗅觉和味觉要比饱食后灵敏很多，但这一现象还没有得到实验数据的论证，即便是设计证明这种现象的实验也都很困难。

（6）敏感度和嗜好性个体差异性大

嗅觉的个体差异很大，有嗅觉敏锐者和嗅觉迟钝者。嗅觉敏锐者并非对所有气味都敏锐，因气味而异。人的身体状况对嗅觉器官会有直接的影响，如人在感冒、身体疲倦或营养不良时，嗅觉功能都会降低；女性在月经期、妊娠期及更年期会发生嗅觉缺失或过敏的现象。同时随着年龄的增长，人的嗅觉灵敏度一般会衰退，在 20～70 岁，退化曲线的斜率是每 22 年为一个二进级，即 64 岁的人平均比 20 岁的人需要四倍的香气浓度才能察觉。如果对年龄差异有所宽容，那么在男与女之间，在一般吸烟者与不吸烟者之间，没有过于明显的嗅觉灵敏度的差异。但是如果一个人在前十分钟内抽过烟、吃过糖、喝过饮料或吃过饭，灵敏度就可能会暂时性消失约两个二进级。

生活习性、经济条件、地理环境、心理与生理状况乃至职业不同，对香气的嗜好差异也很大。例如：波兰人喜爱清香，保加利亚人崇尚玫瑰的甜香，罗马尼亚人则特别不喜欢带有玫瑰的甜韵花香。主食肉类的国家与地区，如美国、阿根廷喜爱浓郁而带有苔香和动物香的香气。主食鱼类的国家喜欢花香或轻飘的清香，又如委内瑞拉气候炎热而潮湿，必须有强的香气才能适合嗅觉要求，而智利，因气候干燥，对古龙淡香水就足够感到香气强而清，且能满足嗅觉要求。往往在某一国家流行的香水而在另一些国家里就完全不好销售，如德国非常流行松针香型，可是美国和日本对此就不感兴趣；美国人特别喜欢冬青香型，许多加香产品包括口香糖都用这一香气，然而欧洲人、亚洲人就讨厌这类香气；日本、欧洲国家对于柠檬的清新香气很是欣赏，可是美国把柠檬香气仅作为低档产品如盥洗产品的加香。还有猎人与渔夫喜欢嗅闻烤土豆的气息与篝火的烟味，甚至喜爱火药的气息。

（7）嗅盲效应

嗅盲又称特异嗅觉缺失，是指仅对某种特殊的气味没有感受能力，而对其他气味则与正常人感受相同。Amoore 一直从事嗅盲方面的研究，迄今为止，他已发现了"原臭"（基本臭）可能性最大的八种气味（见表 1.1），并最终认为原臭的种类可能会达到 20～30 种之多。注意，"臭"在这里包括香气和臭气。

表 1.1　Amoore 发现的嗅盲气味

物质	嗅盲气味
异戊酸	腋窝臭、汗臭
三甲胺	鱼腥臭
异丁醛	麦芽样气味
左旋香芹酮	薄荷臭
1-二氢吡咯	精液臭
5-雄甾-16-烯-3-酮	尿臭
十五内酯	麝香
左旋桉树脑	樟脑臭

如果 Amoore 的研究足够完善的话，那么以后的调香工作将简单得多，完全可以用这二三十种原臭调配出所需的香精。

六、嗅觉理论对香料香精行业的意义

嗅觉感受香气有着共性的现象，人们喜爱新鲜的气息，赞赏清雅、馨香的鲜花香气是普遍的现象。曾有人调查并记载各种鲜花香气与人们的感受，人们认为水仙花、紫罗兰花香象征着幸福和快慰，它会使人们回忆起生活中的欢乐时光。茉莉花、紫丁香使人产生沉静而轻松、无忧无虑的感觉。玫瑰花、甜橙与柠檬也有着积极的作用。几乎所有人嗅闻到新鲜的苹果、牛奶、薰衣草和海洋的芳香，都会感到心情特别舒畅。调查还发现母菊、薄荷、青草香使儿童思维敏捷；刚出炉的面包的烘焙香味使人有垂涎感……因此，掌握人体嗅觉功能的相关理论，以及嗅觉普遍性和特殊性的规律，才能使香精研发更好地为人类生活增香添味，为人类的物质和精神愉悦感作出贡献。

根据嗅觉理论，人的嗅觉可以通过训练而得到提高，"好鼻子"不仅嗅觉灵敏度高，同时对各种气味的分辨能力也强。嗅觉灵敏度是"先天性"的，有的人天生就对各种气味灵敏，尽管随着年龄的增长，个人的嗅觉灵敏度也会下降，但人对各种气味的"分辨力"却可以通过训练得到极大提高，大部分调香师和评香师的嗅觉灵敏度与普通人并无二致，但对各种气味的分辨能力却是一般人望尘莫及的，这是长期训练的结果。因此，想要从事香料香精研发行业，一定要重视嗅觉训练，训练时要注重科学性，即遵循嗅觉易疲劳、易适应的特点，根据人类嗅觉神经恢复时间，合理安排日常的熟悉香原料，分辨香气和香味的工作，切记不可心急，需要循序渐进。

第二章

分子结构与香气关系的研究进展

自近代香料工业发展以来，香气与香气分子结构和性质之间的关系就一直是科研工作者感兴趣的研究领域。只有不断地探索并归纳总结香气分子的结构特征与呈香的规律，香料研发人员才有可能利用这些规律，科学而高效地合成出自然界中不存在但致香的有机分子，或是从自然界中找到想要的特定香型的化合物，作为对于已有香原料的补充或替代，以顺应不断更新的法律法规对已有香原料的限用或禁用；或是根据市场的需求、香型潮流的变化，找到一些价格昂贵的香原料的替代品等。因此，香气与分子结构规律的不断发展，能够缩短推测并找到未知发香化合物的时间，并加快香料行业的发展。

然而，到目前为止，还没有形成一套足够成熟的普适规律体系，以适用于香料王国中所有的致香成分，主要原因是鉴定香气器官的主观性与香气分子本身结构的复杂性。因此，利用已有的规律研究所有已知或未发现的香气分子与结构的关系是远远不够的；也不能利用现有的规律，肯定地推测出某种新化合物的香气特征。必须将这些化合物按照结构特征、主要影响因素的不同（如碳原子数、异构体、官能团或取代基等）先进行分类，再分别探究每一类化合物中，结构因素对香气的影响。

因此，本章的重点部分在于对致香成分的介绍，并将影响致香化合物香气的种种因素进行分类，这些因素主要是：碳原子数、不饱和性、取代基的种类、官能团的差异、分子极性、原子种类和异构体因素等。然后，对于每一类影响因素，细述香气与分子结构的关系，并以典例示范，方便读者理解。这些理论里所蕴含的规律虽然不是每一条都具有普适性，但因为该理论的研究尚属探索阶段，这些规律也在不断地得到完善和修正，因此对于致香化合物的发现和合成还是具有指导价值。

第一节　从气味探讨分子结构

当香料研发人员从自然界发现了未知的致香成分，或得到了未知的致香中间体，对其的研究重点之一便是剖析该物质的化学结构，以深入研究其各项物化性质，将其开发成新的香原料。研究分子结构与香气的关系对剖析新物质化学结构具有重大意义，研发人员可以利用已有的规律，通过其香气特征，预测其具备哪些官能团、骨架或部分结构，在结构剖析的初期给出有理据的指导方向，以便加快新原料的研发速度。接下来将针对从气味预测官能团、从气味预测分子的部分结构和从气味研究分子骨架结构三个方面，阐述香气与分子结构的关系，并加以示例，展示构效关系对香料工业开发新原料的重大意义。

1. 从气味预测官能团

一般来说，当分子量比较小，官能团（基团）在整个分子中占的比例较大时，基团对气味的影响是主要的。气味的表现主要由基团决定。例如含有—OH、—O—、—SH—（巯基）、—S—（硫醚基）、—NH$_2$、—CO—、—COOH、—COOR 基团的化合物分别有各自的共同气味。

例如：低级酯类（C$_6$ 以下） R—C—OR' 一般有轻微的果实香，而且这些酯类均有共同香气，表现出共同的联想香气，而分子内酯基的位置对气味影响不大，具体阐述见表2.1。

表 2.1 低级酯类（C$_6$ 以下）的气味

R	R′	香气表现	联想气味
CH$_3$	CH$_2$CH$_2$CH$_2$CH$_3$	轻快果实香	成熟梨子
CH$_3$	CH$_2$CH(CH$_3$)$_2$	果实香	朗姆酒
CH$_2$CH$_3$	CH$_2$CH$_2$CH$_3$	轻快果实香	菠萝、香蕉
CH$_2$CH$_2$CH$_3$	CH$_2$CH$_3$	花样果香	菠萝、苹果
CH(CH$_3$)$_2$	CH$_2$CH$_3$	轻快果香	朗姆酒
CH$_2$CH(CH$_3$)$_2$	CH$_3$	青的果香	苹果

2. 从气味预测分子的部分结构

当基团不是单独的官能团，而和分子的整个结构有关时，可以根据一定的气味预测出化合物的部分结构。

例如：焦糖的香气使人联想到蔗糖带有甜味的芳香，其具有环状的 α-二酮体的烯醇结构。

环状 α-二酮　　　　　环状 α-二酮烯醇式

3. 从气味研究分子骨架结构

当把共同香气的化合物放在一起比较时，可以看出有些化合物官能团不同，也没有共同的部分结构，但具有相同或类似的香气品质，这与分子的整体结构有关。

例如：有些化合物虽然有共同的花香香气，但比较它们的分子结构时，基团各异，也无相似的结构，而且与有关活泼电子的分布也无关，只是具有共同的骨架。

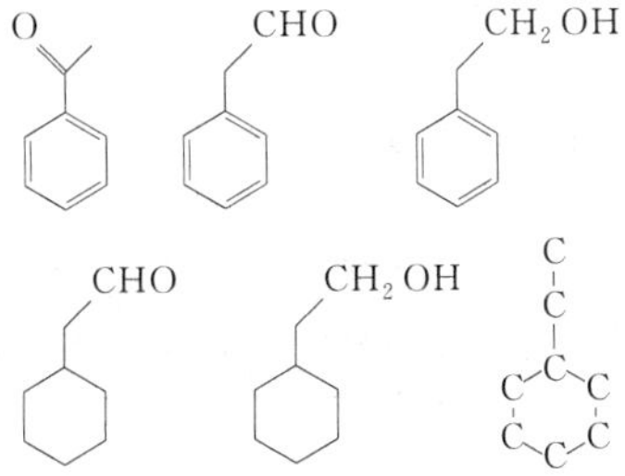

第二节 从化学结构研究气味

香气与化合物结构的关系，可以用广义芳香性理论合理化解释。广义芳香性理论认为，符合以下特征的化合物均具芳香性，即：

① 环状结构，芳环主体是平面的。

② 有 π 电子形成环状共轭体系，可参与共轭的 π 电子数为 $4n+2$（休克尔规则）。

③ 体系能量特别低，能检测到反磁环流。

例如：环戊二烯原本不具有芳香性，当得到一个电子成为负离子时，在 C3 原子上有 2 个 p 电子存在，其中 1 个和 1,3-二双键形成 p-π 共轭，环戊二烯负离子便具有芳香性，该理论可解释萜类芳香性成因。而杂环化合物及其衍生物呈芳香性，则是因为杂环化合物的 O、N、S 的孤对电子参与杂环 π 键共轭，使分子具芳香性（详见表 2.2）。

表 2.2 广义芳香结构典型分子结构分析

名称	结构式	芳香性分析	同类化合物
环戊二烯负离子	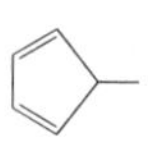	π 电子数为 $4n+2$，平面，有芳香性	由异戊二烯构成的萜类化合物
吡咯		N 原子的孤对电子参与杂环 π 键共轭	杂环化合物及衍生物

一、同系物的香气规律

在同系列化合物中，低分子量化合物的气味取决于所含的官能团，而高分子量化合物的气味取决于分子结构的形状和大小。

例如：天然麝香是一种珍贵的动物香料，其主要成分是 3-甲基环十五酮，即麝香酮，人们自发现天然麝香中的麝香酮以来，合成了许多大环麝香化合物。下面以环酮和环胺为例，说明同系列化合物的香味的变化。

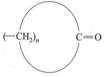

环酮的分子通式

（1）环酮类同系物的香气与结构变化有关。

环酮的成环碳原子数与香气的关系见表 2.3。具体表现为：在 $C_5 \sim C_8$ 时具有薄荷味，$C_9 \sim C_{12}$ 时为樟脑味，C_{13} 时具有木香，在麝香酮（主要香成分为 3-甲基环十五酮）、灵猫酮及其他大环酮中（$C_{14} \sim C_{18}$ 时）香气最强，具有麝香香气。

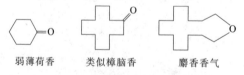

弱薄荷香　　　　类似樟脑香　　　　麝香香气

表 2.3 环酮类同系物香气与碳原子数关系表

碳原子数	香气
4～5	杏仁样、薄荷样香气
8	樟脑气味
9～10	不纯的麝香气味

续表

碳原子数	香气
14	纯的麝香气味
15～16	类似灵猫香气味
20	无气味

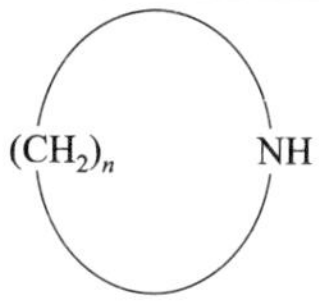

（2）若用 $\diagdown$NH 代替 $\diagdown$C＝O 时，香气变化情况如表 2.4 所示。

（3）当碳环保持在 15 个碳原子，以—O—、—S—、—CO$_2$—代替 $\diagdown$C＝O 时，这些化合物都有麝香气味。即使—OCOO—、—COOCO—和—OCH$_2$O—替代 $\diagdown$C＝O ，C$_{15}$～C$_{17}$ 的环状化合物仍呈现麝香气味。

表 2.4　带有 $\diagdown$NH 的环酮类化合物香气与碳原子数关系

碳原子数	香气
5～6	氨气味(官能团占主导地位)
9～10	樟脑气味
15	麝香气味
>16	气味迅速减弱

从上述例子不难看出：分子量较小（C$_6$ 以下）的同系物，其气味由官能团决定；随着碳原子数的增加，分子体积越来越大，气味趋向于由整体结构来决定；C$_8$～C$_9$ 时表现出樟脑气味；C$_{15}$～C$_{16}$ 表现出共同的麝香气味。

另外，分子排列相似时，有不饱和键的化合物气味较强。

芳烃有侧链时，气味加强，侧链有不饱和键时，气味进一步加强。如就香气而言，丙烯醛＞丙醛，苯乙烯＞乙苯＞甲苯＞苯，β-大马酮＞β-二氢大马酮。

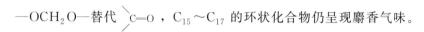

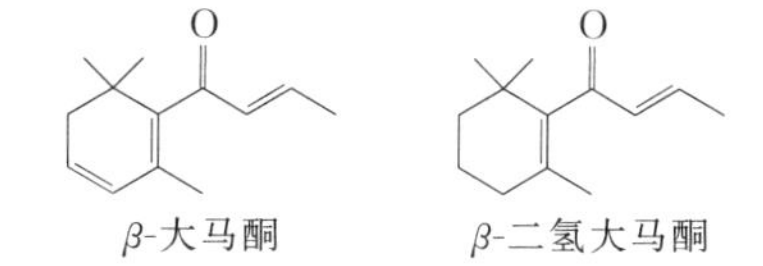

β-大马酮　　β-二氢大马酮

苯的衍生物中，相同类型的基团存在时，会具有相似的气味，如苯环上引入—CHO、—NO$_2$、—CN 等，一般会产生相似的气味。

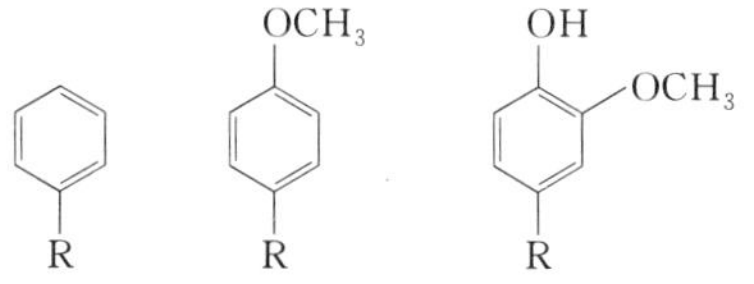

R＝—CHO、—NO$_2$、—CN）
苦杏仁气味　大茴香气味　香荚兰气味

二、异构体的香气规律

香料分子中，由于异构体种类不同，影响异构体香气变化的规律各不相同，下面就常见的几类异构体，分别论述各自的香气变化规律。

（1）碳架异构体的香气规律

一般来说，有侧链的异构体比无侧链的异构体香味强且宜人（详见表 2.5），但脂肪族化合物中，碳架异构体之间的气味无显著差异（详见表2.6）。

表2.5 碳架异构体的香气变化规律

直链异构体	气味	支链异构体	气味
正壬醛	似玫瑰香气	2,6-二甲基庚醛	比正壬醛悦人
正十二醛	不愉快的油脂气	2-甲基十一醛	强的橘橙果香
正十四醛	几乎无气味	2,6,10-三甲基十一醛	金合欢的愉快香味
正丁醇	汗臭酒气	2-甲基丙醇	略似丁醇的轻快臭气较正丁醇轻
正戊醇	略带果香	2-甲基丁醇	似戊醇略带果香
正癸醇	蔷薇香气	3,7-二甲基辛醇	显著的蔷薇香气
丁酸	酸败奶油气	异丁醇	似正丁酸气味
己酸	腐臭气味	2-甲基戊酸	甜香气味
丁酸苯乙酯	玫瑰香	异丁酸苯乙酯	优雅玫瑰香

表2.6 脂肪族碳架异构体的香气变化规律

化合物	香气	异构体	香气
乙酸丁酯	稍强醚香-鲜果香	乙酸异丁酯	稍强醚香-鲜果香
乙酸丙酯	微弱醚香	乙酸异丙酯	微弱醚香
乙酸戊酯	强的梨香	乙酸异戊酯	强的梨香
乙酸己酯	强的梨-鲜果香	乙酸异己酯	强的梨-鲜果香
乙酸癸酯	微弱的柠檬香	乙酸异癸酯	微弱的柠檬香
异戊酸丁酯	苹果香气	异戊酸异丁酯	苹果香气

（2）位置异构体的香气规律

大多数化合物与它的相应位置异构体有类似气味，详见表2.7。

表2.7 位置异构体的香气变化规律

化合物	香味	异构体	香味
小茴香酮	似樟脑气味	异小茴香酮	似樟脑香气
薄荷酮	似药材的香气	香芹薄荷酮	气味似薄荷酮
丁香酚	丁香气味	异丁香酚	弱的优雅丁香气
甲基丁香酚	稍淡的丁香气	异甲基丁香酚	优雅的香气
黄樟油素	似黄樟气味	异黄樟油素	弱的黄樟气味
α-水芹烯	有鲜松树气	β-水芹烯	有鲜松树气
β-紫罗兰酮	紫罗兰香气	α-紫罗兰酮	更令人喜爱的紫罗兰香
α-甜橙醛	甜橙香气	β-甜橙醛	甜橙香气
β-二氢大马酮	清-甜玫瑰香	α-二氢大马酮	清-甜玫瑰香
3-新铃兰醛	铃兰花香	4-新铃兰醛	铃兰花香

但也有少数例外，有些位置异构体也会呈现截然不同的香气，例如下面两组异构体，它们就不符合上述规律：

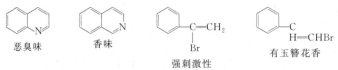

恶臭味　　　香味　　　　强刺激性　　　有玉簪花香

（3）顺反异构体的香气规律

从自然界获得的顺式体的香气通常清淡柔和，而人工合成的反式体，香气较为沉重（详见表2.8）。

表 2.8　几何异构体的香气变化规律

反式化合物	香气	顺式化合物	香气
香叶醇	玫瑰香	橙花醇	更细腻的玫瑰香
反-茉莉酮	茉莉花香	顺-茉莉酮	更诱人的茉莉香
反-灵猫酮	似灵猫香	顺-灵猫酮	优雅的灵猫香

（4）差向异构体的香气规律

差向异构体之间的气味本质是相同的，但香气强度有差异，比如，在分子中具有直立键的醇类比具有平伏键的异构体有更强的气味，尤其在檀香和麝香类香料中表现更为突出（详见表 2.9）。

表 2.9　差向异构体的香气变化规律

直立键异构体及香气	香气	平伏键异构体	香气
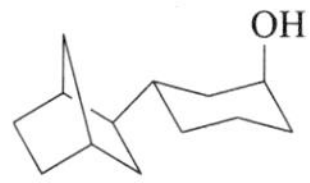	强烈檀香气	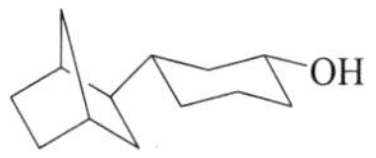	无香气
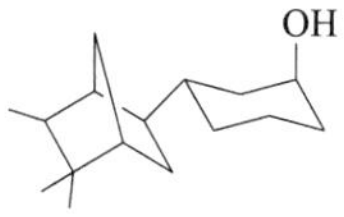	很强檀香气	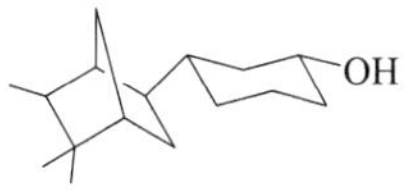	檀香气
	强麝香气	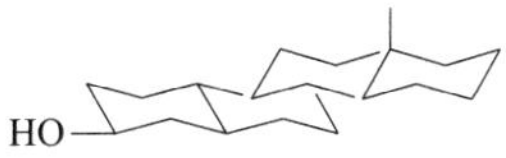	弱麝香气
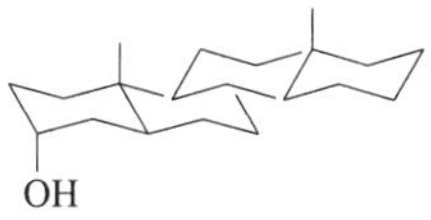	麝香香气		无麝香香气

（5）光学异构体的香气规律

光学异构体之间的香味，目前尚未总结出明显的规律（详见表 2.10），有些对映体之间显现的香味相同，但气味强度上有差异，有些对映体之间则呈现明显不同的香气特征。到目前为止，没有发现在光学异构体中有气味而另一种没有气味的报道。

表 2.10　光学异构体的香气变化规律

化合物	（-）-异构体香味	（+）-异构体香味
薄荷醇	有清凉感	有很弱的清凉感
圆柚酮	柚子香气	强的柚子香气
岩兰草酮	木香香气	强的木香香气
柠檬烯	有橙油香气	有橙油香气
香芹酮	有留兰香样香	有黄蒿样气味
芳樟醇	有木香兼薰衣草香	有橙叶兼薰衣草香

（6）非对映异构体的香气规律

对于薄荷醇的非对映异构体来说，由于碳环上 3 个取代基在空间的相对位置不同，其四种非对映异构体香气也不同。

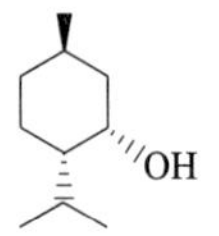

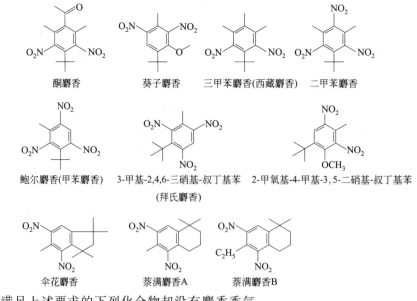

（+）-新薄荷醇　　　（—）-薄荷醇　　　（—）-新异薄荷醇　　　（—）-异薄荷醇
（1S，2S，5R）　　　（1R，2R，5S）　　　（1S，2S，5S）　　　　（1S，2R，5R）
清凉薄荷味　　　　　霉气味　　　　　　　甜的木香醇味　　　　介于（—）-薄荷醇和
　　　　　　　　　　　　　　　　　　　　　　　　　　　　　　（—）-新异薄荷醇之间

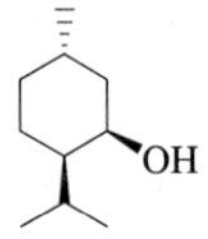

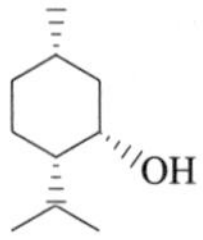

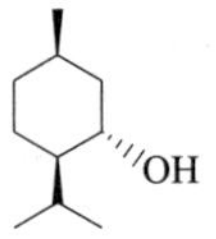

三、香型与分子结构特征的关系

人们把具有相同香气的物质归为一类就构成了某种香型（即香气类型），香型（香气）的分类方法有许多种，有些分类方法与分子结构有关。而分子结构与香味之间的关系一直是香味化合物研究的热点。由于分子结构的复杂性和鉴定方法的局限性，迄今为止，这一重要理论课题的研究进展是很缓慢的，很难通过研究有机化合物分子结构与香味之间的关系来预测新化合物的香味特征，但某些特定分子结构与香味间具有一定的规律。本节不对众多香气分类方法进行讲述，只将几种在日化、食用香料工业中最常用、最有意义的香型和与之对应的分子结构特征予以归纳。

（1）麝香及其分子结构特征

目前已发现的麝香香味物质有以下三类：苯系麝香化合物［硝基麝香和非硝基麝香（多环麝香）］、大环麝香化合物、甾体及四氢萘麝香化合物。下面分别阐述三类麝香化合物分子结构特征上的共性。

1）苯系麝香化合物

① 苯系硝基麝香化合物　一些苯系硝基麝香化合物，在至少具备两个硝基、一个甲基和一个叔丁基的条件下，就可产生麝香的香气，如下所示：

酮麝香　　　葵子麝香　　　三甲苯麝香(西藏麝香)　　　二甲苯麝香

鲍尔麝香(甲苯麝香)　　3-甲基-2,4,6-三硝基-叔丁基苯　　2-甲氧基-4-甲基-3,5-二硝基-叔丁基苯
　　　　　　　　　　　　　（拜氏麝香）

伞花麝香　　　萘满麝香A　　　萘满麝香B

但是满足上述要求的下列化合物却没有麝香香气。

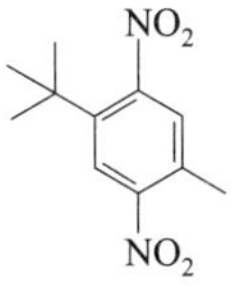

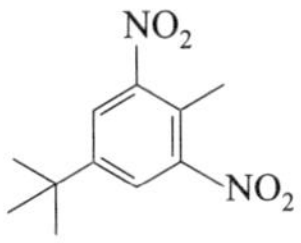

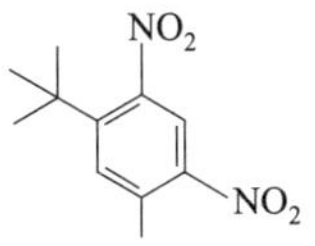

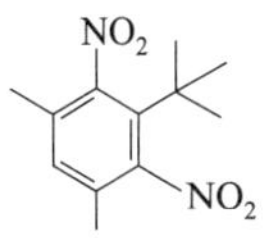

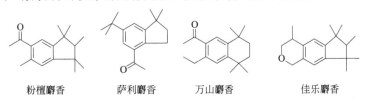

2,5-二硝基苯-4-叔丁基甲苯　2,6-二硝基-4-叔丁基甲苯　2,4-二硝基-5-叔丁基甲苯　2,4-二硝基-3-叔丁基-1,5-二甲基苯

　　显然，只具备上述条件是不够的，还必须有另外的基团存在。这个基团是与苯环直接相连的带有孤对电子的结构，或重键结合的结构，如果没有这样的基团，芳环上必须有第三个硝基存在。这虽然能解释一些问题，但却无法解释下面与葵子麝香结构类似的化合物（Ⅰ）没有麝香气味。

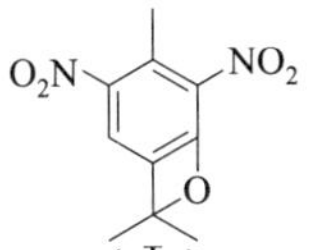

（Ⅰ）

　　对此，可以用毕特的理论对规律进行补充。毕特认为，在苯环上置换的硝基有两种不同的类型：

　　a. 能自由旋转并与苯环共平面，此时，该硝基作为极性官能团对待，可视为与置换的酰基等价。

　　b. 当邻位有体积庞大的取代基（例如叔丁基、烷氧基）时，硝基与苯环不共平面，硝基不能自由旋转。此时，硝基只作为体积庞大的取代基对待，如叔丁基等。

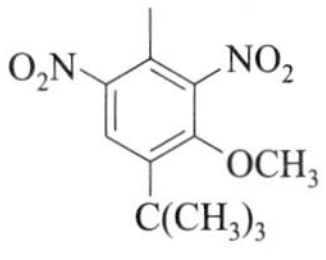

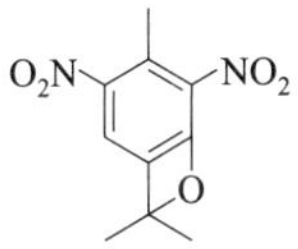

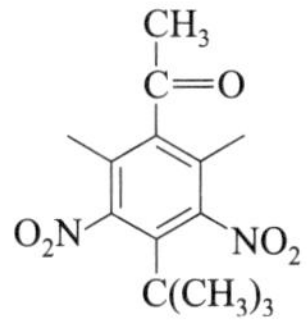

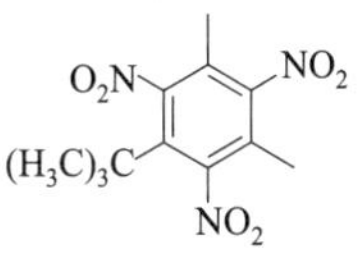

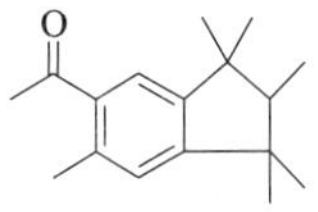

葵子麝香　　　　（Ⅰ）　　　　酮麝香　　　　二甲苯麝香　　茚满麝香(粉檀麝香)

　　酮麝香的两个硝基均属 b. 的情况，则它和茚满麝香的结构等价，二甲基麝香中的三个硝基有两个为 b. 情况，一个为 a. 情况，仍和酮麝香和茚满麝香等价。葵子麝香中的一个硝基属 b.，另一个属 a. 情况，因此其结构与酮麝香等价，具有麝香香气。

　　而化合物（Ⅰ）由于环氧化的结果，两个硝基均属 a. 情况，所以它的空间结构实际上与葵子麝香是不等价的，因此无麝香香气。

　　② 苯系非硝基麝香化合物　1948 年，卡平特（Carpenter）和伊斯特（Easter）报道了安波诺（Ambral）发现下面的化合物具有麝香香气，从而开辟了非硝基麝香的研究领域。

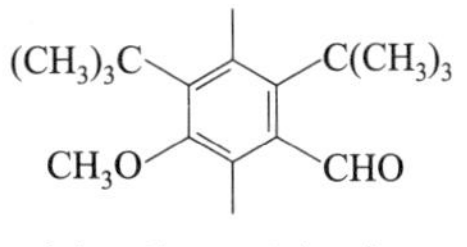

　　到目前为止，已有大量非硝基麝香问世。近年来，人们已将注意力集中到非硝基麝香领域中，这类物质一般表现出较好的光稳定性，更能模仿天然存在的大环麝香的香气。

粉檀麝香　　　　萨利麝香　　　　万山麝香　　　　佳乐麝香

氢化引达省型麝香

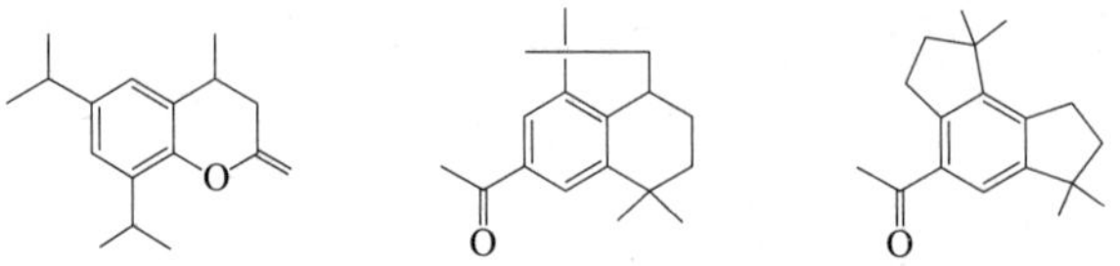

苯系非硝基麝香化合物的分子特征是：

a. 碳原子数在 1～20 之间，最好在 16～18 之间。

b. 具有 2,3-二氢茚或 1,2,3,4-四氢萘的骨架。

2,3-二氢茚　　1,2,3,4-四氢萘

c. 一个酰基和一个仲丁基或叔丁基作为独立的基团与苯核相连，最好是乙酰基和叔丁基与苯核相连。

d. 与芳环相连的非芳环的碳原子有一个是叔碳原子或季碳原子，最好是季碳原子。

2) 大环麝香化合物　大环化合物，一般若呈麝香气息，其分子结构与特征满足以下条件之一：

a. 环中碳原子数为 13～19 的环酮；

b. 环中碳原子数为 13～15 的环碳酸酯；

c. 环中碳原子数为 15～19 的酸酐；

d. 环中碳原子数为 14～18 的环内酯；

e. 环中碳原子数为 14～19 的环亚胺。

3) 甾体及四氢萘麝香化合物　甾体化合物则是指被限定于一定结构大小的甾醇或甾酮，如：

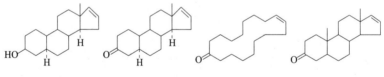

甾醇　　　　　　　甾酮　　　　　　灵猫酮　　　　雄甾-16-烯-3-酮

具有麝香香味的化合物种类较多，结构复杂，但不可以认为麝香香型与其分子结构之间就没有共性联系。通过研究发现，上述各类物质的分子在整体结构上有必然的联系。例如，具有麝香香韵的灵猫酮与雄甾-16-烯-3-酮在外形上有极其的相似性。

毕兹等人将麝香分子的结构特征总结为：结构密集、相当坚硬、椭圆形分子具有一个在空间上可以接近的极性基团，分子量在 220～250 之间。

（2）龙涎香及其分子结构特征

世界四大珍稀香料之一的龙涎香料，具有十分微妙的丝绒般柔和的气息，且香气持久，调和性好（最高能占有调香组分的 40%），定香能力强，素有"龙涎香效应"之称。在调香中占有不可缺少的重要位置。

降龙涎香醚是龙涎香型香料的代表，其余组分有不同强度的龙涎香香气，由于天然产品来源日益困难，因此，人们正在努力寻找化学合成物来替代天然产物。目前，能合成出来并应用于香精调制的龙涎香类物质为数不多，但经过对天然产品的分析发现，众多的有机物属于龙涎香气物质。奥诺夫（Ohloff）将这些物质分成以下几类：

① 赖百当系列

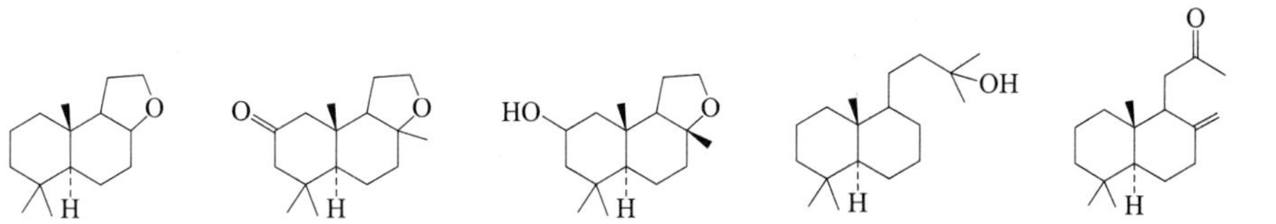

② 降补身烷的衍生物

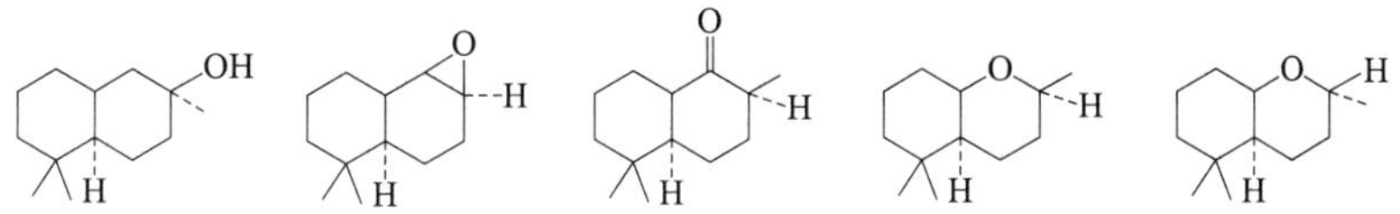

③ 十氢萘系列的内酯

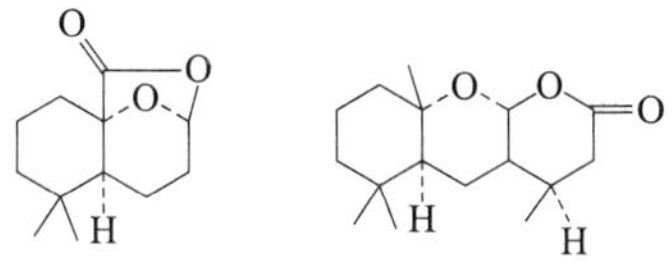

④ 十氢萘系列的四氢呋喃衍生物

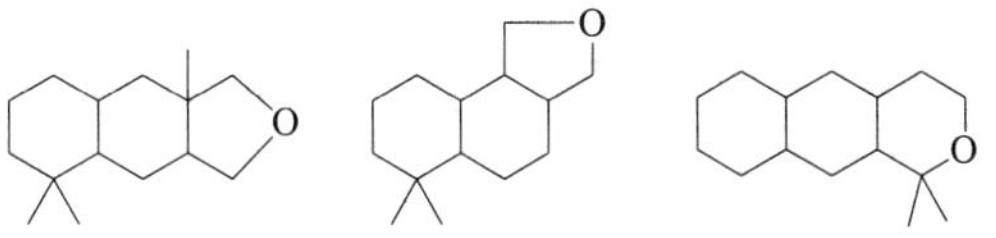

对于龙涎香型香料分子结构与活性关系的研究，众说纷纭，最引人注目的是 Ohloff 的"三直立键"规则，即龙涎香型香料分子必须含有反式十氢萘（或八氢萘）结构，而且该结构上须含有三个直立基团，其中至少一个是含氧官能团。

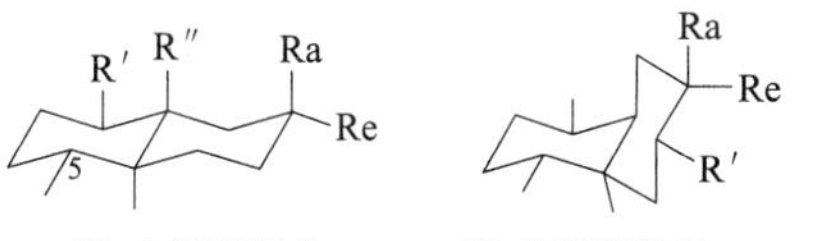

反-十氢萘结构　　　顺-十氢萘结构
　　A　　　　　　　　B

他认为龙涎香型的分子立体结构关系表现在反式稠合的十氢萘的骨架上（结构 A），人类的香味感受体与香味分子之间的相互作用发生在一个三维空间中。香味分子与嗅觉感受体之间的作用是通过分子的三点作用而发生的。

在结构 A 中，直立的桥头取代基（R″）或者氢原子作为作用点之一，另一个作用点是位于 β-位的取代基 Ra。此外，分子中的 5-位上的取代基也可当作一个作用点。取代基 R′、R″和 Ra 中含有氧原子时对产生龙涎香是有利的。三点作用的实质结果是，当大多数功能因子（基团）处于反式十氢萘的同侧时，气味加强，而多数功能因子处于异侧时气味大大减弱。结构 B 不能满足类似龙涎香性质的香味分子所要求的立体化学条件，所以具有 B 结构的化合物不会产生龙涎香气。

（3）茉莉香型及其分子结构特征

茉莉花属木樨科，素馨属，它除了素雅清茗，可供观赏、装饰之外，还可用于提取浸膏和茉莉精油，用茉莉花提取的茉莉精油是很贵重的日化原料。茉莉精油中代表化合物有：

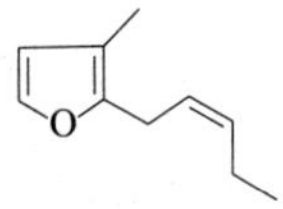

顺式茉莉酮	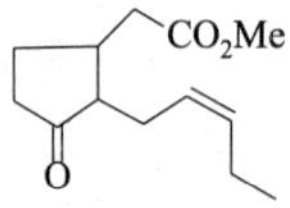 茉莉酮酸甲酯	二氢茉莉酮酸甲酯	茉莉内酯
类似茉莉花	茉莉型优雅的甜香和花香	茉莉、铃兰香气	独特的茉莉花香气

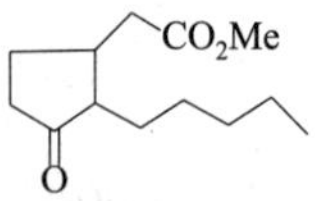

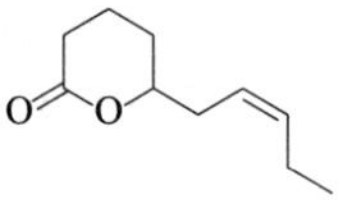

因此，可以利用上述茉莉香型分子在结构上的共性，合成出具有茉莉香味的类似化合物。

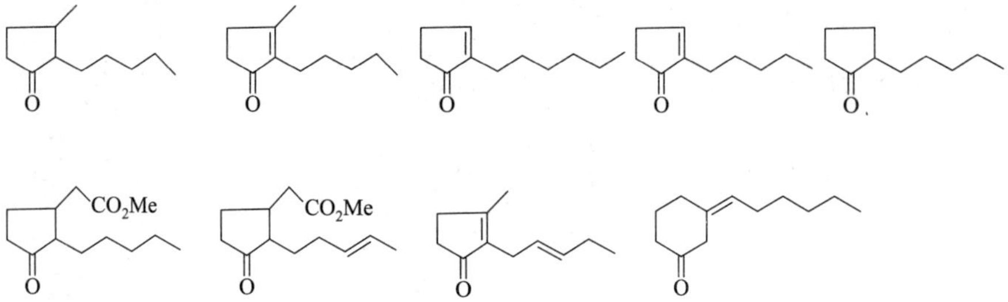

（4）含硫香料分子结构与肉香味的关系

许多含硫有机化合物都具有肉香味，有机含硫化合物分子中与碳原子以 δ 键相连的二价硫原子与连在其相邻碳原子上的氧原子或硫原子的协同作用导致分子产生肉香味。这些肉香味含硫化合物都含有相同的分子骨架。

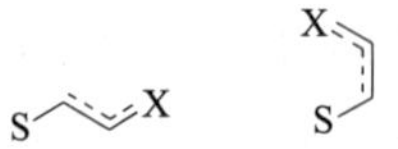

X 为 O 或 S 肉香味含硫化合物分子骨架

硫香料可根据分子结构的不同，主要分为以下六大类。

① 3-呋喃硫化物系列　3-呋喃硫化物都具有共同的骨架，即 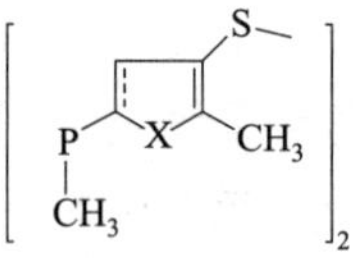 ，其中 X 为 O 或 S，P 为与 α-碳原子和甲基碳原子共轭的基团（如 C ═O）或不同于 O 的原子（如 S）。

基于这样的分子骨架，3-呋喃硫化物普遍具有相似的肉香气息，例如：

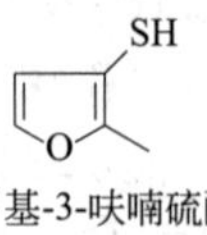

2-甲基-3-呋喃硫醇	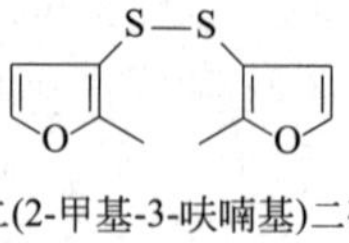 二(2-甲基-3-呋喃基)二硫

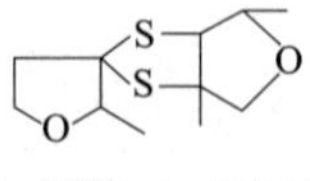

螺-2,4-二硫杂-6-甲基-7-氧杂二环[3.3.0]辛烷-3,3-(1-氧杂-2-甲基)环戊烷

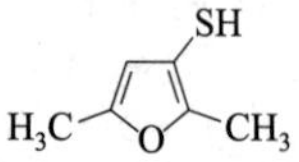

2,5-二甲基-3-呋喃硫醇	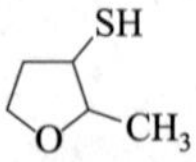 2-甲基-3-四氢呋喃硫醇	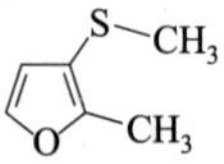 2-甲基-3-甲硫基呋喃

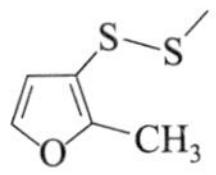

甲基-2-甲基-3-呋喃基二硫 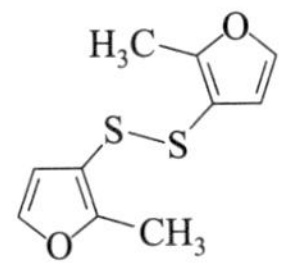　　　　　　二(2-甲基-3-呋喃基)二硫

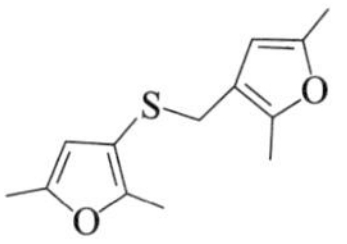

二(2,5-二甲基-3-呋喃基)二硫 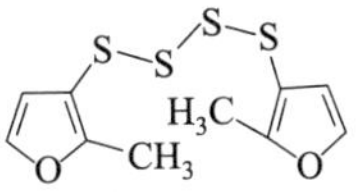　　　　二(2-甲基-3-呋喃基)四硫

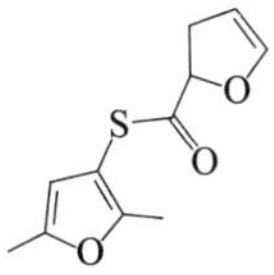

2,5-二甲基-3-巯酰硫基呋喃

其中，2-甲基-3-甲硫基呋喃、甲基-2-甲基-3-呋喃基二硫是公认的特别出色的肉味香料，它们是烤肉、炖肉的挥发香成分，对肉类香味的形成起着重要作用，它们都是2-甲基-3-呋喃硫醇的衍生物。

② α,β-二硫系列　具有肉香气息的α,β-二硫系列分子结构通式为：

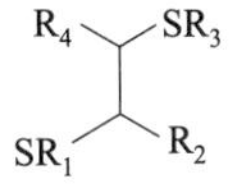

2,3-丁二硫醇是此类香料的典型代表。研究表明，符合α,β-二硫系列香料结构的硫化物都具有肉香，如1,2-乙二硫醇、α-甲基-β-羟基丙基/α'-甲基-β'-巯基丙基硫醚。

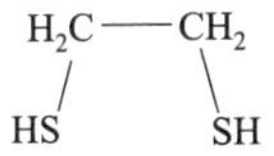

1,2-乙二硫醇 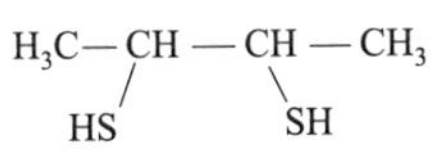　　　　　　　2,3-丁二硫醇

③ α-巯基酮系列　该类化合物一般具有牛肉、猪肉的肉香。通式为：

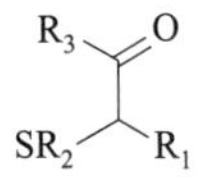

通式中，R_1、R_2为H、甲基、乙基，R_3为H、乙酰基或者乙基。

3-巯基-2-丁醇是此类香料的典型代表。其他例子有：1-巯基-2-丙酮、3-巯基-2-戊酮、二（3-丁酮）硫醚。

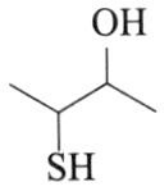

3-巯基-2-丁醇 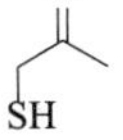　　1-巯基-2-丙酮 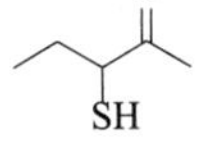　　3-巯基-2-戊酮 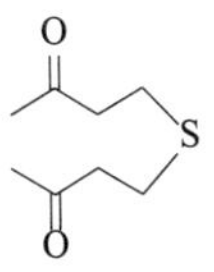　　二(3-丁酮)硫醚

④ 1,4-二噻烷系列　1,4-二噻烷的结构通式为：

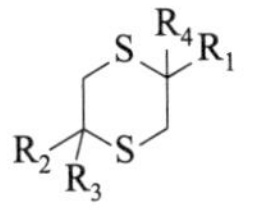

通式中，式中R_1、R_2为H或甲基，R_3、R_4为H或OH。

2,5-二甲基-2,5-二羟基-1,4-二噻烷是此类香料的典型代表。其他例子有：1,4-二噻烷、2,5-二甲基-2,5-二羟基-1,4-二噻烷。

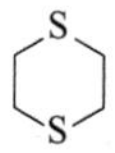

1,4-二噻烷 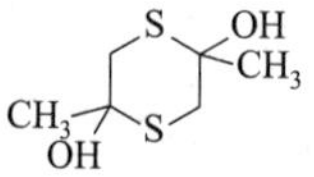　　2,5-二甲基-2,5-二羟基-1,4-二噻烷 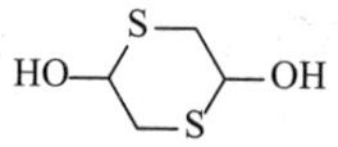　　2,5-二羟基-1,4-二噻烷

⑤ 四氢噻吩-3-酮系列　四氢噻吩-3-酮系列的结构通式为：

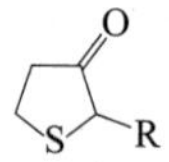

通式中的 R 为 H 或者甲基。

四氢噻吩-3-酮是此类香料的典型代表。其他例子有：2-甲基四氢噻吩-3-酮。

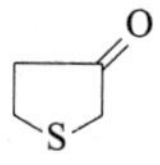

四氢噻吩-3-酮 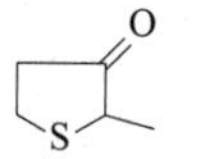　　　　　　　　2-甲基四氢噻吩-3-酮

⑥ 糠硫醇系列　糠硫醇系列香料一般具有典型的咖啡、香油样香味，也具有肉香味。

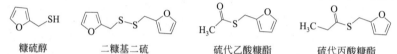

糠硫醇　　　　二糠基二硫　　　硫代乙酸糠酯　　　硫代丙酸糠酯

上述的含硫分子之所以含有肉香，和分子结构具有密切的联系。一个含硫分子若呈肉香，则需满足以下条件：

a. 含硫香料分子中对于肉香味形成起关键作用的是与碳原子以 δ 键相连的二价硫原子。

b. 在肉香味的形成过程中起决定性作用的是分子结构而不是硫原子个数。

c. 分子中的二价硫原子和邻位碳原子上的二价杂原子（O 或 S）的协同作用导致分子产生肉香味。

d. 具有肉香味的含硫香料分子量一般为 90～300，分子中硫原子个数一般不超过 4 个，其他杂原子个数一般不超过 2 个。

e. 具有肉香的含硫香料分子的结构通式为 $^S\diagdown\diagup X$，式中 X 为 O 或者 S。根据上述结论可以断定，与 2-甲基-3-甲硫基呋喃和甲基-2-甲基-3-呋喃基二硫具有类似分子骨架的 2-甲基-3-甲硫基噻吩和甲基-2-甲基-3-噻吩基二硫应具有肉香味，这一结论与实际情况是一致的。

f. 各类肉香味含硫化合物分子的核心结构，其共同特征是分子中相邻的两个碳原子分别与一个硫原子和一个氧原子（或另一个硫原子）相连。例如：1,3-二硫杂环戊烷、2-乙酰基噻唑、5-乙酰基噻唑及相应的噻唑啉化合物。

（5）其他香型与分子结构特征的关系

上述分子核心结构，即分子骨架决定香型的规律，除了硫化物以外，还适用于其他具有特定分子骨架的致香化合物，详见表 2.11。

表 2.11　分子骨架的香味特征

分子骨架	芳香性分析	典型代表
环酮类化合物 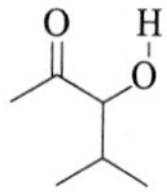	焦糖香味	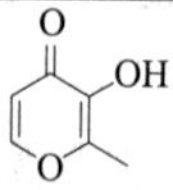 麦芽酚 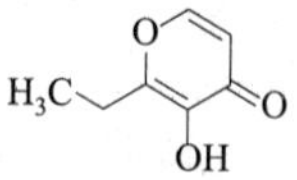　　　乙基麦芽酚 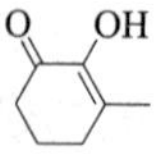 甲基环戊烯醇酮 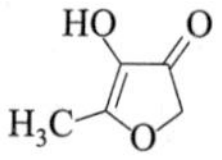　4-羟基-5-甲基-3(2H)-呋喃酮

分子骨架	芳香性分析	典型代表
吡嗪类 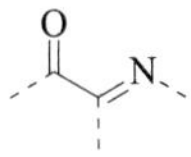	烤香香味	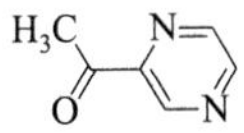 2-乙酰基吡嗪 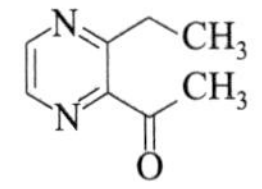　　2-乙酰基-3-乙基吡嗪 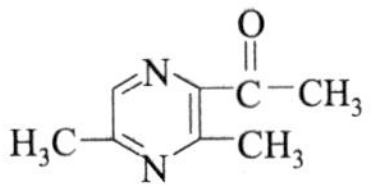 2-乙酰基-3,5-三甲基吡嗪 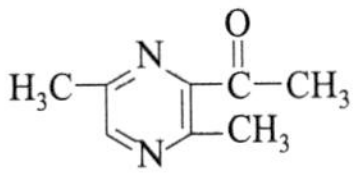　2-乙酰基-3,6-三甲基吡嗪
α,β-二酮类 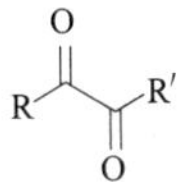	奶油香味	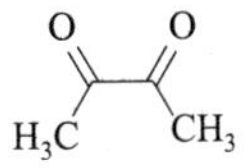 2,3-丁二酮 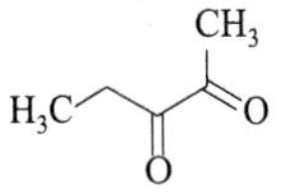　　　2,3-戊二酮 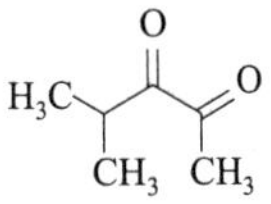 4-甲基-2,3-戊二酮
丙硫基或烯丙硫基团 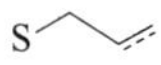	蒜葱香味	$CH_2=CH-CH_2-S-S-CH_2-CH=CH_2$ 二烯丙基二硫醚 $CH_3-S-S-S-CH_2-CH=CH_2$ 甲基烯丙基三硫 $CH_3-S-S-S-CH_2-CH_2-CH_3$ 甲基丙基三硫 $CH_2=CH-CH_2-SH$ 烯丙基硫醇
γ-内酯结构 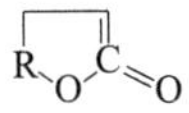 （R 为 H、CH$_2$ 等）	奶油、黄油味	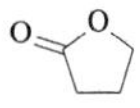 γ-丁酸内酯 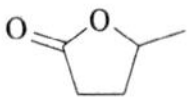　　γ-戊酸内酯
酚类化合物 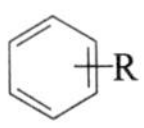 （R 为 H 或烃基,可以是一个或多个）	烟熏香味	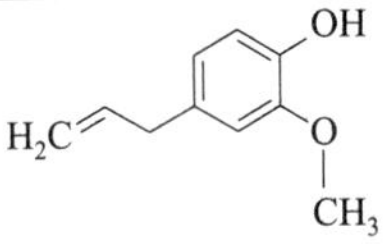 丁香酚 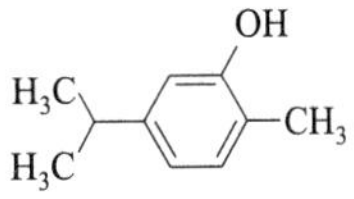　　　　香芹酚 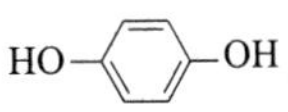 对甲酚 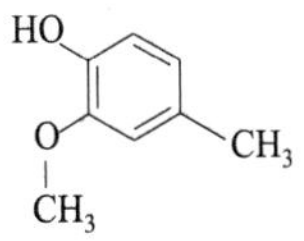　　　4-甲基愈创木酚

除此以外，还有一些香气相似的分子，在结构上也具有一定的相似性。

① 似柠檬的香气结构

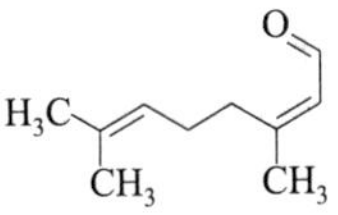

柠檬醛 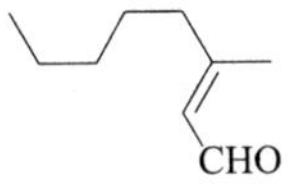　　　　3-甲基-2-辛烯醛

② 似可可的香气结构

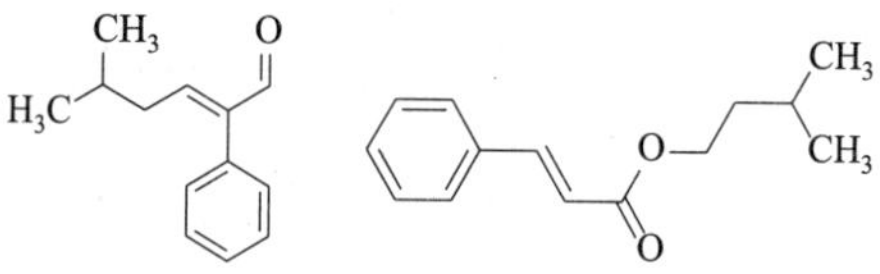

2-苯基-5-甲基-2-己烯醛　　　　　桂酸异戊酯

③ 似芥末的香气结构

$$CH_2=CH-CH_2-N=CS \qquad CH_3-CH_2-N=CS$$

异硫氰酸烯丙酯　　　　　　　异硫氰酸乙酯

四、官能团与香气的关系

对于香原料，几乎所有的物质都至少含有一个官能团，官能团因本身具备多种化学性质，因此对香气分子气味的影响也是复杂而广泛的。为了更深层次地揭示官能团与香气分子香气的关系，本部分除了介绍官能团的种类对香气的影响，还将就官能团本身化学性质的不同（如电负性、吸电子能力和电子共轭等）分别探讨其对化合物香气的影响规律，至于同一类物质（这里指官能团相同）中因其他因素（如碳原子数、异构体和分子极性等等）而导致的在香气上的变化和规律，这一部分不做重点说明。

首先，香气物质要想产生香气，必须具有能够产生香味的原子或原子团，即发香基团，发香基团决定气味种类，单纯的碳氢化合物极少具有怡人香味。

例如：含氧基团：羟基、醛基、酮基、羧基、醚基、苯氧基、酯基、内酯基等。

含氮基团：氨基、亚氨基、硝基、肼基等。

含芳香基团：芳香醇、芳香醛、芳香酯、酚类及酚醚。

含硫、磷、砷等原子的化合物及杂环化合物。

发香原子位于周期表的ⅣA、ⅤA、ⅥA、ⅦA族，详见表2.12，同系物中低分子量化合物香味取决于分子中发香基团。

表 2.12　发香原子在元素周期表中的位置

族	ⅣA	ⅤA	ⅥA	ⅦA
原子	C	N	O	(F)
	Si	(P)	(S)	Cl
	Ge	(As)	Se	Br
	Sn	(Sb)	Te	I
	Pb	Bi	Po	

官能团的种类与香气的关系很密切，虽然单凭官能团这一个因素无法将香气相似的化合物进行归类，但包含不同官能团的化合物香气不同，以及官能团性质类似的化合物在香气上具有相似性的规律，可以小范围地适用于一些特定的系列化合物。例如，乙醇、乙醛和乙酸，它们的碳原子数是相同的，但官能团不同，香气就有很大差别；再如，苯酚、苯甲酸和苯甲醛，它们都具有相同的苯环，但官能团不同，它们的气味相差甚远（详见表2.13）。

表 2.13　不同官能团结构化合物与其香气特征

结构式	名称	香气特征
CH_3CH_2OH	乙醇	酒的气味和刺激性辛辣味
CH_3CHO	乙醛	具有刺激性气味

结构式	名称	香气特征
CH₃COOH	乙酸	具有刺激性酸味
OH 苯酚结构	苯酚	有特殊臭味和燃烧味
CHO 苯甲醛结构	苯甲醛	有苦杏仁气味
COOH 苯甲酸结构	苯甲酸	微有安息香气味

依据官能团种类的不同，化合物的芳香性呈现出不同的特点。对于烃类来说，低级的烃几乎无臭，越高级，香气越浓，在 $C_8 \sim C_{15}$ 之间最强，如碳链太长则挥发性不好，所以香气减弱。通常链状优于环状，不饱和度增强时，香气会增强。

醇的羟基为强发香团，若有双键、三键则更增强；羟基增加到一定后，香气随羟基数目增加而减弱，终成无臭。芳香族的香气强于脂肪族香气，酚的羟基数目为 1 时最强。低级羧酸有强香气。酯类为最常用香料，其芳香优于构成成分的酸、醇本身；醛及酮大都有强芳香性，含不饱和键的香气优于链状、环状；内酯的结构与酯近似，香气也近似，内酯环增大时，香气增强，芳香性减弱。

发香基团的 O、S 原子上有孤对电子，当有不饱和键存在时，孤对电子可与分子 π 键或 p 电子共轭，使带有不饱和键的脂肪族化合物分子更显香。

另外，官能团对芳香族、杂环化合物香味的影响具有规律性，其原因在于芳香族、杂环化合物本身是芳香化合物，由于 O、N、S 原子电负性大于 C，因此，当芳香族、杂环化合物上有发香基团时，发香基团是吸电子基团，O、N、S 原子上的孤对电子与苯环形成共轭体系，能量更不稳定，分子更易挥发，发生断裂，因此更具香味。例如，在苯环上引入吸电子基团—CHO、—NO₂ 或—CN 时，产物的气味相似，取代苯都具有苦杏仁味，取代茴香醚都具有大茴香气味，取代亚甲基邻酚醚都具有洋茉莉气味。

官能团数量对香味有一定影响。同一个苯环上，随官能团数量的增加，香味也增加，但官能团并非越多越好。官能团为 3 个以下时，香味随官能团数目增多而增强。当官能团数量较多时，分子处于对称平衡状态，影响分子呈香。例如：羟基增加到一定数量后，香气（香味）减弱甚至消失（详见表 2.14）。

表 2.14　官能团数目对香气的影响

名称	羟基数量	气味变化
乙醇	1	酒香味
丙三醇	3	微甜味
葡萄糖	6	甜味
淀粉	>18	无味

因此，官能团与香气结构的关系大致可归纳为以下四点：

① 带极性官能团化合物，如—OH、—C＝O、—CN、—SH 等会增加香气强度。

② 不饱和度越高的化合物，香气强度较高。

③ 官能团中由于立体位阻效应，香气强度会降低。

④ 当化合物分子中有两个可接收氢键的官能团处在较近的位置时，香气较强。

五、分子极性与香气的关系

绝大部分香料化合物分子为非对称性，属于极性分子，分子的不稳定性更有利于分子活性和挥发，利于香气的产生。如果分子空间排列处于对称性，分子则处于较稳定状态，食品色素（又称着色剂）为对称性化合物，如 β-胡萝卜素，是对称结构，性质较稳定，无香味。例如，苯酚属于非对称性分子，属于极性分子，因此具有紫罗兰样的花香；而根皮甘酚的分子对称，属于非极性分子，因而无香味。

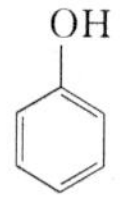

苯酚 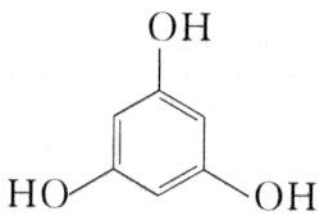　　　　　　根皮甘酚

六、不饱和性与香气的关系

当碳原子数目保持一致，并且具有相似的分子排列时，分子中有不饱和键的化合物的气味较强，有些化合物由于不饱和度增加，香气变得优美。例如，丙烯醛的香气强度强于丙醛，苯乙烯的香气强度强于乙苯。下面就各以醇类和醛类的一个例子来说明不饱和性对香气的影响。

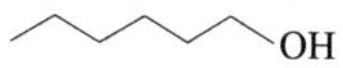

己醇　　　　　　叶醇　　　　　　己醛　　　　　 α-己烯醛
弱果香油脂气　　强清香无油脂气　弱果香酸败气　　青叶气无酸败气

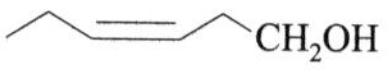

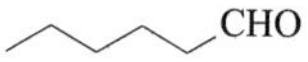

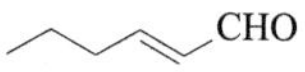

又如 β-大马酮和 β-二氢大马酮属于同一类型，有相似的分子排列，但前者香气更完美。

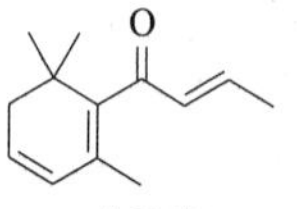

β-大马酮　　　　β-二氢大马酮

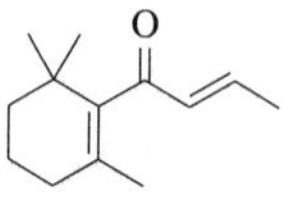

另外，不仅双键能增加气味强度，三键的增加能力更强，甚至产生刺激性。如丙烯醇的香味比丙醇要浓；桂醛香味温和，而苯丙炔醛具有刺激性。分子中碳链的支链，特别是叔、仲碳原子的存在对香气有显著影响。如乙基麦芽酚比麦芽酚的香味强 4～6 倍。类似地，当芳烃有侧链时，气味加强，侧链有不饱和键时，气味进一步加强。

七、取代基与香气的关系

取代基不同，对于同类型的化合物来说，香气有时会有类似之处，有时会发生截然不同的变化。例如，在苯衍生物中，当苯环上连有 —NO_2、—CHO、—CN 或 —CH_2CO— 时，会有苦杏仁气味；而在苯甲醚对位上连有 —NO_2、—CHO、—CN 时，会有大茴香气味；在邻甲氧基苯酚羟基的对位连有 —NO_2、—CHO、—CN 时，会有香荚兰气味。

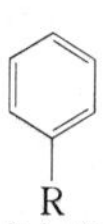

苦杏仁气味 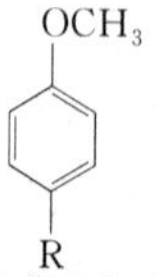　　大茴香气味 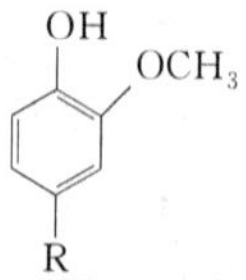　　香荚兰气味　　　R=—CHO、—NO_2、—CN

在其他一些化合物（例吡嗪类化合物）中，随取代基数目的增加，香气强度和香气特征就都有所变化了（详见表 2.15）。

表 2.15　取代基对吡嗪类化合物香气的影响

结构式	香气	阈值/（mg/kg）
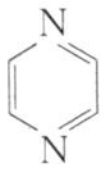	强烈芳香,弱氨气	500000
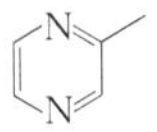	稀释后巧克力香	100000
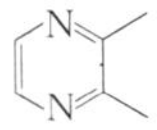	巧克力香,刺激性	400

又如，紫罗兰酮和鸢尾酮基本结构相同，只差一个甲基，香气却有很大差别。

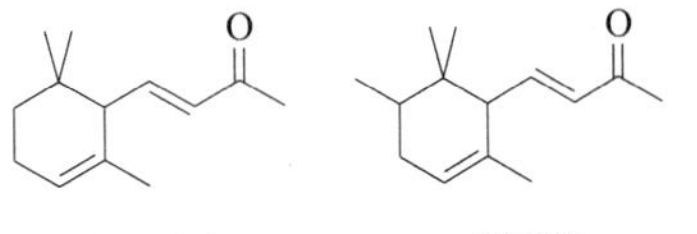

紫罗兰酮　　　鸢尾酮

分子中有取代基时，对化合物的影响在一定程度上与分子的大小有关：在小分子中，一种官能团取代另一官能团时可能会从根本上改变它的化学性能，而在大分子中官能团只是整个分子结构的较小部分，影响也较小。

例如，甲烷、乙烷是气体，到三十烷、四十烷就成为近似无味的液体或固体。甲酸、乙酸是液体，有强烈酸性，到二十酸、三十酸就成为近似无味的固体。乙酸乙酯、丁酸乙酯是水果香味，到二十、三十的脂肪酯就近似无味的液体或固体。

八、碳原子数目与香气的关系

一般香味化合物的分子量不会超过 300，即碳原子数目在 4～20 之间，皆因若碳原子数目太少，分子量太小，沸点太低，不利于其用于香料工业；碳原子数目太多也意味着分子量太大，蒸气压太小，不利于物质挥发。许多香气化合物的香气都和碳原子数目有密切联系，不同类型的化合物中，碳原子数目的变化，对其香气的影响一般是不同的。现以几个代表性的例子加以说明。

对于脂肪族的醇类化合物，当碳原子数小于 3 时，具有愉悦的酒香；碳原子数为 4～6 时，会有麻醉性气味；从己醇开始一直到癸醇，香气兼具油脂气和清新的果香；当碳原子数目进一步增加时，会出现明显的花香香气；而 14 个碳原子以上的高碳醇，香气就很微弱甚至消失。

对于脂肪族的醛类化合物，低级脂肪醛有刺激性气味，随碳原子增加，刺激性减弱而逐渐出现愉快的香味，尤其 C_8～C_{12} 的饱和醛，高倍稀释下有良好香气。α,β-不饱和醛有臭味。

对于脂肪族的羧酸类化合物，碳原子数目越小，酸的气息就越强烈刺激；当碳原子数目增加为 4～5 时，逐渐会产生不愉悦的汗臭和乳制品酸败的臭味；当碳原子增加到 10 个左右时，刺激的酸味逐渐减弱，奶香逐渐增强；当碳原子增加到 16 个以上后，就几乎感受不到香气了。

九、其他因素

除了以上归纳的八大分子结构性因素对香气的影响，实际上，对于一些高分子量香气化合物而言，它们的气味除化学组成外，还取决于分子结构形状和大小。研究表明，分子的偶极矩、空间位阻、谱学性能、氧化性能的差异，会使一些分子的香气发生有规律的变化，某些化合物共有的特殊结构区域会使得化合物具有相似的香气。例如麦芽酚、甲基环戊烯醇酮、羟基呋喃酮都具有环状 α-二酮的烯醇式结构，它们都具有焦糖香气。

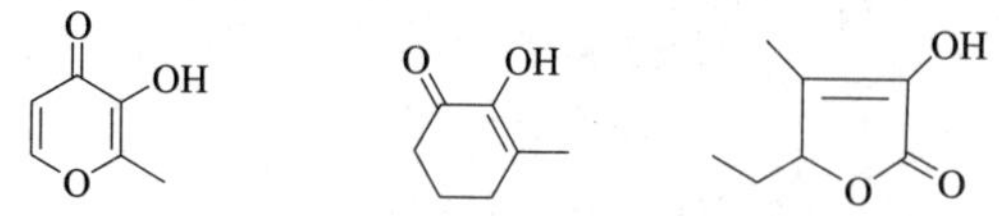

麦芽酚　　甲基环戊烯醇酮　　羟基呋喃酮

又如，苯乙酮、苯乙醇、苯乙醛和环己基乙醛分子的形状和大小相似，它们都具有花香。

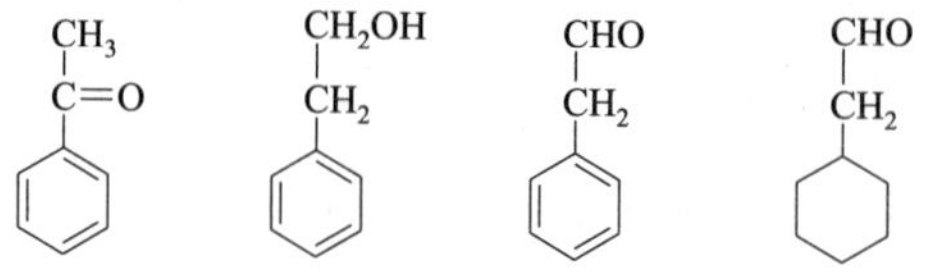

苯乙酮　　苯乙醇　　苯乙醛　　环己基乙醛

樟脑和龙脑都具有刚性筐型桥环骨架结构，因此皆具有樟脑气味。

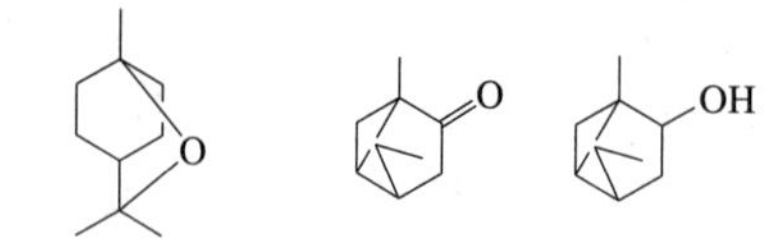

刚性筐型桥环骨架　　樟脑　　龙脑

第三章

香精概述

第一节　香精的内涵

一、香精的定义

从狭义的角度解释，香精是按照特定的配方，由两种或多种原料调配而成、具有一定香型的香料混合体（当中还包括载体、溶剂、色素、抗氧化剂、保湿剂、增效剂等），这样的香精也叫作调和香料。从广义的角度解释，除了调和香料可以称作香精外，以发酵、酶解、美拉德反应、脂肪氧化等生化反应得到的含有芳香小分子的混合物，以及这两者按照一定的配比得到的复配混合物，都可以称作香精。设计香精配方并调配的过程叫作调香。按照应用领域的不同，香精也可以分为日用香精、食用香精和烟用香精等等。

无论是哪一种香精，都应具备如下五个要求：

① 要具有一定的香型或香气、香味特征；

② 要有一定的香料的配比和调制工艺；

③ 所用的香料及其添加物，均是对人体安全的和符合安全卫生标准的品种；

④ 要与加香工艺和加香介质相适应，有较好的适应性和稳定性；

⑤ 要符合规定的剂型。

简单来说，香料和香精都是具有挥发性、有香气或香味的物质，能够被人的嗅觉器官和味觉器官感受出来，甚至有的香气和香味在人们不能察觉的情况下，能被不同的生物所感觉和分辨出来。香料和香精能够营造令人喜爱、精神愉快的香气味，能丰富美化人们的物质文化生活。

香料是调配香精用的香原料，而香精是由多种香料调配而成的混合品。二者关系密切，不可分割。为了满足调配香精的需要，才研制了香料，有了品质好的香料才能调配完美的香精。香精是加香产品的原料，只有最终上市的加香产品才能被人们使用。

凡是能挥发出香气的物质都是香料，有天然香料、单离香料和合成香料三类，但它们本质上都是有机化合物。天然香料存在于自然界中，可分为动物香料和植物香料，动物香料很少，只有灵猫香、麝香、龙涎香和海狸香，产量极少，价格极高；植物香料品种繁多，从芳香植物的各种部位所提炼出来的油状液体称为精油，油状膏体称为香膏或浸膏。所有天然的香料都含有复杂的成分，可以用气相色谱-质谱联用（GC-MS）仪分析出来。最受人喜爱的是花卉类香气，如玫瑰、茉莉、米兰、兰花、桂花等，它们都各具独特的香气。越是好闻的香气，也就越难仿制它的香精，当今的科学水平还无法模仿出与天然香气完全一致的香精，所以香料行业的任务仍是非常艰巨的。

二、香基与香精

香基，也叫香精基，英文称为 base。香精基从物质组成上看也是一种香精，但它不作为香精直接加到产品里使用，而是作为香精中的一种香料来使用，香精基一般具有一定的香气特征或代表某种香型。之所以要把一些原料组合成香基，再把香基做成香精的一味原料使用，原因有多种。例如，有的香精配方太过冗长，很多原料的添加量非常小，若每一次生产都要将这些添加量很小的原料加入香精中，生产效率低下。为了提高效率，节约时间，可以将添加量较小的原料按照香精配方的比例组合在一起，生产时按比例添加，即可大大缩短配制时间。又如，新的香料法规禁止使用某一种香料，为了寻找其替代品，可通过其他原料调配出香气或香味与之类似的香基，作为被禁原料的替代品。香基若调配得成功，不仅可以在多款香型的香基中使用，使之真正成为一个能够广泛使用的原料，还能为保护香精企业配方安全、不被同行破译提供有效手段。

香精根据其用途，一般分为三个大类，即供人们吃的食用香精和供人们用的日用香精，以及烟用香精。目前全世界销售量最大的是食用香精，其次是日用品香精、烟用香精，饲料香精排在最后。

第二节　日用香精概述

日用香精最早用于香薰，可追溯至焚烧香料，即从香料植物中通过烟雾扩散香味，以及罗马帝国时期，让小鸟先在香料粉末上扑翻滚爬，再让它在室内任意飞翔以扩散香气，这些都是最早的香薰的雏形。英语中的"香料"一词源于拉丁语 perFumum，意思为通过烟雾，说明西方在早期生活中的用香主要集中在香薰上，而香薰的习惯延续至今，且已经衍生出多种形式。

我国在春秋时期，就有使用香料的记载，在唐代以前，就有在金箔和墨汁中加入郁金香、龙脑等香料赋予书卷香气的记载，这是中国最早使用日用香精的雏形。在五代时期，就已有了使用茉莉油、桂花油的记录，自古以来，人们始终把香作为高尚与美好的象征。

而现代日用香精的雏形是由西奥弗拉斯图（Theophrastus）创始的。早在公元前 370 年希腊就记载了日用香精方面很多至今仍在使用的香料植物。混合的香料植物有玫瑰、铃兰、薄荷、杜松、百里香、甘牛至、岩兰草、月桂、桂皮和没药等等，将这些香料植物再加以混合，营造出含有多种香韵特征的混合物，是调配日用香精的雏形。而 10 世纪蒸馏法的发明，则丰富了人们使用香料的方式，阿拉伯人 Avicenna 开始用蒸馏法从玫瑰花中提取精油和玫瑰纯露，这一进步将香料的使用范围由固态植物颗粒粉末扩展至液态的香料精油。文艺复兴时期，以乙醇为溶剂的"匈牙利水"，更是日用香精中香水的雏形。"匈牙利水"由蒸馏玫瑰精油、薰衣草精油、柏木油和迷迭香油组成。到了 1942 年，随着蒸馏技术的进步，用于调配日用香精的香料品种大大增加，香型和香韵也得以丰富，为创造更多的幻想型日用香精创造了有利条件。

　　另外，有机化学的发展推动了人们对天然香料组成成分的探索，并能够通过人工单离和合成的方法仿制一些天然香料。19 世纪，合成香料品种陆续问世，由煤焦油等化工原料制得的合成香料极大程度地增加了日用香精的品种与来源方式。合成香料的香气均一稳定，价格相对低廉，有的存在于自然界，也有在自然界尚未发现的全新物质。它们在香精调配上起很重要的作用，特别对创新型、幻想型香精的调配贡献杰出。合成香料问世之前，调香时所能用的只是大自然所提供的天然动植物香料，全部用天然香料来调制香精和香水，虽然较原始的固态颗粒粉末的调香前进了一大步，但是局限性很大，往往是以花配花，以果配果，当时的调香曾被称为"自然派"。而合成香料的发明，弥补了天然香料的供应不足，某些独特的合成香料又补充了天然香料经加工后气息上的某些缺陷，使调和得到的香气效果更具有真实性。合成香料与天然香料调和的整体香气更接近天然植物的香气，更有真实感。调香由此从"自然派"走向所谓"真实派"。调香的艺术创作，从调香师的印象出发而创作香气的"印象派"发展到通过香气形式来表现事物，表达情感和主题的"表现派"。如今往往是表现与真实相结合的创作，既将大自然某种香氛惟妙惟肖真实地表现，又表达香氛的主题思想，如同五彩缤纷的画卷与悦耳动听的乐曲相结合，作为艺术品愉悦人们的嗅觉，陶冶人们情操。

　　日用香精，尤其是香水，在 20 世纪由于合成香料的发展而进入了黄金流行演变时期，表 3.1 展示了部分新的香料在香水行业中的应用，以及对应里程碑式的著名香水实例。

表 3.1　著名香水及其香型、主体新香料

香水品名	生产厂	年份	香型	主体新香料
Fougère Royal	Houbigant	1882	馥奇	香豆素
Jicky	Guerlain	1889	东方	酮麝香
L'Origan	Coty	1905	东方	甲基紫罗兰酮
Quelques Fleurs	Houbigant	1913	花香-醛香	甲基壬乙醛
Mitsouko	Guerlain	1919	素心兰	γ-十一内酯
Crepe de Chine	Millot	1925	素心兰	乙酸苏合香酯
Arpege	Lanvin	1927	花香-醛香	乙酸岩兰草酯
Miss Doir	Dior	1949	素心兰	格蓬香膏
Intimate	Revlon	1955	素心兰	甲基柏木酮
Eau Sauvage	Dior	1966	花香	二氢茉莉酮酸甲酯
Fidji	Guy Laroche	1966	花香	水杨酸叶醇酯
Calandre	Paco Rabanne	1969	花香-醛香	新铃兰醛
Alliage	Estee Lauder	1972	青香	新洋茉莉醛
Azzcero	Couturier	1979	馥奇	二氢月桂烯醇
Poison	Dior	1985	果香-花香	突厥酮

　　自然的芳香亘久不变地愉悦着人们的嗅觉和生活。海风徐徐清新洁净，雨后泥土湿润氤氲，花朵馥郁芬芳，修剪过后的草木青浅葱茏……因此，日用香精在人们生活中扮演着不可或缺的角色，它的发展与进步是人类生活质量提升的重要衡量指标。

一、日用香精简介

　　在化妆品、洗涤用品、空气香氛、芳疗油甚至玩具、文具中，日用香精都扮演着各种角色，它通过刺激人类的嗅觉上皮细胞，使人产生嗅感，营造自然界中各种香型的配搭与互动。它和食用香精的作用机制不同，在香气上可以突破自然界已有香气，创造各种幻想型、

怪诞型的流行趋势，深受人们喜爱。

（1）日用香精的定义

日用香精是按照特定的配方，由几种或多种日用香料（有时还包括某些辅料和添加剂）调配而成的、具有一定的香型或香气特征，符合某种产品使用要求的香料混合体，因此日用香精也可称为调和香料。调和是日用香精最主要的制备方式，因为香料，尤其是合成香料香气比较单调，有的香原料性质不太稳定（如容易变色、香气不持久等），只有将香料经过调和后，香气才能和谐自然，性质才能均一稳定，符合目标产品的使用要求。

英文中，常用"fragrance compound"指代日用香精，fragrance 的原义指的是美好而精致的香气（比如香水、新鲜的花朵和树木的香气等），后来由于这个词包含"美好而精致"的意思，遂与调和（compound）连用，作为日用香精的定义，即可解释为"用日用香料和辅料按照一定的配方调制而成的混合物"，当中包含了"经过调制而产生的和谐美好的香气"的意思。

日用香精的用途很广，涵盖化妆品、医药卫生用品、其他工业品，对这些产品的感官质感起到决定性作用，每千克日用香精可用于大约 100kg 香皂（加香量按 1% 计），可用于 500kg 的洗衣粉（加香量按 0.2% 计），可用于 100kg 的膏霜化妆品（加香量按 1% 计），等等。日用香精的质量关系到加香产品的质量，关系到人们在使用这些产品时的体验感和舒适度，随着人们生活水平的逐步提高，日用香精的需求量将持续增长，用途也将逐渐扩大，对其安全性、香气表现力、稳定性等要求也将越来越高。

（2）日用香精与香水

香水是一种含有香料、乙醇、去离子水、色素和固定剂等原料的混合液体，通常用来让物体（通常是人体部位）拥有持久且愉悦的气味。使用香水后，人体体温导致香水中的芳香成分随着溶剂逐渐挥发，持续时长不一，芳香化合物的挥发速度和气味强度、含量决定了该化合物的维持时间，决定了该化合物的香调（note）。而香水可根据其赋香率（即香水中的芳香成分在香水中的占比）进一步分为浓缩香水、香水、淡香水、古龙水和固体香水。它们各自的中英文对照如下：

> 浓缩香水或香精（parfums 或 extraits）：20%～40% 的芳香化合物。
> 香水或淡香精（Eau de Parfum，EdP）：10%～20% 的芳香化合物。
> 淡香水（Eau de Toilette，EdT）：5%～10% 的芳香化合物。
> 古龙水（Eau de Cologne，EdC）：2%～3% 的芳香化合物。
> 固体香水（Eau de Solide，EdS）：≤1% 的芳香化合物。

无论从香水的组成还是其英文释义，都可以发现，香水，作为日用香精终端产品之一，在日用香精中最受瞩目，是引领日用香精流行趋势和审美情趣的风向标。香水对芳香成分所呈现的香气要求在日化香精中是最高的。香水是日化香精中少数直接以香精的形式作为商品售卖的香精（除此之外还有空气香氛、花露水等）。很多的日用香精都是以配料之一的形式与消费者接触，如化妆品、个人清洁用品、洗涤剂等，会采用更多样的溶剂和载体，形式也会更加多样化。

（3）日用香精的流行趋势

纵观几百年来全世界日用品香型的流行趋势，几乎离不开一个规律：单花香型→复花香型→百花香型→花果香型→幻想香型→怪诞香型……然后又回到单花香型，进入下一个循环，它符合"从简单到复杂，又从复杂到简单"的规律。

二、日用香精的功能

日用香精在生活中广泛存在，从香水、香皂、化妆品到空气清新剂、洗衣粉、芳疗香薰等，一切生活必需品和调剂品几乎都离不开日用香精。日用香精在生活的用途十分广泛，有的扮演产品的主体功能，有时为产品锦上添花，总结起来，即"赋香掩瑕、身心同享"。

（1）赋香功能

几乎所有的日用香精都可以给日用品带去各具特色、丰富多样的香气，以香气营造一定的意境，带给消费者享受。例如空气清新剂会以柑橘香型使人联想起清新、洁净的感觉；膏霜中添加的香精通常都带有乳香香韵，会增添消费者使用时对面霜滋润补水的感受。

（2）矫香功能

一些日用品本身带有一些人们不太能接受的气息，而合适的日用香精，不仅可以掩盖产品中的不良气息，还能够根据产品的市场定位以及使用效果，营造合适的香气。例如：面霜本身会带有大分子油脂的生硬气息，闻上去有些沉闷且油腻，会使人联想起塑料，但柑橘-花香的香韵组合，能赋予膏霜类化妆品柔和、芬芳的香气，使人们在使用时的体验感提升。又如很多的杀虫剂本身具有醚样的刺激气息和石油样的不良气息，而花香-木香型日用香精可以有效掩盖这种不良气息，改善居家环境。

（3）替代、稳定功能

当一些天然制品由于货源不足、收获期不定时、成本过高或者在加工过程中香气易被破坏等原因，可以用相应香型的香精制品替代或部分取代天然制品对日用香精的赋香功能。另外，天然制品因为季节、地区、气候等条件的限制，香气难以保证每一批次都均一稳定，这就需要用香精取代天然制品。例如，玫瑰精油的得油率一般只有万分之几，价格高昂并且香气无法做到每一批次都很稳定，此时若用以合成原料为主调配的玫瑰香精，可大大降低用香的成本，并且不受玫瑰收获期和时间的影响，香精可以持续稳定地供应，从而实现玫瑰精油的稳定化生产。

（4）保健功效

现代医学越来越重视香气对人体身心健康的影响，不少研究成果表明，很多的天然香料提取物具有很多功效，例如舒缓神经、愉悦心情、抗抑郁、镇静心灵等。近年来大热的芳香疗法中，各种芳疗按摩精油和香薰制品对人的神经都具有一定的调节作用。但日用香精的保健功效由于缺乏深入、系统的研究支持，尚存争议。

三、日用香精的分类

日用香精涵盖生活的方方面面，凡是与香气有关的体验（食物除外），几乎都和日用香精有关。日用香精根据其香型、用途、剂型等可以分为很多种类，本书按照用途的不同和香型的不同将香精分类，重点以用途分类展开，介绍每一种用途的香精在剂型和香型上的特点。

（1）按香型分类

日用香精按照香型可以分为花香型和幻想型。花香型日用香精是对自然界已有的花香进行模仿，香精一般表现某种花香或某几种花香的组合。幻想型日用香精指的是以各种不同类别的香型组合，表现源自自然界但自然界不存在且令人接受的香气。例如大部分的香水都属于幻想型香精，它们都会用各类果香作为前调，中调用不同的花香搭配出不同风格的主体，后调用木香、香豆或者动物香。

① 花香型日用香精 这类香精大多数是模仿天然花香调配的。如茉莉、玫瑰、铃兰、紫丁香、金合欢、橙花、紫罗兰、栀子、忍冬、风信子、含羞草、葵花、香紫苏、水仙花、桂花、康乃馨、依兰依兰、甜豆、晚香玉、黄兰花、兔耳草、长寿花、薰衣草等花香型香。

② 幻想型日用香精 该类香精有的是仿实物而调配的，有的是从自然界中捕捉形象而创作出的，其名字千奇百怪，有的来自神话传说，有的则用地名，往往充满抒情趣味，例如素心兰、牛至、烟草、苔藓、馥奇、防风根、百花、龙涎、琥珀、麝香、皮革、青香、海洋、松针、百草、木香、檀香、东方、果香、古龙、醛香、辛香、蜜蜡香等。

(2) 按用途分类

① 香水类香精 此处提到的香水，除了大家所熟悉的喷洒于身体局部部位的芳香成分的乙醇溶液外，还包括其他与身体皮肤接触的水溶性香精，例如花露水、除臭水、剃须用水等。

香水的香型可以分为以下十三大类：花香型、百花型、现代型、青香型、素心兰型、馥奇型、东方型、皮革型、柑橘型、木香型、薰衣草型、辛香型、烟草型等。

香水香精在日用香精中占有重要地位，香水是化妆品中香精含量比较高的日用品，香精含量有时会高达20%，用95%乙醇溶解调配而成。近年来香精的浓度有增加的趋势，且习惯采用多种香型的原料复配作为定香剂。

19世纪末，合成香料的问世，促进了调香的迅速发展，形成了香水创作方法，使香水更加富有个性，当时比较有名的香水如东方型 L'Origan 香水，除了用天然树脂和麝香调配外，调香师大胆地运用了合成香料紫罗兰酮，赋予百花香型紫罗兰香，这个原料至今仍在广泛使用。其他有名的作品如素心兰，是以香柠檬油、柑橘、玫瑰、琥珀、麝香等作为主香剂，同时配入洋茉莉醛，进而烘托出明快的气氛，这款香型现在依旧广泛应用于各种化妆品。

1900—1930年间，是香水创造的繁荣时期，当代一些重要的香型基本上是在那时完成的。其中属于东方型的香水有 L'Origan、Mitsuko、Shalima、Crepe de Chine 等。著名的 Chanel No.5 是现代百花型的代表作，有醛香、花香、木香和动物香等多种香韵，调香师运用了脂肪族醛类香料，使该香水别具个性。此外属于花香型的香水有 Rose Jacguminot 和 Joy 等，潇洒飘逸的香韵至今仍应用于现代百花型香水中。

20世纪50年代开始强调香水创作的典型性和性格化，香气比较浓重，韵调也比较高。因此天然精油的用量减少，香气纯正的合成香料使用范围扩大。当时比较有名的 L'Air du Temps 香水就是用新合成的香料作为主香剂调配的，如水杨酸、甲基紫罗兰酮、酮麝香、依兰依兰油、茉莉净油等，当代的日用香精仍然保持这一最基本的配方。1956年上市的 Feumme 香水虽然属于东方型，但具有花香-果香香韵。同期另一个有名的青香型香水 Diorissimo 是从百花型香韵中派生的。合成香料构成的百花型香基中调配水仙、风信子、蜜香和奶香等香料使青香型香水更加生辉。

20世纪60年代，青香型香水比较流行，如 Fidji 香水，它采用新的合成香料，不仅保持了原香水 L'Air du Temps 的飘逸爽朗花香，而且使香水具有青香和果香等香韵。现代百花型作品有 Madame Rochas 香水。在玫瑰、茉莉、铃兰、栀子、依兰依兰等各种花香配方中调配醛类香料，使格调富有现代特色，多用于各种化妆品。此外有名的作品还有 Calandre、Caleche、Cabochard 等，Cabochard 香水采用栀子、辛香和橡苔为香韵，搭配木香和动物香等香韵，再使用格蓬使香精有一定的男性风采。Imprevu 属于现代东方型，是将现代百花型香精的头香调配成具有香脂香气的东方型代表。

20 世纪 70 年代，香水的发展更加趋向个性化，消费者喜爱浓重浑厚的香调。素心兰型由此流行，天然精油的用量逐渐减少。最受人们欢迎的是青香型，几乎所有的香水中都或多或少具有青香香韵。其代表作有 Chanel No.19，该香水是在风信子、玫瑰、茉莉等百花香型基础上再调配醛类、木香和动物香等香料，使香水具有青香的现代百花型香。Deorela 的香水除具有青香香韵外，同时还持有甜香香韵，是新的现代素心兰型。70 年代有名的作品还有 Alliage、纪梵希等。Alliage 是非常优秀的作品，该香精是以合成香料乙酸芳樟酯为主要原料调配的，高度地再现了铃兰、玫瑰等花香的青香气息，使香水具有清新淡雅的香气。

花露水从成分上说和香水的差别并不大，与香水的区别在于花露水的香气比较轻淡，香水多为女性所用。花露水的香气则为男女都适合的香。花露水的头香以柑橘类香料为主，如香柠檬、橙花、柑橘、柠檬、橙叶，通常赋香率约为 3%～5%，乙醇的浓度 80% 左右。著名的花露水 4711，是采用香柠檬、柑橘类原油与薰衣草、迷迭香等原料调配而成的，具有典型的爽快香气。

20 世纪 50 年代，花露水的销售量很大，除花露水 4711 外，赢得消费者喜爱的还有 Jo Malone Amber & Lavendar、Eau de Vetiver 等。当时适合男性用的花露水很少，60 年代初，男性用花露水发展较快，有各种各样的男性花露水投入市场，其中有 Habit Rouge 花露水，该产品为素心兰型，同时还具有辛香和木香等香韵，是 60 年代的佳品。此外，Eau Sauvage 以柠檬和香柠檬为主要原料，烘托辛香、青香和茉莉等爽快香韵。Signoricci 采用格蓬等青香型香料，使香气具有较强的个性。此外，Moustache、Cravache 等男性花露水香韵亦是比较丰富的。

20 世纪 70 年代，花露水的发展趋势是香韵强、格调高的产品，以辛香和木香型为主，香气浓郁，适合男性。另外还有以香柠檬为主的古龙花露水，还有 Mr. de Rouche、Gres Pour Homme 和 Equipage 等，前者以木香为主，具有清甜香调，Gres Pour Homme 是以皮革和烟草为基调采用皮革和辛香等香料调配，使产品具有优雅的素心兰香韵。

到如今，花露水这一香型已被广大消费者所接受，是一类价廉好用且香气老少皆宜的生活用品。

② 洗涤类香精　洗涤类香精包括香皂、香药皂、洗衣粉、洗衣皂、洗涤剂、浴用剂香精等。皂用香精是洗涤类香精的重要产品，早期调配皂用香精的原料比较差，一般采用香气较厚重的香料，当时以具有橙花香气的香料为主要原料，以百花、馥奇、麝香和檀香等为基本香型。近年来，逐渐采用高质量的香料作为用香精原料。花香型为皂用香精的主流，如日本的皂用香精几乎全部用花香型香精。

皂用香精一般有四种基本香型。

a. 花香型和百花型，如玫瑰、铃兰、紫丁香、茉莉等。

b. 现代百花型，具有醛香的特征香气。

c. 现代素心兰型。

d. 青香型，香气清新明快。

之后，皂用香精逐步趋向于香水的创作方法，按照消费者的需要，创造出新的香皂香精。

浴用剂香精是入浴时用的溶于水中的加香物质，其有多种形态，如颗粒、结晶、液体等。其香型有茉莉、柑橘、紫丁香、铃兰等。浴用剂按用途分为三类：

a. 硬水软化，改变水质，提高洗涤净身效果。

b. 呈色和赋香，增加洗澡时的爽快气氛。

c. 治疗和美容，调配药物和温泉水等有效成分达到治疗和美容的目的。

比较有名的浴用剂有 Jean Nate、Youth Dew、Aramis、Kanøn 等等。前两者属于典型的东方香型，后两者是适宜男性的浴用剂。

③ 膏霜类香精　膏霜类香精包括雪花膏、粉底霜、冷霜、清洁霜、营养霜、膏粉霜、防裂霜、眼睫霜、剃须膏、杏仁蜜和唇膏香精等等。

膏霜类化妆品发展初期以女性使用为主，后来发展到男女风格各异的膏霜香精。女性用的膏霜一般按女性的嗜好调配香型。早期的化妆妆用品香精由于原料质量关系，一般采用香气浓重的香，膏霜类常采用玫瑰、紫丁香等香型，普通的化妆品中常用的香料有香豆素、洋茉莉醛、佳乐麝香、紫罗兰酮类、岩兰草、檀香类香料等。随后，由于膏霜类化妆品的用料比较考究，所以膏霜类香精一般采用类似介于香水和花露水的、具有细腻丰润香气特征的香料来调配，其香型亦逐渐趋向于香水和花露水。

④ 香粉类香精　香粉类香精包括香粉、粉饼、爽身粉、痱子粉香精等。以无机物粉末为主要成分的化妆品，通过微量的金属皂类物质使香料分散与粉末黏附，因此对香精的质量要求比高，如稳定性好、不变色和香气不变调等。香粉类香精的基香成分较重，早期经常用天然芳香浸膏、动物香和基香类合成香料，如硝基香、香豆素、洋茉莉醛、桂醇、丁香酚、紫罗兰酮、岩兰草油等。脂粉类香精以花香和百花型为主，要求香气浓郁、丰润和生动；爽身粉和痱子粉用的香型以橙花、铃兰、薰衣草等香型为主。常用的香原料还有薄荷、龙脑、桉叶油等凉感原料。

⑤ 发须用品类香精　发须用品类香精包括发蜡、发乳、香波、护发素、塑型啫喱、香头油、生发油、染发用品等。发须用品按照用途分为发用化妆品和洗发用品两类，发用化妆品有护发水、发香脂、发膏、染发用品等。护发水具有清洗和保护头发的作用，一般属于药物发用化妆品。常采用的香料有薰衣草、橡苔、水杨酸异戊酯、檀香类和琥珀类的动物香，最常见的是馥奇香型。茉莉、玫瑰和药草香韵也常常出现在发用制品的香精中。其中，女性发须用品的香型更加丰富一些。发香脂分为植物性和动物性两种，一般加香量为 2%，香水香型也是发用制品较为流行的一个趋势，以薰衣草、馥奇和素心兰为经典香型，并逐渐采用越来越高档的香原料调配香精。

洗发用品按状态分为液体、膏状和粉末等类别，其中以膏状为主流。洗发用品加香的主要目的是消除洗发中和洗发后洗液中的不愉快气息。洗发香波常用的香型有玫瑰、茉莉、薰衣草、香柠檬等。发用漂洗剂的香型基本和洗发香波香型相同，但漂洗剂香精的头香比重较大，有的则采用香水的思路铺排香韵，这样做可以使香气具有温和的清洁感。

⑥ 居家用香精

a. 杀虫剂用香精。消除或缓和杀虫剂成分中的刺激感和石油样等不快气息，一般用花香和木香型香精。

b. 除臭剂用香精。通常用于厕所、厨房、化工厂、公共设施等。早期的除臭剂有萘、对二氢苯、樟脑、松节油、焦木酸等。后来的除臭方法是使恶臭物质发生化学变化，使其转换成不挥发、无臭以及恶臭气息弱的化合物。因此，目前广泛采用的除臭剂大多数属于反应型除臭剂。香型侧重于清凉感和柑橘类，后又出现向温和和花香型香气发展的趋势。

c. 日用百货用香精。去垢剂、衣类、厨房、寝室、盥洗室等各种用具以及玻璃器皿香精。家具用香精一般多属用甜润的花香香气。

d. 地板用蜡、鞋油、汽车蜡等香精。其香型一般为花香型。

e. 蚊香、卫生香、蜡烛用香精。除普通的卫生香外，还有采用高档香精调配成的室内用空气香氛，香蜡烛除了有室内增香和除臭作用外，对蚊虫也具有驱避效果。

⑦ 安全用香精　如城市煤气和液化气用香精，在这些气体中加香后成为安全警告信号。目前采用的是有机硫化物。加香量为对应气体的亿分之三至亿分之六，城市煤气中加入四氢噻吩（$0.03\sim0.06g/m^3$），液化气中加入烷基硫醇或烷基亚硫化物（$50\sim100g/t$）。

⑧ 工业品用香精　加香对象是工业产品，如合成树脂、纤维、合成革、燃料油、机油等。加香目的主要是清除或掩盖产品的不快气息和原料的臭味。工业品种类繁多，加香方法也随之各异。

⑨ 环境保护用香精　这一类香精属于除臭剂类香精。随着近代工业的迅速发展，城市污染越来越严重，各国都建立了环境保护法，因此目前用于缓和以及消除公害用的香精骤然增加。

四、日用香精的应用领域

（1）香水生产

香水香精是日用香精的顶级作品，国外通常认为一个调香师的水平要看他调的香水香精水平，许多新香料也是作为某名牌香水的配伍成分引入日化香精的，二氢茉莉酮酸甲酯、突厥酮、龙蒿油等均是如此。调配香水香精成了所有日用香精调香师经常性的实习内容，模仿流行的香水也是日用香精调香师的必修课之一。

换个角度看，调配香水香精对调香师来说反而是一件轻松的事：它的原料几乎不受自然界中存在与否的限制，因为配制香水用的溶剂是乙醇，绝大多数香料都易溶于乙醇，除了一些天然香料浸膏（因此调香师干脆不用浸膏而用净油）以外，即使难溶于乙醇的香料也可用其他香料或溶剂溶解后再溶于乙醇；香料价格不影响香水调配，而且通常可以不考虑色泽变化，有的香水甚至以某种固定的色泽如橙红色、金色、墨绿色等讨人喜欢。

很多香水香精的配方都较为复杂，即配方单较长，所用的原料较多。早期的调香师倾向于使用非常多的香料配一个香水香精，力求做到香气平衡、和谐。许多现代派的调香师们调配香水香精喜欢标新立异，有时仅仅用几种香料就能调出一个香气表现力好的香水香精来。好的香水，其香韵有一定的规律性：前调一般为果香、花香、青香等，后调的香气往往是体现温暖绵长的木香、动物香和豆粉香等，由一种特征性的香气贯穿始终，让人不太注意它前中后调香气的变化。调配香水香精时，要注意头香、体香、基香的连贯，中间不能出现断层（初学者很难理解"断层"的意思，这是调香师的日常用语，评香时分几个时间点去评价香水的香气，如果每次闻到的香气都是圆和、令人愉悦的就是所谓不"断层"了），也就是要注意体香香料的运用。有些香料的香气能够在头香、体香、基香都发挥作用，如派超力油、二氢茉莉酮酸甲酯、降龙涎香醚、檀香208、铃兰醛等，本身香气又很好，调配香水香精时可以多用它们。

男性与女性的香水市场的流行趋势不同，因此通常人们把香水香精分成女用香水和男用香水两类，但这不是绝对的、不可更改的，无论什么香水，只要自己喜欢就是适合的。

（2）化妆品生产

从香精的分类来说，化妆品香精比较接近香水香精（香水其实也属于化妆品范畴），化妆品香精主要用于配制雪花膏、护肤霜（蜜）、冷霜、清洁霜、粉底霜、营养霜、润肤露、按摩油、发油、发乳、发蜡、发胶、生发水、剃须膏、洗发精、护发素、洗面奶、痱子粉、爽身粉、口红、护唇膏、眉笔、指甲油、染发剂、脱毛剂、抑汗剂、BB霜、粉刺霜、面蜡、浴油、浴盐、泡沫浴剂等，其中包括了一些本应属于洗涤剂但主要用于人体清洁的产品。这些产品对物理性质的要求都比较高，因此，配制化妆品香精所用的香料要尽量避免或减少使用那些颜色较深和易于变色的品种，如血柏木油、香根油、乙酸香根酯、广藿香油、香兰素、邻氨基苯甲酸酯类、丁香酚及其衍生物、一些不太稳定的易氧化的醛酮类原料和天然香料等。

各种名牌香水的香型都会被化妆品香精采用，但配制化妆品香精时，根据不同的使用场合可以使用一些价格较低廉的香料替代，例如可以将容易变色的香料改用不易变色的品种。任何一个化妆品香精都要经过加香试验，即加入产品观察一段时间（架试），确定物理性质稳定，不会产生破乳，不会变色。

（3）环境香氛生产

环境香氛主要包括空气清新剂、凝胶香、汽车用香氛、气雾型杀虫剂，以及可以用于湿巾、餐巾纸、涂料、名片、香卡、干花、布料、文具、玩具、蜡烛等的日用品香精。这类香精大部分模仿的是大自然（花、木、草等）的自然香气，香型有单一的也有复合的，现用蜡烛香精和熏香香精为例阐述环境香氛香精的生产应用特点。

① 蜡烛香精　蜡烛的主要成分是石蜡。高纯度的石蜡是无色、无香、无味的，如果一个香精的配方里面有较大量不溶于油（蜡）的香料，把它加进熔化的石蜡里时溶解不了，冷却后香精沉于蜡底或浮于蜡上，这是不符合产品质量规格的。另外，不少常见香型的香精加入蜡烛里变色情况还非常严重，如香草香型、丁香香型、肉桂香型、麝香香型等，由于这些香型的香精里用了大量的香兰素类、丁香酚（包括丁香酚的各种衍生物）、桂醛等原料，这些香料在光线、空气、微量铁等杂质的共同作用下很容易变色，因此这些香型不能用于白色和浅色蜡烛生产中，实践证明，加在肥皂里容易变色的香料加在蜡烛中同样容易变色。另外，虽然石蜡的熔点在60℃左右，但在蜡烛生产时石蜡的熔化、浇铸工序远高于这个温度（往往高于100℃），因此，低沸点的香料也不宜用于蜡烛香精中。

② 熏香香精　熏香香精可以大量使用香料下脚料，这是因为这类香精对颜色不讲究。虽然如此，调香师和香精厂的生产人员也不能对熏香香精的调配和生产掉以轻心，因为大量使用下脚料将造成熏香香气不定、颜色不稳定、固体下脚料难以溶解、成品沉淀或出现浑浊等问题。所以用于调配熏香香精的香料下脚料的选择应注意下列几点：

a. 固体下脚料加入量一般不要超过20%；

b. 每种下脚料进货批量越大越好，到厂后把它们再次混合均匀，液体下脚料最好用大铁桶装，用搅拌机或循环泵混合均匀；固体下脚料最好打碎混合均匀；膏状或黏稠状下脚料宜先用适当的溶剂溶解后混合；

c. 一个配方中只使用一种下脚料时，香气会较为粗糙，几种下脚料一起使用的熏香，香气比较容易协调圆和，而且使用多种下脚料能克服单一下脚料可能存在的溶解度不佳、色泽深、每批进货质量有波动等难题。

有些香料在常温下不易挥发，香气显得淡弱，但点燃熏闻时香气强度会变大，如苯乙酸等，许多香料下脚料也是如此，这是因为在高温下这些香料易于挥发。有些香料在高温下分解变成小分子挥发物，小分子化合物再次合成新的香料分子并组成新的香气。因此熏香香精的香气评价很注重加香过程，直接嗅闻香精的结果对香精调配的意义并不大。

（4）洗涤剂生产

洗涤剂香精用于洗衣粉、洗衣膏、洗洁精（其中，餐具洗洁精应使用符合 GB 14930.1—2015 中允许使用的食用香料）、洗衣皂、香皂、各种工业洗涤剂等。这些洗涤剂几乎都是碱性的，即使是号称中性皂的香皂也含有少量的游离碱，因此洗涤剂香精宜用耐碱的香料，即在一定的碱度下稳定、不变质、不分解、不变色，这给洗涤剂香精的配制带来一定的难度。醇类在碱性条件下是稳定的，但是醛、酮、酯、醚类在强碱性条件下会分解变质，但在碱度较低时可以稳定不变质，需要通过大量的实验才能确定每一种香料的耐碱性。低档洗衣皂可以使用部分高沸点的香料下脚料，这些下脚料都有一定的定香作用。虽然下脚料的香气比较粗糙、复杂，但有经验的调香师还是可以把它们与适合的低档香料调成香气圆和、头尾平衡的皂用香精。

（5）芳疗产品生产

现代的芳香疗法主要指的是精油疗法。芳香疗法所用的精油大致分为两类，一类是单方精油，一类是复方精油。单方精油，指的是只含有一种精油的芳疗产品，而复方精油则是两种及两种以上精油的混合物，通常具有更好的疗效。

配制精油现已成为芳香疗法常用的一类有别于完全用天然精油配制的产品。芳香疗法以天然精油效果好的观点，是受 20 世纪 80 年代一切回归大自然思潮的直接影响。但天然精油直接用于芳香疗法、芳香养生也有其缺点。

很多天然精油的香气不够"天然"，特别是从各种天然花朵提取的精油与新花朵的香气相去甚远，这主要是由提取工艺中有些香气成分损失或变化造成的，茉莉花油、玫瑰花油、栀子花油、水仙花油、玉兰花油等都是实例。另外，有的天然精油价格太贵或不易得到，部分天然精油香气并不好，闻起来不舒服，达不到芳香疗法、芳香养生的要求。还有一些天然精油留香时间短，柠檬油、香柠檬油、桉叶油、迷迭香油、苦杏仁油、薰衣草油的挥发性都很强，香气不多久就消失了。为了弥补这些缺陷。最好使用"配制精油"，即利用从天然动植物提取的精油再加以调配，让它的香气更趋向天然气息，闻起来更宜人，并有适度的留香。

就如中药处方一样，中医中用药讲究"君臣佐使"。各种药性相辅相成，互补互利，才能发挥最大的效果；单单一种香料用于芳香疗法或芳香养生，不但香气显得单调、粗糙，其"疗养"效果也有限。而通过调香巧妙地调配，芳疗精油的香气不仅能够圆和、美好，实际使用的效果也好得多。

单花香精油可以使用一部分天然精油，再加其他香料单体，经调香师巧手能配出各种逼真的天然花香，香气的仿真度可以做到八成以上。茉莉花香、玫瑰花香、桂花香可以直接使用茉莉净油、玫瑰净油、桂花净油，而其他各种花香，有的不易得到该种花的提取精油或净油，则可用上述三种油及其他可以买到的天然花草油配制。例如，檀香油、麝香油也是用部分天然精油、天然麝香加上大量的合成香料配制而成的。复合香芳疗精油既可以直接用全天然精油配制，也可用上述的"再配精油"配制。

第三节 食用香精概述

虽然食用香精在各类食品中的添加量低到最多只有百分之几，但它对于食品的风味品质却起到了决定性作用，因此说食用香精是食品的"灵魂"并不为过。

一、食用香精的中英文释义

与日用香精不同，日用香精只和人的鼻子和皮肤发生接触，而食用香精除了针对鼻子外，当进入口中时，香味会从口腔进入鼻腔，再加上和食物本身固有的味道共同刺激感官系统，作用形式和日用香精有着本质的区别。从香型上来说，日用香精可以创造出自然界没有的幻想型香精，而食用香精原则上是对天然存在的香味进行再现和增强，这是人类对食品有着极为保守的本能，即本能地排斥没有经历过的新香味食品，因此食用香精要注重对天然香味的模仿。

（1）食用香精的定义

食用香精是按照特定的配方，通过调配、发酵、酶解、热反应等形式，由可以安全食用的香原料、溶剂或（和）载体及某些食品添加剂所组成的具有一定香气特征，并具有令人舒适香味的混合体。

食用香精在食品工业中是用于食品生产和加工过程中赋予食品香味的一种食品添加剂，它能够改善和提高食品的风味质量，进而增加人们的饮食热情。但食品香精通常不能替代食品中的氨基酸、脂类和糖类的营养价值。根据国际食用香料香精工业组织（International Organization of the Flavor Industry，简称为 IOFI）对食用香精的规定，除了允许食用香精中含有对香味有贡献的物质外，为了香精的稳定和安全，食品香精中可以含有对食品香味没有贡献的物质，例如，溶剂、抗氧化剂、防腐剂和载体等。

（2）香味与食用香精

传统的食用香精一般只有"香气"的概念，不含香味的概念。但近年来随着食品工业的发展进步，食用香精中也普遍开始将味精等口感增效剂、维生素等稳定香精性质的成分、脂肪酸（如黄油）等原料引入食用香精的范畴，增强了食用香精在口感上的表现力。因此，一款优秀的食用香精，是香味的艺术品。

人类在进食时要经过眼、鼻、口三道关卡，确定可食用后，才把食物放入口中并开始咀嚼。这个行为会产生味觉和口感。一般食品都或多或少会有挥发性成分，这些成分不仅在口腔活动中，甚至在食用前就已进入鼻孔而产生嗅觉。这三者都是各自独立的感觉，但在进食时三者常常浑然一体，形成知觉，因此，把食品的香气、味道和口感结合起来用"flavor"一词表示。后来 flavor 引申为可以指代具有此功效的物质，即食品香精。另外，诸如内服药物、牙膏、漱口水、香烟制品中添加的香精也称为 flavor；动物饲料中的香精也称为 flavor。

一条规律可以帮助食品调香师在调配香精时，使自己的香精具有一定的香味：一般的香原料是否具有口感和该物质的官能团的数量有关。仅有香气的原料是单官能团物质，例如香叶醇、乙酸苄酯等；而具有一定香味的香原料通常是双官能团的，例如香兰素、羟基香茅醛等。利用这条规律，调香师可以一定程度地赋予香精香味。但若要使香精的香味表现如同天然食物般逼真，做到此还远远不够，读者阅读本丛书中的《香精的调配与应用》中的第一篇可寻找到具体答案，此处不赘述。

（3）口感与食用香精

（4）食用香精与调味料的关系

食用香精并不是调味料。从成分组成上说，调味料中的主要成分是以辛香料为主的调味粉，加上盐、糖、酱油、味精、色素和防腐剂等的混合物，有的调味料为了使其具有香味增效的功能，会用一定比例的香精和（或）香料，香精中的很多香味物质（如美拉德反应物、发酵产物和酶解产物等）和香气成分能够增加调味料的香味效果。因此调味料中可以没有香精，但香精也可以成为调味料中的一部分，两者并不等同。例如，一些快餐食品所用的调味粉和调味料，以及部分膨化食品喷于薯片表面的调味粉，通常都含有食用香精。因此食用香精引入食品的途径也分直接与间接两种，由于很多的食品配料中添加了食用香精，因此最终的食品中也会呈现相应的香和味。

食用香精中所选用的香味料的性质及其用于达到所要求的香味的需要量取决于消费者对最终产品的要求。由于许多来自原料产品组成、制造参数、包装材料、市场要求、法规限制和消费者承受性等的变化因素综合影响食用香精的最终要求，所以难以概括而言。

二、食用香精的功能

食品中都含有天然存在的香味物质和（或）在加工过程中形成的香味物质，这是人类摄入的香味物质的主体。食用香精是食品工业必不可少的添加剂，没有食用香精就没有现代食品工业。正如本节中对食用香精的定义，食用香精的主要功能可以用"增香提味、改善品质"来概括，具体体现在以下四个方面。

（1）为食品提供香味（即赋香功能）

有些食品基料本身没有香味或香味很小，如饮料、硬糖、盐水棒冰、瓜子、果冻等，加入食品香精后具有了宜人的香味。

（2）补充和辅助食品的香味

一些加工食品由于加工工艺、加工时间的限制，例如黄桃罐头、草莓果酱以及蓝莓果脯等水果制品，它们在加工过程中因经过了物理过程（如高温杀菌等），以小分子为主的风味成分基本已损失，因此往往出现特征香味缺失的现象，加入与之原本香味同类的食用香精后能够使其在加工过程中损失的香味得到补充。

另外，一些本身已具有令人愉悦的风味的食品（如葡萄酒、绿茶及天然果汁等），香气浓度或强度不够，因此需要用香味与之对应的香精辅助其香味，达到增强特定食品的香味特征的功能。

（3）掩盖和矫正不良风味

某些食品具有令人厌恶的风味特征（例如鱼腥臭和羊肉的膻味），需要选用合适的香精矫正其香味，变成人们乐于接受的食品。一些药草类饮料中也需要加入香精，掩盖和修饰令人反感的药味；一些肉制品也需要加入香精掩盖、修饰其肉腥气和膻味。

（4）替代天然风味原料，使风味成分稳定（标准化）

一些天然制品由于货源不足、收获期不定时、成本过高或者在加工过程中风味易被破坏等，可以用相应香型的香精制品替代或部分取代天然制品对食品的赋香功能。另外，天然制品因为季节、地区、气候等条件的限制，香气难以保证每一批次都均一稳定，这就需要用香精取代天然香制品的角色，对天然产品的香味起到稳定的作用。

食用香精作为食品添加剂中的一种，虽然营养价值不及其他食品配料，但其赋予食品美好嗅觉及味觉体验的功能，有效地使不同的食品获得或增强了期望的稳定而愉悦的香气特征，因此提升了食品的档次，推动了食品的种类和花色的推陈出新，推动了食品工业的发展。食用香精的应用早已遍及食品工业的各个方面，不添加食品香精的加工食品越来越少。食用香精的应用也早已超出了传统的食品、烟草等工业的范畴，如在药品中添加食用香精越来越普遍，从"良药苦口"到"可口"靠的就是食用香精；又如各种饲料香精对畜牧业和养殖业的发展以及宠物的饲养也发挥着重要作用。没有食用香精的食品工业只会是一个香味不足或没有香味、香味不够愉悦的食物世界，因此食用香精的作用不容小觑，虽然添加量很低，但对于食品工业必不可少。

三、食用香精的类别

食用香精的种类很多，纷繁复杂。适用于不同食品的食用香精需要具备不同的香味特征和香型。除此之外，不同的加香食品由于介质和加工过程不同，因此需要用不同剂型的香精与之相适应，不同剂型的香精的制备方式也不尽相同。因此，笔者将从多个角度对食用香精进行分类，目的是便于读者阅读后，能够根据需要加香的食品（即用途）科学选择合适类别的食用香精，决定食用香精该用的香型、香原料、溶剂或载体，以及制备方式等问题。

（1）按用途分类

食用香精按照用途可以分为食品用香精（食品香精）、嗜好品用香精、医疗护理用香精以及饲料用香精等。

其中，食品用香精是食用香精中种类最为繁多、剂型最为丰富、加香应用范围最为广泛的一类。食品用香精又可以根据加香食品介质、食品工艺和风味的不同，具体再细分。

另外，嗜好品用香精又可分为酒用香精和烟用香精等具体种类；医疗护理用香精又可分为药用香精和口腔护理用香精等具体种类。随着香料工业的发展，不同应用领域的食用香精的香型将会被进一步丰富扩充，香精的品种也会越来越多，以满足多样化细分化产品的市场需求。

综上所述，按照用途对食用香精进行分类，可归纳如下。

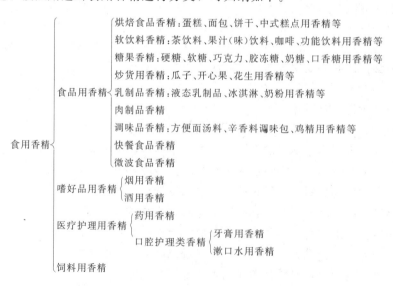

近几年，由于咸味食品香精的发展，国内趋向于将食品香精分为两大类，即甜味食品用

香精（confectionery flavors，简称甜味食品香精或甜味香精）和咸味食品用香精（savory flavors，简称咸味食品香精或咸味香精）。

咸味香精是由热反应香料、食品香料化合物、香辛料（或其提取物）等香味成分中的一种或多种与食用载体和/或其他食品添加剂构成的混合物，用于咸味食品的加香。咸味香精所指的"咸味"是一系列与烹调菜肴有关的香味，主要包括：各种肉香味、烟香味、蔬菜香味、葱蒜香味、辛香味、脂肪香味、油炸香味、酱香味、泡菜香味以及其他各种烹调菜肴的香味。与此相关的咸味食品主要包括：各种肉制品、海鲜制品、仿肉制品、豆制品、调味料和调味品、薯条、膨化食品、番茄酱、洋葱制品、大蒜制品、香辛料制品、方便面、方便米粉、速冻水饺等调理类速冻食品以及菜肴等。

咸味香精也称为调味香精、调理香精，主要品种有猪肉香精、牛肉香精、鸡肉香精、羊肉香精、各种海鲜香精、菜肴香精等。

目前没有具体针对甜味香精的行业标准，甜味香精生产中执行的是 GB 30616—2020《食品安全国家标准 食品用香精》。关于甜味香精的范围，国内倾向于将咸味香精以外的食品香精都归为甜味香精，国外倾向于将咸味香精、甜味香精、乳品香精（dairy flavors）、烘焙食品香精（bakery flavors）、饮料类香精（beverage flavors）并列。

（2）按制备方式分类

食用香精按照制备方式可分为以下五类。

① 调和型食用香精　所谓调和型食用香精，即调香师通过调配（即调香）的方式将多种香原料和溶剂或载体（所用香原料涵盖了合成香料和天然香料）按照一定的配比进行充分混合，形成香味逼真自然的混合体。调配型香精的制作过程主要以物理过程为主，是香原料的叠加。调和型食用香精是所有类别中应用范围最广泛、香型最丰富且性质较为稳定可控的香精。它是调香的产物，因此调香是目前最常用的食用香精制备方式。设计调和型食用香精配方时需要注意香气与香味的统一，有时需要加入香味增效剂、掩蔽剂等以增强特征香味，抑或掩盖不良口感。

② 热反应型食用香精　热反应型食用香精，是利用美拉德原理，将氨基酸（氨基化合物）与还原糖（羰基化合物）在高温共热的条件下进行共热，发生一系列非酶催化的褐变反应（包括氧化、脱羧、缩合和环化反应），生成风味特征各异的香味混合体。美拉德反应广泛存在于肉类的煎炸、烘烤、水煮等日常烹饪过程里，近年来由于对其研究不断深入，遂将该反应应用于香精制备。热反应型食用香精的口感一般比较好，因此能够作为对调和型食用香精的部分补充和增强，天然仿真度更强。但热反应型食用香精的香型具有一定的局限性，主要应用于肉类等咸味香精以及少量的坚果香精中。

③ 酶解型食用香精　酶解型食用香精，一般利用酶这种生物高效催化剂，将食品中的大分子物质降解成醇、醛、酯等小分子发香挥发性成分。酶解型食用香精常用蛋白酶和脂肪酶分别水解豆类、肉类中的氨基酸和乳制品中的脂肪酸，分别得到香味更加鲜美和浓郁的酶解产物。通过蛋白酶水解得到的产物通常带有令人愉悦的鲜味，而通过脂肪酶水解得到的产物增强了乳制品的奶香。这些酶解产物可以和调和型食用香精进行复配，形成香味完整逼真、口感丰富自然且具有回味的优良食用香精。例如，乳脂经脂肪酶水解可以得到奶油香味的主要成分，这些酶解产物可以和含有 δ-内酯类、乙偶姻、丁二酮和香兰素等原料调配成的调和型奶油香精进行复配，可广泛应用于人造奶油、饼干糕点和各类软糖中，赋予食品透发自然醇厚的奶油香味。酶解型食用香精对生产条件要求较高，酶解过程需要合适的温度和

pH 值，因此对酶解过程的激活、控制和抑制是酶解过程中需要重点注意的。

④ 发酵型食用香精　发酵型食用香精，是指利用微生物的代谢作用过程，将食品中的蛋白质、碳水化合物和脂肪酸等物质，转变为醇、醛、酮、酸、酯等小分子香气物质，这些转变物以及新生成物之间相互作用的结果，能够作为香精增强发酵食品的香气效果。因此，发酵型食用香精常用于乳制品、酒类和酱油、醋等调味品的加香，优点是能够增强这类食品的香味逼真度，使回味更绵长，口感更佳。

⑤ 脂肪氧化型食用香精　油脂氧化到一定程度会产生酸败，但与此同时也会产生一系列具有油脂香味特征的物质。在高温条件下，脂肪氧化生成的降解产物具有一定的香味特征，这种氧化降解产物若作为热反应型食用香精（即美拉德反应香精）的原料参与羰氨反应，能够形成既具有脂肪香味，又具有肉香气息的产物，因此可以用于肉味香精的制备。有相关研究表明，脂肪中不饱和脂肪酸含量越高，产生的芳香物质便越丰富。利用脂肪氧化生产的食用香精香味逼真，能增强加香产品的口感，便于消费者接受，因此可广泛用于方便面调味油包、餐饮用汤和肉制品中。

值得注意的是，这五类食用香精并不是割裂开的，它们的优缺点各异，因此常常复配使用。例如热反应型食用香精的口感好、留香长，因此可以弥补调和型食用香精口感不够自然和回味不够持久的缺陷；又如酶解型食用香精（以白脱酶解物），少量地与白脱调配型香精复配，应用于面包和蛋糕中，能有效增加香精的耐高温性，使经过焙烤的面包、蛋糕仍然具有浓郁、有冲击力的宜人奶香，并赋予其馥郁绵长的口感体验。

（3）按剂型分类

食用香精用于加香的食品介质种类繁多，需要用不同剂型的香精进行加香，目的是使加香物质在食品中均匀分散且具有较好的香味表现力。例如，饮料香精需要以液体的形式与饮料充分混合均匀，并且不浮油、不分层，因此要考虑液体香精在饮料中的溶解度，选用不同的液态溶剂。香精本身与液体（如柑橘果汁）无法互溶的，可以考虑以乳化的方式将其均匀分散在饮料中。另外，烘焙类食品对食用香精加香的最大要求是高温焙烤时香精的风味物质尽可能少一些损失，因此需要选用耐高温的溶剂制成油溶性耐高温香精。

食用香精按照剂型分类，可分为：液体香精、膏状或浆状香精和固体香精。具体归纳如下：

① 液体香精

a. 水溶性香精　水溶性香精通常也称为水质香精，指的是香味物质按照一定的比例溶于一定浓度的食用级乙醇、丙二醇、甘油、去离子水或蒸馏水，或溶于以上两种或两种以上溶剂的混合体，或利用乙醇和蒸馏水将香味成分萃取到水溶性介质中，所制成的均一稳定、水溶性良好的液体香精。因此从定义可知，水溶性香精的制备通常分为两种：一种是将香原料按照一定的比例混合均匀后，直接加入水溶性溶剂进一步充分混匀；另一种是将天然香原料（常见的是各类柑橘油）中可以水溶的香味成分，通过萃取的方式富集到水相中，这个过程在业内通常称为水洗（washing），用水洗工艺制得的香精也叫作水洗香精。值得注意的是，第二种制备方式得到的水溶性香精，还可以通过第一种方式，进行进一步的调配，加入需要的水溶性较好的香原料，制成天然感更强、爆发力更强劲的满足使用要求的食用香精。

为了增强水溶性香精的口感，即增强"味"的表现力，通常可以在香精中加入一定比例的天然香料的酊剂、浓缩果汁或其他提取液。水溶性香精在食品中的添加量一般在1‰～5‰左右。水溶性香精主要应用于软饮料、酒类、冰淇淋、果冻等食品中。水溶性香精的耐热性一般都比较差，高温会使水溶性香精中的香味物质的挥发速率加快，因此不适合加热条件下的加香过程。

b. 油溶性香精　油溶性香精通常也称为油质香精，国外也叫香油。由于油质香精的溶剂大多沸点高，因此对香精的保香性能较好，能够使香精在高温（如烘焙等）环境中挥发性降低，从而尽可能多地存于食品中。因此油溶性香精也可以称为耐高温香精。油溶性香精的制备方式和水溶性香精中介绍的第一种制备方式类似，但使用的溶剂多为动植物油脂，例如玉米油、大豆油、牛油等。天然动植物油脂的优点是来源广泛，且成本易控制，缺点是由于其本身具备一定的香气和香味，因此对香精的香型有一定的局限性，使用时要求香精的香味要和动植物油脂的香味成分和谐，另外，动植物油脂会随着时间的推移慢慢被氧化，会对香精的稳定性构成负面影响。另一种常用的油溶性溶剂是辛癸酸甘油酯（ODO）和三醋酸甘油酯（triacetin），它们的耐高温性能好，并且本身无色无味，且不易氧化，是常用的耐高温香精溶剂，缺点是ODO价格较高，成本不容易控制，而三醋酸甘油酯本身有一定的不良后味，应用时需要注意调整口感。此外，有的油溶性香精不添加额外的油溶性溶剂，直接将香原料互混均匀进行加香。

油溶性香精广泛应用于烘焙食品（如蛋糕、面包、饼干等），炒货（瓜子、坚果等）和糖果（奶糖、口香糖）的加香，其优点是香精的浓度高，不易分散于水的介质中，耐热性好、保香性优良。耐热型香精的香味大多浓郁持久，具有一定的爆发力，缺点是成本较高，且容易氧化酸败，需要注意控制贮藏条件。

c. 乳化香精　一些液体食品，由于其体系与所加香物质互不相溶（例如柑橘类果汁饮料和乳饮料等），需要将香精乳化，制成一种水层包裹油层、油层以微小液滴的形式均匀分散于水层中的体系，这里的油层包括原始的未经乳化的香精和增重剂等物质的混合体，水层中包含了乳化剂等物质。食用香精中常用的乳化剂是阿拉伯胶、变性淀粉等。乳化香精中一般还会添加色素和其他呈味成分，增强加香产品最终的色、香、味。因此乳化香精除了天然逼真的香味，一般还具有天然食品的颜色和浊度，是一种可集多种功能（赋香、致浊和着色）于一体的香精制品。乳化香精的缺点是容易破乳（即油层和水层分离）和变质，对工艺生产设备的要求也较其他的液体香精高一些。

② 膏状或浆状香精　以肉类、海鲜类的提取物为主要原料的香精，用于肉制品和方便食品加香的香精，叫作膏状或浆状香精。

③ 固体香精　固体香精也叫作粉末香精，通常有吸附型和微胶囊型两种。

a. 吸附型固体香精　吸附型固体香精也叫作拌粉香精，顾名思义，就是将液体香精附着在载体上，加入干燥剂，充分搅拌均匀，制成颗粒细腻均一、不结块的粉末状香精。常用的载体一般有：葡萄糖、麦芽糊精、盐和谷氨酸钠等，常用的干燥剂为食品级二氧化硅。甜味香精和食品香精一般用前两者作载体；肉类、调味粉一般用盐和谷氨酸钠作载体。吸附型的固体香精通常应用于速溶型饮料，如奶粉、咖啡、冲泡果汁，以及蜜饯、调味粉等产品的加香中。这种通过简单拌和制备的香精，对设备工艺要求不高、成本可控，但由于吸附型香精中的香味物质都附着于载体表面，因此稳定性不佳，香气易挥发损失。

b. 微胶囊固体香精　微胶囊固体香精，是指将香味物质包裹在微小的多孔介质中，在加香产品中有香味缓释功能的一种香精。常见的微胶囊固体香精的制备方式有喷雾干燥和包络结合等。喷雾干燥法即将原始的香精、胶体溶液、乳化剂、赋形剂等先进行乳化，均匀分散在水相中，然后经均质、喷雾干燥得到粉末香精。包络结合法，常用 β-环糊精作为微胶囊包覆材料，利用其疏水性内腔，将油溶性的香料分子包覆，通过非共价键的相互作用形成稳定的包合物。微胶囊固体香精的优点是稳定性和分散性皆优于吸附型固体香精，且由于香气分子被包覆，因此具有良好的缓释性能，在加香产品中的留香时间长。微胶囊固体香精现已广泛应用于各种固体饮料、方便食品调味粉包以及固体泡腾片的加香中。

以上介绍的各种不同剂型的食用香精，具体的制备原理、制备方式、设备实现等问题，可参见第二篇内容，此处不做详细展开。

（4）按照原料来源分类

在香精香料外企中，香精的标签中通常会根据香精所用原料的来源不同，分成来自有机食物香精（有机香精，OF），全部来自天然食物香精（天然同源香精，FTNF），带有其他来源的天然香精（天然多源香精，WONF），天然原料复配香精（天然复配香精，NTF），人造原料复配香精（人造复配香精，ATF）和天然等同香精（nature-identical flavorings）。它们的具体含义如下所述。

有机食物香精，也叫有机香精，英文为 organic flavor，标签中常以 OF 表示。有机香精所有的成分必须是有机产品，而不是人造成分，进一步说，所有的有机成分必须是非转基因、没有接触过水污染和辐射，且必须是非化学合成的，并且不含人造溶剂、载体或防腐剂的食用香精。

全部来自天然食物香精，也叫天然同源香精，英文为 natural flavor FTNF，标签中常以 FTNF（from the natural food）表示。天然同源香精中的所有成分，均通过物理过程从同一种动植物中提取或者单离出来。例如，天然同源草莓香精的所有成分，必须通过提取或者单离的方式从草莓中获得，再用于该香精的调配与制备。

带有其他来源的天然香精，也叫天然多源香精，英文为 natural flavor WONF，标签中常以 WONF（with other natural flavor）表示。天然多源香精中的成分，来自两种或两种以上天然动植物的提取物和单离物（通过物理过程获得），这些多源的成分互相配合，以圆和、平衡、增强、丰富香味，使香精的香味表现力更加具有天然感。

天然原料复配香精，也叫天然复配香精，英文为 natural type flavor，标签中常以 NTF表示。天然原料复配香精的成分，可以由以下成分组成：精油，油树脂，浸膏，净油，蛋白质水解产物、馏出物或任何焙烤产品的热反应或酶解物，水果及果汁，蔬菜及蔬菜汁，类似根、芽等植物原料以及肉类、海鲜、家禽、鸡蛋和乳制品或其发酵产物等。

人造原料复配香精，也叫人造复配香精，英文为 artificial type flavor，标签中常以 ATF表示。人造原料复配香精中的成分，指的是利用化学过程得到的香味物质（这些香味物质在天然产物中可以天然存在），按照一定比例和工艺制备的香精。

天然等同香精，英文为 nature-identical flavorings。天然等同香精中的原料通常是由能够通过合成得到相应植物中通过单离得到的成分。所以制备天然等同香精时，不能采用矿物（石油、煤副产物、天然气）产品作原料制备的香料，因为它们往往过不了"天然度"这一关。

（5）按照香型分类

食用香精的香型多种多样，每一种食品都有自己独特的香型。所以食用香精按香型可分为很多种，难以罗列完整，概括起来主要有以下几类：

食用香精
- 水果香型香精
  - 柑橘香型香精
  - 莓果香型香精
  - 热带水果香型香精
  - 瓜香型香精
  - 苹果、梨香型香精
- 坚果香型香精
  - 咖啡香型香精
  - 可可、巧克力香型香精
  - 其他坚果香型香精
- 乳香型香精
  - 牛奶香型香精
  - 炼奶香型香精
  - 酸奶香型香精
  - 奶油香型香精
  - 白脱香型香精
  - 芝士香型香精
- 辛香型香精
- 凉味香型香精
- 蔬菜香型香精
- 酒香型香精
- 烟草香型香精
- 花香型香精
- 肉香型香精
  - 水产香型香精
  - 家禽牲畜香型香精

其中，每一类又可以分为很多具体香型。

① 柑橘香型香精：柠檬、柚子、甜橙、橘子等。

② 莓果香型香精：覆盆子、青梅、乌梅、黑加仑、草莓、杨梅等。

③ 热带水果香型香精：菠萝、榴莲、百香果、芒果、番石榴等。

④ 瓜香型香精：西瓜、哈密瓜、甜瓜、黄瓜等。

⑤ 坚果香型香精：花生、榛子、核桃、杏仁、开心果等。

⑥ 辛香型香精：葱、大蒜、胡椒、辣椒、花椒等。

⑦ 凉味香型香精：薄荷、椒样薄荷、留兰香、冬青、桉叶等。

⑧ 蔬菜香型香精：冬瓜、芹菜、药草类等。

⑨ 酒香型香精：啤酒、白酒、红酒、鸡尾酒、百利酒等。

⑩ 花香型香精：桂花、玫瑰、紫罗兰等。

⑪ 水产香型香精：鱼、虾、蟹等。

⑫ 家禽牲畜香型香精：猪肉、牛肉、鸡肉、鸭肉等。

而即使是同一品种的香精，还可以分为若干种，例如苹果香精还可以进一步根据香型分为青苹果香精和红富士苹果香精等。由于每一种香精的种类纷繁复杂，此处不做具体罗列。

四、食用香精在食品工业中的应用

食用香精在食品工业中的应用无处不在，可以说，食品工业的任何领域都少不了食用香精的支持。

（1）糖果生产

香精在糖果生产中应用很广，并且一般采用热稳定性高的油溶性香精。现代各种各样的糖果，有硬糖、充气糖果、焦香糖果、果汁糖、凝胶糖果、口香糖、泡泡糖、粉糖等。

糖果的生产中，食用香精是不可缺少的添加剂，它能使糖果品种丰富多彩，变化无穷，以此来满足人们对各种不同口味的要求，同时也能使糖果的口味纯正，香味诱人。可以说不含香精的糖果是难以销售的，即使是古老的麦芽糖，在发酵制造时也含有天然的香气。

糖果香精在糖果中的添加量一般为 $0.1\%\sim0.3\%$，但在口香糖、泡泡糖等胶基糖中的添加量一般需要达到 $0.5\%\sim0.8\%$，是各种食品中使用量最高的一种。它在胶基糖中的作用很大，是决定产品质量的重要因素。在香精的选用上，一般依据糖果生产中所需耐受的温度高低而定，对于胶姆基糖果，还需注意香精溶剂对其的影响。

（2）饮料生产

香精在饮料生产中应用很广，选择合适的香精不仅可以补充由于加工而损失的香味，维持和稳定饮料产品的自然口味，还可覆盖其中的不良风味，更好地改进饮料的风味和口感，更重要的是还能够提升产品的档次，从而增加产品的价值。饮料香精的消费量最大，使用的香精占食用香精的 30%。

食用香精在饮料中的添加量一般较小，为 $0.03\%\sim0.05\%$，且必须为水溶性香精或乳化香精。果汁生产中，如椰汁、草莓汁、苹果汁、菠萝汁、水蜜桃汁等，高档产品中虽然含有部分由果实压榨出来的果汁，但是也需要加香精以增强其香感。至于中档以下的果汁，大部分由香精提供主体的风味成分。像香蕉之类的水果，根本无法提取其果汁和香味，只能用调配型香蕉香精赋予饮料香蕉的香味。在咖啡、可可和茶饮料中，天然的产品在烘烤的过程中会产生组分复杂的香气，且这种香气十分诱人。所以人们最爱喝现煮的咖啡，而速溶的一般要添加 0.2% 的咖啡香精以弥补加工时的香气损失。茉莉花茶等一般也会加香精，这样做可以使产品香气更浓，而且成本也会降低，一般把含茉莉精油调配的香精喷洒在茶叶上，或让茶叶自行吸附，使用量在 1% 左右。近些年，茶饮料的兴起给茶类香精的发展带来契机。

（3）调味料生产

调味料的用途非常广泛，包括肉制品调味料、膨化类调味料、饼干类调味料和方便面等方便食品调味包用调味料等。调味料所用的香精一般称为咸味香精，包括猪、牛、羊、鸡等家禽类，海鲜类，蔬菜类和辛香料类调味品等。在现代的调味料生产中，无论是调配型还是热反应型，美拉德反应或酶解蛋白反应，由于受到其中各种不同原料或化学反应时不同温度和控制条件的影响，往往产品的特征性并不明显，也就是说缺少头香，适当地添加食用香精可以增加此类产品的头香，从而让消费者尽享色、香、味俱全的美食。

蔬菜香精：番茄酱、炸土豆条等都在加工的后期添加香精来弥补加工时破坏的微量香味成分以重现蔬菜原有的香味。

家禽香精：由于快餐食品、方便食品的出现，需要模仿菜肴的香气，因此就研究出肉类香精。猪肉、牛肉、鸡肉的香气，多数是氨基酸和糖经过美拉德反应而产生的。

海鲜香精：能模仿出蟹、虾、鱼的香味。

辛香料调味品香精：麻油、胡椒、葱有特色香气，添加有效成分如蒜、姜、桂皮、茴香等辛香型香精后香气会更好。

食用香精在调味料中的添加量需依不同的工艺、配方和客户的要求而定，一般添加量为0.3%~0.8%，且多为油溶性香精，需要耐高温。

（4）乳制品生产

乳制品主要是指酸奶、乳饮料、冰淇淋和雪糕等，它们不仅营养价值高，易于消化吸收，还是优良饮品。合适的食用香精的添加能够使我们品尝到各种各样口味的乳制品在生产炼乳、奶粉的加工过程中，由于有加热蒸发、喷雾干燥等工艺，所以最终产品与鲜奶有香气差异，因此一般要添加香精作为弥补。黄油、酸奶和冰淇淋更是使用香精的大户。虽然食用香精在其中的添加量很少，一般只为0.03%~0.05%，但却能使产品的色、香、味达到最佳状态。

（5）烘焙制品生产

烘焙制品包括饼干、面包、糕点、馅饼和膨化食品等，其中饼干是使用香精最广泛的品种，但食用香精在饼干中也是一种重要的添加剂和赋香剂。它不仅可以掩盖某些原料带来的不良气味，还可烘托饼干的香味，增加人的食欲。饼干是一种焙烤制品，产品在焙烤过程中要经受180~200℃的表面高温，因此要求食用香精能耐高温，具有油溶性，一般添加量为0.1%~0.3%。现在的焙烤类食品如面包、蛋糕和饼干也都添加香精，由于加工时温度较高，有一部分会挥发掉，所以目前用量增加到0.5%左右。

（6）酒类生产

在酒类生产中，用粮食发酵的酒，在发酵的过程中，乙醇等醇类的小部分组分先氧化成醛类，进而氧化成酸，酸再和醇类反应生成酯类香料。各家不同的工艺条件，会产生不同种类、不同配比的酯类，这些酯类成分构成了酒的香气特征，因此不同的酒由于原料和工艺不同，香气各不相同。而配制的酒中除了食用乙醇和饮用水外，主要的香味成分则由香精提供。

（7）烟草生产

在烟草加工过程中，无论是香烟、雪茄还是板烟丝都必须加香，以改善烟叶的气味，矫正杂味。烟用香精在不同种类的烟草中的用量为：烤烟中加入0.3%~0.8%，混合型香烟中加入0.5%~2.0%，板烟中的添加量可高达5%~7%。

五、香精在食品应用中的认识误区及澄清

在对食用香精的认识上目前主要有三个误区。

第一个误区是食品不应该加香精或加香精不好。现代社会生活水平的提高和生活节奏的加快使人们越来越喜爱食用快捷方便的加工食品，并且希望食品香味既要可口又要丰富多变，这些只有通过添加食品香精才能实现。例如，高血压、高血脂、脂肪肝等使人们越来越希望多食用一些植物蛋白食品，如大豆制品，而又希望有可口逼真的香味，就需要添加食品香精增香。只要是符合国家标准、法规的香精，作为食品添加剂按照规定的添加步骤和添加量加入食品中，都是安全的行为。

第二个误区是只有发展中国家在加工食品中添加食品香精，发达国家的加工食品中不添加或很少添加食用香精。事实上，香精是社会发展的标志，现代生活离不开香精，越是发达国家，食用香精人均消费量越高。中国的食用香精的人均消费量目前远低于世界各主要发达

国家。而且香精不同于色素、防腐剂等其他食品添加剂，后者品种单调，多食不易被人体代谢，因此容易产生食品安全问题，而食用香精中的原料种类繁多，因为分摊到每一种香料上在食物中的比例就很低了，微量存在，完全可以被人体代谢、降解。

第三个误区是食用香精都是合成的。食用香精的生产方法一般是下列三种中的一种或几种：一是用多种食品香料调配而成，传统的食品香精大都是用这种方式生产的，其中所用的食品香料主要是天然香料或天然等同香料；二是以源于动物、植物的氨基酸和还原糖为主要原料，通过热反应制备的香精，大部分肉味香精都离不开该法生产；三是用可食性原料通过酶工程或发酵等技术制备，如用奶油为原料制备的乳味香精等。不管是哪一种方法制备的食用香精，本质都是尽最大可能还原人们喜爱的、在自然界或食品加工过程中产生的香味组分。

第四章

香精的基本组成

作为香精，香气和香味（仅对于食用香精而言）成分是香精的灵魂，失去了香气和香味的香精本身就失去了使用价值。其次，光从香气或香味的角度判断香精的好与坏是不科学不客观的，只有将香精加入产品中，以整个产品的香气或香味表现力为评价对象，才能正确评估香精的好坏。另外，为了使产品加入香精后的物化性质稳定，例如不分层、不腐败或者不沉淀等，香精中还要添加溶剂、载体或者必要的抗氧化剂等成分。本章将介绍香精的基本组成成分和每一种成分的功能与性质。

第一节　香料

香料是一类能被嗅觉器官嗅出香气或味觉器官尝出香味的物质，是具有自己独特香气或香味特征的一类物质，与人类的生活有着密切的联系。香料也叫作香原料，是调配香精时的主要原料，它可以是单体，也可以是混合物。一般提到香料，人们总是容易联想到香气和香味令人愉快的物质，不过令人产生不快的、臭的物质以某种目的使用时，也会列入香料的范畴。例如安全香料，煤气中的臭味源自煤气中人为添加的乙硫醇、硫醚类的二甲硫醚和四氢噻吩等赋臭剂。当煤气发生泄漏时，能够及早发现，防止爆炸、中毒的悲剧发生。

根据应用领域的不同，可以将香料分成日用香料和食用香料。日用香料，是指适用于日用香精中，作为赋香、增香、和合或定香的基本组分，其中包括天然或人工合成的香，这些香料统称为日用香料，在英语中相当于"fragrance"或"perfumery ingredient"。而食用香料则指的是用于调配食用香精的香料。日用香料和食用香料两者并不是分离的，有些香料既可以作为食用香料也可以作为日用香料。当然，也有一部分香料，不可以同时在日用香精和食用香精中使用。关于一种香料是否可以用在日用香精中，读者可以查阅 GB/T 22731—2017《日用香精》国家标准，里面有标明在不同日用品中限用和禁用的日用香料。也可以查阅国际日用香料香精协会（International Fragrance Association，IFRA）的最新实践法规中的禁用和限用日用香料的变化趋势。对于食用原料，读者可以查阅 GB 2760—2014《食品安全国家标准 食品添加剂使用标准》中的允许使用的 1870 种食用香料。

一、天然香料

天然香料是指取自植物、动物的提取物或微生物作用的底物（大多数情况包括微生物），以产生一定香气或香味的物质。有的在未经加工处理前，本身已经具有某种特征香气或香味，有的则是经酶作用过程衍生的产物。在英语中相当于"natural fragrance"（日用天然香料）或"flavor raw materials"（食用天然香料）。

在香精中使用的天然香料，从来源的角度又可以分为植物性香料和动物性香料。植物性天然香料是以芳香植物的根、花、茎、叶、枝、木、皮、果、籽等为原料，用水蒸气蒸、压榨、浸提、吸附等方法，生产出精油、净油、浸膏、酊剂、油树脂、树脂、香膏、香树脂等。动物性天然香料指的是动物的分泌物或排泄物。动物性天然香料有十几种，能够形成商品和经常应用的只有麝香（musk）、灵猫香（civet）、海狸香（castoreum）、龙涎香（ambergris）、麝鼠香（muskrat）5种。

这里所提到的"天然香料"这个名词，通常是指取材于天然，但已经过加工提取其中的那部分香气和香味物质，这些提取物才是香料香精行业需要的原料。为了避免概念上的混淆，我们把含有香成分的动植物分别称为"香料植物"和"香料动物"，把那些从植物和动物组织中提取获得的香物质（混合物）分别称为植物性天然香料（如玫瑰油、可可粉酊、香叶油、薄荷油等）和动物性天然香料（如天然麝香、天然灵猫香等）。

天然香料中的香气和香味物质很多，这些混合物所含的组分，若按照官能团或化学特点来分类，则有烃类、烯烃类、醇、醛、酮、酸、内酯、酯、缩醛、缩醛酮、酚、大环、多环、杂环（含氮、氧、硫原子）以及卤代类化合物。每一种组分都有自己特色的香气或香味，有的还富有较好的口感（有少数组分是不带香气的，如某些蜡质的烃类等）。这些物质在一定比例范围下混合，组成了某一种天然香料，就具有一定特征的香气或香味以及其他的物理和化学特征。

要说明的是，同一种天然香料，往往会因为产地、收期和品种的不同，香气特征会有较大的差异。所以在称呼这些天然香料时，要加以说明，尤其是在香精配方中要注明天然香料的品种和产地、批次等信息。例如，大花茉莉净油还是小花茉莉净油，波旁香叶油还是非洲香叶油，法国薰衣草油还是新疆薰衣草油，等等。

会用天然香料能够使香精锦上添花。人类存在已经有几百万年，但直到几千年前，人类才开始使用天然香料，在合成香料未面世的几千年里，天然香料是所有香制品、香精的灵魂角色。直到今日，天然香料依旧没有退出历史舞台，反而在其中扮演着无可取代的角色，在经历了一百多年与合成香料的激烈竞争后依旧重要，大有重新称霸的可能，这个趋势可以归功于自20世纪80年代风靡且延续至今的"回归大自然"的风潮。

对于日化香精的调配来说，天然香料在香精配方中往往扮演着不可替代的角色，天然香料中可能含有成百上千的香气物质，有些虽然含量很低，但对细腻度和天然感起到了锦上添花的作用。天然香料可以圆和总体香气，赋予香精的香气以天然感，甚至可以美化香精的香气，带来逼真的效果。例如某日用香精的分析结果中有一份香茅醇加香叶醇，如用0.2份香叶油代替香叶醇，再加0.8份香茅醇，香精就会更协调透发。再如另一配方中有用到紫罗兰酮，不妨将一部分紫罗兰酮用桂花浸膏代替，就会改善香精的留香效果。微量的天然香料，特别是鲜花类精油和净油可使香精在缺少鲜花香韵和天然气息的情况下，散发出优美、柔和的香气。更为有趣的是，天然香料特别是天然鲜花净油能明显圆和合成香料在香精中过于尖刺的化学气和粗冲气，柔和、美化香精的整体香气。其他天然香原料对香精的香气也有圆和的效果，如柑橘类精油可以赋予香精头香以新鲜、清新的天然感。总之，虽然不少天然香料的成本不如合成香料经济实惠，但在配方中少量地引入天然香料，可以大大提升日用香精在加香产品中的香气细腻度和天然感，具有合成香料无法替代的功能与优势，许多天然香料无法用合成香料的组合通过调配模拟替代。而对于食用香精，天然香料除了为食物带来更加逼近于真实食物的香气外，还能够补足香精的香味表现力，天然香料的诸多提取物，例如酊剂、果汁、浸膏等是食用香精中香味来源的主要部分，有了它们的加入，食用香精在食用时才具有更贴近真实食品的香味感受。近年来，由于消费者对天然产物的崇拜已经成为一种时尚风潮，天然香料在香精配方中的重要程度更加明显。

　　天然香料品种繁多，现在已有几千种，并且每年还在不断发现新的品种，但真正能供调香师应用的品种仅有几百种。为了使读者尽快熟悉常用于香精中的天然香料，本节将介绍几大类常用天然香料的定义、提取方式和应用特点等内容。

　　（1）精油

　　从广义上说，精油是指从香料植物的根、花、茎、叶、枝、木、皮、果、籽或泌香动物中加工提取所得到的挥发性含香物质制品的总称。但通常我们只是指用水蒸气蒸馏法，或冷磨法，或干馏法（极少数）从香料植物中所提取到的含香物质的制品，在常温下多呈各种颜色的液态，只有少数品种呈固态。"精油"这个名词，相当于英语中的"essential oil"。有的精油也叫"essence oil"，区别在于，essential oil 一般指代从果实的皮中提取的油，而 essence oil 则指的是从果肉中提取的油。我们在称呼某一种"精油"时，往往出于简便的原因，将"精油"中的"精"省略，如玫瑰精油，简称玫瑰油。又如用水蒸气蒸馏法制取的鸢尾（精）油、苍术（精）油，因在常温下呈固态，也可称为鸢尾凝脂和苍术凝脂等。

　　精油通常为数十种乃至数百种成分的复杂混合体，且同一种植物的成分、产油率或比例也因产地、部位、气候、采摘方法、处理方法和时间不同而变化。精油的挥发性通常很高，有独特的香气和香味，精油一般有强的杀菌力和防腐能力。精油或天然果实、食品等香料的挥发性组分已通过现代分析手段进行了定性、定量分析，明确了其成分和含量。但调和已明确的成分，也不能完全再现天然的香气和香味，这是由于精油中有很多微量的成分无法被明确地定性及定量，或者无法找到市售的这些微量成分的单体原料进行调和，因此它们的缺失能够干扰香气。

　　精油的成分在化学中大体上可分为醇、醛、酮、酸、酯及萜烯类化合物。植物精油的提取方法有：水蒸气蒸馏法、压榨法等。如苦杏仁油的提取：将杏仁压榨后，水蒸气蒸馏，得油率为 0.5%～1.5%，含苯甲醛 80% 以上。精油出口是我国香精香料市场的重要组成部分，出口额在 1000 万美元以上的品种有薄荷油、山苍子油。出口额在 500 万美元以上的有香茅油、肉桂油、桉叶油和八角茴香油等。

　　精油由于在光、空气、过多水分及金属离子存在下，某些组分会发生氧化、聚合、分解、水解、异构化等反应使香气变差，接触热或空气时易变质，稳定性较差、色泽加深，因此精油应存放在低温、干燥、避光和密封的容器内。

　　有些精油在使用前，为了使其稳定性或香气质量更好，需要经过进一步加工，常用的这类精油有除萜精油、浓缩精油、配制精油和精馏精油等品种。

　　除萜精油是指部分或全部除去精油中所含单萜烯类和倍半萜烯类成分后的精油。除萜的目的是提高或改进某些精油在低浓度乙醇或某些食用有机溶剂中的溶解度（防止浑油），并使之用于低浓度乙醇加香剂或在含水量较高的饮料中能呈澄清溶液而不发生油水分层，或为了提高或改进精油的主要香气与香味，或为了使精油在储藏时不易产生酸败气息以及生成树脂状聚合物等。通常采用减压分馏法，或选择性溶剂萃取法，或分馏-萃取联用法将精油中所含的单萜烯类化合物或倍半萜烯类化合物除去或除去其中的一部分，这种处理后的精油，称为除单萜油（terpeneless oil）和除倍半萜油（sesquiter peneless oil）。

精馏精油是精油经过减压分馏以除去其中某些香气不宜的组分，但不改变该精油原有的主要性质而得到的精油。

浓缩精油是指为了适应某些香精调配时香气或香味以及强度的要求，采用真空分馏、萃取或制备性色谱等方法，将精油原油中某些无香气或香味价值低的成分除去后的精油成品，称为浓缩精油（concentrated oil）。根据浓缩的程度，可冠以"两倍""五倍"或"十倍"等称呼。

配制精油是指天然精油因多种原因不能保持稳定供应，用人工调配的方法来代替或部分代替某些精油品种，制成香气和质量要求接近或等同天然精油的产品。

表4.1和表4.2分别列举了部分精油在日用香精和食用香精中的应用。

表 4.1　精油在日用香精中的应用

精油名称	所用于的香精香型	著名香水的应用实例
檀香油	醛香-花香	Bois des Iles
玫瑰精油	醛香-花香	Nahema
茉莉净油	花香型	Joy
格蓬精油	青香型	Vent Vert
苦艾油	素心兰型	Boss Spirit
玫瑰净油	花香型	Joy
广藿香油	素心兰型	Givenchy

表 4.2　精油在食用香精中的应用

精油名称	使用部位	香气成分	适用香型
留兰香油	全草	左旋香芹酮、薄荷醇	凉感、药草、热带水果
罗勒油	花、全草	甲基黑椒酚、沉香油萜醇	辛香型
月桂叶油	叶、小枝	除蛔嵩油素	辛香型
肉豆蔻油	种子	蒎烯、樟脑、龙脑、沉香油萜醇	辛香、果香
大茴香油	果实	大茴香脑	粮食、果香
肉豆蔻油	种子	蒎烯、樟脑、龙脑、沉香油萜醇	辛香、果香
苏子油	全草	苏子醛	辛香型
冬青油	叶	柳酸甲酯	凉感型
薄荷油	全草	薄荷醇、薄荷酮	凉感型
杜松子油	果实	蒎烯、樟脑、杜松子油烯	果香、酒香型
鸢尾根油	根茎	鸢尾油酮	花香型、果香型
大蒜油	球根	智利红皮金鸡纳碱	辛香、肉香型
洋蒜油	球根	智利红皮金鸡纳碱	辛香、肉香型
洋甘菊油	花	酯类	花香、药草、青香型
牛膝草油	全草	蒎烯、松茨烷	果香型
芥子油	种子	异硫氰酸烯丙酯	蔬菜香型
菖蒲根油	根茎	丁香酚、细辛脑	辛香型
塞尔维亚油	叶	除蛔嵩油素、侧柏萜酮	辛香型、果香型
尤加利油	叶	除蛔嵩油素	凉感、辛香型
丁香油	花、叶	丁香酚	辛香、果香型
麝香草油	全草	百里香酚	肉香、辛香型
桂叶油	叶	桂醛	肉香、花香、果香型
桂皮油	树皮	桂醛	肉香、花香、果香型

（2）浸膏

从广义上说，浸膏是指用有机溶剂浸提香料植物器官（有时包括香料植物的渗出物树胶或树脂）所得的香料制品，或是将挥发性溶剂浸提的香料植物原料，经过蒸馏回收溶剂，蒸馏的残留物也叫作浸膏。成品中应不含原用的溶剂和水分，通常是指用有机溶剂浸提不含有渗出物的香料植物组织（如花、叶、枝、茎干、树皮、根、果实等）中所得的香料制品。在大多数情况下，浸膏中含有相当数量植物蜡、色素等。在室温时，它呈蜡状固态；有时有结晶物质析出，也不全溶于乙醇中。浸膏这个名词，相当于英语中的"concrete"。常用的浸膏品种有：茉莉浸膏、桂花浸膏、墨红玫瑰浸膏和晚香玉浸膏等。

（3）净油

从广义上说，凡是用乙醇萃取浸膏、香树脂、香脂或含香蒸馏水（用水蒸气蒸馏某些香料植物的过程中，冷凝后的水溶液中含有溶解于水中的或难进行油水分离的香成分的馏出液）的萃取液，经过冷冻处理，滤去不溶于乙醇的全部物质（多半是蜡质，或者是脂肪、萜烯类化合物），然后在减压低温下小心地蒸去乙醇，所得产物统称为净油。在绝大多数情况下，净油是液态，它应全溶于乙醇中。净油这个名词，相当于英语中的"absolute"。净油比较纯净，是调配化妆品、香水以及饮料香精的佳品。

（4）酊剂

酊剂由于制作工艺的不同，一般分为冷法酊剂和热法酊剂。冷法酊剂一般指在不加热的情况下，用乙醇或乙醇和水的混合液浸渍或渗滤天然原料而制成的含香制品。这种酊剂中含有一定的水分和乙醇。冷法酊剂这个名词，相当于英语中的"tincture"。热法酊剂是指用一定浓度乙醇，在加热（一般＞60℃）或加热回流的条件下，浸提天然香料或香脂，所得的乙醇浸出液，经冷却、澄清过滤或过滤后部分浓缩的制品。天然香料中，包括香料植物（或药用植物）及其渗出物以及泌香动物的含香分泌物。热法酊剂中都含有乙醇。热法酊剂这个名词，相当于英语中的"infusion"。

为了让读者更好地理解两种酊剂的区别，笔者用桂花酊和可可酊为例分别介绍两种工艺的不同。

① 桂花酊（osmanthus tincture）　取桂花浸膏 1 份，加入 85％食用乙醇 5 份，冰水浴下搅拌 1.5h 后过滤，滤膏再加 5 份 85％的食用乙醇重复上述操作，再重复一次，滤液合并，制成 1∶15 的桂花酊。它可以用于高档桂花香基和桂花香精的调配，制备结束后封存备用即可。

② 可可酊（cocoa infusion）　用 200 目标准筛将可可粉过滤，取筛过的颗粒 1 份，加入90％的食用乙醇 2.5 份，水浴加热，回流 2h，冷却至室温后抽滤。滤饼再加 2.5 份 90％的食用乙醇，重复上述操作，即可得到 1∶5 的可可酊。滤饼可以制作咖啡或可可酒的原料。有时生产上需要制作 1∶2 或者 1∶1 的可可酊，这时可将 1∶5 的可可酊在蒸馏装置中蒸出一定质量的乙醇，即可成为 1∶2 或者 1∶1 的酊剂，注意回收乙醇。

酊剂较多地用于食品香精与烟草香精的调配，它的引入能够有效增效食用香精的香味，使香精加入食品中具有很好的香味。常用的酊剂有：枣子酊、咖啡酊、可可酊、黑香豆酊、香荚兰豆酊等。

（5）天然果汁

天然果汁是果香型食用香精中重要的原料，它是果香型香精中香味的重要来源，果汁中很多的呈味成分和香味成分，能够弥补合成单体原料调配的食用香精只有香气而缺乏香味的缺陷。例如，很多浓缩果汁在浓缩的过程中，损失了很多的低沸点香味成分，需要通过香精弥补，在浓缩果汁中添加含有天然果汁同种水果风味的食用香精，能够提升浓缩果汁的呈味和香味表现。

（6）香树脂

香树脂是指用有机溶剂浸提香料植物渗出的树脂样物质所得的香料制品，成品中不应含有原用的溶剂和水分，因此香树脂属于浓缩萃取物，香树脂多半呈黏稠液态，有时呈半固态或固态。香树脂这个名词，相当于英语中的 "resinoid"。常用的香树脂有乳香香树脂和安息香香树脂，它们在调配东方型的日用香精中经常用到。

（7）树脂

天然树脂可分为由植物渗出物所形成的和由渗出物制取的两种。前者是植物渗出植株外的萜类化合物因被空气氧化而形成的固态或半固态物质，不溶于水，如乳香黄连木（*Pistacia lentiscus* L.）树脂，枫香（*Liquidambar formosana*）树脂等，但大多数天然树脂是没有香气的。经过制备的树脂是将天然树脂渗出物经加工，除去精油制得的树脂，典型的品种是蒸去松节油的松香树脂，也可简称为松香。树脂这个名词，相当于英语中的 "resin"。

（8）香膏

香膏是香料植物由于生理或病理的原因而渗出带有香气成分的树脂样物质。刚从植物体流出的香膏是黏稠状液体，与空气接触后会逐渐硬化。不溶于水，全溶或几乎全溶于乙醇，部分溶解于烃类溶剂中。香膏中通常含有较多的苯甲酸及其酯类或桂酸及其酯类。香膏这个名词，相当于英语中的 "balsam"。常见的香膏品种有秘鲁香膏、吐鲁香膏、安息香香膏、苏合香香膏等。香膏的香气特别适合调配东方型香型的日用香精，也具有一定的定香作用。

（9）油树脂

油树脂有天然树脂和经过制备的油树脂之分。这两种油树脂全部是或主要是由精油和树脂组成，天然油脂是树干或树皮上的渗出物，通常是澄清、黏稠、色泽较浅的液体，典型的品种如香膏。经过制备的油树脂是指采用能溶解植物中的精油、树脂和脂肪的溶剂（如乙醇和丙酮等）去浸提植物药材，然后蒸去溶剂所得的液态制品。它们通常是色泽较深而不均匀的液态物质。大部分的辛香料，如果要用到液体香精中，通常都是先制成油树脂，再用于调香，人们熟知的经过制备的油树脂品种有姜油树脂、辣椒油树脂、花椒油树脂、大蒜油树脂等等。这类制品多半是辛香料的提取物，它们在味觉上有好的效果，多用于食用香精中。油树脂这个名词，在英语中相当于 "oleoresin"。

（10）树胶

树胶有天然的也有合成的，严格地说树胶应是水溶性的物质，在调香工作中有时将这个名词用来代表树脂。树胶这个名词，相当于英语中的 "gum"。

（11）树胶树脂

树胶树脂，是树木或植物的天然渗出物，包含有树脂和少量的精油，所以正确的名称应是 "油-树胶-树脂"，这类产品只部分溶于乙醇和烃类溶剂，油-树胶-树脂这个名词相当于英语中的 "gum resin"。

（12）香脂

香脂是指采用精制的脂肪，通过冷吸法（enfleurage）或热浸法（maceration）从鲜花中吸附（或吸收）香成分达到饱和程度的脂肪物质。香脂这个名词，相当于英语中的 "pomade"。

（13）辛香料

辛香料是一类专门用于调香和调味作用的香料植物及其香料制品，一般用于食用香精的调配，而不是用于营养供给等功能。常用的辛香料有姜、大蒜、辣椒、洋葱、胡椒、肉豆蔻、芹菜、莳萝、丁香、众香子、肉桂、八角、姜黄、藏红花、芥菜籽、葛缕子、芫荽等等。

辛香料对日用香精和食用香精的调配是至关重要的。对于日用香精而言，尤其是香水香精中，少量地引入辛香香韵，可以使香水的头香部分富有天然的动感，或是和果香韵配合，产生各种富有特色且香气稳定的香型。在食用香精中，辛香料的作用更加多样化，各种咸味香精都需要辛香料的加入而使香精具有烹饪菜肴的香气和香味，它们是香精中不可或缺的成分，其中的香气、香味、呈味的多种成分，可以赋予食用香精以香味、口感增效的多重作用。辛香料制品的剂型有很多种，有的直接将辛香料磨成粉，此类粉剂可以直接用于调味粉包的香精中；有的辛香料则需制成提取物才可以用于调香中，如液体香精的调香，如需引入辛香料，需要用辛香料的提取物。常用的辛香料的提取物有精油、油树脂和酊剂等。日用香精，尤其是香水香精中一般使用的辛香料精油有莳萝籽油、芹菜籽油、肉豆蔻油等；食用的调配型液体香精中常常使用精油和油树脂，如丁香花蕾油、大蒜油、姜油树脂等。在美拉德香精的制备过程中，有一些辛香料可以直接引入，共同作为热反应产物生产的原料，如桂皮粉和辣椒等。

（14）动物性天然香料

日用香精的调配离不开动物香。常用的动物香型的天然香料只有麝香（musk）、灵猫香（civet）、海狸香（castoreum）、龙涎香（ambergris）和麝鼠香（muskrat）等，自古以来就被视为香料中的珍宝，由于取材不易，且产量很低，高昂的成本使动物性天然香料只能在高档的香水香精中大显身手。

① 麝香（musk）　麝香是由雄麝香鹿的生殖腺分泌出的分泌物，自古以来就是极名贵的中药材。麝香不仅对雌麝具有性生理作用，而且对人类，特别是女性的性反应也能产生一定的影响，与女性的性周期有着密切关系。麝香的主要成分是麝香酮，其化学结构与男性激素雄酮相似。据推断，麝香酮作用于动物的垂体，能产生不同的性激素分泌物。

a. 产地　我国麝香的产量占世界的 70% 以上，主要产自西藏、四川、云南、新疆、青海、甘肃、陕西、安徽等地，国外只有越南、印度、尼泊尔、蒙古等国以及西伯利亚南部稍有生产。

b. 加工方式　二战前平均每年杀死雄麝香鹿约达两万头，切取下腹部的香囊干燥而成，也就是腹部香腺的分泌物。香囊呈卵圆形，分泌物为微红褐色的颗粒状或胶状物，脱离麝体后，逐渐变干燥，呈棕黄色到深黑褐色，俗称"毛香"。囊内有颗粒状及粉状麝香仁，呈紫黑色，微有麻纹，油润光亮，偶尔杂有细毛。直接嗅闻麝香，其味淡腥臭。这种制品质量稍次。现在大都用人工饲养的麝香鹿进行活体取香，一般将麝香用酒精浸提制成酊剂或净油，香气四溢，满屋生香。其香清灵温存，氤氲生动，扩散力极强，留香也极持久。

c. 理化常数　酊剂是浅棕色至深琥珀色液体，净油是棕色稠厚液体，麝香在水中可溶50%，在乙醇中可溶 10%～20%。

d. 主要成分　左旋麝香酮等。

e. 香气　清灵而温存的动物样香气，甜而不浑，腥臭气少，仅次于龙涎香，伴有皮草香，有强的扩散力，留香相当持久。

f. 应用　麝香价格昂贵难得，一般只用于极其昂贵的香水中。加入天然麝香的香水越陈越香，喷洒于手帕，数日后仍可闻到香气。麝香在香水香精中可作定香剂，有提扬、生动、圆和香气的作用，能赋予香精特殊的动物香，与龙涎香共用，香气更优美。在许多香型、香精中都能使用，如东方香型，重花香型，醛香型及铃兰、紫丁香、玫瑰、紫罗兰、桂花等香型的香精中。

因为天然麝香的名贵，众多化学家加入人工合成麝香的行列中来，自 1888 年鲍尔首次制造出人造硝基麝香以后，各种合成麝香产品竞相涌现，至今，"合成麝香"仍是香料工业极其重要的组成部分。

② 龙涎香（ambergris）　龙涎香也是珍贵的动物香之一，有"龙王涎沫"之美称，令人感到神秘莫测。白居易有诗云："泓澄最深处，浮出蛟龙涎。"《星搓胜览》中记载苏门答腊以西有一岛，称为龙涎屿，"每至春间，群龙所集，于上交戏，而遗涎沫，番人乃架独木舟登此屿，采取而归"。此处的"龙"是抹香鲸，古人看作是蛟龙闹海。

a. 产地　人们经常在马达加斯加、日本等国及爪哇、南太平洋等海面上发现龙涎香碎块。巴西、中国、印度等国以及巴哈马群岛等地也都曾发现过龙涎香。一般每块香不超过300g，但曾有报道称一块最大的龙涎竟重达四十多千克。

b. 加工方式　关于抹香鲸是怎样产生龙涎香的，至今仍争论不休，尚未有定论。有人说龙涎香是抹香鲸的胆结石，另外一些人则说它是一种自然分泌物，还有一些人认为龙涎香是抹香鲸体内未完全消化的食物，形成的一种病理性结石，因抹香鲸喜食乌贼，而乌贼的骨板和黏液不被消化便形成结石，分泌出的胆汁、胃液、胆固醇等把其包结起来。到一定程度后，排出体外或从胃中得到，其主要香成分是龙涎香醇。它损伤了抹香鲸的消化道，形成多处脓肿，该脓肿一旦破裂，则释放出被我们称为龙涎香的结石。最后这个说法似乎比较站得住脚。以前，人们一直以为只有雄性抹香鲸才能产生龙涎香，现在已经知道雌性抹香鲸也可产生龙涎香。有人曾经在死亡的抹香鲸体内发现过龙涎香。龙涎香刚被抹香鲸排出的时候，不但不香，还具腥臭，这种病态分泌物新鲜时比较柔软，漂在海面或被冲至海滩上，在阳光、空气的作用下渐渐变硬，颜色也变为黄色、灰色，乃至黑色，成为蜡状物质。但此时得到的龙涎香虽有香气，但还并非十分美好，一般要放置数月，使其颜色变淡、香气成熟后，将这种龙涎香块加乙醇溶解成为酊剂，或用乙醇浸提得到浸膏，经过 3 年成熟，它的特征香气才能得以充分挥发出来。

c. 理化常数　蜡状固体，相对密度 0.78～0.92，溶于乙醇。

d. 主要成分　龙涎香叔醇、苯甲酸、γ-二氢紫罗兰酮等。

e. 香气　清灵而温雅的特殊动物香，既有麝香气息，又略带壤香和海藻香、木香与苔香，并有特殊甜气，具有动物的温暖氤氲香气，香气虽然不强，但微妙柔润，能提扬而凝聚不散，是动物香中动物腥臭气最少的原料，能圆和其他气息，留香比麝香长 20～30 倍，可达数月之久，作为固体香料可以保持其香气长达数百年。

f. 应用　龙涎香的香料价值是公元六七世纪时被阿拉伯人发现的，从此以后，阿拉伯人在印度洋沿岸广泛采集这种香料并加以利用。唐朝末年，龙涎香由阿拉伯传入中国，后来成为调配高级焚香用品、化妆品和调味品的不可多得的宝贵香料。龙涎香具有一种特异的药理作用，对神经系统和心脏等药效非常显著，尤其以激素作用著称。中东和欧洲各国人们则相信龙涎香有壮阳的功效，使得龙涎香更加身价百倍。古代龙涎香还用于尸体除臭。

在调香师的心目中，龙涎香是最好的定香材料。它的香气虽较柔和，而持久性却远胜过天然麝香。由于天然龙涎香物稀价昂，只有在配制高级香水香精时才会用到它。虽然有人工配制品，但与天然品相比，品质要差很多。龙涎香加到水里面，即使只加入一点点，水中也会从始至终染有一种特别的龙涎香气，称为龙涎香效应。龙涎香经常应用于香水香精中，如醛香、花香、素心兰、东方型、馥奇及现代幻想型香精中。与麝香、灵猫香共用，有增强香气的作用。事实上，龙涎香膏价格昂贵，实际使用有限，大多使用具有龙涎、麝香香气的合成原料，或者配制龙涎香精和香基在香精中使用。合成香料——降龙涎香醚远达不到天然龙涎香的效果。

③ 灵猫香（civet）　灵猫的品种较多，但可供取香的主要是大灵猫和小灵猫两种。

a. 产地　非洲大灵猫主产于埃塞俄比亚、几内亚和塞内加尔等国。我国秦岭和淮河以南各省都有大灵猫。小灵猫主产于印度、孟加拉国、马来西亚、菲律宾、索马里、肯尼亚等国以及爪哇岛、加里曼丹岛、苏门答腊岛地区，在海地也有分布。我国的云南南部和西南部，广西和华中地区资源也很丰富，浙江也有。杭州动物园曾经有一个灵猫饲养场，人工饲养和繁殖大、小灵猫，并曾取香，现年产几十千克灵猫香。上海动物园也曾经饲养取香。

b. 加工方式　灵猫是活兽人工取香的。人工刮取其自然泌香物于笼舍壁，就是灵猫香膏。灵猫香膏加乙醇可制成得率为 $3\%\sim6\%$ 的酊剂（最高 $10\%\sim20\%$），另外还可制成热浸剂，放置几个月使其熟化就可以用于调香了。全世界每年生产大、小灵猫香膏 2t 左右，其中大部分直接供给用户配成酊剂，一部分用溶剂浸提得到灵猫净油，价格更高。

c. 理化常数　大、小灵猫香膏新鲜时都是淡黄色膏状半固体，像凡士林一样，久遇阳光后色泽变为深棕色。

d. 主要成分　灵猫酮、十五酮、吲哚、甲基吲哚，小灵猫中含有麝香酮。

e. 香气　带腥臭的动物香、甲基吲哚气息，浓度高时令人作呕，极度稀释后有温暖的动物浊鲜和灵猫酮的香气，一般大灵猫香中雄性的香气较好，扩散力强，能提调香气，留香持久，大灵猫香膏少骚臭，多灵猫酮和麝香样香气。底蕴有黄葵油气息。

f. 应用　灵猫香是重要的动物香，有极好的定香作用。常制成酊剂、浸膏或净油使用，对香精有圆和、生动、增鲜和定香作用，可广泛而适量地用于多种香型的香水香精中，赋予香水特殊的难以形容的"动情感"，与麝香相似，但也有自己的特色。茉莉、玫瑰、白兰、依兰依兰、铃兰、东方、水仙、百花、琥珀、龙涎等香型香精配方中也常用灵猫香定香。灵猫香与硝基麝香、豆香原料、喹啉衍生物等能很好协调、和合。一般的化妆品和洗涤用品香精用人工配制品。如今，虽然灵猫香的主要香气成分都已能合成出来，但其香气总是难以和天然灵猫香膏或净油相比拟。另外，灵猫香膏也是重要的中药材，我国在 20 世纪 80 年代初已通过药理、临床等大量试验工作，肯定了小灵猫香膏的药用价值，在某些著名中成药（如六神丸）中代替珍贵的麝香取得了良好疗效。

④ 海狸香（castoreum）　河狸（*Caster fiber* L.），是河狸属，又称海狸。海狸香是四大动物香（龙涎香、麝香、灵猫香和海狸香）中价位最低的天然香料，用途也没有麝香和灵猫香广。海狸生活在河流里，所以现在学名已改为河狸了，但香料界里还是习惯称"海狸香"而不称"河狸香"。

a. 产地　产于加拿大、俄罗斯，我国的新疆、内蒙古和东北地区也有，但还未批量生产。

b. 加工方式　海狸的尾部有两个腺囊，雌雄都有，从香囊中取出的分泌物就是海狸香。由于过去取香都是用火烘干整个香囊，因此，商品海狸香带有焦油样的焦熏气味，成为海狸香气的特征之一。现在一般用石油醚提取干燥后得香树脂。净油是用乙醇提取香树脂而得。

c. 理化常数 鲜品呈奶油状，干品为棕褐色块状物。酊剂为棕褐色液体。

d. 主要成分 海狸香素、苯甲酸、苄醇、对甲氧基苯乙酮、内酯、吡嗪类、喹啉。

e. 香气 强烈臭的动物香气，介于灵猫香与麝香之间，仅逊于灵猫香。有时带有桦焦样气息，但稀释后香气令人愉快。

f. 应用 在香精中有协调及定香作用，是动物香中最价廉的品种。应用没有麝香、灵猫广，但可用其代替灵猫香和麝香。也用于茉莉、依兰依兰、水仙、百花型等清鲜类香型的香精配方中，也可用于檀香、东方型、馥奇、素心兰、琥珀香型和皮革香型等香精配方中。在烟草香精中也可使用。因为海狸香可以增加香精的"鲜"香气，也带入些"动情感"。

二、合成香料

近年来，随着合成香料生产技术的迅速发展，特别是发达国家如美国、法国、瑞士、日本、荷兰、德国、英国等国的世界香料大公司对合成香料的重视，新的合成香料品种不断涌现，现今能供调香使用的合成香料有 6000 余种，常用的合成香原料已经超过 200 种，绝大多数都是专利产品。与天然香料比较，由于合成香料具有价格低廉、货源充沛、香气质量稳定、不受环境和地理条件及气候变化等影响的特点，其在调香中的应用越来越广泛。现如今的香精配方，无论是食用香精还是日用香精，都以合成香料为主要调配原料，合成香料工业是现代香精工业的上游支柱，没有合成香料工业的发展进步，就不会有香精工业的腾飞。

狭义上的合成香料，指的是通过化学方法合成的香料，包括全合成香料和半合成香料。全合成香料，指的是用石油化工产品、煤焦油和林产加工产品为原料，通过各种化学反应制备的香原料。全合成制备方法又可细分为三大类，分别是石油化工产品合成法、异戊二烯合成法和以芳香族化合物为原料的合成法。石油化工产品合成法的典例为：将石油和天然气中的大量甲烷在 1500℃下加热得到乙炔。以乙炔和丙酮为原料，经炔化反应生成甲基丁炔醇，经还原反应生成甲基丁烯醇，然后与乙酰乙酸乙酯缩合，得到甲基庚烯酮，它既可以作为香料直接用于调香，同时也是合成其他很多香原料的原料。而异戊二烯合成法则更为重要。萜类化合物的碳骨架是由多个异戊二烯分子构成的。用于香料的萜类化合物大多数属于单萜、倍半萜和二萜类，异戊二烯是合成这些萜类化合物的重要原料之一。近年来石油化学工业的飞速发展，为香料化合物的合成提供了质优价廉的异戊二烯原料。萜类香料化合物中单萜化合物数量较大，两个异戊二烯分子头尾相连形成二聚体骨架，是萜类香料化合物合成的关键所在。以异戊二烯为起始原料可以制得氯代异戊烯，然后与丙酮进行加成反应合成甲基庚烯酮，以甲基庚烯酮为原料可以合成柠檬醛、芳樟醇、维生素 A、维生素 E、维生素 K、类胡萝卜素等重要化合物。以芳香族化合物为起始原料，也可以合成多种有价值的香料化合物。例如，以愈创木酚为原料可以合成丁香酚，以丁香酚为原料可以合成香兰素。而半合成香料，则指以天然香料中某种单体原料为原材料，经过化学反应制得的合成香料。例如，从 α-蒎烯和 β-蒎烯出发可以合成很多油用的香料化合物。

广义上的合成香料，则是在这两种合成香料的基础上，加上单离香料和用生物工程技术制得的香料。所谓的单离香料，就是使用物理或化学的方法从天然香料中分离出来的单体香料。天然精油中的某些异构体，通过化学合成的方法可能尚且较难合成，所以从天然香料中得到的单离香料有时可能会是各种异构体的混合物，某些单离香料的香气可能和通过化学合成的单体原料有所差异。单离香料源自天然香料，但人们也喜欢将其归为合成香料的范畴。而生物工程技术制备的香料，指的是通过基因工程、植物组织细胞培养或是通过微生物发酵、酶解而得到的单体产物。因此，不管是半合成、全合成、生物合成还是单离香料，最后的香料产品都是单体，不是混合物。广义上将这些单体香料称为合成香料。

$$合成香料（单体香料）\begin{cases} 单离香料 \\ 化学合成香料 \begin{cases} 全合成 \\ 半合成 \end{cases} \\ 用生物工程技术制备的香料 \end{cases}$$

按照合成香料的本质，又可以将合成香料分成天然类香料、天然等同类香料和人造香料。天然类香料是指纯粹用物理方法从天然芳香动植物中分离出的物质，相当于纯粹用物理方法提取的单离香料。而天然等同类香料指的是用合成的方法得到或以天然芳香原料中的某些成分为原料经过化学合成制得的单体原料，这些制得的香原料天然存在，即与供人类消费的天然产品（不管是否经过加工）中的某种物质在化学结构上是相同的，相当于用化学方法制得的单离香料，和通过半合成方法制得的、天然存在的合成香料。人造香料，即是指通过化学合成的途径，合成自然界不存在，但人类接受甚至喜爱的单体香料。

合成香料在分类上一般有三种方法：一是按所采用的原料进行分类，有香茅油系统、山苍子油系统、黄樟油系统、蓖麻油系统、松节油系统、煤焦油系统和石油化工系统等；二是根据香料的香型不同来进行分类，有玫瑰型、茉莉型、铃兰型、果香型、木香型等；三是按有机化学的官能团分类，有烃类及含卤香料、醇类香料、酚类香料、醚类香料、醛类香料、酮类香料、缩醛基类香料、羧酸类香料、羧酸酯类香料、内酯类香料、合成麝香香料、含氮类香料、含硫类香料以及杂环类香料等。采用第三种分类方法。

（1）烃类及含卤香料

烃类是碳氢化合物，广泛存在于自然界中。由于烃类化合物一般香气比较弱，因此在调香中，很少作为香料直接使用。但烃类化合物却可以作为香料工业中合成香料的重要原料、溶剂和萃取剂。香料工业所用的烃类有两个主要来源：许多天然精油中含有各种萜烯类化合物，只要加以单离即可；另一来源是石油工业的裂解产物，也可以合成许多烯烃，松节油和石油气都能生产一系列烯烃。萜烯类化合物也可用于仿制天然精油或配制香精，同时还是合成含氧类化合物的重要原料，在香料工业上占有很重要的地位，如松节油中所含的 α-蒎烯和 β-蒎烯可用于合成许多重要的单体香料。而含卤素的化合物大多数没有香气，或具有令人厌恶的刺激臭气，仅少数几个卤代物因具有特定的香气而被应用于调香中。

① 萜烯类化合物　萜烯类化合物品种繁多，在植物精油成分中占重要地位，是香料中极为重要的一类。经过对大量萜烯类分子结构的测定，发现其共同点是分子中的碳原子数都是 5 的整数倍，而且都是由异戊二烯的碳骨架相连构成的，即萜烯化合物的碳骨架可划分成若干个异戊二烯单位。这就是 1887 年德国的 Wallach 提出的"异戊二烯定则"，这一定则指出，大多数萜烯类化合物是由两个或两个以上的异戊二烯以不同形式首尾相连而成的，少数也有头头相连或尾尾相连的。可表示如下：

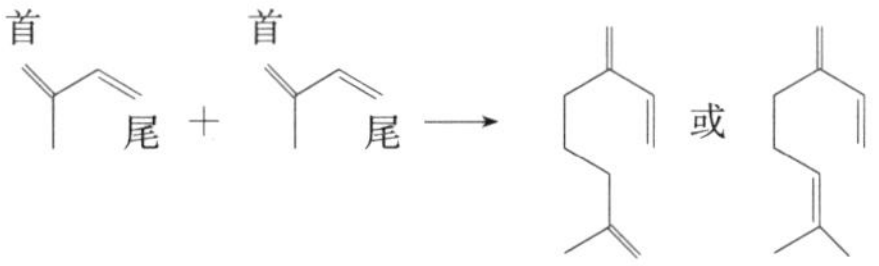

萜烯类化合物广泛存在于各种精油中，它们往往是天然香料的主要成分，在香料工业中最重要的是单萜和倍半萜，即含碳原子数为 10 和 15 的化合物，双萜以上的化合物沸点很

高，也无气味，对香料工业应用价值不大。

② 芳香族烃类化合物　由于芳香族烃类化合物的香气比较粗糙，所以直接用于调香的极少，只有少数直接用于香精中，如对伞花烃。

③ 含卤化合物　由于含卤素的有机化合物多数具有刺激气息，微量的含卤素中间体会严重影响产品的香气，所以香料中一般不用。因此在香料生产中若有含卤素的中间体时，净化精制的过程需特别注意。个别含卤素有机物因具有一定的香气，被应用于香精的调配中，如结晶玫瑰。

（2）醇类香料

醇类化合物在香料工业上是一个重要的大类，是香料香精中重要的组成部分，在香料工业中占有重要地位，醇类香料种类占香料总数的 20% 左右，其中有许多醇对香料工业有很大的作用，醇类香料是调配日化香精和食用香精时大量使用的香原料。醇类化合物广泛存在于自然界中，在各种天然精油、香花成分或蔬菜、水果香味组分中，醇类香料是普遍存在的，在许多天然芳香油的成分中脂肪醇和萜类醇也占了很大的比例，而且种类繁多。例如乙醇、丙醇、丁醇在各种酒类、酱油、食醋、面包中均有存在，这些成分也是调配这些食物的关键性原料。苯乙醇是玫瑰、橙花、依兰依兰的主要香成分之一。在香花精油和浸膏中经常发现含有芳樟醇、香叶醇、苯乙醇、松油醇和叶醇等醇类。例如我国的玫瑰花浸膏，经水蒸气蒸馏，收集得到的香成分用 GC-MS 进行分析，测得其主要成分为香叶醇、苯乙醇、香叶酸、橙花醇、香茅醇、丁香酚、丁香酚甲醚、苯甲酸苄酯、香叶醇的酯类等。又如在中国黄桃香味成分中就发现有 31 种醇类，它们包括：乙醇、丙醇、仲丁醇、异丁醇、3-甲基-2-丁烯-1-醇、2-甲基-3-丁烯-2-醇、正戊醇、异戊醇、3-戊醇、3-甲基-1-戊醇、3-甲基-3-戊醇、己醇、叶醇、反式己烯 2-醇、环己醇、庚醇、2-辛烯-1-醇、7-辛烯-4-醇、2-乙基-1-己醇、苯甲醇、异辛醇、辛醇、α,α-二甲基苄醇、苯乙醇、月桂烯醇、芳樟醇、4-松油醇、α-松油醇、壬醇、萜芹孟烯醇、橙花醇等。用于调香的醇类原料很多，大致可以分为脂肪族的醇、芳香族的醇、萜醇以及具有檀香香气的醇类等。

（3）酚类香料

在自然界中，存在许多的酚类香料，例如：丁香酚、香芹酚、麝香草酚、香荆芥酚、浓馥香兰素等。酚类香料大都具有辛香、木香及药草香等香气，并具有一定的消毒杀菌的作用。如丁香酚和异丁香酚具有丁香香气，在调香上普遍使用；麝香草酚和香荆芥酚带有草药香且具有较好的消炎杀菌功效，广泛用于牙膏等口腔清洁剂、爽身粉、胶姆糖及咳嗽糖的加香；愈创木酚带有烟熏香气及药香，可作为食用和烟用香料。有些酚还是合成其他香料的重要原料。如苯酚是合成香豆素的起始原料，愈创木酚是合成香兰素的中间体。

酚类化合物在自然界中广泛存在，早期的大多数酚都是从自然界直接提取的，随着用量的增多和化学工业的发展，现在很多酚类化合物都是合成的。酚类可看成是芳环上的氢原子被羟基取代后得到的化合物，与醇类化合物不同的是，酚上的羟基是直接和芳环相连的。由于很难直接将羟基引到苯环上，多数酚的合成都是通过官能团的转化得到的。

（4）醚类香料

醚是水分子中的两个氢原子均被烃基取代的化合物或者是醇分子中的羟基上的氢原子被烃基取代的化合物。醚类香料种类约占香料总数的 5%，大都具有香气。醚类化合物比较稳定，不会使加香产品变色，且香气柔和、愉快，这些特性使得它们在香精中有着广泛的应用，尤其是在化妆品、洗涤剂等香精中。例如，二苯醚、茴香醚、香叶基乙基醚、松油基甲基醚、甲基柏木醚、丁香酚甲醚、β-萘异丁醚、环氧罗勒烯、玫瑰醚、降龙涎香醚等均是常用的香料化合物。食用香精中也会用醚类香料，如二苯醚、大茴香脑、丁香酚甲醚等。

（5）醛类香料

碳原子与氧原子用双键相连的基团称为羰基，羰基碳与氢和烃基相连的化合物称为醛。醛类化合物在日化香精、食用香精中占有很重要的地位。醛类香料种类约占香料化合物总数的 10%。低级醛具有强烈刺激味，中级醛具有果香味，所以含六个碳以上的醛多应用于香精的调配。$C_6 \sim C_{12}$ 饱和脂肪族醛在稀释下具有令人愉快的香气，它们在香精配方中往往起头香的作用。某些不饱和脂肪族醛，例如 2，6-壬二烯醛具有紫罗兰叶青香，在香精配方中可以起修饰作用。芳香族醛在香料工业中起着重要的作用，例如洋茉莉醛、仙客来醛、龙葵醛、肉桂醛、戊基桂醛、铃兰醛、香兰素等都是经常使用的香料。萜醛类香料，如柠檬醛、香茅醛、羟基香茅醛、甜橙醛等均是调配香精的佳品。醛香型在日用香精中是一种流行的香型，著名的 Chanel No.5 香水就是醛香型香水的代表作。食用香精中醛类香料往往在头香和新鲜感上起重要作用。

（6）酮类香料

碳原子与氧原子用双键相连的基团称为羰基，羰基碳与两个烃基相连的化合物称为酮，酮类化合物在香料工业中占有重要地位，酮类香料种类约占香料总数的 15%。低碳脂肪族酮类 $C_3 \sim C_6$ 香气较弱，品质也欠佳，很少作为香料直接使用，但可以作为合成香料的原料。而在 $C_7 \sim C_{12}$ 的不对称脂肪族酮类中，由于具有比较强烈的令人愉快的香气，可以直接作为香料使用，例如甲基壬基酮、甲基庚烯酮。在芳香族酮类中，苯乙酮、对甲基苯乙酮和覆盆子酮都是常用的香料。萜类酮和脂环酮在香料工业中占有重要的地位，它们当中很多都是天然精油的主要香成分，含量虽少，但对香气却起着重要的作用。例如，紫罗兰酮、茉莉酮、香芹酮、樟脑、薄荷酮、大马酮、鸢尾酮和甲基柏木酮等都是名贵香料。

此外，还有大环酮类化合物，如环十五酮、麝香酮、灵猫酮等，都是动物性天然香料的主香成分，在配制高级香水和化妆品香精中起着赋香和定香剂的作用，将在合成麝香类香料中详细介绍。在食用香精中，酮类原料常用于提供奶香、蜜甜感、焦甜感和果香，如乙偶姻、丁二酮、呋喃酮、2-庚酮等，用处十分广泛。

（7）缩羰基类香料

醛类和酮类香料在日用和食品香精中起着极为重要的作用，但大多数化合物在化学性质上比较活泼，特别是醛类化合物，含有活泼氢和活泼双键，在空气、阳光、热等影响下极易被氧化，色泽变深，在碱性介质中容易产生一些缩合、加成反应，所以这类物质在加香产品中不够稳定。同时羰基化合物的 α-碳原子上的氢较活泼，在碱性介质中，也极易起羟醛缩合反应。与羰基化合物相比，缩羰基化合物在化学性质上比较稳定。在空气和碱性介质中稳定而不变色，同时缩羰基类香料保持并改善了原来醛类和酮类香料所具有的香气，因此缩羰基类化合物在香料香精工业中起着较大的作用。

缩羰基类香料是近三十年来发展较快的新型香料化合物，它们化学性质稳定，香气温和圆润，大多数具有花香、木香、薄荷香、杏仁香，可以增加香精的天然感，深受调香师们的欢迎。大多数缩醛类化合物要比它们原来的醛类化合物的香气圆润，如带有尖刺气息的香茅醛不受调香人员喜爱，但将其制成二甲缩香茅醛时就变得柔和，可在配制玫瑰香型的香精时使用。而某些缩羰基化合物的香气与原有羰基类原料的香气不同，如正戊醛具有不受人们欢迎的气息，难于配在香精中使用，当与 2-甲基-2,4-戊二醇作用后，却生成了 2-丁基-4,4,6-

三甲基-1,3-二氧噁烷，其香气具有薰衣草-薄荷-月桂样的气息，大大提高了其在调香中的使用价值，深受调香人员的喜爱。又如丙醛具有刺激性气息，当与 2-乙基-4-甲基-1,3-戊二醇作用变成 2,5-二乙基-4-异丙基-1,3-二氧噁烷后，则具有强烈的青香和花香香气。因此缩醛基化合物目前已发展了许多品种，并且可以制成混合缩醛以供调香使用。

在自然界中，缩醛基类化合物存在于多种水果的挥发性香物中，尤其是各种乙缩醛基类化合物占有相当大的比例，因而使得某些合成的缩醛基类化合物可以作为天然等同香料而被允许使用于食品添加剂中。

（8）羧酸类香料

羧酸是含有羧基的含氧有机化合物。它可以看作是烃分子中的氢被羧基（—COOH）取代而成的化合物。羧酸，尤其是脂肪族羧酸，广泛分布于天然产物中，它们是植物的花、叶和果实里酯类和脂肪的组成成分。少数的芳香族羧酸，如苯甲酸、水杨酸、没食子酸和桂酸等，是以游离或结合的形式存在于天然的植物中。但如今工业上使用的这些羧酸大部分是合成的。

饱和一元酸中，甲酸、乙酸、丙酸具有强烈酸味和刺激性。含有 4～9 个碳原子的酸具有腐败恶臭，是油状液体，动物的汗液和奶油发酸变坏的气味就是因为存在游离正丁酸。含10 个以上碳原子的羧酸为石蜡状固体，挥发性很低，没有气味。

大多数羧酸一般没有愉快的香气，但少数几种酸在日化香精和食品香精中却是不可缺少的，如乙酸、丁酸、异戊酸、十四酸、草莓酸、桂酸、苯乙酸、山梨酸等都是重要的香气和香味成分，有些甚至可以直接应用于食品行业中，作调味剂。另外，羧酸是酯类的母体，香料中所用的各种酯类，大部分是从羧酸酯化而得，羧酸的酯类化合物大都只有愉快、甜美的果香、酒香、花香，在调香配方上是不可缺少的且占有很大的比例，所以羧酸的合成在合成香料工业中也占有较重要的地位。此外，在合成香料工业中，羧酸也广泛地用作基本原料，是合成酯类香料的重要中间体。

（9）羧酸酯类香料

羧酸酯类化合物广泛存在于自然界，在很大程度上使许多花类具有花香和果香，如各种瓜果、花、草等的香成分中都含有酯类。而且大部分酯类化合物具有愉快的芳香或香味，大都具有花香、果香、酒香或蜜甜香气，故深受调香工作者的喜爱和重视。酯类香料在香料工业中占有特别重要的地位，羧酸酯类香料的品种约占香料总数的 20%。无论在日化香精、食用香精及烟酒香精中，羧酸酯类香料都是不可缺少的，而且用途广泛、品种多、用量大。尤其在软饮料、糖果以及酒用香精中，酯类香料能赋予各种独特的香味，且使香气得到加强、和润与丰满。

（10）内酯类香料

内酯类化合物是羟基酸分子中的醇羟基和羧基失去一分子水而生成的产物。内酯化合物具有酯类的特性，在香气上与酯类有许多共同之处，但也有自己的特征香气，内酯类化合物大都具有花香、果香、奶香，广泛应用于日用香精和食用香精中，食用香精的应用尤其广泛。内酯最为突出的特征是在香气上均有果香，而且留香时间长，且具有圆和增香的作用，但是内酯的环的位置和大小不同时，其香气有很大的差别。如 γ-内酯具有果香，大多具有桃子、椰子、苹果等水果香气（如表 4.3 所示）；δ-内酯往往具有奶香和奶酪香味，香气比相应的 γ-内酯更为柔软。δ-内酯如今不仅大量地应用于食用香精中，而且也应用于某些日化香精中。

表 4.3 γ-内酯和 δ-内酯香气表

R	R—CH—CH₂—CH₂ (γ-内酯)	CH₂—CH₂—CH (γ-内酯)	R—CH—CH₂—CH₂—CH₂ (δ-内酯)
甲基			淡乳脂香
乙基	甜的药草焦糖香气		奶香
正丙基	麦芽-焦糖香气	茴香	奶油-乳脂香气
正丁基	椰子-茴香	茴香	坚果-奶香
正戊基	椰子香气		油腻的桃子-奶香
异戊基	欧白芷的香气	欧白芷的香气	
正己基	桃子香气	杏-琥珀的香气	椰子-桃子-乳脂香气
3-己烯基	较细腻的桃子香气		
正庚基	强烈的桃子香气	桃子-麝香香气	水果-奶油香气
3-庚烯基	较强且优美的桃子香气		
正辛基	桃子-麝香香气	桃子-麝香香气	
正壬基	桃子-麝香香气	桃子-椰子香气	
正癸基	微弱的桃子香气	草-麝香-椰子香气	
苯基		香膏树脂型	
甲苯基		吐鲁香膏的香气	

值得注意的是酯类香料几乎在一切类型的香精中都能使用，而内酯类化合物虽然具有愉快的香气，但因个别的内酯生产过程较复杂、原料来源困难等原因，在香料工业上的应用受到一定的限制，尤其是几个巨环内酯化合物，成本略高，使用时要注意控制成本。

（11）合成麝香类原料

麝香类香料对于配制日用香精是不可缺少的。但是近代的香精配方中麝香已大多数被合成麝香类化合物所代替。随着现代检测分析、分离和有机合成技术的进步与发展，可以从天然麝香中单离出有效的发香成分，鉴定其化学结构，然后将它们合成出来。另外，经过不断探索和研究，发现了许多天然麝香中并不存在的化合物，却具有麝香香气。因此合成麝香类香料越来越具有发展潜力。

合成麝香类化合物在香料工业上已有 100 多年的历史，最初应用的有芳香族硝基化合物和大环麝香类化合物。近代又出现了一系列无硝基苯环、双环和多环类麝香化合物。合成麝香化合物有多种分类方法。按照麝香化合物的成环结构可分为单环、多环和大环麝香。单环麝香和多环麝香又可按分子结构中有无硝基进一步分为硝基麝香和非硝基麝香。不含硝基的单环麝香一般作为香料使用的价值不大，所以单环麝香基本上都属于硝基麝香类。相反地，多环麝香则以非硝基麝香为主。因此，人们习惯上将麝香分为硝基麝香、多环麝香和大环麝香三大类。

① 硝基麝香　硝基麝香是开发最早的合成麝香，曾经也是品种最多、产量最大的一类合成麝香。目前硝基麝香的产量仍占合成麝香的半数，硝基麝香价格低廉是其最大的优点，但是硝基麝香的香气与多环麝香、大环麝香相比差一些，而且其稳定性较差，所以硝基麝香正在逐步被其他合成麝香所取代。

硝基麝香的创始人是德国化学家鲍尔（Albert Baur），他发现某些简单的苯的硝基衍生物具有类似天然麝香香气，从叔丁基甲苯出发，通过硝化反应首次合成了具有强烈麝香香气的晶体化合物，即 2,4,6-三硝基-3-叔丁基甲苯，并在 1888 年申请了该化合物的合成专利。由于这个化合物具有天然麝香的香气，后来人们就把它称为鲍尔麝香，也称为甲苯麝香。在 1889—

1894 年的五年间，鲍尔又先后合成了一系列的硝基化合物，如二甲苯麝香、葵子麝香、酮麝香和西藏麝香等芳香环上含有硝基的芳香族化合物。这些化合物和类似的具有麝香香气的化合物，通常称为硝基麝香。这些硝基麝香不仅香气优雅名贵，价格低廉，而且还具有极佳的定香效果，所以至今仍有一些用于日用香精中。但应该指出，它们之中没有一个在天然产物中发现过。

硝基麝香从结构上可分为单环和双环两大类。单环麝香中香料价值较高的品种有酮麝香。双环麝香中有伞花麝香、萘满麝香 A、萘满麝香 B。单环麝香按硝基的数量又可分为一硝基麝香、二硝基麝香和三硝基麝香等，其中使用价值较高的是二硝基麝香和三硝基麝香。二硝基香中最重要的是酮麝香。三硝基麝香中具有代表性的是鲍尔麝香（即甲苯麝香）和二甲苯麝香。鲍尔麝香问世最早，二甲苯麝香是继鲍尔麝香后不久出现的，由于香气质量优于鲍尔麝香，所以很快就取代了鲍尔麝香，并被广泛应用至今。

② 多环麝香　多环麝香的开发研制是从 20 世纪 50 年代开始的。1948 年 Carpenter 和 Easter 等研究了非硝基化合物 2,4-二叔丁基-5-甲氧基苯甲醛的化学结构，发现即使化合物分子中不含硝基基团，仍然具有麝香香气，这就揭开了多环麝香的合成奥秘，从而开拓出了合成多环麝香的新领域。

2,4-二叔丁基-5-甲氧基苯甲醛

1952 年，Weder 等合成了二环类茚满型麝香-粉檀麝香，之后 Carpenter 等又成功地合成了二环类萘满型麝香-万山麝香。20 世纪 60 年代以后，多环麝香的研发工作有了新的突破，特别是瑞士 Givaudan 香料公司开发了一系列的茚满、苯并茚酮等多环麝香，从二环麝香又发展到三环麝香。尤其引人注目的是 IFF 公司研制的三环异色满麝香。近年来，世界各国竞相改进已有的多环合成方法，不断研制和开发新的多环麝香品种，出现了一系列新型麝香化合物，其中包括异色满型、引达省型等三环麝香。

多环麝香的香气比硝基麝香的香气优雅且细腻，有的多环麝香品种接近于大环麝香的香韵，多环麝香以香质优异、价格低廉、性质稳定、不变色、容易生产等优点在香料市场上具有竞争力，其产量仅次于硝基麝香，可以预测，不久的将来其产量要超过硝基麝香而居合成麝香之首。

多环麝香按环的个数可以分为二环麝香、三环麝香、多环麝香。其中二环麝香又可以分为茚满型和萘满型两种。三环麝香又可以分为异色满型、氢化引达省型等。

a. 二环类：茚满型和萘满型。

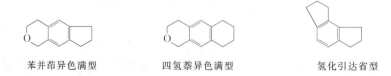

茚满型　　　　　　　　　萘满型

b. 三环类：异色满型、氢化引达省型。

苯并茚异色满型　　　　　四氢萘异色满型　　　　　氢化引达省型

③ 大环麝香 大环麝香类化合物具有非常珍贵的香气品质，历来为调香师们所珍视。因为它不仅具有细腻的麝香香气，而且能使整体香精的香气高雅、圆和、留香持久。大环麝香类化合物最主要的有大环酮麝香和大环内酯麝香。大环内酯麝香从结构上又可分为三种类型，即大环单内酯（如环十五内酯）、大环双内酯（如十三烷二酸环-1,2-亚乙基酯）和氧杂大环内酯（如 10-杂十六内酯）。

1906 年 Walbaum 从天然麝香中分离出一个具有麝香香气的酮类化合物，当时还不明确其化学结构，直到 1926 年瑞士化学家 Ruzicka 和其同事才确定其分子结构为 3-甲基环十五酮，俗称麝香酮。1915 年 Sack 从天然灵猫香中分离出一种不饱和大环酮，1926 年 Ruzicka 确定其分子结构为 9-环十七烯酮，俗称灵猫酮。1927 年 Kerschbaum 在麝香葵子油中发现一种内酯，环上有 16 个碳原子，为 7-环十六烯内酯，即麝葵内酯。之前已有人从含有麝香香气的圆叶当归根油中单离出一种酸，分子式为 $C_{15}H_3O_3$，Kerschbaum 指出该酸为十五羟酸，麝香香气是由此酸的环十五内酯发出的。1928 年 Ruzicka 确定并合成了环十五内酯。后来 Mookherjee、Ditto、Wan Dorp 等化学家又先后从天然麝香、灵猫香、麝香鼠分泌物中发现了许多饱和大环酮以及不饱和大环麝香类香料化合物。另外，自然界中未发现的许多大环类化合物也已经被合成出来，包括氧杂内酯、酮内酯、双酯、碳酸酯、酸酐以及含氮化合物、含硫化合物和二环化合物等，真正商品化的有麝香酮、环十五酮、灵猫酮、环十六酮、环十七酮、环十五内酯、环十六内酯、10-氧杂十六内酯、11-氧杂十六内酯、12-氧杂十六内酯、十三碳乙二醇环酯等。

大多数的大环内酯类化合物也都具有珍贵的类似于天然麝香的香气，香气较硝基麝香温和而持久，其中尤以环十五内酯最为珍贵。大环内酯和含氧内酯对调香工业有很大的意义。这些化合物受到调香师们的高度评价，并在调和香料以及化妆品和皂用香精中得到广泛应用。大环类化合物，特别是大环内酯和含氧内酯，除了赋予整个香精香气之外，还具有圆和香气的特性，并能使香精有比较持久的保持均匀性的能力。但由于生产工艺复杂、原料成本太高而不能使之普遍应用。在合成香料市场中，大环内酯类合成麝香香料只占总量的 6%，改进工艺，降低成本，研究新型大环内酯，是今后研究麝香香料的发展方向。

（12）含氮类香料

含氮类香料按照官能团不同又可以分为腈类香料和邻氨基苯甲酸酯类香料。

① 腈类香料 腈可以看作是氰化氢分子中的氢原子被烃基取代而生成的化合物。腈类化合物存在于一些植物精油中，有些腈类化合物在某些食品中起着重要的作用，例如苯乙腈存在于红茶、番茄、苦橙、铃兰花等精油中；又如苯甲腈存在于可可、牛乳中，3-苯基丙腈、2-甲硫基辛腈存在于水芹中等。目前，我国生产的主要腈类香料有环烯腈、肉桂腈、柠檬腈、香茅腈、玫瑰腈、紫罗兰腈、龙脑烯腈等。

作为香料使用的第一个腈类化合物是 1944 年发现的十四碳腈，其具有柑橘香气。腈类作为一类新的芳香化合物而引起香料界的广泛重视是从 20 世纪 70 年代开始的，不少腈类化合物具有强烈的香气，一般认为类似于相应的醛类香料，但比醛类更为尖辛，香气更为强烈持久和多样化，透发性好，在 pH 值高或低的介质中性质均比较稳定且香气不会减弱，因此日益受到调香人员的重视，许多调香师把它们作为醛类的代用品使用，其目的是克服醛类稳定性方面的许多缺点。与醛类化合物相比，腈类香料有以下几个特点：

a. 腈类香料化合物香气强烈而且多样化，香气持久而透发。

b. 腈类香料化合物的性质相对稳定，对光、热、弱碱、弱酸均保持相对稳定，因此应用的范围比较广泛。

c.经过毒性检验确认，低级腈类化合物有一定毒性，但随着分子量的增大，腈的毒性和刺激性会逐渐降低。目前除发现苯乙腈对皮肤稍有刺激性外，其他一些分子量较高的腈类香料化合物的毒性和对皮肤的刺激性比相应的醛类香料化合物还低，如柠檬腈和肉桂腈的毒性不高于相应的柠檬醛和肉桂醛的毒性。

② 邻氨基苯甲酸酯类香料　邻氨基苯甲酸甲酯最早于 1899 年由 Walbaum 在橙花油中发现的，以后又在其他芳香油中如茉莉油、甜橙油中发现，此外它还存在于葡萄汁中。后来人们在很多天然植物精油中如橘子油、橙子油、柠檬油、栀子油、依兰依兰油等都发现含有邻氨基苯甲酸酯类化合物。由于这类化合物具有强烈的水果和花香香气，因而在日用香精和食用香精中得到了广泛的应用。

邻氨基苯甲酸酯类化合物分子中由于含有酯基和氨基两个官能团，因此它们具有酯类和胺类的双重化学性质。如氨基与醛作用可以得到在碱性条件下更加稳定，在调香中香气更加浓郁的席夫碱。这类席夫碱类香料在香精中可以作为定香剂使用。例如，邻氨基苯甲酸甲酯与羟基香茅醛进行缩合反应可以生成橙花素，与戊基桂醛可以生成茉莉素，这类席夫碱的化学性质比原来的醛更加稳定，香气也更加浓郁持久，可以广泛应用于花香型香精中。

（13）含硫类香料

在咸味香精中，含硫类香料是不可缺少的一类重要香料。含硫类香料大致可以分为硫醇和硫醚两大类。

① 硫醇类香料　醇分子中的氧原子被硫原子取代而形成的化合物，即为硫醇。硫醇（通式为 R—SH，R 为烃基），也可看作是烃分子中的氢原子被氢硫基—SH（通称巯基）所取代的化合物。巯基直接与苯环相连的化合物称为硫酚。分子量较低的硫醇有毒，具有极其难闻的臭味，乙硫醇在空气中的浓度达到 10^{-11} g/L 时，即能为人所感觉。黄鼠狼散发出来的防护剂中就含有丁硫醇。环境污染中硫醇为恶臭的主要来源。随着硫醇分子量增大，其臭味逐渐减弱。低浓度的硫醇类化合物却常常呈现令人愉快的食品类香味，大部分肉类香味化合物都是含硫化合物。

硫醇类香料是 20 世纪 70 年代以后发展起来的一类新型香料，许多含硫的有机化合物被发现存在于天然香花挥发性组分、精油和食物香味成分中，它们大都是食品中的微量香成分，一般在食品中含量在 10^{-6} 数量级和 10^{-9} 数量级，有的甚至低到 10^{-12} 数量级，即使含量极微，但对香气、香味和特色风味的形成起着很重要的作用。例如，在大蒜中含有烯丙硫醇；在洋葱中含有丙硫醇；在咖啡中含有糠硫醇；在牛肉香成分中含有甲硫醇和乙硫醇；在洋葱、胡萝卜、牛奶、咖啡中均发现含有甲硫醇。

又如，5-甲基糠硫醇的浓度大于 $1\mu g/kg$ 时具有硫黄样气息，但当进一步稀释至 $0.5\sim1\mu g/kg$ 时，就变成肉香；4-甲氧基-2-甲基-2-丁硫醇是黑加仑花香气息中的关键成分。

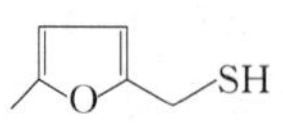

5-甲基糠硫醇

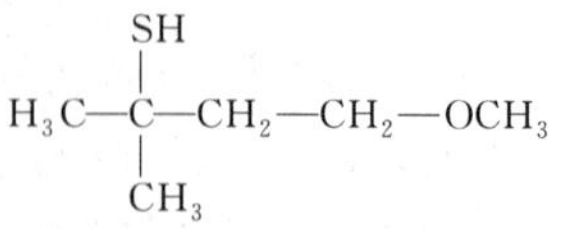

4-甲氧基-2-甲基-2-丁硫醇

② 硫醚类香料　醚分子中的氧原子被硫原子所取代的化合物，称为硫醚。硫醚类化合物

存在于很多食品中，例如二甲硫醚存在于牛肉、牛油、酱油和啤酒中；二乙硫醚存在于啤酒、蒸馏酒中。大多数硫醚类化合物具有肉香、葱蒜香和菜香，且香气强烈，在食品中用量一般为 10^{-6} 数量级。例如，2-甲基-3-氧杂-8-硫代双环［3.3.0］-1,4-辛二烯，具有尖锐的硫黄似的烘烤味，带有少许咖啡香韵和烤肉香，还兼有强烈的、愉快的韭葱和烟熏特征香味；异丙苯偕二甲硫醚则是很有价值的汤类香味料；在酵母萃取物中发现的 3-异丁基-5-甲基-1,2,4-三硫戊环，具有淡的青香、可可样、猪肉以及烤肉香味；异戊基（2-甲基-3-糠基）二硫醚则具有烤肉和鸡油香味。

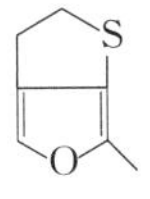

2-甲基-3-氧杂-8-硫代双环[3.3.0]-1,4-辛二烯

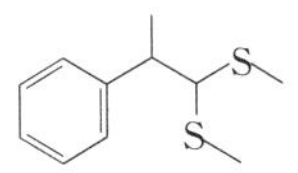

异丙苯偕二甲硫醚

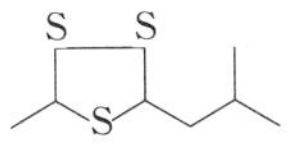

3-异丁基-5-甲基-1,2,4-三硫戊环

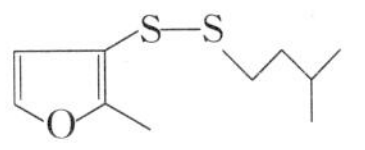

异戊基(2-甲基-3-糠基)二硫醚

（14）杂环类香料

在环状有机化合物中，构成环的原子中除碳原子之外还有其他原子，而且这种环具有芳香结构（闭环共轭体系）和一定程度的稳定性，这种环状有机化合物统称为杂环化合物（heterocyclic compound）。组成杂环的原子除碳以外都叫作杂原子，最常见的杂原子为氧、氮和硫，例如，呋喃、吡啶是最常见的杂环。杂环上可以含有一个、两个或更多的杂原子。杂环氢化后可形成饱和的或部分饱和的环。例如，呋喃氢化后形成四氢呋喃。习惯上把各种氢化的环如四氢呋喃看作杂环的衍生物，而把呋喃、吡啶等具有芳香结构的环称作母核。含有这些环的化合物，不论是饱和的、不饱和的或芳香结构的，都称为杂环化合物。至于含有杂原子的环状化合物，如环酸酐、内酯、环氧乙烷等，因它们的性质是酐或酯，所以习惯上它们不被看作是杂环化合物。

杂环化合物非常重要，而且在自然界分布很广，功能很多，例如，中药的有效成分生物碱大多是含氮杂环化合物。在动植物体内起着重要生理作用的叶绿素、血红素、植物碱、核酸的碱基等都是杂环化合物；一部分维生素和抗生素以及一些植物色素和植物染料都含有杂环化合物；某些天然香料中也发现含有杂环化合物，有些已被合成和使用，它们分别具有肉类和果蔬类的香气而被广泛应用于食品的加香及调味中。

① 呋喃类　早在 20 世纪初期，科学家就从天然食品中检测出呋喃类化合物的存在，到了 20 世纪 60 年代，科学家开始合成出水果型呋喃衍生物，之后逐渐出现了肉香、海鲜香、烤香以及咖啡香等等。以下几种呋喃类化合物具有咖啡的香味：

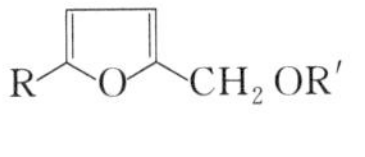

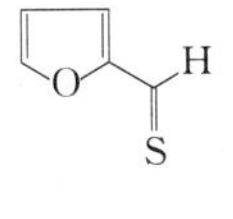

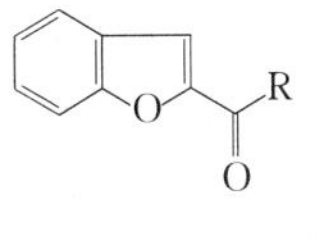

② 噻吩类　早在 19 世纪末，科学家就从煤焦中分离出噻吩，由于含噻吩环的化合物在燃料、香料、医药以及有机合成中有很大的作用，对噻吩类化合物的研究越来越多。近几年来，人们研究发现大多数噻吩类香料具有肉香、葱蒜香、焦香、烤肉香等独特的香气和香

味，对许多食品的感官特性有极大的贡献，这一类化合物在相关香型的香精调配中起到了重要的作用。下列噻吩类化合物具有一些不同的独特香味：

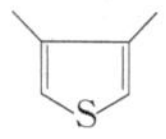

洋葱香 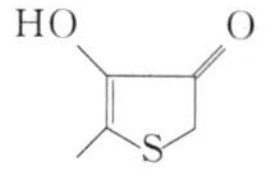　　　　烤肉香 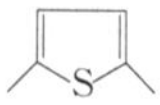　　　　　杏仁香 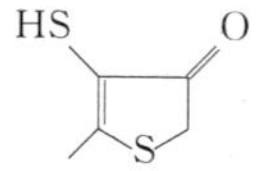　　　　坚果香

③ 吡咯类　1857 年，科学家从骨焦油或煤焦油中分离得到一种新的化合物，命名为吡咯。吡咯是五元杂环中最重要的杂环母核，含有吡咯环的血红素和叶绿素在动物界和植物界所起的作用是显而易见的。自然界中许多的生物碱、蛋白质中都含有吡咯环的化合物。另外，在许多的食品中，例如咖啡、烤面包、炸牛肉、炒花生、烟草及许多谷物制品中都含有吡咯环的化合物。在这些食品中吡咯类化合物主要是通过氨基酸类和糖类化合物在食品的烤、烘、炖、炸中经美拉德（Maillard）反应或斯特雷克（Strecker）反应形成的。下列是一些用于食品加香的吡咯类化合物：

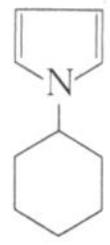

甜的茴香风味 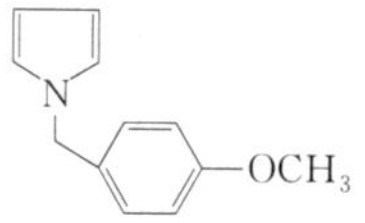　　青香、红萝卜香气 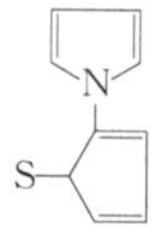　　木香、果香、桃香 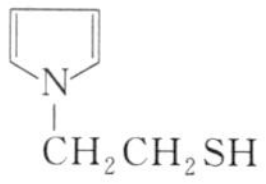　　咖啡、炒肉香味

目前允许使用的吡咯类香料的品种不多，主要为烷基吡咯和酰基吡咯。另有一些吡咯类香料具有海产品样的香味特征，在海鲜香精中的应用已经引起了咸味香精调香师的重视。

④ 噻唑类　噻唑类化合物广泛存在于许多的天然食品中，如咖啡、可可、茶叶、红豆、爆米花、烤马铃薯、芦笋、炒榛子、炒花生、牛肉、熟肉干、葡萄酒、朗姆酒、威士忌、啤酒、麦芽等，它们一般具有鲜菜香、烤肉香、坚果香等香味特征，香势强、阈值低。噻唑类衍生物的含量在煮马铃薯中比在没处理过的马铃薯片中要多，这似乎表明噻唑类的形成可能与温度及水的存在有关。进一步的研究表明，噻唑类化合物主要是通过糖、半胱氨酸和胱氨酸的降解形成的。

噻唑类香料是目前应用最多的杂环香料之一，在新兴的咸味香精和传统的食品和烟草香精中得到了广泛应用。噻唑类主要有烷基噻唑、烷氧基噻唑、酰基噻唑和硫化物四大类。噻唑自身具有令人不快的吡啶样的气味，烷基在 2 位的取代会赋予化合物生青药草的香气，4 位取代会产生青香以及坚果香气，关于 5 位取代效应报道较少。用多步取代反应合成的噻唑化合物表明 4-甲基-5-乙基噻唑有坚果、青香、壤香气味；2,4-二甲基噻唑具有肉香、可可样气味；2,4-二甲基-5-乙基噻唑具有坚果及烘烤香气。

已有文献报道，含氧取代基的引入会导致分子的香气特性发生改变。2-乙酰基噻唑具有强坚果香、爆米花气味，4-乙酰基噻唑具有烘烤香、肉香气味，2-甲氧基噻唑有甜、烘烤、酚香的特征以及丁氧基噻唑具有生蔬菜的香气品质，另外，5-乙氧基噻唑具有炒葱头的气味。烷基和酰基在噻唑环上的共同取代会产生更令人感兴趣的结果，例如，2-甲基-5-乙酰基噻唑具有咖啡样香气，4-甲基-5-乙酰基噻唑具有烘烤气味并带有硫化物的香调，2,5-二甲基-4-乙酰基噻唑带有更令人愉快的烤香、坚果香、肉香的特征。烷基和烷氧基在噻唑环上的共同取代会产生青蔬菜气味。4-异丁基-5-甲氧基噻唑具有令人非常愉快的和非常强烈的胡椒的气味，2-甲基-4-异丁基-5-丁甲氧基噻唑具有青蔬菜气味。可以看出一般的规律是，烷基取代数目的增加会使噻唑类气味由坚果青香向坚果烤香改变。烷氧基取代的增加会倾向于将气味由青蔬菜气味向熟的蔬菜气味变化。

⑤ 吲哚类　自 1866 年 Baeyer 首次分离得到吲哚以来，它不仅存在于 210～260℃馏分的煤焦油中，科学家还发现吲哚也存在于自然界的许多植物中，例如茉莉、水仙、柠檬、橙花等。另外，许多的天然化合物都含有吲哚环，如蛋白质中色氨酸，生物碱中的新长春碱、马钱子碱等。吲哚的—N 或—C 取代的衍生物，例如，甲基吲哚和二甲基吲哚在香料行业中有一定的意义。这些化合物已经从鱼、虾、肉、牛奶、茶叶、米糠、灵猫香中检测出来，因此，吲哚类化合物在香料、医药和染料等工业中有重要的作用。

⑥ 吡啶类　苯环上的一个次甲基被氮原子取代后形成的化合物就是吡啶。吡啶及其同系物早在 19 世纪下半叶就被科学家从煤焦油中分离得到，此后化学家就对含有吡啶环的化合物进行了大量的研究，发现这些化合物广泛地存在于生物体内。对于吡啶类香料的研究开始于 20 世纪 70 年代，在茉莉、玫瑰、薰衣草等精油及马铃薯、大麦、茶叶、咖啡、烟草等食品中发现了少量的吡啶类化合物。到目前为止，吡啶类香料广泛地应用于烘烤食品、肉制品、软饮料等食用香精中，发展前景广阔。调香中所使用的吡啶类香料均为合成品，其中以烷基吡啶类香料最多，还有烷氧基吡啶类香料，以及用作食品增香剂的吡啶硫化物等。

⑦ 吡嗪类　早在 1879 年，科学家就从食品中分离出烷基吡嗪，并于 1888 年首次合成出吡嗪。吡嗪类化合物在自然界中存在较少，但是在 20 世纪 60 年代后，科学家对许多天然食品的研究中发现了大量的含有吡嗪环的化合物，如炸马铃薯、咖啡、大麦、大豆产品、面包、豌豆等天然食品。吡嗪类化合物对某些食品的香味起着明显的作用，是构成某些食品香味的微量成分，并且这一类化合物具有香气特征突出、阈值低、香势特别强等特点，在食品中使用量极少，因而可以使加香成本降低，安全可靠性增加。吡嗪类化合物大多数具有咖啡、巧克力、坚果样香味以及焙烤焦香样香气，它们广泛应用于饮料、糖果、糕点、肉制品和乳制品中，用于调配咖啡、可可、核桃、桃子、巧克力、糖果、花生、芝麻、奶油、饮料、饼干、烟酒等食用香精。例如，2-乙基-3-甲氧基吡嗪在增强烤土豆的香味时非常有效，烷基吡嗪直接提供食品的焙烤香气，2-乙基-2,5-二甲基吡嗪是烤土豆最重要的香味成分。吡嗪类也可提供烤肉的坚果样烤香，2,3-二甲基吡嗪是烤肉香味有用的成分，2,5-二甲基吡嗪是鸡肉汤、烤肉和牛肉的香味成分，2-乙酰基吡嗪是食品中所期望的香味剂，它赋予食品体系爆米花样香味。2-异丁基-3-甲氧基吡嗪可用于新鲜青胡椒香味的食品中。

⑧ 喹啉类　喹啉存在于煤焦油、页岩油和骨焦油中。有些生物碱（如金鸡纳树皮中的生物碱奎宁）具有喹啉杂环的结构，它的甲基和二甲基衍生物在杂醇油、米糠、烟草、茶叶和威士忌酒中微量存在。喹啉类香料在日用香精中的地位同样重要，常用的原料有喹啉、6-甲基四氢喹啉等。

⑨ 吡喃衍生物　α-吡喃和 γ-吡喃本身并不单独存在，但它们的某些衍生物却具有珍贵的香料价值，麦芽酚和乙基麦芽酚就是两种十分重要的食品香料。

麦芽酚又称 2-甲基-3-羟基-γ-吡喃酮，是白色针状结晶或粉状结晶，具有愉快的焦甜香味，稀释时有草莓和覆盆子似的果香香气。熔点为 160～163℃，沸点为 105℃/670Pa，CAS号为 118-71-8，天然存在于落叶松和针叶松的树皮中，以及木焦油和焙烤的麦芽中。麦芽酚广泛用于食用香精中，主要作为增香剂和矫香剂使用，常用于各种食品、巧克力、糖果、饮料、酒类、果汁、软饮料、冰淇淋、糕点和奶制品等食用香精的增香，还可用于烟用香精中。麦芽酚在碱性介质中不稳定，在日光、空气中或遇铁时易于变色，因此要储存于避光的密封容器内。麦芽酚被美国食品香精和萃取物制造者协会（FEMA）认定为 GRAS，并经美国食品药品管理局（FDA）批准食用，FEMA 号 2656，GB 2760—2014 批准为允许使用的食品香料。欧洲理事会将麦芽酚列入可用于食品中而不危害人体健康的人造食用香料表中，其最高用量为 90mg/kg，每日允许摄入量（ADI）为 1mg/kg。

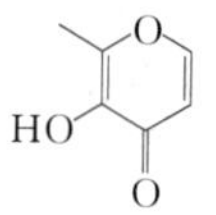

麦芽酚

乙基麦芽酚又称 2-乙基-3-羟基-γ-吡喃酮，是白色或淡黄色针状固体结晶，它的香气与麦芽酚相似，但其香味比麦芽酚更为强烈、更为甜蜜，且有非常持久的焦样香味，其强度是麦芽酚的 4～6 倍，其熔点为 89～93℃、CAS 号为 4940-11-8。乙基麦芽酚在自然界中尚未发现存在。广泛用于食用香精配方中，其应用范围和麦芽酚一样，但其增香作用更强，是更佳的香味增效剂，此外它又是良好的矫味剂和改良剂，并可作为除腥剂、除膻剂使用，效果极佳。乙基麦芽酚被 FEMA 认定为 GRAS，并经 FDA 批准食用，FEMA 号 3487，GB 2760—2014 批准为允许使用的食品香料。欧洲理事会将乙基麦芽酚列入可用于食品中而对人体健康无害的人造食用香料表中，其最高用量为 10mg/kg，ADI 值为 2mg/kg。

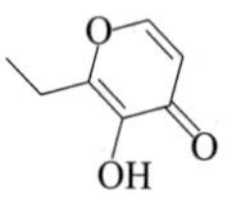

乙基麦芽酚

三、热反应香料

热反应香料是一组复杂的混合物。它们的制作过程非常类似于一些家庭烹饪操作或商业食品制备工艺。商品化香精在各种食品和饮料中广泛应用，它是当今风味化学家主要的创新点和挑战之一。热反应香料，即通过美拉德反应制得的具有特殊香味的香料混合物。美拉德反应的原理是氨基化合物和含有羰基的化合物发生了非酶催化的褐变反应，而生成一系列香味有色物质。除氨基酸盐外，它还包括其他氨基化合物和羰基化合物间的类似反应。美拉德反应广泛存在于食品加工（如烘、烤、炒、炸、煮）和食品长期储存中。许多食品中的香气都是由这个反应产生的。食品在加热过程中所发生的美拉德反应包括氧化、脱羧、缩合和环化反应，可产生各种香味特征的香味物质，如含氧、含氮和含硫杂环化合物，包括氧杂环的呋喃类，氮杂环的吡嗪类，含硫杂环的噻吩和噻唑类，同时也生成硫化氢和氨。

此外，美拉德反应产物有抗氧化性的特征，这也是熟食香味的主要来源之一。随着分析技术的成熟和有效性的日益提高，美拉德反应作为特殊食物香味来源的研究已成为近年来的热门课题，这一反应已在针对许多不同还原糖的氨基酸的模拟系统中得到验证，其结果已用于解释熟食香味的形成。

（1）热反应香料的应用　自从 1960 年开始，就有人研究利用各种单体香料经过调和生产肉类香精，但由于各种熟肉香型的特征十分复杂，这些调和香精很难达到与熟肉香味逼真的水平，所以对肉类香气前体物质的研究和利用越发受到人们的重视。利用前体物质制备肉味香精香料，主要是以糖类和含硫氨基酸，如半胱氨酸为基础，通过加热时所发生的反应，包括脂肪酸的氧化、分解，糖和氨基酸热降解，羰氨反应及各种生成物的二次或三次反应等。所形成的肉味香精成分有数百种。以这些美拉德反应的香味物质为基础，通过调和可制成具有不同特征的肉味香精。美拉德反应所形成的肉味香精无论从原料还是过程均可以视为天然，所得肉味香精可以视为天然香精。

近年来，人们已用动、植物水解蛋白，酵母自溶产物为原料，制备出成本低、安全且更为逼真的、更接近天然风味的香味料，然而仅靠用美拉德反应产物作为香味料，其香味强度有时还是不够的，通常还需要添加某些可使食品具有特殊风味的极微量的所谓关键性化合物，如在肉类香味料中可加 1-甲硫基乙硫醇等化合物，在鸡香精中可加顺-4-癸烯醛和二甲基三硫等物质，在土豆香精中可加 2-烷基-3-甲氧基吡嗪等物质，在蘑菇香精中可加 1-辛烯-3-醇、环辛醇、苄醇等物质。如此调配出来的香精不仅风味逼真，而且浓度高，作为食品添加剂只要添加少量到其他食品中即可明显增强食品香味。如将这些香精加在汤粉料、面包、饼干中，或用于植物蛋白的加香中，只要添加少量，就可获得满意的效果。

在食品香气风味中，例如某些具有特殊风味的食品香料，一般称为热加工食品香料的烤面包、炒花生米、炒咖啡等所形成的香气物质，其形成的化学机理就是美拉德反应。在酱香型白酒生产过程中，美拉德反应所产生的糠醛类、酮醛类、二羰基化合物、吡喃类及吡嗪类化合物对酱香酒风格的形成起着决定性作用。美拉德反应在食品香精香料、肉类香精香料中的应用也相当广泛。目前市场上销售的风味调味料，如火腿肠、小吃食品中应用的风味调味料，大多数是用合成的原料复配成的。市场销售的牛肉味、鸡肉味、鱼味、猪肉味等风味调味料大多含动植物脂肪、大豆蛋白粉、糖、谷氨酸钠、盐、辛香料、酵母浸提物等，其中的动植物脂肪并没有转化。美拉德反应中，不存在动物脂肪，用动物脂肪的也在反应中将其转化为肽、胨及肉味物质，不以脂肪形式存在，所以美拉德反应制得的香料风味天然、逼真、安全可靠、低脂、低热值，是人们理想的保健美食原料。此外，美拉德反应香料在酱油香精生产中也有应用。

许多肉香芳香化合物是由水溶性的氨基酸和碳水化合物在加热反应中，经过氧化脱羧、缩合和环化反应产生的含氮、含硫的杂环化合物，包括呋喃、呋喃酮、吡嗪、噻吩、噻唑、唑啉和环状多硫化合物，同时也生成硫化氢和氨。杂环化合物尤其是含硫的化合物，是组成肉类香气、香味的主要成分，几种硫取代基的呋喃化合物具有肉类香气、香味，如 3-硫醇基-2-甲基呋喃和 3-硫醇基-2,5-二甲基呋喃。在一般呋喃化合物中，在 β-碳原子上有硫原子的产品具有肉类香气、香味，而在 α-碳原子上存在硫原子的品种就有类似硫化氢的香气。另外，噻吩化合物具有煮肉的香气、香味。噻吩化合物由半胱氨酸、胱氨酸和葡萄糖、丙酮醛于 125℃、pH=5.6，反应 24h 生成，如 4-甲基-5-(α-羟乙基) 噻唑、2-乙酰基-2-噻唑啉、12-乙酰基-5-丙基-2-噻唑啉。

（2）常用的制备热反应香料的原料　将热反应香料用于食品香精生产之中，我国应用历史并不长。在反应中，使用的氨基酸种类较多，有 L-丙氨酸、L-精氨酸和它的盐酸盐、L-天冬氨酸、L-胱氨酸、L-半胱氨酸、L-谷氨酸、甘氨酸、L-组氨酸、L-亮氨酸、L-赖氨酸和它的盐酸盐、L-乌氨酸、L-蛋氨酸、L-苯丙氨酸、L-脯氨酸、L-丝氨酸、L-苏氨酸、L-色氨酸、L-酪氨酸、L-异亮氨酸等，它们在反应中能生成一定的香气物质。L-胱氨酸、L-半胱氨酸、牛磺酸、维生素 B_1 等均能产生肉类香气和香味。

① 甘氨酸能产生焦糖香气、香味。

② L-丙氨酸能产生焦糖香气、香味。

③ L-缬氨酸能产生巧克力香气、香味。

④ L-亮氨酸能产生烤干酪香气、香味。

⑤ L-异亮氨酸能产生烤干酪香气、香味。

⑥ L-脯氨酸能产生面包香气、香味。

⑦ L-蛋氨酸能产生土豆香气、香味。

⑧ L-苯丙氨酸能产生刺激性香气、香味。

⑨ L-酪氨酸能产生焦糖香气、香味。

⑩ L-天冬氨酸能产生焦糖香气、香味。

⑪ L-谷氨酸能产生奶油糖果香气、香味。

⑫ L-组氨酸能产生玉米面包香气、香味。

⑬ L-赖氨酸能产生面包香气、香味。

⑭ L-精氨酸能产生烤蔗糖香气、香味。

在美拉德反应中，使用的糖类包括：葡萄糖、蔗糖、木糖醇、鼠李糖和多羟醇，如山梨酸醇、丙三醇、丙二醇、1，3-丁二醇等。

四、酶解香料

酶解香料，即通过酶（一般常用脂肪酶和蛋白酶）水解催化得到的香料，通常是混合物。常见的酶解香料通常集中于对奶制品和肉类制品的酶解，通过酶解可以产生小分子的香味成分，这些成分香气和香味天然柔和，加入酶解香料的香精香味表现力比纯粹使用合成香料调配的香精要强很多。

酶的最大优势在于其立体选择性，以及在可利用"天然"底物的情况下产生"天然"香味的能力。

五、香料和香精的关系

香料是用于制备香精的原料，也是含有香气和香味成分的物质。它们可以是单体成分，如通过化学合成或物理分离得到的单体成分，也可以是从自然界经提取得到的混合物，它们的物化性质可以用仪器检验。因此香精就是一种含有多种香气或香味（后者仅针对食用香精）成分，加以溶剂或载体经过一定组合而形成的混合物。香精中起加香的作用的主要是上述提到的天然香料和合成香料，共由十几种、几十种甚至上百种的香料制备而成（主要是调配）。

第二节　溶剂

对于液体香精，尤其是食用香精，溶剂是香精中不可缺少的一部分，它能够溶解各类液体和固体香料，稳定香精的化学性质。溶剂的选择对香精很重要。设计香精的配方要充分考虑溶剂因素和效果，主要考察溶解度和澄清度，如原料选择不当或用量过度有可能会造成浮油或沉淀，如水质柑橘类香精要用倍司作溶剂，又如油质香精中的固体香料用量不能超过其饱和极限。因此，溶剂的选用主要由香精的应用介质、香原料的物化性质、加香产品的工艺流程以及香气和香味的目标效果等因素决定。香精中使用的溶剂要求价格低廉、溶解性能好，符合相关毒理性评价，气味较弱，最好无臭无味，不干扰香味的发挥，并具有适度的挥发性和保留性。对于食用香精而言，香精中的溶剂质量占比常常超过九成，以下介绍几种在香精中常用的溶剂。

一、乙醇

乙醇，又名酒精，英文为 ethanol，结构简式为 CH_3CH_2OH，简写为 EtOH，Et 代表的是乙基。乙醇的物理性质主要与其低碳直链醇的性质有关。分子中的羟基可以形成氢键，因此乙醇黏度较大，并且不及相近分子量的有机化合物极性大。室温下，乙醇是无色且有特殊气息的挥发性液体。且可以与水、乙（醋）酸、丙酮、苯、四氯化碳、氯仿、乙醚、乙二醇、甘油、硝基甲烷、吡啶和甲苯等溶剂混溶，也能和大部分香原料互溶。由于存在氢键，乙醇具有潮解性，可以很快从空气中吸收水分。羟基的极性也使得很多离子化合物可溶于乙醇中。其非极性的烃基使得乙醇也可溶解一些非极性的物质，例如大多数精油、单体香原料和很多增味剂、增色剂。

基于乙醇对香料良好的溶解性和安全性，乙醇成为香精行业应用历史较长、应用范围最为广泛的溶剂。由于乙醇的提取工艺成熟且程序多样（常见的有食物发酵和乙烯水化法等），不同工艺制备的乙醇均含有一定含量的杂质，通常以低碳醇的混合物和乙醛，以及它们的缩合产物为主，这些杂质会产生刺激性气味影响香精的品质。另外，乙醇非常容易被氧化成乙醛，即使被氧化的乙醇是微量的，但由于醛类成分阈值较低，因此少量的乙醛也会引入刺激性气味，在对醛含量有严格要求的香精行业中，这样的乙醇是不符合要求的，因此要把微量的醛"脱掉"，经过脱醛的乙醇就称为脱醛乙醇。通常情况下，不管是食用香精还是香水，均倾向于应用双脱醛乙醇。

所谓双脱醛乙醇，即经过二次脱醛的乙醇，其含醛量要低于一般的二级乙醇，无强烈的刺激性气味，并且刺激性气味比一般的食用级乙醇更弱，有一种纯净乙醇的柔和甜润感。脱醛乙醇的上游产品一般为葡萄或玉米发酵制得的乙醇，其中葡萄发酵的品质更佳。由此得到的乙醇，再经脱色、脱醛、活性炭吸附等步骤经过纯化，得到的双脱醛乙醇香气品质最佳，是上乘的香精溶剂，广泛用于香水、花露水香精以及饮料香精中。其中，香水香精由于其精细严苛的香气质量，促使香水调香师一定要使用对香水香气影响最小、不良杂气最弱、品质最为上乘的双脱醛乙醇。目前品质较好的双脱醛乙醇有德之馨（Symrise）等知名香料外企的产品。日用调香师若采购不到进口上乘的双脱醛乙醇（外企部分产品有技术保护），也可采购国产的双脱醛乙醇，在此基础上加入少量的麝香 105 加以陈化，可有效提高乙醇的香气质量，压制乙醇中杂醇和醛类的不良气息。而食用香精的调香师若想选用双脱醛乙醇则需注意必须是食用级的。

虽然乙醇对大部分香料都有较好的溶解性能，但在实际操作时，仍要注意其于各类香料的互溶、变色等问题。例如，大部分单萜烯和倍半萜烯香料在乙醇中的溶解能力较弱，因此对于萜烯组分占主要成分的柑橘香型香精而言，就不可以直接用乙醇溶解。各类柑橘类精油和例如 D-柠檬烯等萜烯单体，需要用乙醇将精油先进行除萜处理，得到的去萜或无萜精油才可以和乙醇互溶。

又如，乙醇具有优良的挥发性，因此适合用于香水类、花露水等日用产品，以及饮料、酒类用香精产品。由于乙醇无法通过相应法规组织的评价（IFRA），因此乙醇不用于与皮肤密切接触的化妆品香精中。在食用香精中,乙醇不适用于需要经过加热、对留香时间要求较高的产品,如烘焙类食用香精等。乙醇的高度挥发性源于其沸点低,容易挥发,有时造成香精中失去一部分乙醇,部分香料无法溶解完全而导致的沉淀、分层、变色和胶化现象。

另外,一些其他因素也限制了乙醇作为食用香精溶剂的应用。例如,在我国,一些民族特色食品中不可以加入乙醇,因此原本用作溶剂的乙醇一般采用异丙醇代替,但由于异丙醇与乙醇对香料的溶解性不同,一些在乙醇中溶解性较好的原料在异丙醇中未必溶解,因此用异丙醇作溶剂一定程度限制了食用香精品种的丰富度。

乙醇具有较强的挥发性和溶解性,因此很容易和其他香料串味。香精公司在储存乙醇时要注意密封和避光,将乙醇放置在通风阴凉的防爆柜内。

二、丙二醇

丙二醇,食用香精、烟用香精溶剂。香料行业普遍使用的英文为 propylene glycol,简写为 PG,结构简式为 $C_3H_8O_2$。丙二醇是有微甜味、完全无香、无色透明的、比乙醇黏稠的液体,但比甘油黏度小。丙二醇食用安全性高,长期存放不会出现变质情况,化学性质稳定,与各类香料都具有良好的相溶性,与水和乙醇可混合,也可与油溶性溶剂混合,使香精的介质性质多样化,拓宽了香精的使用范围。丙二醇的沸点较高,因此挥发性和保香效果远优于乙醇,以此为溶剂的香精有一定的耐热性能,但丙二醇比植物油、辛癸酸甘油酯的保香性、耐高温性能差一些。丙二醇本身也是食品中的抗冻剂和面包、糖果、肉类和干酪等食品的保湿剂,同时也有辅助食品保鲜、防腐的作用,因此是很多食品香精和烟用香精最为常用的溶剂。通常质量较好的品牌有美国陶氏集团(DOW)生产的食用级丙二醇。用丙二醇作溶剂的香精由于不含乙醇,因此进出口限制少,有助于扩大销售市场。

丙二醇对水质和油质介质均较好的相溶性决定了丙二醇是一种水油两用型溶剂,并且其完全无香,价格低廉,在香精中不会给香味带来干扰,因此可广泛用于大部分工业食品,如果汁和果味饮料、冰淇淋、雪糕、软糖、奶糖、糕点等食用香精中,还可用于烟用香精、电子烟香精,它可以与甘油复配,作为烟用香精的溶剂,雾化效果较好。

丙二醇作为香精溶剂的优点虽然很多,但也有一定的局限性。首先,它对各种香料的溶解度差异很大,尤其对萜烯类含量高的香精溶解度甚为微小,甚至小于乙醇。另外,例如香兰素、乙基香兰素和麦芽酚等固体原料在丙二醇中的溶解度不佳,此时可用乙醇溶解这些固体原料,再将稀释液加入香精中,解决溶解问题,使香精再度恢复澄清透明的均匀体。因此,在调配以丙二醇为主要溶剂的香精产品时,应了解它对各种香料的溶解性能,否则会产生分层、浑浊、结晶和沉淀等影响香精稳定性的现象。

三、甘油

甘油,即丙三醇,食用香精、烟用香精溶剂,英文为 glycerol 或者 glycerine,结构简式为 $C_3H_8O_3$。甘油天然存在于烟草、葡萄酒、啤酒、可可,以及烤烟烟叶、白肋烟烟叶、香料烟烟叶和烟气中,是一种具有吸湿性、无色、无臭、味甜,外观呈透明黏稠液态的液体。其黏度(1500 mPa·s,20℃)、相对密度(1.26362)均大于丙二醇,且熔点也是香精溶剂中较高的(17.80℃),可与水和乙醇以任意比例互溶。甘油无毒,即使摄入总量达 100g 的稀溶液也无害,在机体内水解后氧化能成为营养源。因此其安全性和相溶性使其可作为水溶性香精的溶剂。

　　甘油由于其密度和黏度均较大，限制了其作为溶剂的应用范围，因此用纯甘油作为溶剂的香精并不是很多，常见的用法是和丙二醇以及少量蒸馏水混溶，作为烟用香精，尤其是电子烟香精的溶剂，甘油的雾化效果较好，能够使电子烟在燃烧时产生逼真的烟气，调香师可根据所需雾化效果适当调整香精中甘油的含量。

　　另外，甘油由于具有较强的吸湿性，易氧化聚合。因此，甘油宜采用铝桶或镀锌铁桶包装或用酚醛树脂衬里的贮槽贮存。贮运中要防潮、防热、防水。禁止将甘油与强氧化剂（如硝酸、高锰酸钾等）放在一起，要按一般易燃化学品规定贮运。

四、二丙二醇

　　二丙二醇，又称双丙甘醇，是目前日用香精中最常用的溶剂之一，英文为 dipropylene glycol，可简写为 DPG，结构简式为 $C_6H_{14}O_3$。二丙二醇是日用香精最理想的溶剂，常用于香水、护肤品和洗涤类香精，尤其在化妆品香精中最常用。它具有良好的溶解、偶联能力，能很好地与水分、油分和碳氢化合物共溶，常温下是一种有微弱的醚样气息、无色、气味轻微，有辛辣的甜味的液体。它水溶性和吸湿性较好，无腐蚀性，对皮肤刺激性很小，毒性很低，黏度低，表面张力低，蒸发速率适当。在香水领域中，二丙二醇的使用比例超过 50%（质量分数）。而在其他一些应用领域中，二丙二醇的使用比例一般都在 10% 以内。一些具体的产品应用领域，包括洗发液，皮肤清洗液（冷霜、沐浴露、沐浴液和护肤液），除臭剂，面部、手部和身体皮肤护理产品，滋润型皮肤护理产品和唇膏等。目前品质较优的产品有美国陶氏集团（DOW）生产的香精级二丙二醇等。

五、精炼植物油

　　精炼植物油是一系列食用油的统称，是油溶性食用香精的溶剂。食用香精中常用的植物油有大豆油、色拉油、花生油和棕榈油等，用于油溶性香精中，这些植物油在使用前必须经过脱色、脱臭等精炼工序，因此称为精炼植物油。根据相似相溶原理，精炼植物油作为溶剂可以轻松溶解绝大多数的液体香料，原料成本不高，且由于沸点高，对香味物质有较好的保香效果，适合制备耐热型香精，如糖果、饼干、糕点、膨化食品和面包等热加工食品香精。植物油的缺点是易氧化聚合，容易酸败变质，影响香精的香味。因此在调配香精时最好加入少量油溶性抗氧化剂［如维生素 E 或叔丁基羟基茴香醚（BHT）］增强其抗氧化能力才能较好地保存以植物油作溶剂的耐高温香精。另外，精炼植物油虽然具有一定的保香效果，但其保香功能会随着食品受热温度升高而显著下降。此外，很多固体香料不易溶解在植物油中，植物油本身遇冷也会出现凝固或者浑浊等现象，虽然在稍微加热后即能恢复澄清状态，但对于生产制备而言增加了使用上的不便，这些缺点都限制了精炼植物油的应用范围。一些食用油本身具有一定的香味，因此限制了应用香型。例如，花生油本身的香味和乳制品油溶性香精的香味能较好地融合，但对于水果香型的香精，花生油中的坚果气息会干扰水果香精果香的发挥。

六、辛癸酸甘油酯

　　辛癸酸甘油酯，是油溶性食用香精的溶剂，英文为 octanoic/decanoic triglyceride，简写为 ODO，结构简式为 $C_{13}H_{26}O_4 \cdot C_{11}H_{22}O_4$。辛癸酸甘油酯以椰子油或棕榈仁油、山苍子油等油脂为原料，经水解、分馏、切割，得到辛酸、癸酸与甘油酯化，然后脱酸、脱水、脱色制得。它是一种无色无味的透明液体，因此作溶剂不会干扰香味物质的挥发，应用范围也更加广泛。其次，它抗氧化稳定性比植物油好，耐于存放，一定程度上延长了耐高温油溶性香精的货架期。作为油溶性溶剂，辛癸酸甘油酯的黏度比植物油低，减少了生产时的不便。辛癸酸甘油酯与各种溶剂、油脂、脂溶性维生素都有很好的互溶性，其乳化性、溶解性、延伸性和润滑性都优于普通油脂。其优良的溶解性、抗氧化性和无色无味的特性，使其在耐高温食用香精中的应用越发广泛。然而，辛癸酸甘油酯的价格明显高于各类植物油，调香师在选用该溶剂时一定要注意香精的成本控制。

七、三醋酸甘油酯

三醋酸甘油酯，也叫三乙酸甘油酯，是油溶性食用香精的溶剂，英文为 triacetin，结构简式为 $C_9H_{14}O_6$。是一种澄清透明，带有很弱的微酸气息的油状液体，微酸似有微弱的果香和肉甜，低浓度下会有略带苦样的味感。三醋酸甘油酯可以与植物油、丙二醇、乙醇等常用溶剂混溶，稍溶于水。三醋酸甘油酯是口香糖香精中不可或缺的溶剂。口香糖的柔软度、硬度、延伸性和黏弹性，一方面取决于胶基本身的质量，另一方面，香精香料也会与胶基相互作用，相互影响。在口香糖中使用的香料以油溶性香精为主，油溶性香精有软化胶基和赋香两个作用，添加量为 $0.4\% \sim 0.8\%$。口香糖香精忌用水溶性香精，这会使口香糖完全丧失弹塑性，在口中形成一团难以咀嚼的胶体。因此含有胶基的糖的此类性质决定了该类糖的香精中必须使用油溶性溶剂。而众多常用的油溶性溶剂中，丙二醇若作为溶剂的主体成分，会对糖体的口感产生不好影响，会使组织紧密，有僵硬感，缺乏弹塑性，所以一般不主张采用。但在某些特殊情况下，如香精或某些香料对胶基溶解性太强时，可用丙二醇来加以调整。精炼植物油在低温时易凝固，长期存放易氧化，所以用它作主要溶剂的口香糖香精对口香糖的货架期有负面影响。但植物油与丙二醇相比胶基亲和性较好，能改善口香糖的口感，使之细腻，可塑性好。然而，精炼植物油本身的香味，也一定程度干扰了以果香为主体香型的香味挥发，因此精炼植物油也不是口香糖香精的最佳溶剂。综合比较，三醋酸甘油酯是理想的溶剂，它与胶基亲和良好，能一定程度上软化胶基，使胶基富有弹塑性，口感柔滑细腻。但完全用三醋酸甘油酯作为口香糖溶剂也有其局限性，因为它有微酸气息，尝味有些苦，因此会给口香糖引入不愉快的苦样后味。因此口香糖香精的溶剂可选用三醋酸甘油酯作为溶解各类香料的主体溶剂，并加入少量丙二醇或精炼植物油，根据不愉快后味、胶基僵硬和软化程度、口感细腻程度等指标调节三者的比例。

三醋酸甘油酯对各类柑橘油的溶解性较好。例如在调配柑橘香型的糖果香精时，常用该溶剂。调香师在选用时一定要使用食品级的三醋酸甘油酯。

八、柠檬酸三乙酯

柠檬酸三乙酯，油溶性食用香精溶剂和日用香精的矫香剂、稀释剂，英文为 triethyl citrate，可简写为 TEC，结构简式为 $C_{12}H_{20}O_7$。它是一种无色透明，有微弱果香，似李子样香气的液体，因此适合作为各类浆果香型香精的溶剂。柠檬酸三乙酯对各类香料的溶解能力较好，对于柑橘类的萜烯成分，柠檬酸三乙酯对其溶解能力比丙二醇、甘油等成分强，香精中适当添加柠檬酸三乙酯可以起到伪乳化的效果。但用柠檬酸三乙酯溶解大量萜烯类成分是不切实际的，一方面，该溶剂对萜烯的溶解能力并没有如此之强，其次，香精中柠檬酸三乙酯会使加香后的食品有苦的后味，增加食品的不良口感，加上柠檬酸三乙酯的价格较高，因此调香师需要控制柠檬酸三乙酯在香精中的含量，GB 2760—2014《食品安全国家标准　食品添加剂使用标准》中对柠檬酸三乙酯在食品中的最终限量是 200mg/kg。

九、邻苯二甲酸二乙酯

邻苯二甲酸二乙酯，日用香精溶剂，英文为 diethyl phthalate，可简写为 DEP，结构简式为 $C_{12}H_{14}O_4$。它能与乙醇互溶，是一种无色、无臭、略带芳香的澄清透明液体，曾经是日用香精应用最广泛的溶剂之一，现在主要用作蜡烛香精的溶剂，帮助蜡烛在燃烧时挥发香气物质。DEP 的黏度不及二丙二醇，对大多数日用香料都具有较好的溶解度，尤其对很多固体香原料的溶解能力均较好，如洋茉莉醛、香兰素、香豆素以及各类麝香等，含有这些固体香料的香精可以加入 DEP 助溶，并使之在低温下不出现冻结、结晶或浑浊。一些不法商家也经常用大量邻苯二甲酸二乙酯稀释香精，购买者往往一时看不出也闻不出被勾兑，等到使用时才发现香气强度不够，气相色谱是检测香精是否被大量溶剂（尤其是邻苯二甲酸二乙酯）勾兑的最佳手段，操作者很容易认出它的特征峰。实践证明，邻苯二甲酸二乙酯并没有定香作用，用闻香纸蘸上加了 DEP 的香精，低沸点的香料照常挥发，到了后期，邻苯二甲酸二乙酯开始挥发时没有香气，这一点与苯甲酸苄酯等定香剂完全不同。近年来化妆品中对邻苯二甲酸的酯类的禁用越来越严格，因为邻苯二甲酸酯类塑化剂可能添加于香水、发胶、指甲油等，可导致细胞突变，因而致畸和致癌。我国《化妆品卫生规范》（2019 年版）明确规定了禁用 7 种塑化剂：邻苯二甲酸正二戊基酯（DnPP）、邻苯二甲酸异二戊基酯（DIPP）、邻苯二甲酸正戊基异戊基酯（DnIPP）、邻苯二甲酸二丁基酯（DBP）、邻苯二甲酸丁基苯基酯（BBP）、邻苯二甲酸二（2-乙基己基）酯（DEHP）、邻苯二甲酸二（2-甲氧基乙基）酯（DMEP）。因此邻苯二甲酸二乙酯在日用香精中的应用受到很大限制，现一般用作蜡烛香精的溶剂。现在习惯用二丙二醇等溶剂替代 DEP，作为化妆品香精的溶剂使用。

十、十四酸异丙酯

十四酸异丙酯，也叫肉豆蔻酸异丙酯，是日用香料香精最常用的溶剂，英文为 isopropyl myristate，可简写为 IPM，结构简式为 $C_{17}H_{34}O_2$，一般由椰子油重蒸后所得肉豆蔻酸与异丙醇酯化而得。十四酸异丙酯是一种无色透明油状液体，几乎没有气味，不溶于水，与大多数活性试剂相溶，具有较低的黏度和延展性，对各类日用香料的溶解能力较佳，且不干扰香精的香气，因此十四酸异丙酯是日用香精中的全品类溶剂。十四酸异丙酯也常常用作流动性差、容易结块的香原料的溶剂，例如用其溶解佳乐麝香制成浓度为 50% 的稀释液，方便调香师调香和生产。十四酸异丙酯在化妆品行业中本身就是一种常用的原料，添加了该组分的化妆品的保湿、润滑效果更好，它可以使产品更加有光滑的触感而不油腻，产品有婴儿油、润滑油、压缩粉饼、不黏腻的润肤面霜或乳液以及头发光泽剂。但当在较高浓度下使用时，它会轻轻地将化妆品和表面污垢除去。它有非常好的耐氧化性能，只要储存条件良好可以非常稳定。在密闭的容器中保存并放置在阴凉干燥处即可。十四酸异丙酯由于本身具有一定的气味，因此有可能会影响香精的香气，调香师在使用时也需要谨慎选择。

十一、苯甲酸苄酯

苯甲酸苄酯，日用、食用香精香原料和溶剂，英文为 benzyl benzoate，香料行业习惯简写为 BB，结构简式为 $C_{14}H_{12}O_2$。苯甲酸苄酯原本是一种常用的香原料，天然存在于番木瓜、酸果蔓的果实汁和依兰依兰、秘鲁香脂、吐鲁香脂、晚香玉花、风信子、长寿花等的精油和浸膏中，在日用香精和食用香精中都有广泛的应用。它具有略带苦杏仁的甜气，有甜香、果香、清淡的香脂香，淡弱甜的膏香，稍带青涩气息，花香底韵，纯度高者香气甚淡弱，几乎无香，但用于香精后，却易透露青涩膏香气息。尝味有香膏味、果味、粉香和浆果香味，并有明显的辣味。但香气强度（香比强值）不高，日用香精中常用于依兰依兰香型香精以及其他花香型香精的调配，作为日用香精的溶剂时常用于唇膏香精中。食用香精领域常用其调配蜜甜型、浆果型等香精，例如调配洋李、樱桃等浆果型香精，也可用于覆盆子、香荚兰、菠萝蜜、酸果蔓、烟草、热带食品、软饮料、冰淇淋、冰制食品、糖果、烘烤食品、口香糖等香精的调配。

由于苯甲酸苄酯是一种无色透明液体，香气柔和淡雅，并且对多种流动性较差的香料以及固体香料都具有良好的溶解性，因此苯甲酸苄酯在调香中还常用作香原料的溶剂，它是为数不多的能够溶解多种固体香料的溶剂，溶解能力强，通常 1kg 的苯甲酸苄酯可以溶解0.205kg 的酮麝香。常见的例子还有用 50％浓度苯甲酸苄酯稀释的佳乐麝香，以及用苯甲酸苄酯稀释的香兰素、乙基香兰素、香豆素和其他人工麝香原料等。用苯甲酸苄酯稀释香料，将其以这样的形式引入香精配方中，相当于在香精配方中引入了适量的定香剂，使香精具有较好的留香性能。用苯甲酸苄酯作香精溶剂的主要是唇膏香精，因其自身具有蜜甜特征香，有可能会干扰香精中其他香味物质，因此无法广泛地作为香精溶剂使用。

十二、二丙二醇甲醚

二丙二醇甲醚，日用香精定香剂和溶剂，英文为 dipropylene glycol methyl ether，可简写为 DPM，结构简式为 $C_7H_{16}O_3$，是一种无色透明、略感黏稠的液体，具有醚样的令人愉悦的气息，能够与水以及各类香料混溶，低毒性，低黏度，低表面张力，具有适度的蒸发速率，并具有良好的溶解、偶联能力。因此二丙二醇甲醚常常用作香氛类香精的溶剂，具有较好的定香效果，能延长香氛的留香时间。二丙二醇甲醚还能够用作化妆品配方的偶联剂和护肤剂，但其醚样的气息会干扰对香气细腻程度要求较高的化妆品香精，所以二丙二醇甲醚一般不作为化妆品香精的溶剂主要成分使用。通常质量较好的品牌有美国陶氏集团（DOW）生产的二丙二醇甲醚。

十三、 3-甲基-3-甲氧基-1-丁醇

3-甲基-3-甲氧基-1-丁醇，日用香精溶剂，英文为 3-methoxy-3-methyl-1-butanol，简写为 MMB，结构简式 $C_6H_{14}O_2$。它是一种无色、透明，略带清凉感醚样气息的液体。MMB具有突出的溶解能力，MMB 的分子中同时拥有羟基和甲氧基，这使它在分子内和分子间形成很强的氢键，并显示出两亲性，即 MMB 既溶于水（极性溶剂）又溶于油（非极性溶剂）。且 MMB-水体系在 0℃和沸点之间没有相态分离。其次，MMB-水体系形成簇状结构，也就

是作用力很强的氢键，这个特性表现为适中的黏度，并且其最高黏度出现在 MMB 与水的比例为 80：20 时。MMB 在毒物学测试的许多方面显示出很高的安全性，其生物降解能力也较强，并伴有低易燃性、无臭氧消耗等特点，挥发后没有残渣。这些优势使 MMB 拥有广泛的用途。

在香料香精行业，MMB 常用于空气清新剂香剂的配制，它能够溶解绝大多数的香原料，与 DPG、DPM 相比，其溶解性能更好，例如香兰素、乙基香兰素、香豆素、麝香酮、吐纳麝香和薄荷醇，用 MMB 稀释时，室温下质量分数分别能达到 36％、39％、19％、9％、45％、46％，因此 MMB 常应用于液态空气清新剂、家用凝胶、藤条、水系吸水、插电香薰、车香风型香薰等。MMB 作溶剂时，能有效减少香料析出、分离等问题，能够降低水系表面活性剂的剂量，低温时不会出现香料凝结或冻结现象。利用 MMB 还可以增强日用香精配方的稳定性，协调各香原料与溶剂，调整挥发速率，使香气连贯如一，降低不平衡挥发而导致的香气失调等问题。在不同的湿度环境中，MMB 的带香速率几乎保持不变，并且能有效减缓香料挥发到空气中被酸化的趋势，因此调香师可以通过控制香薰液中 MMB 的浓度，调整香薰液的挥发速率。目前品质较好的品牌有日本可乐丽公司（Kuraray）生产的 MMB-2001 型精制 MMB。

十四、去离子水

去离子水是指除去了呈离子形式杂质后的纯水。用水作为香精溶剂的历史较为悠久，但由于大多数香料有机物在水中的溶解度有限，因此去离子水无法作为溶剂主体广泛地使用。但无论在日用香精还是食用香精中，水对于水溶性香精的作用是无可替代的。例如，对于香水而言，加入少量的去离子水（通常不超过 10％），可以有效中和乙醇强挥发性而引起的刺激气息，使香水头香圆润柔和，更加富有天然感。早期的食用香精由于大多属于水溶性香精，因此或多或少都含有一些水。许多低碳酸、低碳醇组成的酯类，乙基麦芽酚，香兰素以及分子量较低的醇、醛、酮、酸等在水里均有一定的溶解度，更重要的是它们可以溶解在含 10％～90％的乙醇里。水溶性食用香精里加入适量的去离子水可以降低乙醇的挥发度，降低配制成本，并能使香精在使用时较快溶解于以水为主要成分的介质（如饮料等）中，但较长时间存放的含有水分的香精有时由于包装不够严密，乙醇部分挥发造成浑浊、沉淀，冬季也常出现水质香精浑浊、底部有结晶等状况，所以在这些配方中加入水分的量一定要经过周密的计算、实验、观察才能确定。此外，去离子水由于价格低廉，常常用于控制香精成本，但水是一种容易滋生细菌的介质，具体应用时还需要考虑香精的货架期和稳定性。

十五、蒸馏液

对于一些水溶性食品香精，可以用对应香型的浓缩果汁的副产物，即果汁浓缩时蒸馏出来的含有该水果少量头香香味物质的蒸馏液作为香精的溶剂，在日本，这样的蒸馏液称为"醑"。用对应蒸馏液配制的香精，补足了水果香精头香中缺失的多种痕量成分，香气更加自然。蒸馏液中含有的呈味和香味成分，也能使水果香精既有香气又有香味，这样的香精加到饮料等水介质中，食用时能更加还原天然水果的香味。例如，梨香精是水果香精中比较难调配的一种，因为梨的果香特征无法用几种香原料构建，必须协调好小分子酯之间的相对含量，但即便如此，很多香气很好的梨香精在做应用试验时仍无法充分地模拟梨的香味，尝味时体验不佳，这时就可以用"梨醑"作为香精的溶剂，可以有效改善香味不足以及失真问题。另外，蒸馏液还可以用于香精配方的"杂化"，保护香精配方的知识产权。由于蒸馏液中复杂的成分会干扰含有其香精的 GC-MS 的结果，使所分析得到的化合物种类纷繁复杂，加大了破译香精配方的难度，因此可以保护香精不被轻易仿制。

蒸馏液作溶剂的局限性也显而易见，它只能作为水溶性香精的溶剂使用，并且每一种蒸馏液只能用于对应香型的香精。此外，不同的蒸馏液中多糖、色素、氨基酸等不稳定物质的含量不同，容易使香精出现浑浊、絮状物甚至过早变质，因此蒸馏液需要进行纯化精制，生产成本较高。此外，不同批次的蒸馏液在香味上的微小差异也会影响香精品质的稳定性。上述缺点都限制了蒸馏液在香精溶剂中的应用范围。

十六、异丙醇

异丙醇，也叫 2-丙醇，英文为 iso propyl alcohol，可简称为 IPA，结构简式为 C_3H_8O，是食用香精溶剂。异丙醇是一种无色透明液体，有似乙醇和丙酮混合物的气味。溶于水，能和水自由混合，对亲油性物质的溶解力比乙醇强。在溶解性上与乙醇的相似性决定了异丙醇常用作乙醇的替代品，但由于异丙醇与乙醇对香料的溶解性不同，一些在乙醇中溶解性较好的原料在异丙醇中未必溶解，因此用异丙醇作溶剂一定程度限制了食用香精品种的丰富度。

十七、苄醇

苄醇，也叫苯甲醇，英文为 benzyl alcohol，结构简式为 C_7H_8O，不仅是一种香原料，而且是日用香精的定香剂和食用香精溶剂。苯甲醇是一种无色透明油状液体，具有微弱的浆果、蜜甜气息，越是纯净的苯甲醇气息越淡弱，有些苯甲醇具有明显杏仁香味是因为苯甲醇可以在自然条件下慢慢氧化成苯甲醛和苯甲醚。因此苯甲醇不宜久置，储存时要注意密封。

苄醇在日用香精和食用香精中既可以当作溶剂也可以作为香原料使用。苄醇是极有用的定香剂，是茉莉、康乃馨、依兰依兰等香精调配时不可缺少的香料，用于配制香皂、日用化妆品香精等。在食用香精中，苯甲醇作为香料经常用于浆果、果仁类香精的调配。由于其对各类香料溶解性较好，苯甲醇也可作为糖果香精的溶剂，赋予香精对各类香料较强的溶解能力和一定的耐高温能力。

以上提到的几种常见的香精溶剂，在具体应用时既可以单一使用，也可以互相搭配使用。例如，香水的溶剂主要为双脱醛乙醇，但大部分香水也会添加少量去离子水；电子烟香精中需要丙二醇和甘油作为溶剂成分产生雾化效果；食用香精会将乙醇和丙二醇，或丙二醇、去离子水和丙二醇一起使用等。

溶剂单一使用或是复配，首先要考虑溶剂与溶剂，以及溶剂对香精配方中各香料成分的溶解能力，还有香精剂型在目标产品中的溶解性和稳定性。其次要根据香气和香味的表现力来选择适当的溶剂，并且要结合目标产品的保质期以及成本合理选用以及复配各种溶剂；再者还需要考虑香精客户对香精的折射率和密度的要求，例如若要提高香精的密度，可以适当增加甘油的相对含量。因此溶剂的选用对配制香精至关重要，调香师需要在实践中多动手积累经验。

第三节　载体

除了拌和型粉末香精（即完全以固体香料互相混合制得的香精）外，大多数传统的固体粉末香精均是由液体香精（香基）或膏状香基通过拌粉均匀地吸附在载体上，必要时加入一定剂量的干燥剂、抗结剂、防腐剂、色素等成分制得。载体的选择主要取决于香精的香型、所加入食品的介质和目标口味等因素。常用的载体有麦芽糊精，面粉，变性淀粉，玉米粉，玉米芯粉，乳清粉，大豆粉，糊精，环糊精，糖类（包括葡萄糖、乳糖、蔗糖、木糖、低聚糖、多糖等），食盐，味精等。粉状载体在吸附香料的过程中，应要严格保证不受二次污染。产品的质量指标一般包括香味、外观、粒度、细菌含量和在水中的溶解度等。

值得注意的是，对于日用香精而言，大部分与吸附型香精原理类似的产品，如痱子粉、香粉以及洗衣粉等，可直接被消费者使用，因此与之有关的载体，如滑石粉和各类无机盐则被视为日用加香产品制备过程中的载体，而并非仅仅是液体香精的载体，相关内容请读者阅读本丛书《香精调配和应用》第二篇。

一、麦芽糊精

麦芽糊精，也叫作水溶性糊精或酶法糊精，是将淀粉通过热、酸或特异性的酶处理时产生的一大类主要由 D-葡萄糖、麦芽糖、麦芽二糖、三糖等一系列低聚糖和多糖组成的降解产物。英文为 maltdextrin，结构简式为 $(C_6H_{10}O_5)_n$，其原料是含淀粉质的玉米、大米等，也可以是精制淀粉，如玉米淀粉、小麦淀粉、木薯淀粉等。1970 年，Veberbacher 对麦芽糊精做出如下定义：以淀粉为原料，经控制水解葡萄糖值（DE 值）在 20％ 以下的产品称为麦芽糊精，以区别淀粉经热解反应生成的糊精产品。麦芽糊精的主要性状和水解率有直接关系，DE 值不仅表示水解程度，而且是掌握产品特性的重要指标。了解麦芽糊精系列产品 DE 值和物性之间的关系，有利于正确选择应用各种麦芽糊精系列产品。

作为香精载体时，应选用食品级白色粉末状态的麦芽糊精，此种麦芽糊精无异味，无色，无淀粉和其他异臭味，不甜或者甜味极弱，几乎没有甜度。用量比例很高时，也不会掩盖产品原有食品的风味和香味，是一种优良的食用香精载体。它溶解性能良好，有适度的黏度，吸湿性低，便于香精的分散。但作为香精载体时需要注意液体香精的比例不能太高，例如，用丙二醇为溶剂的香精，在以麦芽糊精为载体的香精中的添加量一般不宜超过 5％，如果超过这个比例，即使加入干燥剂（二氧化硅）仍然会出现结块现象。

麦芽糊精在各类食品中的应用十分广泛，特别是在需要添加固体粉末香精的食品中也有很广的应用。例如，在固体饮料，如奶茶、果晶、速溶茶和固体茶中使用，麦芽糊精能保持原产品的特色和香味，降低成本，使产品口感醇厚、细腻，味香浓郁速溶效果极佳，抑制结晶析出，乳化效果好，载体作用明显。又如，麦芽糊精用于饼干或其他方便食品时，能使食物造型饱满，表面光滑，色泽清亮，外观效果好，产品香脆可口，甜味适中，入口不黏牙，不留渣，次品少，货架期也长。另外，用于固体调味料、香料、粉末油脂等食品中，能起到稀释、填充的作用，可防潮结块，使产品易贮藏。在粉末油脂中还能起到代用油脂的功能。

二、葡萄糖

葡萄糖，又称玉米葡糖，是自然界分布最广且最为重要的一种单糖。因其拥有 6 个碳原子，被归为己糖或六碳糖。葡萄糖是一种多羟基醛，结构简式为 $C_6H_{12}O_6$，英文为 glucose。一般香精载体采用食用级结晶葡萄糖，它是一种无色晶体，有甜味但甜味不如蔗糖，甜度为 74，易溶于水，微溶于乙醇。葡萄糖在食品工业中应用广泛，在糖果、糕点、饮料、冷食、饼干、滋补养生液、蜜饯、果酱、果冻制品、蜂蜜加工制品等食品行业中可替代白砂糖，可以有效改善产品的口感，提高产品质量，降低生产成本，提高企业的经济效益。葡萄糖粉吸湿性高，用于焙烤食品中，可保持产品松软，保质期长，增加食品的口感。葡萄糖粉溶解吸热，用于饮料、冷食生产中，生产出的产品具有凉爽可口的感觉。由于葡萄糖的甜味，以及作为甜味剂中不可或缺的重要成员，葡萄糖一般用于甜味香精的载体。葡萄糖作载体的香精优点是水溶性好，与麦芽糊精相比，不易引起浑浊、沉淀等现象，但葡萄糖也有其局限性。首先，它的甜味限制了其在食用香精中的应用范围；其次，它比麦芽糊精的分散性差，容易结块，利用葡萄糖作载体的香精需要注意添加一定的抗结剂和干燥剂，保证香精的稳定性。

三、乳糖

乳糖，英文为 lactose，是人类和其他哺乳动物乳汁中特有的碳水化合物，是由葡萄糖和半乳糖组成的双糖。在婴幼儿生长发育过程中，乳糖不仅可以提供能量，还参与大脑的发育进程。乳糖的分子由一分子葡萄糖及一分子半乳糖组成，一般商业上的乳糖都带有一分子的结晶水，故通常用 $C_{12}H_{22}O_{11} \cdot H_2O$ 表示乳糖的分子式。它是一种白色晶体或结晶粉末，具有温和的甜味，甜度约为蔗糖的 70%，相对密度为 1.525（20℃），在 120℃失去结晶水。无水物熔点为 201～202℃，溶于水，微溶于乙醇。

乳糖作载体的食用香精一般用于奶香型粉末香精中，常在药物、婴儿食品、糖果以及人造奶油中使用。但由于乳糖的成本较高，且具有一定的稀释性，同时相当一部分比例的人群乳糖不耐受，因此乳糖作为载体的应用范围明显受限。

四、面粉

面粉是一种由小麦磨成的粉状物，英文为 wheat flour。按面粉中蛋白质含量的多少，可以分为高筋面粉、中筋面粉、低筋面粉及无筋面粉。从影响面粉食用品质的因素来看，蛋白质含量和品质是决定其食用品质、加工品质和市场价值的最重要的因素。例如制作面包就要用高筋小麦粉以求面包体积大口感好；制作面条、水饺就要用中强筋小麦粉以求其筋道、爽滑；而用低筋小麦粉制成的蛋糕松软，饼干酥脆。可见随着食品工业化生产的发展，各种专用面粉的需求越来越大，而其决定性因素就是面粉中的蛋白含量和质量。面粉颜色将直接影响面包的颜色，越近麦粒粉心部分的颜色则越白，面粉品质则好，所以由面粉的颜色可以看出面粉的好坏。但不可以用漂白剂漂白，过度的漂白，颜色则为苍白或发灰，但对于制作硬式面包，面粉的颜色并不重要。面粉具有高吸水性，会按环境的温度及湿度而改变自身的含水量，湿度增大，面粉含水量增加，容易结块，湿度减小，面粉含水量也减小。因此用面粉作食用香精载体时，要注意防止香精受潮结块。

五、变性淀粉

在天然淀粉所具有的固有特性的基础上，为改善淀粉的性能、扩大其应用范围，利用物理、化学或酶法处理，在淀粉分子上引入新的官能团或改变淀粉分子大小和淀粉颗粒性质，从而改变淀粉的天然特性（如糊化温度、热黏度及其稳定性、冻融稳定性、凝胶力、成膜性、透明性等），使其更适合一定应用的要求。这种经过二次加工，改变性质的淀粉统称为变性淀粉。变性淀粉的品种、规格已达 2000 多种。变性淀粉按处理方式可分为物理变性淀粉、化学变性淀粉、酶法变性淀粉和复合变性淀粉四大类。物理变性淀粉包括：预糊化淀粉、超高频辐射处理淀粉、金属离子变性淀粉、烟熏淀粉等；化学变性淀粉包括氧化淀粉、酯化淀粉、醚化淀粉、交联淀粉、接枝淀粉等；酶法变性淀粉包括直链淀粉、糊精、抗消化淀粉等；复合变性淀粉，采用两种或者两种以上处理方法得到的变性淀粉，包括氧化交联淀粉和交联酯化淀粉等。对于香精载体，最常用的变性淀粉是糊精。但变性淀粉在香精中最常用的领域为微胶囊固体香精的壁材，它具有优良的包埋和填充作用。

六、玉米淀粉

玉米淀粉，也叫六谷粉，英文为 corn starch，是一种白色微带淡黄色的粉末。通常的制备方式是：将玉米用 0.3% 的亚硫酸浸渍后，通过破碎、过筛、沉淀、干燥、磨细等工序而制成。普通产品中含有少量脂肪和蛋白质等。玉米淀粉作为原料可以直接用于粉丝、粉条、肉制品、冰淇淋中。作为香精载体，玉米淀粉具有一定的保香性能，本身也具有一定的抗结性能，并且成本低廉，可供调节香精成本之用。

七、乳清粉

乳清是乳制品企业利用牛奶生产干酪时所得的一种天然副产品，它是液态的，将乳清直接烘干后就得到乳清粉。乳清粉中的乳清蛋白极低，一般为百分之十几，不超过百分之三十，因此乳清粉的价格也非常低廉。正常的乳清粉色泽呈现为白色至浅黄色，有奶香味。如果在加工过程中经过漂白处理，其产品呈现乳白色，如不经过漂白，则呈现白色至浅黄色不等，这是由于生产不同的奶酪得到的乳清颜色不同。乳清粉可用作高档饲料香精的载体，用于仔猪料的乳清粉一般是含有 65%～75% 乳糖和大约 12% 粗蛋白的高蛋白乳清粉，也有用含 75%～80% 乳糖和约 3% 的粗蛋白的低蛋白乳清粉或者中蛋白乳清粉的。

乳清粉能提供大量的乳糖，在仔猪消化道内发酵可产生大量的乳酸，降低 pH 值，帮助乳清的消化，抑制致病细菌的生长，这对仔猪健康有积极意义；乳清粉中含有的高质量乳清蛋白在仔猪体内有高消化率、良好的氨基酸形态、无抗营养因子的优点，亦含有白蛋白及球蛋白（血清蛋白），对肠道同样具有正面的影响，特别是免疫球蛋白，对肠道具有保护效果，能对抗大肠杆菌。乳清粉中亦含有乳过氧化酵素及乳铁蛋白，具有杀菌及抑菌的功用。用乳清粉作为载体的各类饲料香精（奶香型、甜香型为主）的需求量也正稳步提升。

八、大豆粉

大豆粉是由脱脂大豆制成的豆粉。大豆粉不但具有大豆蛋白质含量高、不饱和脂肪酸含量较高等特点，还具有抗衰老、健脑等保健功效，是一种营养价值较高的食物。大豆粉常用于烘焙类食品中。例如，在生产面包用的面粉中，添加适量的大豆粉，不但可以提高面包的营养价值，而且可以改善面包的耐贮性及其品质。面包生产后，在贮藏销售中很容易老化变硬，失去其特有的疏松柔软的口感。如果预先在面粉中添加一定量的大豆粉，由于其良好的吸水、吸油性，不但生产出的面包质地柔软，而且可以防止面包的老化，延长贮存期。此外，添加适量大豆粉的面包还可以获得下列方面的质量改观：①面包体积增大；②表皮色泽好；③表皮薄而柔软；④风味变好。大豆粉不含有酪蛋白，如果面粉中添加了大豆粉，往往会影响面筋的形成。实践证明如果面粉中添加的大豆粉不超过 3％，一般不需另外添加改良剂，只要稍微增加一些水，即可保证面包体积不缩小，但如果大豆粉的添加量超过 5％，且不同时添加一定量的改良剂，则生产出来的面包就会体积变小，组织变硬。为了保证面包的质量，常常在加大豆粉的同时，加入一些改良剂，如按面粉质量加入十万分之一至十万分之三的溴酸钾（溴酸钾已经禁用，可以用维生素 C 等抗氧化剂代替），就可以使添加了 5％的大豆粉的面包有正常的体积。在小麦粉中添加糖脂或蔗糖酯后，再添加 16％的大豆粉，生产出的面包质量也是令人满意的。在主食面包中，大豆粉的添加量可达 24％，只要同时添加 0.5％的硬脂酸钠-2-乳酸酯，也可以克服大豆粉对面包体积和食物等级方面的不良影响。加工面包所用的大豆粉以非活性大豆粉为好，而全脂大豆粉的添加量可以比脱脂大豆粉相对高一些。

九、食盐

食盐，主要成分为氯化钠（NaCl）。纯净的氯化钠晶体是白色立方晶体或细小的晶体粉末，熔点 801℃，沸点 1442℃，密度为 2.165g/cm³，味咸，含杂质时易潮解；溶于水或甘油，难溶于乙醇。食盐可作为咸味香精，或是固体辛香料的载体使用，既能够提供载体的功能，又能够为咸味香精增添一定程度的味感，但不能作为香味增强剂使用。

十、味精

味精，主要成分是谷氨酸的钠盐，也是谷氨酸钠的商品名和俗名，又名味粉、味之素、麸氨酸钠，是一种鲜味剂。化学式为 $C_5H_8O_4NNa \cdot H_2O$，摩尔质量为 187.13g/mol，熔点为 232℃。通常为白色结晶或粉末，无臭，对光稳定。能刺激味蕾、增加食品特别是肉类和蔬菜的鲜味，常添加于汤料和肉制品中。对人体的直接营养价值较小，但其提供的谷氨酸可与血氨结合起到解毒作用，在临床上用于对肝性脑病（肝昏迷）病人的治疗。谷氨酸有两个酸性基团，谷氨酸的单钠盐才有鲜味。味精的鲜度极高，溶解于 3000 倍的水中仍能辨出，但其鲜味只有与食盐并存时才能显出，所以在无食盐的菜肴里（如甜菜）不宜放味精。使用味精时还应注意温度、用量等。最宜溶解的温度是 70～90℃。若长时间在温度过高的条件下，味精会变成焦谷氨酸钠，不但失去鲜味，且有轻微毒素产生。另外，谷氨酸一钠是一种两性分子，在碱性溶液中会转变成毫无鲜味的碱性化合物——谷氨酸二钠，并具有不良气味。当溶液呈酸性时，则不易溶解，并对酸味具有一定的抑制作用。所以当菜品处于偏酸性或偏碱性时，不宜使用味精（如糖醋味型的菜肴）。在原料鲜味极好（如干贝、火腿等）或用高级清汤制成的菜肴中（如清汤蔬菜）不宜或应少放味精。和食盐一样，味精宜用于咸味香精的载体。

第四节　乳化香精的主要成分

乳化香精是食用香精中的一个大类。当很多水溶性较差的香味成分需要加入水质食品中时，若不经过乳化工序，香精就无法均匀溶解，无法均匀地分散在食品中，出现分层、浑浊等不稳定现象。因此，乳化香精就是把油溶性的香精或香基（称为分散相或者内相），用乳化剂（外相或连续相）包裹，形成水包油（O/W）的一个个液滴，宏观上看上去即呈现乳化状液体。内相、外相的密度也要通过调整增重剂趋于一致，这样才能够形成稳定的乳化体系。除此之外，还需要加入增稠剂、食用色素、稳定剂和防腐剂等成分进一步稳定乳化体系，并完善乳化香精的香味表现力。经过乳化的香精，就可以加入密度相当的水溶性介质中，香精不会出现分层等不稳定现象。

请注意，在乳化香精的内相中通过调配得到的香精此处不做具体介绍，只介绍将香精由原始状态制备为乳化香精时需要的其他原料。乳化香精的原理、影响因素、制备方法、注意要点和乳化香精实例等内容，参见"乳化香精的制备"部分。

一、乳化香精油相的组成

油相，也叫分散相或内相，主要由香精（香基）、增重剂和抗氧化剂组成。

（1）香精（香基）　由于苹果、香蕉、菠萝、蜜桃、梨、草莓等香型的香精，其所用香料大部分是合成香料，一般用乙醇、丙二醇、甘油等溶剂配成水溶性或油溶性香精即可，一般不用配成乳化香精。乳化香精主要品种是橘子香型、橙香型、柠檬香型及可乐香型的香精或香基。

（2）增重剂　为了使乳化香精中油相的相对密度与水相相对密度接近，要在油相中添加增重剂，否则就会出现水包油失败，即破乳现象。乳化香精两相密度相当是后续均质等工序成功的前提条件。

（3）抗氧化剂　在油相中，常用的抗氧化剂有丁基羟基茴香醚（BHA）、二丁基羟基甲苯（BHT）。

二、乳化香精水相的组成

乳化香精的水相，也叫作连续相或者外相，主要由乳化剂、增稠剂、酸度剂、防腐剂、增香剂、蒸馏水、色素等成分组成。

（1）乳化剂

乳化剂具有降低分散相油性粒子（即内相）的表面自由能（表面张力）的作用，使分散相较易在均质工序时被机械碾细，在油粒子表面形成保护膜，防止油粒子之间重新凝集，使油与水分散均匀，形成稳定的、均匀的乳液体系。

乳化香精是一种水包油型乳液，所用的乳化剂应具有水溶性。常用的水溶性乳化剂有阿拉伯树胶、变性淀粉、司盘、吐温、树胶B（gum-B）、树胶5（gum-5）等。

（2）增稠剂

增稠剂在乳化香精中起平衡剂的作用。其目的是适当增加乳状液的黏度，使油粒子之间碰撞机会减少，降低沉降速度，从而使体系更稳定。乳化香精中常用的增稠剂有甘油、果胶、山梨醇、海藻酸钠、羧甲基淀粉钠（CMS）、羧甲基纤维素钠（CMC-Na）等。

（3）防腐剂

在乳化香精分散相中最常用的防腐剂有苯甲酸和苯甲酸钠。

（4）酸度剂

最常用的酸度剂为柠檬酸，它既是 pH 调节剂，又是酸味剂。在可乐型乳化香精中常用的酸度调节剂是磷酸。

（5）增香剂

常用者为麦芽酚、乙基麦芽酚。在可乐型乳化香精中往往加入微量的咖啡因。

（6）其他　蒸馏水或去离子水、色素等。

第五节　微胶囊香精的主要成分

微胶囊是一种具有聚合物壁壳的微型容器或包装物。微胶囊香精就是将固体、液体香精包埋、封存在一种微型胶囊内成为固体微粒产品，这样能够保护被包裹的香精，使之与外界环境隔绝，从而最大限度地保持其原有的香味、色泽和性能。

微胶囊内部装载的物料称为芯材（或囊心物质），外部包囊的壁膜称为壁材（或称为包囊材料）。微胶囊造粒（微胶囊化）的基本原理是，针对不同的芯材和用途，选用一种或几种复合壁材进行包覆。一般而言，油溶性芯材应采用水溶性壁材，而水溶性芯材必须采用油溶性壁材。

1. 微胶囊香精中壁材的常见成分

壁材又称为包裹材料、膜材料、成膜材料。对一种微胶囊而言，选择合适的壁材至关重要。不同的壁材在很大程度上决定着产品的物化性质。选择壁材的基本原则是：能与芯材相配伍但不发生化学反应，能满足食品或日化工业的安全卫生要求，同时还应具备适当的渗透性、吸湿性、溶解性和稳定性等。

2. 微胶囊香精中芯材的常见成分

微胶囊的芯材可以是单一的固体、液体或气体物质，也可以是固/液、液/液、固/固或气/液等物质的混合体，对于微胶囊香精而言，芯材就是指各种液体和固体香精。这些经过包埋的芯材广泛用于糖果、速溶饮料、方便食品、香烟等产品的加香，微胶囊中的香味成分只有在受热后才会释放出来，因此香味物质等得到了最大程度的保留。在日用香精领域，这些芯材广泛应用于文具、书本、洗衣粉等产品的加香，微胶囊在受到物理挤压后，当中的香精会释放出来，达到了"用时放香，平时储香"的目的。

第六节　香精中的其他成分

以上介绍的几种组分，都是常见香精中不可缺少的原料。然而不同的香精由于应用领域不同，其香气和香味表现力的要求、应用时的稳定性和安全性要求都会不尽相同。为了满足这些个性化指标，不同的香精中还会加入不同的组分，以满足其应用时需达到的指标要求。

一、增效香味的原料

对于食用香精，由于食品最终需要被消费者用嗅觉和味觉器官共同感受，因此加入的香精不仅需要逼真的香气营造所模拟食物，还需要补足被模拟对象的香味感觉。传统配方由于着重于对香气的模拟，而忽视了香味的重要性，因此调配出来的香精即便具有逼真的香气，加入食品中后会使品尝者有"失真"的感觉。其中最关键的原因是缺乏呈现香味的成分。为了弥补香味的缺失，可以在香精配方中引入香味增效的成分。增香剂（flavor enhancer），又称为香味增强剂，是指能显著增强或改善食品原有香味的物质。在香精香料工业中，为了调香的需要，常需要加入增味剂，以增强香精香气强度，降低成本，使香气更协调、丰富、柔和、逼真。食用香精的增香剂通常用于甜味香精（如草莓香精、苹果香精、桃香精等）和咸味香精（如辛香料香精、肉类香精）。以下介绍几类在食用香精中常见的增效香味的原料，读者可通过阅读大致了解每一类原料的应用特点，具体的内容请阅读本丛书中的《香精调配和应用》相关内容。

（1）天然产物提取物

天然产物提取物和反应物是食用香精香味的重要来源。对于大多数食用香精，完整的香味无法仅仅依靠合成的单体香原料的搭配就能实现，必须加入一些天然产物的提取物。因为香味成分十分复杂，至今无法用人工合成香料替代，唯一有效来源只有天然产物。例如，一般香原料感官品评的手册中介绍的香原料，比如一些小分子的酯，也可以使各类水果香精具有各种相关水果的香味，但这种香味仅仅是概念上称作香韵（人体体会到的一种感觉）的香味，与我们口感获得的真实水果口味有一定差距。必须把这些香味感觉与来表现口感、口味的原料结合到一起，才能体现完整的香味，即能够同时通过嗅觉器官和味觉器官尝到的感觉。虽然天然提取物对口感的贡献有限，却可以为食用香精提供韵味，即香味。常用的天然产物提取物有精油、果汁、酊、浸膏、净油等。

对于补足水果香味而加入的天然提取物，水是其最好的萃取剂。水果中大部分成分都为糖分、氨基酸、碳数比较小的化合物、生物碱和果胶等。榨汁是提取口味成分的最好方法。但问题是果汁存放时间稍长就会变质，产生沉淀，所以要用适当溶剂萃取，使果汁不易变质。

对于咸味香精而言，常用的天然产物提取物有天然精油及其调和香精，如芝麻油、芝麻香精及某些辛香料精油、树脂或其调和香精。

（2）单体成分

包括麦芽酚、乙基麦芽酚、呋喃酮、糖基硫醇、2-巯基-3-呋喃硫醇、双（2-甲基-3-呋喃基）二硫醚、甲基环戊烯醇酮（MCP）等。常用的鲜味剂包括谷氨酸钠（MSC）、肌苷酸钠（IMP）、鸟苷酸钠（GMP）、肌苷酸钠＋鸟苷酸钠（IMP＋GMP）、琥珀酸单钠（MSS）、琥珀酸二钠（WSA）等。

其中，麦芽酚和乙基麦芽酚是一种高效、多功能的增香剂、增甜剂和不良气味的掩蔽剂，在酸性条件下增香效果较好。在肉味香精中，麦芽酚或乙基麦芽酚和氨基酸反应可以增加肉的香味。麦芽酚和乙基麦芽酚本身并无口味，它们不是呈味物质，但是对香味、甜味能够生效，对不良气味有抑制作用。

而鲜味剂也叫增味剂，是一类能增强食品风味的添加剂，特点为可补充和增强食品的原有风味，但对食品原有的味道没有什么影响。也就是说食品鲜味剂的添加，不会影响基本风味对感官的刺激，但却能补充和增强食品原有的香味，给予一种鲜美的味道，尤其在有食盐存在的咸味食品中有更加显著的生味效果。

除此之外，还有一些针对特定香型的单体组分，它们能够增效特定风格的香味。例如，2-乙烯基-3-烷基醛类化合物是橘子香味的常用增效剂，2,3-二氢-3-（1-羟基乙烯基）-2-羰基-5-甲基呋喃-4-羧酸乙酯是菠萝香味的增效剂，γ-癸内酯是水果香味的增效剂，γ-癸内酯和顺-己烯醇能增强梨的香味，5 位环或 6 位环的氧-硫杂环对蔬菜和水果增效，香叶基丙酮和

δ-癸内酯合并使用能增强茶叶制成饮料的香气，并改善茶的香味，2-甲基-2-丙烯基（2-甲基-3-呋喃基）硫醚能增强肉汁及牛肉汁香味，（羟烷基）呋喃基硫醚能增强腌猪肉香味。

（3）调味剂

调味剂并不是香味增效的主角，因为大部分用于香味增效的主体成分，即天然产物提取物、酶解产物、发酵产物等，它们对味的贡献有时未必能达到人们预期的程度，因此有时需要在香味增效的基础上，补充一些调味剂，因为调味剂能弥补天然提取物在味感和口感上的不足，与香味增效剂和其他天然产物的提取物搭配，能够增强食品的风味，营造合适的香味。调香师在食用香精中引入调味剂时，不要单纯依靠添加多量的呈味物质来达到增效香味的需求，而是要更多地发挥增效物质和呈味剂相互作用产生的韵味以达到香味增效的要求。

（4）辛香料

辛香料的调味功能比其他天然产物提取物强得多（其他天然产物提取物在呈味上的缺陷，有时需要额外加一些调味成分加以补足，以弥补口感），因此它除了能增效香味外，通常有很强的补足口感、呈味的功效，因此不适合和其他天然产物提取物合并在一起介绍，也不适合归为调味剂进行介绍（大部分的调味剂单独使用时不起香味增效作用，仅起味感增强作用）。

（5）发酵香料

一些发酵香料具有较好的香味补足功能。例如，用脂肪酶（lipase）作用于牛乳后得到的产物可以作为牛乳系列香精的香基，使其香味得到强化；又如，用蛋白酶作用于肉类得到肉类分解物，据国外报道，有一种名为cooktail的酶，能使猪、牛、羊肉类等在接近室温的条件下，完全降解而液化，这种物质是调配肉味香精最好的香基。

（6）热反应香料

通过美拉德反应制造的香料，反应过程中可以生成增效香味的物质，例如醛或酮与半胱氨酸在反应中生成的极微量的硫化氢，可以增效咸味香精，尤其是肉味香精的香味。

上述提到的常用于增效食用香精香味的几种原料，通常具备以下特点：

① 用量少，增香效果显著。

② 增香剂本身不一定呈现香气，也不会改变香气物质的结构和组成，但它能改变人的生理功能，即加强对人的嗅觉神经的刺激，提高和改善嗅细胞的敏感性，加强香气信息的传递。

③ 通过显著的增香作用，降低其他呈香物质的用量，或减少香精最终的添加量，从而降低香精的成本。

④ 有些增香剂不仅具有增香作用，而且具有很好的调香效果，这种增香剂可使香精协调、柔和、丰富、留香时间延长。

⑤ 有些增香剂具有特殊的分子结构，在加工工艺中还可与其他物质反应，产生其他香气物质，如呋喃酮、MCP等。

⑥ 有些增香剂在大量使用时也不会影响香精整体香气，如麦芽酚、乙基麦芽酚等，而有些香料使用过量时会呈现不愉快气味，如糠基硫醇、MCP等。

⑦ 增香剂之间具有协同增效作用，常搭配使用。

二、色素

色素，也称为着色剂，是使加香产品在染色后能提高商品价值的呈色物质。色素在香精中的作用很广泛，它用颜色增强香精香气、香味与被模拟物的关联程度，使人通过香精更加容易联想到相应的香气或香味。对于食用香精而言，人的视觉也会影响人们对香味的感受。例如，乳白色的牛奶香精会更加让人联想到浓郁的奶香，橘色的乳化橙香精也能让人在饮用香橙味饮料时对橙子香味的体验感更加逼真。因色素的来源不同，一般可将其分为天然色素和人工合成色素两大类。人工合成色素的优点是色泽鲜艳、着色力强、不易褪色、用量较低、性能较稳定。但一些合成色素，主要是苯胺类色素，在人体内可合成致癌物质 β-萘胺和 α-氨基萘酚，因此这类色素不可应用于食用香精中。

虽然合成色素由于诸多安全性因素，其畅销品种数量已有较大幅度下跌，但其在稳定性和成本上占据优势，总的消费仍然呈上升趋势。天然色素的优点是安全性高（个别除外），资源丰富，缺点是稳定性差，着色力低，成本高。但在消费者"安全第一"的心理指导下，天然色素的发展远快于合成色素。

香精中添加的色素要注意选择合适的剂型。油溶性和水溶性香精需要选择对应的水溶性色素和油溶性色素，同时选用的品种要符合相关法规规定。常用于香精中的色素品种有：钛白粉、植物炭黑、姜黄素、胭脂红、栀子黄、葡萄皮红、叶绿素、辣椒红、β-胡萝卜素、甜菜红、栀子蓝、柠檬黄、日落黄、诱惑红、亮蓝、焦糖色等。表4.4 介绍了一部分常在香精中应用的色素。

表 4.4　香精中常用的色素

名称	颜色	溶解性	应用范围	建议用量/%
焦糖色	焦黑-黄色	可溶于水和乙醇,几乎不溶于丙二醇	焦糖、咖啡、巧克力、酱油香精等	0.1~5.0
诱惑红	艳红	溶于水、甘油和丙二醇,微溶于乙醇	糖果香精、冰淇淋香精、香水香精等	0.04~0.08
胭脂红	深红	易溶于水、甘油,难溶于乙醇	水果香精、糖果香精、香水香精等	0.03~0.07
辣椒红	鲜红	溶于油脂和乙醇,不溶于水	蟹肉香精、虾香精、辛香香精、指甲油香精等	0.01~0.12
β-胡萝卜素	橙红	脂溶性,不溶于水、丙二醇、甘油	耐高温香精、咸味香精、膏状香精等	0.03~0.14
柠檬黄	金黄	微溶于酒精,不溶于其他有机剂	香水香精、糖果香精、柠檬香精等	0.01~0.03
日落黄	橘黄	溶于甘油、丙二醇,几乎不溶于乙醇	糖果香精、香水香精、蜡烛香精等	0.005~0.06
栀子黄	深黄	易溶于水,可溶于甘油和丙二醇	香水香精、凝胶香精、糖果香精、药用香精等	0.03~0.07
亮蓝	深蓝	易溶于水,可溶于乙醇、丙二醇和甘油	蜜饯香精、糕点香精、香水香精、化妆品香精等	0.002~0.0045
栀子蓝	纯蓝	易溶于水,可溶于甘油和丙二醇	蜜饯香精、糕点香精、香水香精、化妆品香精等	0.002~0.0045

三、抗氧化剂和防腐剂

一些含有天然组分的香精，如柑橘类精油等成分，容易氧化分解影响香精的香味质量和稳定性；又如一些用蒸馏液作为溶剂调配的香精，溶剂中残留少量的多糖和核酸类成分，会直接导致香精货架期变短，甚至提早变质等；通过酶解和热反应制得的香料香精，由于含有氨基酸、脂肪酸等多种成分，也容易产生变质、氧化的酸败等现象。对于含有上述成分的香精，需要添加少量的抗氧化剂或防腐剂。

（1）维生素 E

维生素 E，天然抗氧化剂，是一种脂溶性维生素。不溶于水，对热、酸稳定，对碱不稳定。它通过防止维生素、激素和脂肪酸与氧气的结合，从而发挥其抗氧化作用。维生素 E 能防止或延缓食品氧化，提高食品的稳定性，延长贮存期。抗氧化剂的正确使用不仅可以延长食品的贮存期、货架期，给生产者、消费者带来良好的经济效益，而且给消费者带来更好的食品安全。

由于维生素 E 不溶于水和乙醇，油溶性较好，因此较适合用于柑橘类香精和油溶性香精、耐高温烘焙香精中。

（2）丁基羟基茴香醚（BHA）

丁基羟基茴香醚，也称为叔丁基对羟基茴香醚、丁基大茴醚，英文为 butylated hydroxyanisole，可简写为 BHA，它对热较稳定，在弱碱性条件下不容易被破坏，因此是一种良好的抗氧化剂。BHA 对动物性脂肪的抗氧化作用较之对不饱和植物油更有效。尤其适用于使用动物脂肪的焙烤制品。BHA 因有与碱土金属离子作用而变色的特性，所以在使用时应避免使用铁、铜容器。将有螯合作用的柠檬酸或酒石酸等与本品混用，不仅起增效作用，而且可以防止由金属离子引起的呈色作用。BHA 具有一定的挥发性并能被水蒸气蒸馏，故在高温制品中，尤其是在煮炸制品中易损失。BHA 也可用于食品的包装材料。

丁基羟基茴香醚作为脂溶性抗氧化剂，适宜油脂食品和富脂食品。由于其热稳定性好，因此可以在油煎或焙烤条件下使用。另外丁基羟基茴香醚对动物性脂肪的抗氧化作用较强，而对不饱和植物脂肪的抗氧化作用较差。丁基羟基茴香醚可稳定生牛肉的色素和抑制酯类化合物的氧化。

丁基羟基茴香醚与三聚磷酸钠和抗坏血酸结合使用可延缓冷冻猪排腐败变质。丁基羟基茴香醚可稍延长喷雾干燥的全脂奶粉的货架期，延长奶酪的保质期；能稳定辣椒和辣椒粉的颜色，防止核桃、花生等食物的氧化。将丁基羟基茴香醚加入焙烤用油和盐中，可以保持焙烤食品和咸味花生的香味，延长焙烤食品的货架期。丁基羟基茴香醚可与其他脂溶性抗氧化剂混合使用，其效果更好。如丁基羟基茴香醚和二丁基羟基甲苯配合使用可延缓鲤鱼、鸡肉、猪排和冷冻熏猪肉片腐败。丁基羟基茴香醚或二丁基羟基甲苯、没食子酸丙酯和柠檬酸的混合物加入用于制作糖果的黄油中，可抑制糖果氧化。

（3）二丁基羟基甲苯（BHT）

二丁基羟基甲苯，又名 2，6-二叔丁基对甲酚，英文为 butylated hydroxytoluene，简称 BHT。二丁基羟基甲苯为白色结晶或结晶性粉末，基本无臭，无味，熔点 $69.5 \sim 71.5℃$，沸点 $265℃$，对热相当稳定。二丁基羟基甲苯的抗氧化作用是由于其自身发生自动氧化而实现的。

BHT 稳定性高，抗氧化能力强，在食品中的应用与 BHA 基本相同，但其抗氧化能力不如 BHA。BHT 遇热抗氧化效果不受影响，不像 PG 那样遇铁离子发生橙色反应。

BHT 能有效地延缓植物油的氧化酸败，延长油煎快餐食品的贮藏期。在起酥油中有效，BHT 无最适宜浓度，随 BHT 浓度增高，油脂的稳定性也提高。但在较高浓度时，油脂的稳定性提高速率变小，且浓度达 0.02% 以上时，会引入酚气味。BHT 价格低廉，为 BHA 的 $1/8 \sim 1/5$，可用作主要抗氧化剂。目前它是我国生产量最大的抗氧化剂之一。

（4）苯甲酸钠

苯甲酸钠（sodium benzoic）是一种白色颗粒或晶体粉末，无臭或微带安息香气味，味微甜，有收敛味，也称安息香酸钠，分子量 144.12。在空气中稳定，易溶于水，其水溶液的 pH 值为 8，溶于乙醇。苯甲酸及其盐类是广谱抗微生物试剂，但它的抗菌有效性依赖于食品的 pH 值。随着介质酸度的增高，其杀菌、抑菌效力增强，在碱性介质中则失去杀菌、抑菌作用。其防腐的最适 pH 值为 2.5～4.0。

苯甲酸类防腐剂是以其未解离的分子发生作用的，未解离的苯甲酸亲油性强，易通过细胞膜进入细胞内，干扰霉菌和细菌等微生物细胞膜的通透性，阻碍细胞膜对氨基酸的吸收。进入细胞内的苯甲酸分子，酸化细胞内的储碱，抑制微生物细胞内的呼吸酶系的活性，从而起到防腐作用。苯甲酸钠由于具有一定的不良收敛口感，因此在水溶性香精中的应用较为局限。

（5）山梨酸钾

山梨酸钾是我国允许使用的一种防腐剂，英文为 potassium sorbate。它是一种白色至浅黄色鳞片状结晶、晶体颗粒或晶体粉末，无臭或微有臭味，长期暴露在空气中易吸潮，被氧化分解而变色。易溶于水，溶于丙二醇和乙醇。由于山梨酸难溶于水，使用不便，故常用本品。山梨酸钾的防腐机理与山梨酸相同，即与微生物酶系统的巯基结合，从而破坏许多酶系统的作用。山梨酸钾有很强的抑制腐败菌和霉菌的作用，其毒性远低于其他防腐剂，目前被广泛使用。山梨酸钾在酸性介质中能充分发挥防腐作用，在中性条件下防腐作用小。

山梨酸钾是一种具有广谱杀菌性的食品防腐剂，并且因为它容易获得价格比较低廉，成为很多食品企业最中意的首选食品防腐剂。山梨酸钾是一种不饱和脂肪酸盐，可以在人体内参与正常代谢，生成二氧化碳和水，被认定为安全的食品成分之一。除此之外，山梨酸钾的使用方法极其灵活，可以直接向食品中添加或者喷洒浸泡。据不完全统计，山梨酸钾在 1990 年的世界产量大概是 2 万 t。食品防腐剂消费大国美国在 1992 年使用山梨酸钾约为 7200t，随后山梨酸钾的使用量逐年上升，1995 年为 9100t，2000 年为 11400t，到 2018 年，山梨酸钾的世界年产量已达到 23.7 万 t。山梨酸可由丙酮与巴豆醛发生缩合反应、山梨醛氧化以及丙二酸与巴豆醛发生缩合反应三种途径制得，但由于以上几种生产方式生产成本高，目前比较常用的是乙烯酮法。山梨酸钾被联合国粮食及农业组织（FAO）推荐为安全、高效的食品防腐剂，在美国、英国、日本以及东南亚一些国家受到推崇，近年来山梨酸钾成为各国重点发展的重要的食品防腐剂。

四、其他香精助剂

（1）二氧化硅

对于吸附性粉末香精，需要加入少量的抗结剂和干燥剂，使粉末香精颗粒均匀分散且不出现结块现象。二氧化硅就是一种常用的无机物。纯的二氧化硅无色，常温下为固体，化学式为 SiO_2，不溶于水，不溶于酸，但溶于氢氟酸及热浓磷酸，能和熔融碱类起作用。二氧化硅在食品工业中主要用于防止粉状食品聚集结块，以保持自由流动的一类食品添加剂，用于蛋粉、奶粉、可可粉、糖粉、植物性粉末、速溶咖啡粉等。另外，它还可以作为载体用于饲料香精的生产。调香师需要采购香精级或食用级二氧化硅使用。

FAO 和世界卫生组织（WHO）规定 SiO_2 用于乳粉、可可粉、加糖可可粉、食用纳脂、可可脂的最大使用量为 10mg/kg；奶油脂为 1g/kg；涂敷用蔗糖粉和葡萄糖粉、汤粉、汤块 15g/kg；美国 FDA 规定本品作为抗结剂最高限量为 2%。

GB 2760—2014《食品安全国家标准 食品添加剂使用标准》规定将其用于蛋粉、乳粉、可可制品、脱水蛋白制品、糖粉、植脂性粉末、固体饮料的最大使用量为 15g/kg；用于香辛料类、固体复合调味料最大使用量为 20g/kg；用于豆制品加工最大使用量 0.025g/kg（复配消泡剂使用，以每千克黄豆的使用量计）。

（2）磷酸钙

磷酸钙，也叫磷酸三钙。不溶于乙醇和丙酮，微溶于水，易溶于稀盐酸和硝酸。可以用作抗结剂、酸度调节剂、营养增补剂、增香剂、稳定剂、水分保持剂。

在食品工业中用作抗结剂、酸度调节剂、营养增补剂、增香剂、稳定剂、水分保持剂。GB 2760—2014《食品安全国家标准 食品添加剂使用标准》规定：磷酸钙可用于小麦粉，最大使用量为 5.0g/kg；饮料，5.0g/kg；油炸薯片，2.0g/kg，作为水分保持剂可用于面粉中。

FAO 与 WHO 规定：磷酸钙作为抗结剂可用于葡糖粉、蔗糖粉，最大用量为 15g/kg（单独或与其他抗结剂合用，不存在淀粉）；用于奶粉、奶油粉，为 5g/kg（单独或与其他稳定剂合用，以无水物计）；用于奶粉，10g/kg，用于奶油粉 1g/kg（单独或与其他抗结剂合用）；用于汤和羹，15mg/kg（单独或与硬脂酸酯及二氧化硅合用，指脱水产品）；用于可可粉和含糖可可粉，10g/kg（单独或与其他抗结剂合用，含糖可可粉仅用于自动售货机）。作为稳定剂等可用于淡炼乳、甜炼乳、稀奶油，用量为 2g/kg（单用）、3g/kg（与其他稳定剂合用），均以无水物计。用于加工干酪为 9g/kg（总磷酸盐，以磷计）。本品尚可作为钙元素强化剂，用于饼干、面包等，其用量对谷类粉为 3g/kg，固体饮料为 20g/kg，均以钙元素计。

（3）瓜尔豆胶

瓜尔豆胶，也称古耳胶、瓜尔胶或胍胶，英文为 guar gum，主产于印度和巴基斯坦。瓜尔豆胶是由瓜尔豆的种子去皮去胚芽后的胚乳部分经清理、干燥粉碎后加水，再进行加压水解后用 20%乙醇沉淀，离心分离后干燥、粉碎而得。商品胶一般为白色至浅黄褐色粉末，接近无嗅，也无其他任何异味，一般含 75%～85%的多糖，5%～6%的蛋白质，2%～3%的纤维及 1%的灰分。

瓜尔豆胶是膏状香精中的增稠剂。它能分散在热或冷的水中形成黏稠液，1%水溶液的黏度约 3000mPa·s，添加少量四硼酸钠则转变成凝胶。分散于冷水中约 2h 后呈现很强黏度，以后黏度逐渐增大，24h 达到最高点。黏稠力为淀粉糊的 5～8 倍，加热则迅速达到最高黏度。水溶液为中性，pH 为 6～8 时黏度最高，pH 为 10 以上则迅速降低；pH 在 3.5～6.0 范围内随 pH 降低，黏度亦降低；pH 在 3.5 以下黏度又增大。因此，瓜尔豆胶常用于肉味香精的增稠剂使用，如牛肉膏、猪肉膏香精等。

（4）阿拉伯胶

食用级的阿拉伯胶不仅是乳化香精的乳化剂，同时也可作为膏状香精的另一种常用的增稠剂。阿拉伯胶与水的混合比可高达 60%，在高含量时能有非常强的黏度表现。常用于膏状咸味香精，尤其是用于膏状肉味香精作为增稠剂。

第七节 总结

综上所述，无论是日用香精还是食用香精、烟用香精、药用香精、饲料香精等品种，最重要的组分是香料，这些香料是香精的灵魂，是香气和香味能够在目标产品中发挥作用的关键。调香师需要将这些香料按照一定的配比协调好，也就是通过一次又一次的调配，修改到理想的香气香味效果。常用的香料有合成香料（它们大多是价格低廉的单体），还有天然香料、酶解香料、热反应香料等，这些香料的加入让香精的天然感、细腻感更上一个台阶。

香精以液体或固体两种形式存在。对于液体香精，除了以纯香料混合的香精外，其余的香精产品为了追求更好的分散性，一般都需要加入大量的溶剂。香精不同的应用领域，决定了要根据香料与香料之间的溶解性，香精在目标介质中的溶解性、分散性、稳定性，留香要求，储存要求，甚至成本等因素选择合适的溶剂。而对于乳化香精，除了要调配好香精（香基），还要将其制成水包油（W/O）型的乳液，让油溶性的香味物质通过乳化剂、增稠剂的帮助分散成一个个微小液滴，被亲水的乳化剂包围而不凝聚，同时油相中加入增重剂使两相密度接近、不易破乳，辅以抗氧化剂、防腐剂和蒸馏水等成分，制成可溶于水的稳定乳液体系。

而对于固体香精而言，除了香料混合香料的少量拌和型香精外，传统的吸附型香精是将调配的香精或香基（通常是液体）附着在载体上，这些载体大多是淀粉、多糖、单糖和无机盐类成分，不同的载体吸附性、抗氧化性、分散性、粒度、尝味特点都不同，需要根据加香产品介质、产品所需要的香味和口感的特性慎重选择，在此基础上加入抗结剂、抗氧化剂、干燥剂等稳定剂，使粉末香精颗粒均匀。香精均匀分散附着，性质稳定，便于使用。而对于另一类特殊的微胶囊香精，除了制备好芯材（即传统意义上的香精）外，还需要根据芯材的特性、加香产品的要求、保香要求等指标合理选用壁材，壁材通常是一些多孔包覆性材料，一般有植物胶、多糖、蛋白质、聚合物、蜡与脂质等。

不同的香精由于应用领域不同，其香气和香味表现力的要求、应用时的稳定性和安全性要求都会不尽相同。为了满足这些个性化指标，不同的香精中还会加入不同的组分，以满足其应用时需达到的指标要求。食用香精越发地注重香味的补足和营造，因此会在香精配方中引入增效香味的原料，甜味香精可以引入天然产物提取物、浓缩果汁蒸馏液、白脱酶解物等成分；咸味香精可以引入美拉德反应物、增鲜剂、咸味剂等组分。这些组分都会使香精既有香气又有香味，但具体应用时需要综合考虑香精的剂型、稳定性和成本等因素。

另外，有的香精还需要加入色素、稳定剂等组分，以满足观感和稳定性等指标的要求。

本章内容，旨在让初学者了解不同种类香精的大致组成，读者只需要熟悉这些主要的常见组分及其各自的功能以及在香精中扮演的角色即可。这些组分如何制备，香原料如何组合（即调香），有哪些常用的香原料品种，它们的感官评价如何，这些内容都会在本书后续的章节以及本系列丛书中的《香精调配和应用》中呈现。

第五章

调香概论

香精的香气或香味是香精的灵魂。仅仅以单一的或少数的自然界的含香物质提取的香料，或以合成的方法制备的香料应用在加香产品中，往往会受到各种各样的限制。单一的香料即使纯度很高，其香气也不免单调枯燥，不是香气飘逸、扩散性能欠缺，就是香气持久力差劲，总的香氛缺乏美的感染力，难以令人联想到生活中的具体香和味。总之，单一的香料直接运用于加香产品，在技术、价格、质量、供货方面，特别是加香介质的适应性都难以达到满意的要求。因此，用调香的方式创造和谐自然、令人们喜爱的香气和香味，就是香精行业从业者，尤其是调香师最重要的工作。调香是香料应用的重要环节，是为香料寻找使用出路的唯一途径，是香料工业的重要组成部分。

调香创作依赖于调香师经过训练的鼻子（嗅觉），凭借具有灵敏嗅辨能力的嗅觉和良好的嗅觉记忆功能，以科学技术结合艺术创作来开展活动。

第一节　调香的定义

调香，顾名思义就是调和香气，从操作过程的角度看就是设计并修改香精配方并调配香精，具体而言就是合理地将几种乃至几十种香原料（天然植物香料、单离香料或合成香料）按照配方以一定的比例配制出酷似天然鲜花、鲜果、蔬菜或是肉食的香气香味，又或是创造出具有一定香型、香韵的香气混合物，以适应加香介质对香气的要求，弥补天然香料数量与质量上的不足，改善合成香料单调的气息。设计香精配方的过程叫作调香，将香原料混合的操作过程称为调和，香料的混合物即为香精（基）。

调香术是指选择有香物质、设计香精配方和制造香精的技术，它是一种带有艺术性的技巧。目前，调香技术分为两大类，一类是日用化学品用香精方面的调香术（perfumery），另一类是食品用香精方面的调香术（flavouring technology）。

调香的目的在于寻求各种香气的和谐，同时认识新的香料，创造具有新的香型的谐香，并围绕新创的谐香，设计具有优美品质并区别于其他香精的新型香气味。

调香可以说是一种系统工程，它需要运用科学（特别是化学）、人的心理学和社会学力量进行艺术创作，它以能够获得的各种原料以及科学技术知识的各类数据为基础，灵活地采用这些技术因素，加上调香师的艺术想象与审美鉴赏能力，结合长期积累的实践经验，持之以恒地努力，才能创拟出引人入胜的香气。现代调香艺术更加强调合理搭配，创造最佳效果，降低生产成本。

　　一般来说，组成香精的各种单体香料的香气总是会使人产生"强""弱""与某种气味相似""令人联想起某物""臭""油腻气味""水分多的气味""花香"等印象，但很少使人产生"美好的气味"这种感受，也就是说大部分香料不具有令人感到愉快的香气（除了一小部分带有水果香气和花香的香料以外）。但是香水、古龙水、雪花膏等化妆品和食品的气味则可以称为"美好气味"，这是为什么呢？玄妙在于调香的调配之功。这种调配是以香料为素材，像调配鸡尾酒那样把各种香料按一定比例调和在一起，即调香。调香师必须充分掌握各种单体香料原有的气味，以及让它们和哪些香料配合，以怎样的比例来配合等。

第二节　调香师

　　负责调香工作的人通常称为调香师。一提起调香师，人们总会不由自主地将其和Chanel No. 5、Guerlain Shalimar、Diorissimo、CK One等名牌香水联系在一起。对于一款香水而言，调香师的"魔法"无异于它的灵魂。一直以来，在人们眼中，这份职业是充满了浪漫气息和无限魔力的。但时至今日，调香师的"魔法"早已不再仅施用于香水。

1. 调香师的工作内容

　　在我国第六次公布的新职业中，关于调香师的定义是使用香料及辅料进行香气、香味调配和香精配方设计的人员。食品与日化调香师是职业调香师的两大基本分类。设计日用香精配方的人称为调香师（perfumer），设计食用香精配方的人也称为调香师（flavorist）。前者涉及香水、牙膏、沐浴露的香精调配，后者则包括烟草、面包、饮料、蛋糕、方便面中香精的调配等。由此可见，调香师职业所涉及的范围已扩展到整个香料香精行业。

2. 调香师的培养与训练

　　要想成为优秀的调香师，必须应具备如下的基本条件：

① 对香料的科研和生产具有浓厚兴趣，并具有愿为之终身服务的信念；

② 有健康的体质，清醒的头脑，并有良好记忆力，有正常的辨香品味能力；

③ 具备有机化学、分析化学、物理化学、生物化学、心理学和审美学方面的知识；

④ 有必要的艺术修养和丰富敏捷的想象力；

⑤ 要有求成的耐心、恒心和自信心。

第三节　常见的调香工作

　　调香的目的有两个，一是通过模仿再现自然界以及日常生活中令人愉悦的香气或香味，也就是仿香；二是根据人类喜爱的香和味创造自然界不存在，但人们接受且欢迎的香气（香味的创造一般比较局限，通常是人类接触过的香味的几种组合叠加），也就是创香。仿香和创香是调香师的常见工作。模仿天然香气、香味和模仿香精是创造新香气的基础。

1. 仿香

　　在开发香精类新产品的时候，经常会提到仿香的问题。例如，一种新型香水推销成功，各种日用品便紧跟着采用这种新香型。食品企业也经常拿着一个爆款商品找调香师要求进行仿香，并用到新的加工食品中去。

仿香，指的是将多种香料按适宜的配比调配成所需要模仿的香气或香味。仿香一般有两种要求。一种要求是模仿天然，人类对所有自然物品的性质，包括香气有熟悉的喜爱感；同时，天然香气的提取价格昂贵，或来源不足、不稳定，因此需要通过调香师运用市面上已有的香原料，特别是来源丰富且产量较大的合成香原料，去调配出具有类似或相同香气和（或）香味的香精，以便用这些天然香气和香味更广泛地美化加香产品。另一种要求就是模仿成功的加香产品和成品香精的香味。模仿时要注意专利权等事项。对于模仿天然品，可以参考一些成分分析的文献简化过程。但对于模仿一个加香产品的香气或香味，则要复杂和困难得多，掌握 GC-MS 等常用挥发组分的分析技术和过硬的辨香技术，才能更有效地剖析要仿制的对象。

随着科学技术的快速发展，特别是顶空分析、双柱定性分析、手性分析、气相色谱、气相色谱-质谱联用（GC-MS）等现代分析技术在香料香精领域里的应用，香料工作者犹如多了一双眼睛，现代的仿香工作比原来快多了，也"好"（像真度提高）多了，年轻的调香师在掌握了气相色谱、气相色谱-质谱联用等现代仪器分析技术以后，对被仿香精香料进行特征化合物分析，再加上一定程度的鼻子训练，就能够与经验丰富的调香师一样出色地剖析香精，仿造出逼真的香精来。

然而，经验表明，仅仅按照分析结果提供的组分配不出与原来一样的香精，有特征香气或香味的化合物往往是一些微量组分，它们的阈值一般很低，有的低于仪器检出限的成分就无法体现在检测结果中，因此这些组分对于香味轮廓所起的作用不成比例地高于它们的存在量。另外，分析过程中挥发物逃逸，不稳定的组分分解，并产生了一些人为物质，这些因素也会干扰分析结果的准确性。前面提到，传统方法过分依赖调香师的主观经验，而且费时间，但用单纯的分析方法仿制的香精其香气轮廓不平衡不圆润，最令人满意的是将这两者结合起来，利用所有可以得到的分析资料和技术，结合对香气轮廓的艺术性解释，这就要求调香师根据其对香原料知识的掌握和实践经验以及自己的创造才能合理地剖析香精，挖掘尽可能多的有效信息。

关于仿香的具体方法和操作步骤，以及剖析的概念与技艺等内容，读者可阅读本丛书系列中的《香精调配和应用》的第一章。

2. 创香

对调香师来说，仿香是为了更好地创香。通过大量的仿香工作，掌握当今世界香型的流行趋势，调香师就能够充满信心地进行创造性的工作了。其实每一个调香师在仿香的同时对创香也是念念不忘的，当嗅闻到一个与众不同的新的香味时，当剖析一个香精的过程中发现使用了新的香料或者自己原先在配制某种香型时没有用到的香料时，当"仿配"到某一个程度闻到一股"全新"的香气时，当"看出"被仿的香精存在的某种缺点时，调香师会有强烈的创香欲望，甚至把仿香工作暂时丢在一旁，先来一段创香活动。

日用香精的创香，简单地说就是要应用科学与艺术的方法，在对各类香原料有辨香的能力和仿香的实践基础上，设计创拟有新颖的香气或香味（或香型）的香精，来满足某一特定产品的加香需要。创拟出来的香精要能受到消费者欢迎并达到经济、合理，与加香产品的特点相适应的要求。

食用香精的创香和日用香精的创香有所不同。由于人们无法接受从来没有品尝过的香味，因此也就无法接受一个和天然或加工食品香味完全不同的香精。食用香精的仿香，指的是再现自然界存在，但香精市场上尚未普及的香味，以丰富加工食品的风味种类；创香是将现有的香味进行合理组合，创造一个自然界不存在，但受人欢迎的香精，例如"冰糖雪梨"香型食用香精。

关于日用香精创香和食用香精创香的区别和联系，读者可阅读本丛书系列中的《香精调配和应用》的第一章。

第四节　调香的操作步骤及操作注意点

一、操作步骤

无论是仿香还是调香，从操作层面看，都需要根据自己的经验或是对期望香气或香味轮廓的构思，通过剖析或借鉴文献资料确定第一稿配方选用的原料和用量，并进行调配，评价香精并不断地修改配方直到满意为止。具体而言，这一过程可以被划分为三步，所谓三步法，即明体例、定品质、拟配方，现分述如下。

（1）明体例

简单地说，就是要求运用论香气的知识和辨认香气的能力，结合香精剖析技巧，明确要设计的香精应该用哪些香韵去组成哪种香型，这是拟定香精配方的基本要求，是第一步，也是调香最重要的一步，不论是设计模仿香精还是创造想象型的香气，首先要明确地决定香型，这是调香的目标。

所谓论香气，就是运用有关香料、香气（香韵）、香型分类，天然单离与合成香料的理化性质、香气特征与应用范围（包括持久性、稳定性、安全性、适用范围）等方面的理性知识，以及从嗅辨实践所积累的感性知识和经验出发，明确要仿制（仿香）或创拟（创香）的香精中所含有或需要的香韵并弄清它应归属的香型类别。

例如，仿香时，如果仿制某种天然香料（精油、净油等），首先要弄清它归属的香气类别，尽可能地查阅有关成分分析的资料，再用嗅辨的方法或用嗅辨与仪器分析相结合的方法，了解其主要香气成分及一般香气成分，做到心中有数。如果是仿制某一个香精或加香产品的香气，首先用嗅辨的方法，大体上弄清其香气特征、香型类别以及在挥发或使用过程中的香气演变情况，判定由哪些香韵组成以及每种香韵主要来自哪些香料（也就是剖析）。如有条件，最好与仪器分析法相结合来判定其中主要含有哪些香料及其大致的配比情况。若是创香，则首先要根据香精的使用要求，构思拟出香精香型的主要香气轮廓和其中各香韵拟占的比例大小，即香型"格局"，再按此格局，考虑其中各香韵的组成及主次关系。

以上就是拟定香精配方的第一步——明体例。在这一步中，调香工作者的审美观点与想象力都是很重要的。

（2）定品质

在明体例之后，第二步是定品质，即在明确了香精香型及其香韵组成的前提下，按照香精的应用要求及其质量等级，选定香精中符合香型要求的香料品种。对香料的选用，应该从香型、香气等级、扩散力、持久性、稳定性、安全性与介质适应性等角度加以综合考虑。

香料品种及其质量等级的选择，一是要根据香精中各香韵的要求，二是要根据香精应用的要求（即要适应加香介质的特性和使用特点的要求），三是要根据香精的档次（即价格成本的要求）。换言之，就是根据香料品种的选用，来确定要仿制或创拟的香精的品质。另外，调香师在选用香原料时，还要随时考虑各种香料的挥发性（扩散性）、持久程度（留香效果）、香型的创造性、香精的稳定性、溶解度、变色着色等问题，同时还要特别重视香料对于人体的安全性。

例如，所创拟的香型已明确为以青滋香为主的花香-青滋香-动物香，香精是在高档香水中应用，每千克原料价格在 300 元左右。花香是以鲜韵、鲜幽韵与甜鲜韵为主的复体花香，青滋香是以叶青为主，苔青为辅的青滋韵，动物香是龙涎香与麝香并列，以琥珀香为辅的香韵。以青滋香为主的花香-青滋香-动物香型，从体香中这三类香韵的质量比上来说，青滋香应稍大一些。在具体香料品种的选用时，如对于青滋香（叶青及苔青），可从紫罗兰叶净油、除萜苦橙叶油、橡苔净油、叶醇、庚炔羧酸甲酯、水杨酸叶醇酯、二氯茉莉酮酸甲酯等中选用；对于花香，可从小花茉莉净油、依兰依兰油、树兰花油（以上代表鲜韵），铃兰净油、紫丁香净油（以上代表鲜幽韵），以及乙酸苏合香酯、丙酸苏合香酯（用以比拟栀子花的甜鲜香韵），鸢尾酮、甲基紫罗兰酮、玫瑰醇（用来补充甜韵）等中选用；对于动物香，可从环十五内酯、环十五酮、龙涎酮、佳乐麝香、麝香 105（以上代表动物香），甲基柏木酮、岩蔷薇净油、除萜香紫苏油（以上代表琥珀香）等中选用。在天然香料中多采用净油与除萜精油，是为了提高香精在乙醇溶液中的溶解能力，防止香水发生浑浊，减少过滤操作中的损耗。此外，木香、辛香、果香等有时也可酌量使用，作为修饰之用。

明确香精的香型和香韵结构以及合理选用香料，确定香精品质档次的基础，在于熟练掌握香料在香气和香味上的功效作用和香气特征。如何掌握这些技能的具体内容将在本书第二篇展开。

（3）拟配方

调香工作的第三步是拟配方，就是通过调配香精（包括香精加入产品中的应用效果试验）来确定香精中应采用哪些香料品种（包括其来源、质量规格或特殊的制法要点、单价）和它们的用量是否符合期望。有时还要确定香精的调配工艺与使用条件的要求等。拟配方一般要分两个阶段来进行。第一个阶段：主要是用嗅感评辨的方法进行小样的试配，然后对小样进行配方调整，再嗅辨再调整配方，直到初步确定香精的整体配方。确定初步配方的依据是：从香型、香气上说，香精中各香韵组成之间，香精的头香、体香与基香之间达到互相协调及持久性与稳定性都达到预定的要求。香型、香气强弱、扩散程度和留香能力也达到预期目标。第二个阶段是将第一阶段初步认为满意的香精试样进行应用试验，即将香精加入需要加香的产品中，并对产品进行感官品评，然后再对香精配方做进一步修改，即以整体香气的扩散、和谐程度、连贯性、留香程度、创造性和香气平衡等因素为评价对象，逐步调整并修改配方，直至达到预定的要求。定稿后确定香精的配方、调配方法、在介质中的用量和加香条件以及有关注意事项。

为了取得这些具体数据需要进行的试验与观察的内容主要包括以下六个方面。

① 确定香精调配方法，如配方中各个香料在调配时，加入的先后次序，香料的预处理要求，对固态和极黏稠的香料的熔化或溶解条件要求等。

② 确定香精加入介质中的方法及条件要求。

③ 观察与评估香精在加入介质之后所反映出的香型、香气质量，与该香精单独显示的香型、香气质量是否基本相同，以及与介质的配伍适应性。

④ 观察与评估香精加入介质后，在一定时间和条件下（如温度、光照、储放架试等），其香型、香气质量（持久性与稳定性）是否符合预期的要求。

⑤ 观察与评估香精加入介质后的使用效果是否符合要求。

⑥ 确定该香精在该介质中的最适当用量，其中包括从香气、安全及经济上的综合性衡量。

二、调香的操作注意点

在调配香精时，要注意以下各点。

① 要有一定式样的配方单，配方单要注明下述内容：香精名称或代号；委托试配的单位及其提出的要求（香型、用途、色泽、档次或单价等）；配方及试配的日期及试配次数的编号；所用香料及辅料等的品名、规格、来源、用量；调配者与配样者签名；各次试配小样的评估意见。

② 初学调香者，建议在拟香精配方时，在每个所用原料后面，简要阐述各个原料的特征香气，这样可以使调香者既熟悉每个香原料的香气特征，又清楚所选用香原料的目的，更重要的是促使新调香者去闻、去熟悉每个原料的香气，做到心中有数，今后需要选用某个香气原料的时候，大脑能尽快反应出来。

经过一段时间的训练，初学调香者在香精的结构、原料的香气分类、选择香料的依据方面，会有长足长进。注意切勿生搬硬套书刊上的香原料描述。书刊上的香气描述一般是面面俱到的，有时会让经验尚浅的初学者抓不住重点。因此对于书本上的香气描述，初学者要对应自己的香气体验去记忆，对书本上说的未有同感和共鸣时，可先将其搁置，切记死记硬背所有的香气描述。

③ 对香气十分强烈、阈值较低而配比用量又较小的香料，宜先用适当的无臭有机溶剂，如 N,N-二乙基丙炔胺（DEP）、PG 等，或香气极微的香料，如苯甲醇、苯甲酸苄酯等，稀释至 10％、5％、1％或 0.1％等的溶液来使用。

④ 由于人类对食品香味的感觉比对香气更敏感，因此食用香精的调配必须考虑香味与味觉的和谐统一，香料不可以用苦味太重的原料。

⑤ 配方中各香料（包括辅料）的配比，一般宜用质量分数（％或‰）表示。

⑥ 为了便于计算及节约用料，每次香精的小样试配量一般为 10g 或 5g。

⑦ 对在室温下极黏稠而不易直接倾倒的香料，可用温水浴（40℃左右）熔化后称用；对粉末状或微细结晶状的香料，则可直接称量，并可搅拌使其溶解，也可在温水浴上搅拌使之迅速溶解，要尽量缩短受热时间。或者先将固体香料用溶剂配成溶液，再加入香精中。

⑧ 在称样前，对所用的香料，都要与配方单上注明的逐一核对和鉴辨，以免出错。

⑨ 称样用的容器与工具均应洁净、干燥，不沾染任何杂气。

⑩ 对初学香精配方的调香工作者来说，在配小样时，最好每称入一种香料混匀后，即在容器口嗅认一下其香气，感受香气是如何一点点变化的，这样做有助于在感官评价时把握香气与各种香料之间的关联性，也可避免张冠李戴般的错记。有些调香师对这一工作不重视，只写配方，由助理配样。这样便丧失了熟悉原料的机会，对香原料和香精香气的变化缺乏直观认识，出了问题无从着手（例如笔者曾经发现，某公司配料人员将松油醇原料瓶贴上乙酸松油脂标签，结果用到该料时出现问题，直到核查全部原料时才发现，如果自己配料、加料，就不会出现这样的问题了），增加不必要的错误。

⑪ 对每次试配的小样，都要注明对其香气评估意见和发现的问题。

⑫ 对小样配方，都要粗算其原料成本，以便控制成本。

⑬ 香精有时会因香原料或溶剂而引入不良气味。掩盖香精中不理想杂气的方法是加强或突出所需的理想香气，弱化、掩盖一些不需的杂气。可以添加一些修饰成分减弱、淡化溶剂的不良气味，也可采用物理方法处理。比如水洗、分馏、重结晶等，以除去影响较大的杂质成分，特别是对香气影响较大的成分。

三、调香工作的环境要求

调香师必须具有良好的工作条件和环境。调香室必须宽敞、明亮、安静、舒适、通风良好。调香室周围不应有噪声、异味等外来的干扰。计算机、电子天平、冰箱、非明火加热设备等都是必备的设备，有条件的单位应该及时引进各种新设备。

事实上，要从众多原料里搭配并得出一种和谐的香气或香味并非易事。比如调配苹果味道的原料有数百种，但其中可能只有一两种有这样的味道，因此，必须了解原料的最适宜比例，清楚每一种单体原料在香精配方中所起的作用，增加或减少相应原料以修正偏差，才能成功调出所需要的香气或香味。就算经历这样一个培养过程，也只能称为香精调配工，而不能称为调香师。调香师必须能够独立自主地设计香精配方，并合理规划并调整各香原料的相对比例以达到期望要求。调香师必须掌握五项基本技能，即熟悉香精各部分香原料的组成和功效，熟悉常见香精和香型的特征性原料，熟悉常见香原料的香气和理化特性，熟悉常见食品香原料的阈值，掌握香精应用技术的基本知识。只有具体掌握了这些技能，调香师才能按本章中介绍的调香步骤开展仿香和创香工作。关于如何科学掌握这些技能，请读者阅读本系列丛书中的《香精调配和应用》的第一章。

第二篇

香精的制备

本篇关注的是"香精如何做"。笔者根据剂型的不同分别介绍了传统剂型香精和一些制备方式较为特殊的香精的加工工艺。具体介绍每一种香精的制备原理、常用原料（包括其性质和使用注意点）、操作步骤规范和工艺品质控制的注意点，帮助读者掌握香精的生产工艺，学会控制、调整并设计香精生产作业。要注意的是，酶解和热反应香精有时无法作为一个完整的香精直接加入产品中，很多时候被视作香精配方中的一种"香原料"。但这两种制备方式得到的产物往往是对天然香味的一种"提炼"，已经具备如香精一般和谐的香味特征，对香精制备的意义重大，是香精制备中需要重视的环节，因此被笔者纳入"香精生产"的内容中。而有关传统天然香料和合成单体香料的制备，读者可以阅读易封萍等著《合成香料工艺学》。

第六章

几种常用香精的制备

香料工业是由合成香料生产、天然香料生产和香精生产三部分组成的。2019 年中国香料工业的产值为 343.12 亿元，相关的食品、烟草、酒、日化等工业的产值超过国民工业总产值的 10%，利税约占 15%，在国民经济中占有重要地位。

香精的生产方法有搅拌混合、发酵、酶解、热反应等方法。如今，无论是日用还是食品用香精，绝大多数都是由天然香料和合成香料通过一定的配比混合均匀而成的混合物，即使是微胶囊香精和乳化香精，当中被包覆和分散的香气香味物质也需要经过混合和搅拌才能用于这些特殊剂型香精的制备，所以搅拌混合法是香精的传统生产方法，也是至今应用最多的一种方法，是香精生产的基础，其他方法往往也要与搅拌混合相配合才能使生产的香精更完美。

香料通过混合变成混合物，剂型为液体或固体。具体来说，液体香精又可以分为水溶性（水质）香精、油溶性香精和水油两用香精等；固体香精又分为拌和型香精和吸附型香精等。但无论是哪一种剂型的香精，制备的关键在于将香精配方中各个香原料、载体或溶剂等成分经过机械力搅拌混合均匀，形成性质均一稳定，分散性好的香精成品。因此，搅拌和混合，是香精制备的关键工序。理解搅拌和混合的机理，根据香精的剂型和特点选择合适的搅拌或混合设备，掌握一般常见香精的搅拌和混合工艺流程，是控制香精生产稳定性的前提。

第一节 搅拌与混合理论

搅拌，是指将两种以上不同物料相互混杂。混合，是指通过搅拌使混合物的各成分浓度达到一定的均匀性，参与搅拌混合的组分可以呈现不同的状态。经混合后的混合物可以是均相的，也可以是非均相的。均相混合物的混合有可能不需要搅拌而仅依靠分子扩散或分子扩散与自然对流相结合的方法，但制备非均相混合物则必须搅拌，如不搅拌，有时则无效。对于香精的制备而言（无论是制备液体香精还是固体香精），为了使香成分均匀地分散在香精中，使香精中的各个组分在体系中每一处的浓度均一，都需要进行搅拌混合工序。

1. 香精的混合均匀度

混合良好的香精应达到一定的均匀度。均匀度是指一种或几种组分浓度的均匀程度。

对于液体、膏状和浆状香精而言，在各组分混合过程中，整个物料体积被不断地分割成大量小的局部区域，进行着高浓度区域和低浓度区域间组分物质的传递分配。这些局部区域的浓度可能高于或低于物料平均浓度，在某一特定局部区域内该浓度可视为定值，但各个不同的局部区域浓度各不相同。一般来说，分离强度越大，混合物的均匀性越差。

对于固体香精，颗粒状或粉状固体的混合主要靠流动性，而固体颗粒的流动性是有限的，流动性又主要与颗粒的大小、形状、相对密度和附着力等有关。大小均匀的颗粒混合时，最小的和形状最圆的易趋向容器底部。颗粒的黏附性越大，就越易聚集在一起，不易分散，影响混合均匀度。

固体香精的混合是对流、扩散和剪切同时作用的过程。固体混合时，重要的是防止分离现象发生。相对密度差和粒度差较大者，易发生分离。混合器内存在速度梯度的部位因粒子群的移动易起分离作用。另外，对于干燥的颗粒，由于长时间混合而带电，也易发生分离。影响混合均匀度的因素归纳起来有两类：一类是与被混合的物料有关，另一类是与混合设备有关。其主要的影响因素有：固体物料的性质、设备特性、操作条件等。

2. 混合机理

两种或两种以上不同的混合物在混合机内，在外力作用下进行搅拌，从开始时的局部混合逐渐达到整体的均匀混合状态，在某个时刻即达到动态平衡。此时，分离和混合反复交替进行，而混合的均匀度不会再有提高。因此，整个混合过程存在着对流混合、剪切混合和扩散混合三种混合方式。

（1）对流混合　对流混合是由于混合机外壳或混合机内的叶轮、螺旋带等内部构件的旋转作用，促使所有粒子大幅度地移动而形成循环流动，并同时进行混合。

（2）剪切混合　剪切混合是物料群体中的粒子间有速度差异，而使各粒子产生相互滑动或碰撞，从而引起的混合。对于高黏度物料，如膏状香精等，主要是依靠剪切混合，一般称为捏合。捏合机工作部件对物料产生的剪切力，使物料拉成越来越薄的料层，料层表面出现裂纹，并产生层流流动，从而达到混合。

（3）扩散混合　对于互溶性物料，固体与液体、气体与液体、液体与液体等在混合过程中以分子扩散形式向四周做无规律运动，从而增加了两组分间的接触面积，达到均匀分布状态。对于互不相溶的粉状粒子，在混合过程中以单个粒子为单元向四周移动，类似气体和液体分子的扩散，使各组分的粒子在局部范围内扩散，达到均匀分布。与对流混合相比，混合速度显著下降，但扩散混合最终可达到完全均匀混合。

事实上，在混合机内，以上三种混合机理同时存在。根据处理物料的性质及混合机形式不同，常以其中一种混合方式为主。

3. 混合物的稳定性

混合物的稳定性是指参与混合的各组分分散后重新聚集的程度。若各组分分散后不发生重新聚集，则表示该混合物很稳定；若混合物各组分分散后经过很长时间才发生重新聚集，则表示该混合物稳定；若各组分分散后短时间或随即发生重新聚集，则表示该混合物的稳定性差。通常，相溶的液体与液体的香料混合物最稳定，固体与固体的香料混合物次之，不溶固体与液体混合需要进行加热，互不相溶的液体之间的混合稳定性最差需要进行乳化处理。

第二节　制备香精常用的搅拌设备

一、液体香精的搅拌设备

搅拌设备一般用来处理低黏度或中等黏度的液体香料和溶剂等成分。一个完整的搅拌系统一般包括：一个圆形容器、一个机器搅拌器（又称叶轮）、搅拌轴、测温装置、取样装置等。搅拌器一般装在中央，也有倾斜安装、偏心安装或水平安装的。搅拌系统中最重要的部件是搅拌叶轮。图 6.1 所示即为典型搅拌器。

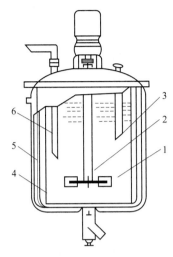

图 6.1　典型搅拌器

1—桨叶；2—搅拌轴；3—温度计插套；
4—挡板；5—夹套；6—加料套

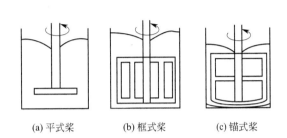

(a) 平式桨　　　(b) 框式桨　　　(c) 锚式桨

图 6.2　几种桨式叶轮

　　搅拌叶轮的作用是带动液体运动。运动液体具有三个分速度：径向速度、轴向速度和切向速度。其中径向速度和轴向速度对混合起主要作用。切向速度使液体绕轴转动，形成速度不同的液层，在离心力的作用下，产生表面下凹的旋涡，这就是打旋现象。打旋现象对搅拌不利，安装挡板后可以消除此现象。

　　根据流体流入、流出搅拌叶轮的方式，可以把搅拌叶轮分为轴向流式叶轮和径向流式叶轮两大类。前者使液体从轴向流入叶轮，并从轴向流出。后者则使液体从轴向流入，从径向流出。常见的叶轮有以下三种。

　　（1）桨式叶轮

　　这是一种最简单的叶轮，用以处理低黏度或中等黏度的物料。图 6.2 为三种桨式叶轮，其中最简单的是平式桨叶轮，通常为双桨或四桨。它是一种径向流式叶轮。对黏度稍大的液体，在平式桨上加装垂直桨叶，就成为框式桨叶轮。锚式桨叶轮与框式桨叶轮相似，但外缘与槽壁间隙甚小，便于从槽壁除去结晶和沉淀物。

　　桨式叶轮转速较慢，转速为 20～150r/min。其混合效率较差，局部剪力效应也有限，不易发生乳化作用。桨叶的制造和更换则较容易。有时将桨叶做成倾斜状，使搅拌器具有一定程度的轴流作用，此时叶轮便兼有轴向流式和径向流式的优点。

　　（2）涡轮式叶轮

　　如图 6.3 所示，在叶轮上安装 6 个叶片，就称为涡轮式叶轮。它也是一种径向流式叶轮，其转速范围为 30～500r/min。也可将叶片做成倾斜的，或取消叶板，只有 6 个叶片，此时其结构更像是桨式叶轮。它适用于处理多种物料，混合生产能力较高，局部剪切力效应也较高，因此涡轮式叶轮在液体香精的生产中应用最为广泛。

　　（3）螺旋桨式叶轮

　　螺旋桨式叶轮由 2～3 片螺旋桨组成，见图 6.4。转速较高，在 400r/min 以上，适用于低黏度液体（如香水香精）的搅拌，是典型的轴向流式叶轮，它的混合生产能力较高，但若简单地放在中央，则易产生打旋现象。

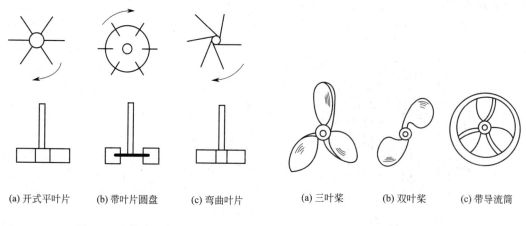

| (a) 开式平叶片 | (b) 带叶片圆盘 | (c) 弯曲叶片 | (a) 三叶桨 | (b) 双叶桨 | (c) 带导流筒 |

图 6.3　涡轮式叶轮　　　　　　　　　　　图 6.4　螺旋桨式叶轮

二、膏状和浆状香精的混合设备

高黏度膏状和浆状香精混合的基本原理是依赖混合元件与物料之间的接触，即元件的移动必须遍及混合容器的各部分，或者物料是先被带起到元件上，而后被压至相邻的物料或器壁之上，并折叠而使新物料被已混合物料所分割和包围。混合时，物料受到剪切力而被拉延和撕裂。其混合元件的大小、转速等随混合物的稠度而异，稠度越大，桨叶的直径越大，转速越大。

（1）混合锅

混合锅通常有两种类型。一种是固定式，另一种是转动式。固定式混合锅锅体不动，混合元件除本身转动外兼做行星式运动。它由一段短圆筒和一个半球形器底组成，锅体可以在与机架连接的支座上升降，并装有手柄，以人工的方法卸除物料。它的混合元件在运动时，与器壁的间隙很小，搅拌作用可遍及所有物料。

转动式混合锅的锅体安装在转动盘上转动，其混合元件偏心安装于靠近锅壁处做固定的转动。它由转盘带动锅子做圆周运动而将物料带到混合元件的作用范围之内，起到局部混合的作用。混合元件的形式有多种，其中框式最为普遍，叉式应用也较广，还有将桨叶做成扭曲状或其他形式以增加轴向运动的，如图 6.5 所示，它们在食品工业中的应用很广，特别适用于高黏度的食品物料的混合。如制作面包时调制面团，生产糕点和糖果时的原料混合等，都是采用这类设备。

（2）捏合机

捏合机是利用位于容器内的两个转动元件的若干混合动作的结合，尽可能达到物料局部移动、捏合、拉延和折叠等效果的一种混合器，由容器、搅拌臂（或称桨叶）、传动装置和支架等部件组成。具体结构有各种形式，桨叶也有多种形式，其中的"2"式最为普遍，如图 6.6 所示，它的两只搅拌臂做相反方向旋转，不与其转轴平行，而是略带螺旋形，以便推动器内物料做向前或向后运动。容器为矩形，其底做成能容纳两只搅拌臂的两个半圆形状，搅拌臂与槽底的间隙很小。整个容器装在另一个固定的转轴上，可倾斜，以便于卸料。

　　捏合机和混合锅一样，除了生产膏状香精外在食品工业上的应用非常广泛，特别是在烘烤食品加工和面糖制品的加工中，它是多种原料混合的主要设备。

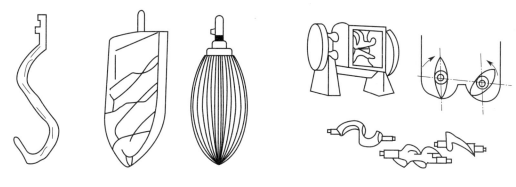

图 6.5　混合锅的几种混合元件形式　　　　　　　　　图 6.6　捏合机

三、固体香精的混合设备

　　常用的固体香精混合设备有旋转筒式混合器、螺带式混合槽和螺旋式混合器。

　　（1）旋转筒式混合器

　　最简单的旋转筒式混合器是一个绕其轴不断旋转的水平圆筒，但混合效率不高，通常所用的是它的变形。其中广泛应用的有双锤混合器和双联混合筒。双锤混合器由两个锤筒和一段短圆筒连接而成，这种混合器克服了水平单筒中物料水平运动的缺点，转动时物料产生强烈滚动作用，且由于流动断面的变化，产生了良好的横流。它的主要特点是：对流动性强的食品物料混合较快，功率较低，选用适当的构材，适用于不能受到污染的材料。

　　双联混合筒是由两段圆柱互成一定的角度，即呈 V 形连接而成，旋转轴为水平轴，其作用原理与双锤混合器相似。由于设备的不对称性，操作时，因物料时聚时散，产生了比双锤式更好的混合作用。

　　（2）螺带式混合槽

　　螺带式混合槽的原理是水平槽内的转动元件产生的纵向和横向运动的混合作用。在混合槽的同一轴上装有方向相反的螺带，一螺带使物料向一端移动，而另一螺带则使之向相反一端移动。如果两相反螺带使物料移动的速度有快有慢，则物料与物料之间就有净位移，而设备即可做成连续式。否则，设备则只能是间歇式。通常螺带与器底的间隙较小，因此易发生颗粒磨碎现象。螺带式混合槽是一种适用于稀浆体和流动性差的粉体的有效混合设备，功率消耗属中等。

　　（3）螺旋式混合器

　　这种设备在立式容器内将易流动的物料利用螺旋输送器提到上部，并进行循环。工业上有各种不同的形式。它与螺带式相比，具有投资费用低、功耗少、占地面积小等优点。缺点是混合时间长，产量低，制品均匀性较差，较难处理比较潮湿的香精物料。

　　制品不均匀主要是由从螺旋上抛出的物料不均匀造成的。重颗粒比轻颗粒抛得远。为使混合更为有效，并消除近壁处料层得不到混合的现象，可将螺旋输送器近壁安放，并使之绕容器轴线摆动旋转，从而作用到全部的物料。

第三节 几种常见的液体香精制备工艺

一、不加溶剂的香精的制备

不加溶剂的液体香精常见于各类日化香精，特别是香水香精，以及一些食品用香基的生产。由于不加溶剂，这种香精都是由挥发性的有机物（即天然香料和合成香料）构成，通常只需要混合均匀即可，对于含有固体香料的香精，制备时可先将固体香料用香精配方中的其他香料或合适的溶剂溶解稀释（必要时可适当加热并搅拌以加快溶解速度），再将稀释液与其他液体香料搅拌混合均匀。

不加溶剂的液体香精的制备工艺流程见图 6.7。

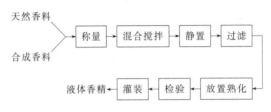

图 6.7 不加溶剂的液体香精的制备工艺流程

二、水溶性和油溶性香精的制备

液体香精是水溶性还是油溶性主要由香精的溶剂决定。但这两种香精在生产工序上均展现共同的工艺程序，图 6.8 为两种香精的工艺流程通用图。

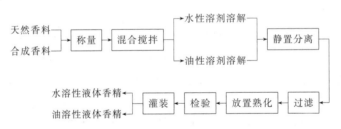

图 6.8 水溶性香精和油溶性香精的制备工艺流程

一般油溶性香精的溶剂为精炼植物油、三醋酸甘油酯、辛癸酸甘油酯、苄醇和苯甲酸苄酯等，日用香精的油溶性溶剂一般用十四酸异丙酯或二丙二醇，柑橘类香型的油溶性香精有时也会用橙油萜作溶剂配制而成。食品用油溶性香精具有一定的耐高温功能，对香精的香味有一定的保香作用，因此，油溶性香精也可称作耐高温香精。耐高温香精配方中香原料占比大概为 10%～35% 左右，溶剂占 65%～90% 左右，这些油溶性溶剂不仅对香原料起到稀释和分散作用，更起到一定的定香和保香作用。如果使用精炼植物油作为溶剂，香精配方中需引入适当的抗氧化剂（BHA、BHT 和维生素 E 等）以延缓植物油的氧化对香精香气的负面影响。

水溶性香精的溶剂通常为乙醇、蒸馏水、甘油、蒸馏液、丙二醇、二丙二醇等，其中，甘油和蒸馏水的占比较小（或完全不用），溶剂主要以乙醇为主。水溶性香精的特点是，香精在一定范围内，完全溶解于以水或低浓度乙醇为主要介质的产品中，溶液清澈透明。例如，当饮料中加入 0.1% 的水果香型香精，想要使饮料呈现澄清透明的状态，乙醇的含量通常在 60%（质量分数）以下。水溶性香精中的香原料质量占比一般在 5%～15% 左右，而水溶性溶剂的占比一般在 85%～95% 左右。由于香料都是脂溶性有机物小分子，因此生产水溶性香精时一定要注意香料在溶剂中的溶解情况，正式生产前必须进行严格的中试以测试香精的溶解性。

水溶性香精的香气比较轻快飘逸，若是食用香精，香味强度也不会太高。用乙醇为主要溶剂的水溶性香精容易挥发且不耐热。在较高的温度下，乙醇的挥发会带走一部分较易挥发的香气成分，影响香精品质的完整性，因此这类香精仅适用于不经加热的操作工艺或可在温度不高时的加香产品。

三、水油两用型香精的制备

所谓水油两用香精，一般是指用丙二醇或二丙二醇等具备亲水亲油性质的物质作为溶剂的香精，制备时通常是将香原料经称量投入搅拌设备，必要时加入色素、稳定剂等成分（如有固体香料，可用溶剂溶解稀释并适当加热搅拌，冷却后投料），经过充分的搅拌混合等工序即可制得水油两用型香精，具体制备流程见图 6.9。

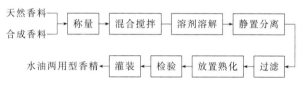

图 6.9 水油两用型香精的制备工艺流程

四、水溶性柑橘香型香精的制备

单独将柑橘香型的水溶性香精作为一个类别介绍，是因为此类香型的水溶性香精生产时遵循的步骤并不完全等同于水溶性香精的制备流程。柑橘属果实是一类具有新鲜、轻快和甜淡柑橘香味的、最受人们喜爱的果品之一。不管是柠檬、甜橙、柑橘、柚子还是香柠檬、白柠檬等品种，它们的香气和香味都广泛地受到人们的青睐，是世界上最流行的香型之一，被广泛用于饮料、糖果、雪糕和医药制品中。然而，所有的体现柑橘香型的香原料在乙醇中的溶解能力并不佳（在蒸馏水和丙二醇中溶解性就更差了），直接用乙醇溶解这些原料会出现香精油水分层的现象，这是因为无论哪一种柑橘类原料（通常以精油为主），它们当中都含有大量极易氧化聚合且水溶性很差的萜烯类成分（其中又以 D-柠檬烯为主），若要使柑橘类精油能够溶解在乙醇中，首先需要对这些柑橘油进行除萜操作，除去萜的精油（也叫"××油倍司"）才可以和其他香原料进行混合，最后加入溶剂，制成水溶性柑橘香型香精。柑橘香型的水溶性香精的制备流程见图 6.10。其中，柑橘油的除萜工序体现在"提取"这一步。"精制"则是指利用除萜后的柑橘精油，与其他香原料搅拌均匀，并加入乙醇进一步搅拌混合。

图 6.10 水溶性柑橘香型香精的制备工艺流程

柑橘类精油的除萜方法有：真空分馏法（1mmHg❶），分子蒸馏法（10^{-3}mmHg）和水洗法（也叫淡乙醇法）。目前最常用的方法是水洗法。水洗法原料配比见表6.1。

表6.1 水洗法原料配比

原料	质量分数/%	原料	质量分数/%
乙醇(95%)	50 左右	蒸馏水	25 左右
柑橘油	25 左右	总量	100

在实验室内进行柑橘油除萜的操作为：按照表6.1的配比先将乙醇与柑橘油混合，边搅拌边缓慢加入蒸馏水，充分搅拌后，在0～5℃的条件下静置分层36h以上，得到上层的油萜（以后作为油质香精的溶剂）和下层的去萜精油（供水溶性香精用）。整个操作需要控制的重要参数有以下五个。

① 甜橙油、淡乙醇的质量比为1:3左右，根据实际情况做相应调整。

② 乙醇浓度为55%～60%，最常使用的浓度是65%左右。

③ 可适当增加水相的密度（添加丙二醇等）。

④ 低温除萜，以降低精油中萜烯类物质在水相中的溶解度。

⑤ 柑橘油中可添加浓缩柑橘油，以增强香味浓度。

工厂中进行柑橘油的除萜操作为：将40%～60%的乙醇100份与柑橘油10～20（均为质量比）份装入带搅拌装置的夹层锅内，在60～80℃下搅拌2～3h（温浸）或在常温下搅拌3～4h（冷浸），将之密闭保存2～3d（即静置分层），分液分出乙醇溶液部分，在−5℃左右冷却几天后，加入过滤助剂低温过滤，得到去萜精油。

第四节　几种常见的固体香精制备工艺

固体香精虽然都具有粉末状的外观，但其组织结构却有所不同，比较常用的有四种类型：拌和型固体香精，吸附型固体香精，拌和与吸附两种形式相结合的固体香精，包覆形式的微胶囊固体香精。其中，包覆形式的微胶囊香精是指将香精封裹在一层薄胶膜中，以达到香气和香味的缓释或定时释放效果。由于微胶囊香精的制备原理重点并不在于搅拌混合，因此相关具体内容请读者至本章第八节阅读。

除此之外，熔融体粉碎和快速干燥成粒技术也在固体香精的制备中有所应用，以下做具体介绍。

一、拌和型粉末香精的制备

拌和形式的固体香精是由固体香料（有时也可加入少量的液体香料）和粉状载体混合拌和而成，制造工艺简单。如香草固体香精，就是用香兰素、乙基香兰素和洋茉莉醛等固体香料和淀粉、糊精等粉状载体介质混合拌和而成。

拌和形式的固体香精生产关键在于固体香料在香精整体中能否始终保持均匀的分布，要做到这一点，就必须使固体香料和粉状载体两者的颗粒度保持一致，否则，在生产和储运过程中受到震动而使粗细颗粒分离，会造成使用上的困难。因此，这种拌和香精在混合前通常会加一道粉碎工序，粉碎能够使各物料的粒度均匀一致（如图6.11所示）。

---

❶ 1mmHg=133.3224Pa。

固体香料(20%左右)
载体(80%左右) → 分别粉碎 → 粉末混合 → 过筛 → 检验 → 粉末香精

图 6.11　拌和型粉末香精的制备工艺流程

二、吸附型粉末香精的制备

吸附形式的固体粉末香精是传统粉末香精中最常见的一种，它是由液体或膏状的香精基均匀地吸附在粉末状载体的表面而成，对于食用香精，如白脱固体香精、鸡肉固体香精就是把白脱香精和鸡肉热反应香精均匀地吸附在可溶性淀粉、麦芽糊精、植物水解蛋白、食用盐、味精等粉状载体上。日用香精的载体可以选择精制碳酸镁粉末、碳酸氢钙粉末等。吸附型粉末香精中还应加入抗结剂或疏松剂，如二氧化硅、磷酸氢钙、硫酸钙、亚铁氯化钾（黄血盐）等，但抗结剂一般在所有物料投入完成后最后投料。吸附型粉末香精的制备工艺流程如图 6.12 所示。

香精／香基
精制载体粉末 → 混合吸收 → 过筛 → 检验 → 包装 → 粉末香精

图 6.12　吸附型粉末香精的制备工艺流程

吸附型香精要求流动性能好、不黏结，保证不会发霉变质，香气或香味浓且水溶性能好，因此对原料中的水与细菌含量要求严格。粉状载体在吸附香料的过程中，保证不受二次污染。产品的质量指标一般包括香气/香味、外观、粒度、细菌含量、水中溶解度等。

辛香料固体香精大多属于吸附型，一般是由辛香料先制成油树脂，然后将油树脂吸附在盐或其他咸味载体上。由于吸附在表面上的香料与空气接触面大，因此，适合使用化学稳定性良好的食品用香料。

三、拌和与吸附两种形式相结合的香精制备

拌和与吸附两种形式相结合的固体香精通常都是由一些香气香味持久性强而稳定性优良的香料构成，其香型一般是与香草香型相结合而组成的复合香型，如香草-椰子、香草-白脱等。香草香型一般由固体香料如香兰素、乙基香兰素组成，与载体粉末拌和；而椰子或白脱香料往往是液体与载体成吸附形式，所以称为拌和与吸附相结合形式的固体香精。

四、熔融粉碎型固体香精的制备

熔融粉碎型固体香精一般应用在食用甜味香精中，具体制备过程为：把蔗糖、山梨醇等糖质原料熬成糖浆，把香精混入后冷却，待凝固成硬糖后，再粉碎成粉末香精。由于在加工过程中需加热，香料易挥发和变质，吸湿性也较强，因此此制备方式只适合留香相对持久、较耐热的香原料组成的香精，应用上受到限制。熔融粉碎型固体香精的制备工艺见图 6.13。

香精
糖质原料 → 加热熔融 → 糖浆 → 搅拌分散 → 冷却固化
粉末香精 ← 包装 ← 检验 ← 过筛 ← 粉碎

图 6.13　熔融粉碎型固体香精的制备工艺流程

五、微粒型粉末香精的制备

微粒型粉末香精的制备流程为：在糊精、糖类的溶液或其他乳化液中，加入液体香精，经搅拌充分分散后，用薄膜干燥机快速用减压干燥法或喷雾干燥法，制成粉末香精。这类粉末香精广泛用于冰淇淋、果冻、口香糖、方便面汤料、鸡精等加香产品中。

第五节　肉味香精的制备工艺

单独在本章内容接近尾声处谈肉味香精的制备，是因为肉味香精的剂型较为丰富（有油溶性液体、膏状/浆状、粉末状固体香精等等），制备几乎涉及了之前谈到的有关搅拌和混合的所有操作，除此之外还涉及热反应、酶解和发酵等工艺程序。总体上，肉味香精呈现剂型丰富、生产工艺复杂的特点，现对肉味香精的制备做如下总结。

肉味香精的制备方法大致有以下几种常见的模式：

① 由具有肉香味的单体香料（必要时加溶剂）搅拌混合而成油溶性肉味香精；

② 将鲜肉酶解后，加入适量还原糖、氨基酸、酵母膏、辛香料，以及在高温下进行美拉德反应得到的热反应香基，再加入少量的①进行搅拌混合的黏稠状肉味香精；

③ 将②加入瓜尔豆胶或阿拉伯胶等增稠剂中经捏合搅拌成膏状肉味香精；

④ 将热反应香基和味精、盐及淀粉等载体拌和，再加入干燥剂（食用级二氧化硅）和少量①继续拌和均匀，制成吸附型粉末肉味香精；

⑤ 将肉味热反应香基直接喷雾干燥得到微胶囊肉味精粉。

不同种类的肉味香精由于生产方法略有不同，其感官特性也有所差别，如精油状肉味香精的香气较强，但口感较淡，肉味香精粉香气较弱，但口感丰富，肉味浓郁而且回味持久，具体在食品中可以进行复配使用。

另外，关于肉味香精的制备中涉及的热反应（美拉德反应）香基和肉味酶解物的制备，读者请至本篇第九、十章阅读。

第六节　香精的陈化/熟化

以上几种常见的香精在制备完成后，一般不会立刻加入需要加香的产品中测试其香气/香味的表现力，通常会先放置一段时间，这个过程叫作香精的陈化，食用香精领域也习惯称之为熟化。

香精的陈化是一个十分必要的环节。调香师经常觉得一些调好的香精香气不理想，随手把它丢在一旁，过了一段时间偶然拿来闻一闻，发现它的气味变得非常宜人、舒适，十分和谐、滋润，全无陈化前的粗杂感，这种陈化的香精拿给评香小组评定，一般也会深得好评，脱颖而出，成为畅销品种。这种情况在调香界早已不是什么新鲜事。我们也早就知道，香水与葡萄酒一样，越陈越香，人们简单地称之为陈化。其实，所有的香精在陈化后都会有变得圆润、和谐的倾向。

从微观层面解释，香精中各种各样的香气成分由于里面的分子处在不断的运动、碰撞之中，每一次互相碰撞的两个或多个分子都有可能再组成新的分子，这些因香料间的分子碰撞而可能产生的现象包括：酸碱中和（包括路易斯酸碱理论和软硬酸碱理论的酸、碱、中和反应），酸与醇的酯化，酯的水解（皂化），酯与酸、醇、酯的酯交换，醇醛和醛醛缩合，醛与胺的缩合，分子重排（包括立体异构重排），聚合反应，裂解反应，歧化反应，催化连锁反应，萜烯的环化和开环反应等，这些反应产生了大量新的化合物（最明显的是陈化前后的香精用气相色谱法打出的谱图，大部分陈化后的香精增加了许多杂峰，就像天然香料的情形一样），也有可能有一些化合物消失，从而改变了原来香精的香气。

但这些反应为什么会使大多数香精陈化以后香气较佳呢？其中一种解释是：许多气味比较尖刺的、生硬的香料化学活动性较大，分子通常也比较小，陈化以后这些物质减少并组成新的通常分子量较大的香气比较圆和的化合物，所以我们闻起来觉得香气较好。当然，陈化以后香气变劣的情形也存在，这同样可以理解。

如果用热力学第二定律中"熵"的理论来解释陈化现象也可以。在一个密闭的系统中，熵是不断增大的，借用贝塔朗非的解释：热力学第二定律只说热力学平衡态是个"吸引中心"，系统演化将"忘记"初始条件，最后达到"等终极性"状态。孤立系统中发生的不可逆过程总是朝着熵增加的方向进行的。因此，香精陈化以后总是产生众多的新的化合物，将原来比较简单的组成变得复杂起来，使调香师以外的人们即使用 GC-MS 或者其他仪器分析也难以知道原来的配方是怎样的。调香师倾向于认为调配同一个香型的香精，用几十个香气接近的香料往往比用简单的几个香料调配时香气要圆和一些（所以高级香水的配方单总是很长），香精的陈化相当于把较简单的组成变成复杂的组成了。

林翔云教授利用香气的"混沌数学和分形、分维"理论对陈化有利于香气圆润和谐的原因做出了解释。他认为，从宏观方面来讲，一团好的香气，就是一个"奇怪吸引子"，由于"奇怪吸引子"具有"分形结构"，它能把"周围"的"非主流香气"成分"吸引"进去，虽香气有所改变，但基本香型没有太大的变化，在大多数情况下，"吸引"了众多不同香气的"奇怪吸引子"香气将更圆和宜人。陈化后的香精产生众多的新的化合物，这些化合物的香气绝大多数接近于产生它们的母体物质，也就是说，它们仍是配制这个香精或香水的最适合的香料原料。利用香气的分维理论我们可以知道，用 100 个带有 70％茉莉花香气的香料调出的茉莉花香精比用 50 个带有 70％茉莉花香气的香料调出的茉莉花香精的分维更接近 1。香精陈化以后，等于用更多香气接近的香料调配同一个香精，分维自然更接近于 1，最终的产物香气自然就更理想了。

香精最普遍的陈化方法是把制得的香精在容器中放置一定时间令其自然陈化，陈化后的香气一般会变得十分和谐、滋润，全无熟化前的粗杂感。乳化香精和微胶囊型粉末香精在制造过程中有促进熟化的作用，所以可以省去这道工序。

第七节　香精生产的注意点

香精的生产，要求有专门知识，这种专门知识是基于对来自世界各地的原料及其选用和质量控制的充分了解；对工厂内加工工艺和质量保证的充分了解，懂得有关香精用户的工艺；对加香产品在生产时可能遇到的加工参数的充分了解。此外，香精生产商还必须熟悉现行的法规，这不仅指产品生产国的法规，还特别指产品销售国的法规，必须保证香精产品在各方面都符合要求。大多数的香精制造商都使用受过销售培训的技术人员，而不是靠非技术人员来进行推销，后者在处理与产品应用有关的技术问题上会有相当的困难。香精制造商不仅要提供一致的、能经受不良贮藏和操作条件考验的能在最终产品中产生所希望的香气和香味的产品，还经常需要向使用者提供技术帮助，以保证产品最有效的应用。

常用香精的生产工艺过程较简单，生产规模较大的工厂有专门的生产车间，小工厂则多在仓库内进行。为保证产品质量，必须认真细心遵守下列操作规范。

① 香料进厂后都必须经检查化验，合格后才可入库。在储存中个别品种有变质的，配料时不可使用。

② 按配方和生产量计算用料，用料名称要与配方一致，称量必须经 2 个人核对。

③ 固体香料，要与化学性质较稳定的醇类和香精溶剂一起在不锈钢容器内加热溶解后再配入料中。

④ 配完的香精要搅拌均匀，经检测和评香后，方可分装于铝桶或聚乙烯塑料桶内盖好封严，桶内充氮气，或加适量抗氧化剂，避免光热，防水，贴上标签，存放在阴凉避光处。

≡ 第七章 ≡

乳化香精的制备

　　乳化香精是食用香精中的一个大类。当很多水溶性较差的香味成分需要加入水质食品中时，需经过乳化工序，香精才能均匀溶解、均匀地分散在食品中，以免出现分层、浑浊等不稳定现象。因此，乳化香精就是把油溶性的香精或香基（称为分散相或者内相），用乳化剂（称为外相或连续相）包裹，通过均质这一重要工序形成水包油（O/W）的一个个液滴，宏观上看上去即呈现乳化状液体。内相、外相的密度也要通过增重剂调整趋于一致，才能够形成稳定的乳化体系。除此之外，还需要加入增稠剂、食用色素、稳定剂和防腐剂等成分进一步稳定乳化体系，并完善乳化香精的香味表现力（如图7.1所示）。经过乳化的香精，就可以加入密度相当的水溶性介质中，香精不会出现分层等不稳定现象。因此，乳化香精常常用于柑橘香型的软饮料、可乐型饮料、冰淇淋和雪糕等食品中，具有使用方便、价格便宜、能产生浊度和色泽、使果汁饮料具有天然浑浊果汁的逼真感等一系列突出优点，在食品工业中应用广泛。除了在饮料中有广泛应用，乳化香精还可作为耐高温香精使用，在烘焙食品中，用作水包油（O/W）型乳化香精，食品在烤箱中加热时，表面的水分蒸发，香精内相的油粒被一层胶膜包裹而形成一层保护层，可起到减少香精挥发的作用，在烘焙过程中增加香精的耐热保香效果。

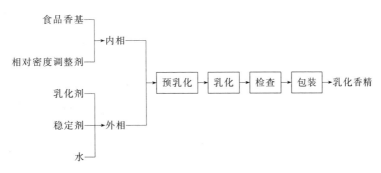

图 7.1　乳化香精的制备流程

　　制备乳化香精的最关键工序是均质和乳化，最常用的方法是利用高压均质机，通过两级均质工序在乳化剂和稳定剂等的作用下，把油相在体系中通过物理剪切作用力分散成一个个小液滴（均质），逐步将油相中的香精与水相成分充分混合，使油相以微小液滴的形式均匀地分散在水相中（乳化），变成水包油的乳化体系。

第一节　乳化理论

一、乳化的基本理论

乳化是将两种互不相溶的液体进行密切的混合，使一种液体以微小液滴或固形微粒子的形式均匀分散在另一种液体中的混合操作。它包含混合和均质，其中，均质是液滴微小化或固形微粒子化的关键操作。

在乳化体系中，通常将以微小液滴形式存在的液体称为分散相（内相），另一种液体称为连续相（外相），形成的混合体系称为乳化液。乳化液是一种不稳定的体系，为了得到稳定的乳化液，在乳化操作中，除了采用机械搅拌和均质外，一般还要加入第三种成分——乳化剂，以保持乳化液的稳定性。通过乳化处理，食品中与食用香精中原本互不相溶的组分就能相互融合，形成稳定、均匀的形态，并可改善产品内部结构，提高产品质量。

乳化香精是食品香精中的一个大类，香是核心，乳化是基础，水乳交融是特点。乳化香精属于水包油型（O/W）的乳状液体，即以香基为主要成分的分散相（内相）为油相，连续相（外相）为水。

二、乳化体系

乳化体系，也叫乳剂，是指一种液体借助乳化剂和机械力的剪切作用均匀地分散到另一种不互溶的液体中所形成的体系。在日常生活中人们经常会接触到以乳化状态存在的食品和日用品，如牛奶、奶油、豆浆、雪花膏、冷霜、洗发水等。

（1）形成乳化体系的前提

两种不互溶（或不完全互溶）的液体（例如油溶性香精和水）加在一起振摇，就会形成一种分散物系呈乳浊状的液体，这种现象称为乳化。通常，乳化体系是不稳定的，容易发生分层现象。但是，若把两种能相互混合的液体（如酒精和水）混合，就不能形成乳化，而是相互溶解。混合两种（类）互不相溶的液体并加以振摇（或搅拌）是形成乳剂的前提。

（2）乳化体系的相

在乳化体系中，本质上截然不同的两部分叫作相。对每一种液体来说，都是单相体系。乳化体系虽具有均匀一致的外观，但把它置于显微镜下观察，可以发现它并不是均匀一致的，而是大小不一的、近乎球状的微滴分散于另一相中。所以乳化剂不是单相体系，而是两相体系。乳液中呈细滴状分散的一相称为分散相或不连续相，包围着分散相的另一相称为连续相。分散相在连续相的内部，所以也称为内相，而连续相也相应地称为外相。乳剂中由水、盐类、有机化合物、胶体物质等组成的一相称为水相，组成水相的成分都是一些亲水性物质，可以与水互溶。另一相由与水不互溶的物质组成，称为油相，组成油相的都是一些表现出与油或类油物有明显亲和力的物质，称为亲油性物质或疏水性物质。因此，对于乳化香精而言，油相是以香基为主要成分的混合物，是分散相（内相），水相是以乳化剂、增稠剂为主要成分的混合物，是连续相（外相）。

（3）乳化体系的类型

在乳化体系中，通常一相为水相，另一相为与水不互溶的非极性物质，统称为油相。若形成的乳化体系是水分散在油中，便称为水/油型（W/O）乳剂（油包水型乳剂）；反之，若是油分散在水中，则称为油/水型（O/W）乳剂（水包油型乳剂）。要判断乳剂属于何种类型，可用下列三种方法。

① 稀释法　用水稀释乳剂，若出现与水互溶而并不出现分层现象，则属油/水型乳剂；反之，如与水不互溶而呈现分层现象，则属水/油型乳剂。

② 染色法　将水溶性色素（溶液）加到乳剂中，如果色素分布是连续的（均匀的），则属油/水型乳剂，若是不连续的（不均匀的）则属水/油型乳剂。

③ 导电法　乳剂的导电性是由连续相决定的，导电性强的是油/水型乳剂，导电性弱的是水/油型乳剂。

香精的大部分组分都是油溶性佳、水溶性差的小分子有机化合物，这些化合物可以天然地溶解于油溶性物质中，此时并不需要进行乳化。乳化的目的是将这些油溶性香基组分均匀地分散在水质介质中（如饮料等），因此，乳化香精的乳化体系通常为油/水型（O/W）乳剂（水包油型乳剂）。

（4）乳化体系的性质

乳化体系的性质取决于外相。油/水型乳剂的外相是水，它表现出似水的性质，这类乳剂可被水稀释而不能被油稀释，染色时要用水溶性色素，导电性较强。水/油型乳剂表现出似油的性能，它可被油或类油物稀释。如加水于这类乳剂中，水将进入内相而增加它的稠度，这类水/油型乳剂染色时需用油溶性色素。

乳剂能被化学方法所破坏，如在乳剂中加酸或盐；也能被物理方法破坏，如加热、冷冻、离心或做波动型的翻腾，都会使乳剂破坏。

（5）乳化体系的稳定性

保持乳剂分散度不变的性质叫作乳化体系的稳定性，稳定性对乳剂来说是极为重要的，没有良好稳定性的乳剂就失去它在应用上的价值。要形成稳定的乳剂，必须加入合适的乳化剂。

（6）乳化剂的作用

当两种互不相溶的液体充分混合后，其中一种液体呈细粒状液滴分散于另一种液体中而形成乳剂，这种乳剂在静置后，被分散的液滴会很快地按原液体物质凝聚，而后两种液体按各自的密度逐渐分层，密度小的上浮，密度大的下沉。如在两种互不相溶的液体中，再加入一种物质，使所形成的乳剂不那么容易分离，而能保持较长时间的稳定。这种能促进乳化的形成，同时又可使形成的乳剂保持相对稳定的物质叫作乳化剂。乳化剂是制备乳剂的重要组分。

乳化剂对乳化体系的稳定性的作用首先在于，它能吸附在分散相液滴的界面上，降低它的表面张力而使体系处于较为稳定的状态，所以乳化剂大多是能降低表面张力的活性物质。其次，乳化剂分子在分散相液滴的周围形成一个保护膜，当分散相的液滴相互碰撞时，乳化剂的保护膜能阻止液滴凝聚，从而使液滴保持一个个微小的分散状态，使乳化体系稳定。

三、影响乳化香精稳定性的主要因素

控制乳化香精的稳定性是乳化香精制备的重要工作，乳化香精属于胶体溶液，在热力学上是不稳定的，受胶体化学规律的支配，在浓缩状态下和在饮料中，会出现分出乳油（结圈，creaming）、沉淀（sedimentation）、絮凝（flocculation）或聚结（coalescence）。这几种现象单独发生或同时存在，在饮料中表现为瓶颈出现油圈或底部出现沉淀，饮用时由于乳化香精内相的香气成分附在饮料表面，饮用时香味强度会先强后弱。为了控制乳化香精体系的稳定性，首先要了解影响乳化香精稳定性的主要因素。

（1）分散相（油相）粒子大小

乳化液体是一种热力学不稳定体系。内相经机械作用分散后，表面自由能增加，内相有相互聚集降低表面自由能的趋势。另外，分散的小颗粒的布朗运动，促使其向浓度均匀的方向扩散，形成一个稳定的不平衡体系。控制分散相（油相）粒子的大小，是配制乳化香精的技术关键。

当分散相粒子的直径大于 $2\mu m$ 时，观察到的溶液为两相分离；分散相粒子的直径为 $1\sim2\mu m$ 时，溶液为乳白色；分散相粒子的直径为 $0.1\sim1\mu m$ 时，溶液为蓝白色；分散相粒子的直径为 $0.05\sim0.1\mu m$ 时，溶液呈半透明体；分散相粒子的直径为 $0.05\mu m$ 以下时，溶液则转变为透明清液。

从斯托克斯定律来看，分散粒子越小越好，但对乳化香精来说，还应当考虑天然浑浊感问题。粒子直径大于 $1.2\mu m$ 的乳化香精，乳化稳定性会下降；粒子直径小于 $0.1\mu m$ 的乳化香精，用于饮料中反而没有浊度。在通常情况下，粒度直径为 $0.5\sim1.2\mu m$，能够产生最佳的乳浊液效果。乳化香精中分散相（油相）粒子的大小主要用均质设备来控制。

（2）油相相对密度与水相相对密度

乳化香精主要用于柑橘香型饮料或可乐型汽水中，其用量为 0.1% 左右。饮用汽水的糖度一般是 $12\sim13°Bx$，糖水的相对密度为 $1.04\sim1.05$。一般的橘子油、甜橙油的相对密度为 $0.84\sim0.86$，高浓度的甜橙油的相对密度为 $0.86\sim0.89$。根据上述数据不难看出，如果不对油相相对密度进行调整，由于油相相对密度小于水相相对密度，所配制的乳液香精稳定性不佳。实验和经验证明，分散相（油相）的相对密度调节在 $1.01\sim1.03$ 之间，乳化香精的稳定性最好。

为了得到比较稳定的乳化香精，分散相（油相）的相对密度比饮料糖水的相对密度低 0.02 左右为好。为了增加分散相（油相）的相对密度，则要求增重剂与其他原料的调配比例应得当。目前，在分散相（油相）中常用的增重剂有醋酸异丁酸蔗糖酯、松香酸甘油酯、达玛酸。

（3）水相的黏度

水相黏度对乳化稳定性有一定影响。水相黏度适当增大，不易出现油水分离现象，有利于体系的稳定。但黏度大小与乳化剂、增稠剂的用量有直接关系，不是越黏越好，比例应得当。黏度过大，会使加工困难和使用不便，外观也会受到一定影响。

（4）乳状液粒子电位差（电势差）

在乳化溶液中，连续相（水相）和分散相（油相）相对运动时，其切面与分散相（油相）内部具有一定的电位差（电势差），乳化香精整个体系笼罩在微观的电场中。当电位差数值小于 $-31mV$，并保持在 $-100\sim-80mV$ 之间时，乳化香精体系比较稳定。乳化香精中水的用量占相当大的比例，水质的好坏直接影响阴离子体系的稳定性。硬水中钙、镁、铝、铁等金属阳离子的存在，会直接破坏乳状液体的双电层结构，水中金属离子的价数越高，对阴离子分散体系的稳定性影响也就越大。因此，水质对乳化香精的稳定性影响值得注意。水相通常应采用蒸馏水或去离子水。

（5）HLB 值

HLB 值，即亲水亲油平衡值。HLB 值低，表示亲油性强，亲水性弱；HLB 值高，表示亲水性强，亲油性弱。HLB 值对乳液中粒子表面薄膜形成有直接影响。为了得到稳定的乳剂，一般要求乳化香精的 HLB 值在 8～18 之间为宜，可用乳化剂来调节 HLB 值。

在乳化香精中，有时会用 HLB 值较低的亲油性乳化剂，如丙二醇脂肪酸酯、丙三醇脂肪酸酯、山梨糖醇酐脂肪酸酯等。有时也用 HLB 值高的乙酸异丁酸蔗糖酯（SAIB）。亲水性乳化剂和亲油性乳化剂也可以同时使用，再添加一种或数种增稠剂可获得较稳定的乳化香精。

综上所述，乳化体系稳定最重要的三要素是：两相密度差要小，分散相的液滴要小，连续相的黏度要大。因此，增重剂对两相密度的调节，均质工序对分散相油状香基的剪切以及增稠剂对黏度的调节是控制乳化香精体系稳定性最需要注意的三点内容。

第二节　均质理论

一、均质的基本理论

均质也称匀浆，是使悬浮液（或乳化液）体系中的分散物质微粒化、均匀化的处理过程。对于乳化香精来说，均质就是使油水两相中的油（具体就是指香基）微粒化，均匀地分散在以乳化剂为主的水相中，形成油水充分混合的状态。这种处理同时能起到降低分散物（即油相香基）的尺度和提高分散物分布均匀性的作用，是乳化香精工序中最关键的步骤。

均质是通过均质设备对物料的作用实现的，如高压均质机、超声波乳化器、高速搅拌器、胶体磨等，都有均质功能。这些设备产生均质作用的本质是使料液中的分散物质（包括固体颗粒、液滴和细胞等）受到流体力学上的剪切作用而破碎。但产生这种剪切作用的能量密度因设备的不同有很大的差异。

非均相液态食品香精在连续相中的悬浮稳定性与其粒度大小及分布均匀性密切相关。粒度越小、分布越均匀，乳化体系稳定性越大。

二、均质的作用

由于几乎所有的生物原料（动物、植物组织，微生物细胞等）都是多组分有机结合的固形物，是不溶于水的，所以食品固形物原料往往需要用物理的手段进行分散。粉碎是一种使固形物分散化的重要手段，但是普通的粉碎技术对降低食品固形物粒度的能力有限，一般只能得到几百微米级的粒度，而且粒度分布一般很宽。均质化可使食品的粒度降至显微或亚显微级水平，使粒度的分布变窄。均质化使食品成分微粒化只是获得稳定性的原因之一。均质处理在使分散食物微粒化的过程中，可以及时地使食品成分与周围分散介质中的某些物质接触结合，从而形成更为稳定的体系。

为了制取稳定的分散体系，往往在物料中加入其他助剂，如增重剂、增稠剂、乳化剂等。均质可以使这类物质充分地分散到整个物系内，从而达到预期的稳定效果。

三、常用的均质设备与运行机理

均质是使分散相颗粒度降低、分布均匀化的处理过程。所有均质设备都对均质液体有强有力的机械力或流体力，且作用于液体的能量一般相当集中，这样可使液体受到高能量密度的作用。引入能量的类型和强度必须足以使分散相粒子有效地均匀分散。

按使用能量类型和结构的特点，均质机可分为旋转式和压力式两大类。旋转式均质设备由转子或转子-定子系统构成，它们直接将机械能传递给受处理的介质。胶体磨是典型的旋转式均质设备。此外，搅拌机、乳化磨也属于旋转式均质设备。压力式均质设备使液体介质获得高压能，这种高压能液体在通过均质设备的均质结构时，压能转化为动能，从而获得流体力的作用。最为典型的压力式均质设备是高压均质机，这是所有均质设备中应用最广的一种。此外，超声波乳化器也是一种压力式均质设备。

高压均质机亦称高压均浆泵，有剪切式、桨式、涡轮式、簧片式等不同类型，高压均质机中，互不相溶的物料在高压（5.892kPa）下突然释放，物料平均以每秒几百米的线速度从高压阀喷出，压力瞬间降为 1.964kPa，阀出口处平均线速度约为 150m/s。物料在缝隙停留的时间约为 2.8μs。在这种强烈的能量释放和强大液流冲击下，结合空穴作用、剪切作用，使物料颗粒在瞬间被强烈破碎，形成直径为 1μm 以下的粒子。

高压均质机主要由柱塞式高压泵和均质阀两部分构成。总体上，高压均质机只是比高压泵多了起均质作用的均质阀而已，所以有时也被称为高压均质泵。除了生产能力方面的差异外，高压均质机在结构方面也有差异，主要表现在高压柱塞泵的类型、均质阀的级数以及压强控制方式的不同三个方面。

① 高压柱塞泵　由于单柱塞泵输出的波动性限制，高压柱塞泵多用于实验规模的小型高压均质机中。生产规模的均质机中使用的是多柱塞泵，目前以流量输出较为稳定的三柱塞泵用得最多，也有采用多达六个或七个柱塞的高压柱塞泵，其流量输出更为稳定。

高压均质机的最大工作压强是其重要性能之一，它主要由高压柱塞泵结构及所配备的驱动电机所规定。一般在 7.0～104.0MPa。

② 均质阀　均质阀通常与柱塞泵的输出端相连，是通过调节均质压强对料液进行均质作用的部件。均质阀有单级和双级两种，如图 7.2 所示。单级均质阀只在实验规模的均质机上使用。现代工业用均质机中大多采用双级均质阀。双级均质阀实际上是两个单级均质阀串联而成。流体在均质阀内发生由高压、低流速向低压、高流速的强烈的能量转化，流体进入均质阀并冲向阀芯，通过一个由阀座与阀芯构成的窄小缝隙。在此缝隙中，压强几乎在瞬间降至大气压以下，液体的压能转化为动能，使液体产生空穴作用。自缝隙出来的高速流体最后撞在外面的均质环（也称撞击环）上，使已经碎裂的粒子进一步得到分散作用，这也是高压均质机的均质机理之一（撞击理论）。

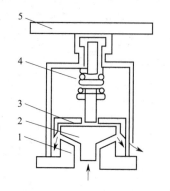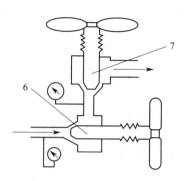

1—阀座；2—阀盘；3—挡板环；4—弹簧；5—调节阀柄；6—第一级阀；7—第二级阀

图 7.2　均质阀的结构

一级均质阀往往仅使乳滴破裂成小滴径的乳滴，但起乳化作用的大分子物质尚未均匀分布在小滴乳液的界面上。这些小滴仍有相互合并成大滴乳的可能，因此，需要经第二道均质阀的进一步处理，才能使大分子乳化物质均匀分布在新形成的两液相的界面上。一般需采用双级均质处理，将总压降的 85%～90% 分配给第一级，而将余下的 10%～15% 的压降分配给第二级。

四、影响均质的因素与均质操作注意点

影响均质效应的因素很多。均质设备的类型、物料的温度和设备的操作条件在一定程度都可影响料液的均质过程。

① 均质设备的类型 均质设备的类型对于均质的效果有很大影响。高压均质机通常被认为是均质效果最好的均质设备。但这种类型的均质设备机通常只适用于处理黏度较低的物料，黏度较高的物料，可以用胶体磨或超声波均质器处理。具体的物料只有选择适当的均质设备，才能获得理想的均质效果。但对于黏度较低的香精生产而言，高压均质机基本能满足大部分乳化香精的均质需求。

② 物料的温度 一般而言，在一定的范围内，均质效应与物料的温度呈正相关性。在多数场合，可以考虑提高进料的温度。但是物料温度的升高受到两方面因素的制约：一是物料的热敏性，二是设备的工作温度上限。很多香精成分，特别是柑橘类香精若要加工成乳化状态，则一定要注意进料温度不可过高，否则香精中大量的热敏性萜烯类成分会因此改变新鲜的风味特征，发生氧化聚合等化学反应，严重影响香精的香味质量。

③ 设备的操作条件 各种均质设备都有调节均质效果的操作参数，如高压均质机的均质压强、胶体磨盘片间的距离、超声波的共振频率范围等都可用来控制均质效果，但是对这些参数向均质效果好的方向调节的代价往往是增加能耗和缩短设备使用寿命。因此，必须根据对料液均质程度的要求，合理控制这些参数。

第三节 乳化香精的组成

乳化香精主要用于软饮料中，一般都属于油/水（水包油）型乳剂。食用乳化香精通常具有乳浊状的外观，但也有少量外观呈澄清状的。概括地说，乳化香精由两相组成，即由水与一些亲水性的物质组成的水相（连续相，外相）和由疏水性的香基组成的油相（分散相，内相）。

一、乳化香精水相的组成

水相，对于乳化香精也称连续相或外相，主要由乳化剂、增稠剂、防腐剂、酸度剂、色素、增香剂和水等组成。

（1）乳化剂

乳化剂具有降低分散相油性粒子（即内相）的表面自由能（表面张力）的作用，使分散相较易在均质工序时被机械碾细，在油粒子表面形成保护膜，防止油粒子之间重新凝集，使油与水分散均匀，形成稳定的、均匀的乳液体系。

乳化香精是一种水包油型乳液，所用的乳化剂应具有水溶性。乳化剂是乳化香精中最重要的组成部分，对于食品用乳化香精而言，出于安全性的考虑，一般采用可食用的天然植物胶，如阿拉伯树胶、黄原胶、变性淀粉、树胶 B（gum-B）和树胶 5（gum-5）。虽然它们的乳化能力相对没那么强，但它们可以增加水相黏度，并能在分散相（油相）液滴的界面形成一层保护膜，抑制液滴在相互碰撞时的凝聚，从而提高乳化香精的稳定性。

另一类乳化剂是非离子型表面活性剂，如聚氧乙烯山梨糖醇酐单硬脂肪酸酯（Tween-60）和聚氧乙烯山梨糖醇酐单油酸酯（Tween-80）以及山梨醇酐脂肪酸酯（Span）等。

① 阿拉伯树胶（Arabic gum）　阿拉伯树胶，亦称阿拉伯胶、金合欢胶。它是由阿拉伯树干伤口的渗出物加工制得，为黄色至浅黄褐色半透明块状物。相对密度为 1.35～1.49。阿拉伯胶易溶于水形成清晰而胶黏的液体。阿拉伯树胶本身也是增稠剂和稳定剂。

② 变性淀粉（denatured starch）　变性淀粉一般分为化学变性（酸化淀粉、氧化淀粉、酯化淀粉、醚化淀粉、降解淀粉、交联淀粉、糊精），物理变性（直链淀粉、预胶凝淀粉）和酶变性（环状糊精）三大类。

③ 山梨醇酐脂肪酸酯（Span）　俗称司盘，在食用乳化香精中应用的山梨醇酐脂肪酸酯，属于水包油型、非离子型乳化剂。常用的有山梨醇酐单硬脂酸酯（Span-60）和山梨醇酐单油酸酯（Span-80）。山梨醇酐单硬脂酸酯（Span-60）为白色至浅黄色蜡状固体，熔点为 51℃，相对密度为 0.98～1.03，溶于热水、油脂和有机溶剂中，HLB 值为 4.7；山梨醇酐单油酸酯（Span-80）为淡褐色油状液体，相对密度 1.00～1.05，溶于热水、热油脂和有机溶剂中，HLB 值为 4.3。

④ 聚氧乙烯山梨糖醇酐脂肪酸酯（Tween）　俗称吐温，在食用乳化香精中应用的聚氧乙烯山梨糖醇酐脂肪酸酯，属于水包油型、非离子型乳化剂。常用的有聚氧乙烯山梨糖醇酐单硬脂肪酸酯（Tween-60），它是一种淡黄色膏状物，相对密度 1.10 左右，溶于水和乙醇等有机溶剂中，不溶于植物油和矿物油中，HLB 值为 14.6。另外常用的还有聚氧乙烯山梨糖醇酐单油酸酯（Tween-80），它是一种淡黄色至橙黄色油状液体，相对密度 1.10 左右，溶于水、乙醇、非挥发油中，不溶于矿物油和石油醚中，HLB 值为 15.0。吐温与司盘合用，在食用乳化香精中的使用效果会更好。

（2）增稠剂

增稠剂在乳化香精中起平衡剂的作用。其目的是适当增加乳状液的黏度，使油粒子之间碰撞机会减少，降低沉降速度，从而使体系更稳定。乳化香精中常用的增稠剂有丙二醇、甘油、果胶、明胶、山梨醇、海藻酸钠、羧甲基淀粉钠（CMS）、羧甲基纤维素钠（CMC-Na）等。

（3）防腐剂

由于天然植物胶中含有糖类物质，且乳化香精大部分是水，本身缺乏防腐的能力，因此容易被细菌污染而致使腐败变质。为此，需加入一定量的防腐剂。对于食品用乳化香精，目前常用的防腐剂有苯甲酸、苯甲酸钠、山梨酸、柠檬酸和山梨酸钾等。

（4）酸度剂

最常用的酸度剂为柠檬酸，它既是 pH 调节剂，又是酸味剂。在可乐型乳化香精中常用的酸度调节剂是磷酸。

（5）色素

食品用乳化香精也可适当加入与其香型适应的水溶性食用色素，使香精的香味逼真感更强，同时使加香后的产品拥有与香型对应的天然食品的色调，引发消费者的购买欲。

（6）增香剂

此处的增香剂并不是指需要进行乳化的香基（油相），而是指为了增添香味而用到的水溶性较好的增香材料。并不是每一个乳化香精中都要加增香剂，当香精有进一步增香需求时才会使用增香剂，常用麦芽酚、乙基麦芽酚。在可乐型乳化香精中往往加入微量的咖啡因。

（7）去离子水/蒸馏水

水相中的水是含量最高的组分，用于溶解上述提到的各类组分，由于水中的金属离子和阴离子对乳化体系稳定性的影响较大，因此，水相中的水通常采用去离子水或蒸馏水。

二、乳化香精油相的组成

乳化香精的油相主要由香基（也可视作香精）、增重剂和抗氧化剂组成。

（1）香基

香基是由可作食品添加剂用的天然香料和合成香料经调配得到的混合物，是一种具有一定香型的混合体，它是决定乳化香精香气味特征的灵魂。由于苹果、香蕉、菠萝、蜜桃、梨、草莓等香型的香基，其所用香料大部分是合成香料，一般用乙醇、丙二醇、甘油等溶剂配成水溶性或油溶性香精即可，一般不用配成乳化香精。乳化香精主要品种是橘子香型、甜橙香型、柠檬香型及可乐香型的香精或香基。例如，柑橘香型的香精或香基是由柑橘类精油和醛、酮、醇、酯类等合成香料调配而成的。香基或香精一般占乳化香精质量的 5%～7%。

香基中所有的香料都必须符合 GB 2760—2014《食品安全国家标准 食品添加剂使用标准》的规定。

（2）增重剂

香基的相对密度一般都小于 0.90，为了使乳化香精中油相的相对密度与水相相对密度接近，要在油相中添加增重剂，否则就会出现水包油失败，即破乳现象。增重剂的相对密度一般都大于 1.00，它可以提高油相的相对密度，使油相和水相的相对密度差缩小，从而提高乳化香精的稳定性。乳化香精两相密度相当是后续均质等工序成功的前提条件，常用的增重剂如下。

① 乙酸异丁酸蔗糖酯（SAIB） 俗称蔗糖酯，化学名称为二乙酸六异丁酸蔗糖酯。相对密度为 1.146。限制用量为 0.4g/L，应用时用 10%柑橘油溶之。常作增重剂和乳化剂。

② 松香酸甘油酯（ester gum） 俗称酯胶。目前市场上有氢化酯胶和非氢化酯胶两种产品。相对密度为 1.0～1.16，不溶于水，微溶于乙醇，溶于苯、甲苯、柑橘类精油、松节油。常作增重剂和乳化剂。

③ 达玛胶（damar gum） 达玛胶是达玛醇和达玛酸的天然树脂的酸性聚合物。相对密度为 1.05～1.08。达玛胶的抗氧化能力强，并显示出良好的浊度。

④ 溴化植物油（BVO） BVO 包括溴化芝麻油、溴化橄榄油、溴化玉米油、溴化棉籽油等。相对密度为 1.33。其优点是相对密度大，用量少。但溴化植物油因含有致癌因素，国外限用，国内禁用。

（3）抗氧化剂 香基中通常含有大量双键的香原料容易受空气氧化而变成酯，添加一定量的抗氧化剂可以起到保护作用，从而延长香精的保质期。在油相中，常用的抗氧化剂有 BHA、BHT、没食子酸丙酯和维生素 E 等。

① 丁基羟基茴香醚（BHA） BHA实际上是3-叔丁基-4-羟基茴香醚和2-叔丁基-4-羟基茴香醚的混合物。它是一种白色至微黄色结晶粉末。不溶于水，易溶于乙醇、丙二醇和油脂。除了具有抗氧化作用外，还有很强的抗微生物的作用。一般用量为0.01%～0.02%。

② 二丁基羟基甲苯（BHT） BHT化学名称为2,6-二叔丁基对甲苯酚。它是一种白色结晶粉末。不溶于水和甘油，溶于油脂及有机溶剂。使用量为0.01%～0.02%。

第四节 乳化香精的生产工艺流程和配方

乳化香精的制备通常按照如下步骤进行：在温热的去离子水中溶解乳化剂、增稠剂、防腐剂，有时还会加入水溶性色素和增香剂。其中，增稠剂大多用糖类物质，乳化剂以前多采用阿拉伯树胶，现多采用变性淀粉。上述物质充分溶解后，加热杀菌作为外相，然后在夹层锅中一边搅拌一边加入内相和外相，混合均匀后，可先通过胶体磨进行预乳化，再经过高压均质机进行二级均质，最后形成乳化香精。乳剂的最佳粒度直径约为1μm，生产工艺流程见图7.3。

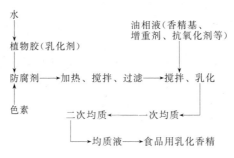

图 7.3 乳化香精生产工艺流程示意图

乳化香精的配方通常按照表7.1所示的结构与剂量拟定（其中香基的调配此处不赘述）。

表 7.1 乳化香精的配方结构与剂量

相	原料	含量/%	相	原料	含量/%
水相	乳化剂	10～20	油相	香基	10～20
	增稠剂	10～20		增重剂	10～20
	防腐剂	0.01～0.1		抗氧化剂	0.01～0.1
	水溶性色素	适量		增浊剂	2～10
	去离子水	40～70			

现介绍几种常见的乳化香精配方实例（表7.2～表7.6），供读者参考。

表 7.2 配方1（柠檬香型乳化香精）

原料	含量/%	原料	含量/%
柠檬香基(香基,油相)	6.5	苯甲酸钠(防腐剂,水相)	1.0
松香酸甘油酯(增重剂,油相)	6.0	柠檬酸(酸度剂,水相)	0.8
BHA(抗氧化剂,油相)	0.02	柠檬黄(水相)	2.0
乳化胶(emul gum)(乳化剂,水相)	3.5	蒸馏水(水相)	加至100

产品质量：黏度35Pa·s，光密度1585，浊度138NTU，平均直径2.1μm（其中0.5～1μm的占65%）。

表 7.3　配方 2（橘子香型乳化香精）

原料	含量/%	原料	含量/%
橘子香基（香基，油相）	6.5	柠檬酸（酸度剂，水相）	适量
松香酸甘油酯（增重剂，油相）	6.0	日落黄（水相）	适量
变性淀粉（乳化剂，水相）	12.0	蒸馏水（水相）	加至 100
苯甲酸钠（防腐剂，水相）	1.0		

产品质量：黏度 35Pa·s，光密度 1235，浊度 97NTU，平均直径 3.07μm（其中 0.5～1μm 的占 85%）。

表 7.4　配方 3（甜橙香型乳化香精 1）

原料	含量/%	原料	含量/%
甜橙香基（香基，油相）	6.5	苯甲酸钠（防腐剂，水相）	1.0
树脂胶（增重剂，油相）	6.0	色素（水相）	适量
BHA（抗氧化剂，油相）	0.02	蒸馏水（水相）	加至 100
乳化胶（emulsion gum）（乳化剂，水相）	3.5		

产品质量：黏度 50Pa·s，光密度 1950，浊度 134NTU，平均直径 1.73μm。

表 7.5　配方 4（甜橙香型乳化香精 2）

原料	含量/%	原料	含量/%
甜橙香基（香基，油相）	1.0	苯甲酸钠（防腐剂，水相）	1.0
甜橙油（香基，油相）	3.5	甘油（增稠剂，水相）	适量
松香酸甘油酯（增重剂，油相）	2.5	柠檬酸（酸度剂，水相）	适量
BHA（抗氧化剂，油相）	适量	蒸馏水（水相）	加至 100
乳化胶（乳化剂，水相）	4.0		

表 7.6　配方 5（甜橙-柑橘香型乳化香精）

原料	含量/%	原料	含量/%
橘子油（香基，油相）	5.4	柠檬酸（酸度剂，水相）	2.7
蔗糖脂肪酸酯（增重剂，油相）	3.6	鲜橙汁（60°Bx，水相）	11.0
阿拉伯树胶（乳化剂，水相）	4.5	蒸馏水（水相）	加至 100
苯甲酸钠（防腐剂，水相）	0.7		

第五节　乳化香精的加香

乳化香精主要用于软饮料，由于食品用乳化香精具有两种效能（赋香和致浊）或三种效能（赋香、致浊和着色），因而，在饮料中使用甚为方便。使用方法是将食品用乳化香精先稀释于适量水中（用量为 0.1%～0.2%），随后再加入糖浆中（可含有适量的食用柠檬酸或磷酸），最后再充水（或充二氧化碳）成饮料。

第六节　乳化香精的检测项目

乳化香精在出厂前必须通过检测，完成卫生指标和稳定性的查验，合格后方可销售。乳化香精的检测项目和要求如下。

① 粒度：≤2μm 并均匀分布。

② 原液稳定不分层。

③ 1000 倍稀释液的稳定性：静置 72h 后无浮油、沉淀现象。

④ 砷（As）含量：≤0.0003％。

⑤ 重金属含量：≤0.001％（以 Pb 计）。

⑥ 细菌总数：最大为 100.0 个/100mL。

⑦ 大肠埃希菌数量：最大为 30.0 个/100mL。

第七节　乳化香精的运输和贮存

乳化香精是一种两相体系，纵然具有良好的稳定性，日久或遇剧烈的温度变化，也会发生两相相离的现象。因此，乳化香精不适宜作长时期的贮存。在正常的贮存条件下，能保持一年不出现分层现象即可。

乳化香精运输时必须严防日晒雨淋，不得和腐蚀性物品、毒品及有强烈气息的物品混合装运，运输温度控制在 4～35℃。乳化香精一般都不易燃烧，在运输过程中可不按危险品处理，比较方便和安全。

乳化香精的贮存期一般为 6～12 个月，存放温度为 5～27℃，贮存条件以满储、密封、避光存放在凉暗处为好，过冷或过热都会导致乳化体系的稳定性下降，最终产生油水分离现象。乳化香精中的某些原料易氧化，开桶后的乳化香精氧化速度加快，应尽快使用完毕。

 拓展阅读

微乳液和双重乳状液

有些柑橘或可乐风味的饮料要求澄清透明，这时需要微乳化的香精（也叫微乳液）。微乳液是两种互不相溶的液体在表面活性剂作用下形成的热力学稳定的、各向同性、外观透明或半透明、粒径为 1～100nm 的分散体系。现在有不少公司在开发微乳液香精，想要占领市场的空缺，市面上以微乳液香精为风味成分的饮料品种较少，主要的问题是还没有找到一种能产生表面张力非常低的、食品级的并且对不同香型和饮料介质适用性较广的表面活性剂。

复合乳状液被认为是液态的微胶囊。复合乳状液也叫多重乳状液，是一种水包油型和油包水型乳状液共存的复杂体系，通常为双重乳化液，即 W/O/W 型和 O/W/O 型，复合乳化香精通过两个界面才能释放，起到了缓释的作用，另外还有保护香精免受反应、掩盖异味的作用，现引起了食品界人士的广泛注意，今后可能有较好发展前景。

第八章

微胶囊香精的制备

第一节 基本概念

香精都具有挥发性，特别是受热后的挥发性会增强，有些香精，若要求在热的环境中具有保香性，或是在运输过程中香气不外逸不走样，或香精与空气接触时变质速度减慢，保存较长时间而不失效，直到使用时才释放香气香味成分时，微胶囊技术是一个好的选择。微胶囊是指一种具有聚合物壁壳的微型容器或包装物。微胶囊造粒技术就是将固体、液体或气体的香精包埋、封存在一种微型胶囊内成为固体微粒产品的技术，这样能够保护被包裹的香精，使之与外界不宜环境隔绝，从而最大限度地保持香精原有的色、香、味及性能。具体来看，微胶囊技术对香精的意义在于：

① 微胶囊化后的香精可保护其特有的香气和香味物质避免直接受光、热和温度的影响而引起的氧化变质。

② 避免有效成分因挥发而损失。

③ 可有效控制香味物质的缓慢释放。

④ 提高贮存、运输和应用的方便性。

⑤ 更好地应用于各种工业等。

总之，如何使香精稳定，使之在适当的时候能准确并持久地释放香气和香味物质是各种胶囊化技术开发的需求根据。将香精微胶囊化的主要目的就是稳定香精、防止香精降解，以及控制香味释放的条件。微胶囊香精技术目前是一种比较新颖、用途广泛且发展迅速的技术。

美国 E. Palnser 曾把微胶囊化的甜橙油在室温下放置一年和两年后进行检测，结果表明甜橙油无明显变化，基本上保持原有的品质。

《食品工艺》曾报道了四种食用微胶囊化的天然精油的稳定性，结果如表 8.1 所示。

表 8.1 四种食用微胶囊化的天然精油的稳定性

包埋的种类	微胶囊直径/μm	放置时长/d	微胶囊中精油的含量/%	
			试验前	试验后
肉桂油	20	730	63.1	59.2
柠檬油	40	730	74.0	67.9
白柠檬油	20	730	60.1	59.9
薄荷油	20	730	58.5	56.3

上述结果充分显示出微胶囊化对香料的保藏和保质具有优越的特性。

微胶囊颗粒的粒度一般都在 $5\sim200\mu m$ 范围内，但在某些应用中，这个范围可以扩大到 $0.25\sim1000\mu m$。当胶囊粒度小于 $5\mu m$ 时，因布朗运动加剧而很难收集；而当粒度超过 $200\mu m$ 时，其表面静电摩擦系数会突然减少，从而失去微胶囊的作用。微胶囊的壁厚度通常在 $0.2\sim10\mu m$ 范围内。

微胶囊的形状一般呈球形、肾形、粒状、块状等。囊壁可以是单层结构，也可以是多层结构，囊壁包埋的核心物质可以是单核的，也可以是多核的。图 8.1 所示为几种微胶囊产品的大致形状。

| 单核 | 多核 | 多核-无定形 | 双壁 | 微胶囊簇 | 复合微胶囊 |

图 8.1 微胶囊产品的大致形状

早在 1932 年英国就开始进行用阿拉伯树胶制取香精胶囊的研制工作。1936 年 Atlantic Coast Fisher 公司提出微胶囊化的专利申请。1954 年美国 National Cash Register 公司实现了微胶囊工业化生产。在微小胶囊中包有香精、辛香料、精油或油树脂的产品，统称为微胶囊香精或微胶囊香料。内包物质含量可达总量的 $50\%\sim90\%$。微胶囊香精热稳定性高，保香期长，储运方便，而且具有逐渐释放香气的功能，可大力开展微胶囊香精的研究开发工作。

第二节　微胶囊香精的应用

随着微胶囊造粒技术的日趋成熟，它在日用品和食品工业中的应用范围也在扩大，各种新的用途被不断地开发出来。某些传统的液体产品，如酒、油脂、酱油等，应用微胶囊技术可使其转变成相应的固体粉末产品。相比于液体产品，这种固体粉末产品在运输和储藏方面更为方便、稳定，应用时还可以对其释放速率进行控制。在方便食品和固体饮料中，这些粉末产品比液体产品更为实用。

一、在食品工业中的应用

食品香精微胶囊化后制成的粉末香精目前已广泛用于糕点、固体饮料、固体汤料、快餐食品以及休闲食品中，能起到减少香气和香味损失、延长留香时间的作用。

① 在焙烤制品中的应用　在焙烤过程的高温、高 pH 值环境中，香精易被破坏或挥发。形成微胶囊后香精的损失大为减少，尤其是一些有特殊刺激味的风味料如羊肉、大蒜的特殊气味可被微胶囊掩盖。如果制成多层壁膜的微胶囊香精，其外层又是非水溶性的，在烘烤的前期，香精受到很好保护，只在高温条件下才破裂并放出香精，这样可减少香精的分解损失。膨化食品是在挤压机中经过 200℃和几个兆帕的高温高压条件下焙烤后突然减压降温，使食物快速膨化、蒸发水分而形成的一种食品。为了减少在这一剧烈变化过程中的香精损

失，也要使用特别设计的微胶囊香精。

② 在糖果食品中的应用　将微胶囊粉末香精应用于糖果产品中，消费者在咀嚼产品的机械破碎动作下使香味立即释放出来。在口香糖的应用中，香味除需要在咀嚼时立即释放之外，还要求能维持一段时间（20～30min），使用含溶剂较少的高浓度微胶囊香精可以解决香味不耐咀嚼的问题。

③ 在汤粉中的应用　在各种固体粉状的汤料调味品中，使用微胶囊形成的固体辛香料，容易运输，香味损失少，而且可以把葱、蒜等的强刺激气味在消费者加热食用前掩盖住。

微胶囊技术在粉末香精生产中的应用，是此项技术在食品工业中已实现工业化生产的大宗用途之一。在全世界食品香精市场中，粉末香精已占很大比例，如在美国市场这个比例就在50%以上。

二、在洗涤剂中的应用

在合成洗涤剂中加入香精，不仅可以保持原有的去污效果，而且可以赋予衣物香味。但是要在洗涤过程中把香精转移到衣物上并不容易，因为香料都是易挥发的物质，特别是用较热的水洗衣服时，更易挥发散失。而衣物在洗涤后的熨烫烘干中，也会造成香精的大量挥发，所以用普通加香洗衣粉，只能使洗后的衣物获得微弱的香气。因此，把香精微胶囊化不仅可以保证香精在洗涤剂贮存期间香气减少挥发散失，也可避免香精与洗涤剂中的其他组分相互作用而失效。在洗涤和烘干熨烫过程中会有一部分微胶囊破裂，而使衣物带上香味。同时仍有相当数量的微胶囊香精未破裂而渗入织物缝隙内部保留下来，在穿着过程中缓慢释放出香气来。

洗涤剂中使用的香精是有香气和能抵消恶臭的物质，在室温下通常呈液态。从化学成分看属于萜烯、醇、醛、酮、醚、酯类有机物，从香味来源看可以是麝香、龙涎香、灵猫香等动物香，也可以是茉莉、玫瑰、紫罗兰等花香，还可以是柑橘、甜橙、柠檬、菠萝、草莓等水果香，或檀香、柏木等木香。还有一些香精本身并不具有特别的香气，但它可以抵消或降低令人不愉快的气味，这些物质也可以加入洗涤剂中同香精一起使用。

微胶囊香精的壁材要求不能被香精溶液所溶解，一般也具有半透性，只有在摩擦过程中才破裂释放出来香气。要使微胶囊香精在洗涤过程中沉积到衣物纤维的缝隙中并在穿着时仍能释放香气，微胶囊粒径最大不得超过 $300\mu m$，一般香精在微胶囊中的质量分数为50%～80%，微胶囊壁厚在 $1\sim 10\mu m$ 之间，以保证在穿着和触摸时微胶囊易于破碎。研究表明，微胶囊香精在不同材料的衣物上附着能力不同，在具有平滑表面的棉、锦纶织物上附着能力低，在粗糙的涤纶针织物表面容易附着。因此，洗涤不同织物时，微胶囊香精用量应有所变化。能够渗入织物内部并牢固附着的微胶囊香精能经得住多次洗涤而不脱落，并能使衣物较长时间保持香气。在粒状合成洗衣粉中，通常是把洗衣粉各种配方加好之后再加入微胶囊香精，而在液体洗涤剂中微胶囊香精是以悬浮状态存在的。

三、在化妆品中的应用

化妆品也大量使用微胶囊香精。香精微胶囊化后，可以减少香精的挥发损失，利用微胶囊的控制缓放作用，化妆品的香气能更加持久。

四、在建筑涂料中的应用

　　建筑涂料希望加了香精涂上墙壁后，香气能保持比较长的时间。一般的香精虽然也有留香比较持久的，但香气品种少而且都较"呆滞"，要让清新爽快的香精留香持久，最好是把它们制成微胶囊香精，再加入涂料中去。

　　微胶囊香精在日用品中的应用是非常广泛的，使用方法和优点也都与其在洗涤剂、化妆品和建筑涂料中大同小异，这里就不枚举了。

五、微胶囊香精的应用优势

　　微胶囊香精能使香精完好地保存至使用前，这种效果是液体香精所不能达到的。表 8.2 是微胶囊香精与液体香精加香的优缺点对比。

表 8.2　微胶囊香精与液体香精加香的优缺点对比

对比项目	微胶囊香精加香	液体香精加香
操作情况	加香操作方便，容易混合均匀	加香操作方便，不容易混合均匀
产品受潮结块情况	不增加加香产品的湿度，产品保持原有粉末状态	增加加香产品的含水量，使产品容易出现结块现象
变色现象	在白色含糖产品中不会变色	在含糖产品中会逐渐变黄
保香时间	由于香成分被封裹在胶囊中，因而抑制了挥发损耗，从而延长了保香时间	香精只能加在表面，暴露于空气中迅速挥发，保持香气时间短促
质量保证	香成分与周围空气隔离，防止了氧化等因素促使香气变坏的可能性，从而大大延长了产品的保质期	香精大面积与空气接触，易被氧化促使香气变质，保质期短

第三节　微胶囊香精的组成和常用材料

　　微胶囊内部装载的物料称为芯材（或囊芯物质），外部包囊的壁膜称为壁材（或称为包囊材料）。微胶囊造粒（微胶囊化）的基本原理是，针对不同的芯材和用途，选用一种或几种复合壁材进行包覆。一般而言，油溶性芯材应采用水溶性壁材，而水溶性芯材必须采用油溶性壁材。

一、微胶囊香精中壁材的常见成分

　　壁材又称为包裹材料、膜材料、成膜材料。对一种微胶囊而言，选择合适的壁材至关重要。不同的壁材在很大程度上决定着产品的物化性质。选择壁材的基本原则是：能与芯材相配伍但不发生化学反应，能满足食品或日化工业的安全卫生要求，同时还应具备适当的渗透性、吸湿性、溶解性和稳定性等。

　　麦芽糊精、改性淀粉、环糊精（CD）、阿拉伯树胶、大豆蛋白质、桃胶、明胶、羧甲基纤维素、邻苯二甲酸纤维素等水溶性天然高分子化合物，均可用作食用微胶囊香精的壁材。聚乙烯醇、聚乙烯吡咯烷酮等水溶性合成高分子化合物，则可用于日用微胶囊香精的壁材。因此，无机材料和有机材料都可以作为微胶囊的壁材，但目前常用的是高分子的有机材料，

包括天然和合成两大类，常用的有以下几种。

① 植物胶　阿拉伯树胶、琼脂、藻酸盐、卡拉胶、桃胶、明胶等。

② 多糖　黄原胶、阿拉伯半乳聚糖、半乳糖甘露聚糖和壳聚糖等。

③ 淀粉　玉米淀粉、马铃薯淀粉、交联改性淀粉和接枝共聚淀粉等。

④ 蛋白质　明胶、玉米蛋白和大豆蛋白等。

⑤ 纤维素　羧甲基纤维素、羧乙基纤维素、二醋酸纤维素、丁基醋酸纤维素等。

⑥ 聚合物　聚乙烯醇、聚苯乙烯、聚丙烯酰胺等。

⑦ 蜡与类脂物　石蜡、蜂蜡、硬脂酸和甘油酸酯等。

二、微胶囊香精中芯材的常见成分

微胶囊的芯材可以是单一的固体、液体或气体物质，也可以是固/液、液/液、固/固或气/液等物质的混合体，对于微胶囊香精而言，芯材就是指各种液体和固体香精，以及所需要添加的抗氧化剂和浑浊剂等。

① 香精　这里的香精指的是需要包埋的物质，就是大家熟知的用天然香料和合成香料经过调配达到一定香型的混合体，微胶囊香精的香气或香味好坏都取决于这一组成。

② 抗氧化剂　对于含有多种易氧化萜烯类香料的香精成分，添加一定量的抗氧化剂可以延缓香精氧化变质的速度，常用的品种有 BHA、BHT 和维生素 E 等。

③ 浑浊剂　某些需要具有浑浊效果的固体果味饮料，其所使用的微胶囊食品固体芯材中就要加入浑浊剂。可使用的浑浊剂品种有酯胶、乙酸异丁酸蔗糖酯等。

这些经过包埋的芯材广泛用于糖果、速溶饮料、方便食品、香烟等产品的加香，微胶囊中的香味成分只有在受热后才会释放出来，因此香味物质等得到了最大程度的保留。在日用香精领域，这些芯材广泛应用于文具、书本、洗衣粉等产品的加香，微胶囊在受到物理挤压后，当中的香精会释放出来，达到"用时放香，平时储香"的目的。

第四节　微胶囊香精中香的释放

一、释放机理

微胶囊中的香精，也就是芯材既可以瞬间释放出来，也可缓慢释放出来。如要使所有的香精瞬间释放出来，可采用机械法（如挤压、揉破、毁形或摩擦等），加热下燃烧或熔化法以及化学方法（如酶的作用、溶剂及水的溶解、萃取等）。在芯材中掺入膨胀剂或应用放电或磁力方法也可使微胶囊中的香气物质即刻释放。而缓慢释放则是在环境中芯材缓慢释放出来，一般不需要外加条件。食用香精经常要求缓慢释放，以提高作用效果。芯材的释放有下面三种机理。

（1）香精通过囊壁膜的扩散释放　这是一种物理过程，香精通过囊壁膜上的微孔、裂缝或者半透膜进行扩散而释放出来。微胶囊遇到水会逐渐吸胀，水由囊壁膜渗入开始溶解香成分，此时出现了囊壁内外的浓度差，水的继续渗入会使香精的溶解液透过半透膜扩散到溶剂中，扩散过程持续进行到囊壁内外浓度达到平衡或整个囊壁溶解为止。

（2）用外压或内压使囊壁膜破裂释放出香精　此类方法也是使香精得以释放的一种有效方法，一般而言，借助各种形式的外力作用使囊壁破裂释放出香精，或在内部靠香精的自身动力使囊膜降解而释放出来。

（3）用水等溶剂浸渍或加热等方法使囊膜降解而释放出香精 如对一些用在像烘烤食品中的微胶囊化香料或酸味剂来说，就是利用在一定温度下囊壁的熔化而释放出芯材来发挥其作用。

二、影响微胶囊香精释放的因素

（1）微胶囊囊芯释放的理想化模式

理想化的模式是将胶囊壁当作一种囊壁厚薄一致，连续均匀成一体，而且在香精释放过程中都保持尺寸大小不变的圆球形状。将这样一种理想化的微胶囊样品浸到含有大量介质水环境中，这时在微胶囊上依次发生三种过程：环境中的水透过胶囊壁材进入胶囊核心，囊芯物质溶解到进入的水中形成水溶液，溶解的囊芯水溶液由胶囊内高浓度区扩散到胶囊外的水相中。按照这种模式，囊芯向外扩散时遇到三种阻力：一是溶剂（水）穿透胶囊壁进入胶囊内所遇阻力，二是囊芯溶解在进入的水中的阻力，三是囊芯水溶液通过胶囊壁材向外扩散所遇阻力。总阻力为这三个阻力之和。一般认为，水穿透胶囊壁和囊芯溶解到水中是较容易的，而囊芯向外扩散所遇的阻力最大。根据反应动力学原理，一个由几步过程串联组成的反应中，总的速率是由各步速率中最慢的一步速率所决定的，因此，囊芯扩散速率取决于囊芯透过囊壁向外扩散的速率。研究香精从胶囊缓释的速率时，只需求出其渗透扩散速率。

（2）囊壁结构对香精释放的影响

① 壁材膜厚度 与理想状况不同，在实际生产中，由于微胶囊种类和制作工艺的不同，制成的微胶囊大小和囊壁的厚度不同。即使同一批产品，其中胶囊的大小及囊壁的厚度也不可能都完全一样；即便同一个微胶囊，在其壁膜的不同部位也有不同的厚度。胶囊壁厚薄的不一致造成了囊体扩散速率的不一致。囊壁厚，则扩散速率慢。

② 囊壁上的孔洞 微胶囊壁并非均匀连续的结构，囊壁上是具有孔洞的，香精可以通过囊壁上的孔洞向外扩散，而且通过孔洞向外扩散的速率要大于通过连续体扩散的速率，因此，孔隙率高的囊壁释放香精的速率快。

③ 壁材变形 在实际环境中，有些微胶囊的壁材会因吸水而溶胀，改变了壁上的孔隙率，甚至吸水膨胀成一种胶状层，阻止了囊芯向外扩散（如明胶）；有的壁材受水相中 pH 值的影响，如邻苯二甲酸醋酸纤维素酯在 pH 值超过 5.5 时，壁材从不溶变为可溶，使囊芯迅速扩散。这些结构变化都会导致囊壁对香精扩散阻力发生变化，影响其扩散速率。

④ 壁材结晶度 固体囊壁中有结晶区和无定形区结构，香精一般不能通过紧密排列的结晶区向外扩散，只能通过无定形区向外扩散，因此，高聚物壁材的结晶度不同会影响香精扩散的阻力，结晶度高的壁材阻力大。

⑤ 壁材性质 壁材种类不同，形成的微胶囊释放速率也不同，在其他条件相同的情况下，部分壁材的释放速率为：明胶＞乙基纤维素＞乙烯-马来酸酐共聚物＞聚酰胺。

明胶可与带负电荷的聚电解质（如果胶、褐藻酸钠、阿拉伯树胶等）凝聚形成微胶囊壁膜，其中明胶与果胶形成的壁膜释放速率较慢，而明胶与褐藻酸钠形成的壁膜释放速率较快。有些微胶囊在制备中使用了交联剂，使胶囊壁硬化，囊芯的香精只能通过交联的网眼向外扩散。因此，交联度越大，对香精扩散的阻力也越大。有些囊壁中混有填料等添加剂，香精只有绕过它们才能扩散出去。如果壁材中加有增塑剂，则囊壁硬度会降低，玻璃化温度下降，而使囊芯的香精易于扩散。

（3）囊芯的物理特性对释放速率的影响

除了壁材的各种因素之外，囊芯中香精本身的物理特性对释放速率也有重要影响。

① 溶解度 囊芯形成的水溶液浓度与胶囊外水相的浓度差是推动香精向外迁移的推动力，对于易溶于水的香精（固体或液体），因很快能在进入的水中溶解，并在核心内达到饱和浓度，它透过壁材向外迁移的推动力很大，不会影响香精释放的总速率，而对于难溶于水的香料，由于其在微胶囊内的溶解度很低，核心内浓度与胶囊外浓度差别小，向外迁移的推动力小，其溶解阻力就可能成为香精向外扩散三种阻力中的主要阻力，即香精在水中的溶解速率成为控制其向外扩散速率的关键因素。

② 扩散系数 一般物质在水介质中的稳态扩散速率遵循菲克第一定律。在单位时间内，物质通过指定平面向低浓度区扩散的质量与这一平面处的浓度梯度及面积成正比。囊芯香精的扩散有水中扩散和膜中扩散两个阶段，而易溶囊芯在水中扩散较快，在壁膜中的扩散速率才是囊芯释放速率的决定因素。

③ 分配系数 囊芯中的香精不仅可以溶解在水相中，还可以溶解在固体胶囊壁材中，因此，囊芯通过壁材膜的释放速率实际上受其在壁膜中溶解度的影响，溶解度大的释放速率也大。囊芯在壁膜中的溶解度可通过其在水相和膜相中的分配系数来估计。

第五节 微胶囊香精的造粒工艺方法

微胶囊的制备方法有多种，根据微胶囊造粒原理的不同，可将造粒方法归为三类。但这种分类方法并未包括目前的所有方法，而且具体方法之间有交叉，因此分类是相对的。物理方法包括喷雾干燥法、喷雾凝冻法、空气悬浮法、真空蒸发沉积法、静电结合法等。物理化学方法包括水相分离法、油相分离法、挤压法、囊芯交换法、熔化分散法、复相乳液法等。化学方法包括界面聚合法、原位聚合法、分子包囊法和辐射包囊法等。

常用于粉末香精香料的微胶囊化技术包括喷雾干燥法、水相分离法、包结络合法、挤压法、锐孔-凝固浴法、原位聚合法等，下面分别加以简单介绍。

一、喷雾干燥法

喷雾是依靠机械力（高压或离心力）的作用，通过雾化器将物料破碎为雾状微粒（其直径约为 $10\sim1000\mu m$），并与干燥介质接触，在接触瞬间进行强烈的热交换与物质交换，使浓缩物料中的水分绝大部分在短时间内被干燥介质带走而完成干燥。喷雾干燥的过程包括浓缩物料微粒加热、表面水分汽化、微粒内部水分向表面扩散以及对干物料的加热，可分为预热、恒速干燥和降速干燥三个阶段。喷雾干燥的特点是干燥过程迅速、干燥温度较低，因此，特别适用于热敏性较强物料的干燥，产品能保持原有的物性。喷雾干燥设备方便调节，改变干燥条件，能适用于不同质量要求产品的干燥。干燥后产品的温度通常都在 $60\sim72℃$。温度是根据颗粒大小与在干燥室中滞留位置及工艺条件而定，如不及时实施冷却，容易引起蛋白质变性，如果囊芯是脂肪，则因脂肪处于超熔点状态，容易使微胶囊破裂，尤其在包装过程中经撞击与摩擦，脂肪容易渗出到表面而使游离脂肪量增多，在保藏阶段易发生氧化。

喷雾干燥是最常用的微胶囊香精制备方法，其基本过程可分为三个阶段，即囊壁材料的溶解、囊芯在囊壁溶液中的乳化和喷雾干燥。在喷雾干燥过程中，芯材物质便被包埋在壁材之内，由芯材和壁材组成的均匀物料被雾化成微小液滴，在干燥室热交换过程中，液滴表面形成一层网状结构的半透膜，其筛网可将分子体积大的芯材滞留在网内，小分子物质（溶剂）由于体积小，可顺利逸出网膜，从而完成包埋，成为粉末状的微胶囊颗粒。这种包埋可以是单核的，也可以是多核的。喷雾干燥过程的连续摄影显示，溶剂先从雾滴表面蒸发，在表面形成固相，逐步扩展形成固体壁膜，壁膜内包含的壁材溶液再进一步干燥。溶剂在透过壁膜蒸发时可使壁膜形成孔洞。溶剂的透过扩散速度对形成孔洞有很大影响。因此，囊壁的硬度、多孔性等性能不仅与使用的壁材性质有关，也与干燥温度有关。

囊壁网径大小的控制可以通过选择不同物质或几种物质混合来实现，因此，喷雾干燥可对不同分子大小的芯材物质进行微胶囊化。

喷雾干燥法常用的溶剂是水。如果使用其他溶剂，则必须控制生产中的阻燃防爆安全以及溶剂的毒性问题。

（1）制备方法

根据芯材和壁材的组成可分为三种情况：把脂溶性囊芯或固体分散在水溶性壁材溶液中形成水包油型乳液，为水溶液型；把水溶性囊芯分散在疏水性有机溶液壁材中形成油包水型乳液，为有机溶液型；以其他方法制成的湿微胶囊浓浆液为囊芯，为囊浆型。由于香精大多是脂溶性较好的有机小分子，因此，香精微胶囊一般属于水溶液型。

① 水溶液型　水溶液型的囊芯脂溶性材料如香精等，壁材则是水溶性聚合物，如明胶、酪蛋白、糊精、阿拉伯树胶、甲基纤维素、羧甲基纤维素、羟乙基纤维素、羟丙基纤维素等。喷雾干燥法制备微胶囊要求壁材溶液黏度较低，因此溶液浓度较低，而且囊芯所占比例也较低，一般很少超过 50%。例如，柠檬油-羧化糊精微胶囊的制备是把水溶性羧基化糊精 150 份溶于 300 份水中形成壁材溶液，再将 37.7 份柠檬油搅拌分散在壁材溶液中，控制进风温度和出风温度分别为 85℃和 38℃进行喷雾干燥而成。

② 有机溶液型　有机溶液型喷雾干燥可使水溶性囊芯微胶囊化。把囊芯水分散到含疏水性壁材的有机溶液中形成油包水乳液后进行喷雾干燥，由于有机溶剂沸点一般比水低，因此干燥温度相对较低。但是，有些有机溶剂有易燃易爆特性，而卤代烃溶剂往往对人毒性较大。为避免事故的发生，在使用醇类等极性溶剂时，常加入水形成混合溶剂以降低其可燃性。例如，制备磺胺-氢化蓖麻油微胶囊时，以氢化蓖麻油的氯仿溶液为壁材，控制在进口、出口温度分别为 90℃和 40℃的条件下进行喷雾干燥，即得到缓释磺胺药物的微胶囊。

③ 囊浆型　有些制备方法得到的微胶囊转变成完全干燥的粉末却是非常困难的，尽管采用了固化处理，但囊壁仍存在黏性并具有溶胀能力，仍然会彼此黏结在一起。将这些固化前的微胶囊浓浆液经过喷雾干燥，则很容易得到粉末状的微胶囊。例如，用明胶-阿拉伯树胶为壁材采用复合凝聚相分离法制备的含油微胶囊，在调节 pH 值形成微胶囊后不进行固化处理，在 pH=4 的条件下直接对微胶囊浆进行喷雾处理，也可使微胶囊壁固化干燥，而且这种方法制得的微胶囊由于没有进行交联固化处理，所以囊壁在温水中可以溶解，并释放出囊芯。因此，这种方法适合制备在温水中可溶的香料微胶囊。

（2）影响喷雾干燥法微胶囊化的主要因素

在喷雾干燥法制造微胶囊的过程中，芯材与壁材的比例、进料的温度与湿度、干燥空气进出口温度等因素都会影响产品的质量。

① 物料的浓度和黏度　物料的浓度指喷雾干燥用液的固形物含量，一般为 30%～60%。在适当的范围内增加壁材含量可以大幅度提高包埋率，因为物料中壁材量增加，液滴在干燥

中的成膜速度增加，低沸点物质损失减少，从而提高了包埋率。但若壁材量过高，黏度太大，包埋率反而下降，这是由于液滴雾化困难，雾化速度下降，物料在未雾化前的停滞时间增长，低沸点物质损失增加；浓度过低，芯材的某些成分易挥发，而且干燥效率不高。通常只要不出现严重的黏结现象，物料浓度越高、黏度越大，越有利于形成稳定的微胶囊体。

② 乳化结构　芯材和壁材必须制成稳定的乳状液，才能使非连续相的芯材均匀分布于由壁材构成的连续相内，形成稳定的微胶囊结构。乳化稳定性的测定方法是：将油、水、壁材混匀后在 10000r/min 下高速剪切分散 3min，形成的乳状液置于具塞量筒中，于 30℃ 恒温水浴中保温 5h，读取游离水层的体积。

$$乳化液稳定性 = \frac{乳化液总含水量(mL) - 游离水量(mL)}{乳化液总含水量(mL)}$$

通常，一种乳化剂只对应一个 HLB 值，单一乳化剂使用效果不如复配使用效果好。乳化剂含量一般在大于 3% 时乳化稳定性好，但乳化剂含量越高黏度也越大，因而影响喷雾效果。如果乳化液制备时壁材本身具有乳化稳定的效果，则乳化液中乳化剂的含量应相应减少。成膜性好的壁材使用比例高，乳化液的稳定性就好，但通常成膜性壁材的吸水性极强，若它们的相对比例过高，可能难以充分吸水，囊壁的网状结构就不能很好地形成，而且会造成喷雾困难。反之，成膜性壁材过少，则乳化液稳定性差，而且无法形成网状结构，产品的包埋效果不良。

③ 干燥温度和速率　虽然干燥室温度较高，但液滴内部的湿球温度远低于热空气温度。较高的进风温度能使液滴表面迅速形成一层半透性膜，防止芯材中挥发性成分损失，且进料的固形物含量越高，这种作用就越强。但温度过高，会使物料呈流体状态，造成黏滞。如果囊芯温度过高，芯材的挥发性增强，可能把微胶囊"胀破"，导致包埋率的下降。另外，干燥速度也影响囊壁上孔径大小，对某些壁材，温度过高会影响囊壁的通透性，还会使产品密度下降，比表面积提高，对产品稳定性不利。

二、水相分离法

相分离法又称凝聚法，水相分离法是其中的方法之一，其基本原理如图 8.2 所示，在分散有囊芯材料的连续相 [图 8.2(a)] 中，利用改变温度，在溶液中加入无机盐、成膜材料的凝聚剂，或其他诱导两种成膜材料间相互结合的方法，使壁材溶液产生相分离，形成两个新相，使原来的两相体系转变成三相体系 [图 8.2(b)]，含壁材浓度高的新相称为凝聚胶体相，含壁材浓度低的称为稀释胶体相。凝聚胶体相可以自由流动，并能够稳定地逐步环绕在囊芯微粒周围 [图 8.2(c)]，最后形成微胶囊的壁膜 [图 8.2(d)]。壁膜形成后，还需要通过加热、交联或去除溶剂来进一步固化 [图 8.2(e)]，收集的产品用适当的溶剂洗涤，再通过喷雾干燥或流化床等干燥方法，使之成为可以自由流动的颗粒状产品。

水相分离法有复合凝聚法和单凝聚法两种。前者是由两种带相反电荷的胶体彼此中和而引起的相分离，后者是由非电解质引起的相分离。由于水相分离法微胶囊化是在水溶液中进行的，因此芯材必须是非水溶性的固体粉末或疏水性液体。

（1）复合凝聚法

复合凝聚法使用两种带有相反电荷的水溶性高分子物质为成膜材料。两种胶体溶液混合时，由于电荷互相中和而从溶胶状态转变为凝胶状态，即产生了相分离，分离出的两相分别为凝聚胶体相和稀释胶体相，凝聚胶体相即成为微胶囊的囊壁。明胶-阿拉伯树胶凝聚法

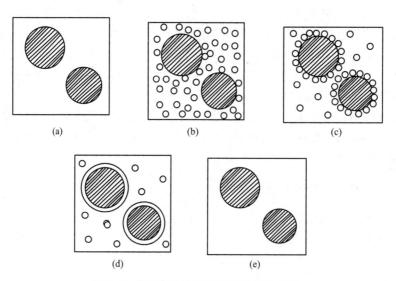

图 8.2 凝聚相分离法制备微胶囊的过程

（G-A 法）是最典型例子。明胶是水溶性蛋白质，有酸制明胶和碱制明胶两种组成，酸制明胶的等电点在 7～9，碱制明胶的等电点在 4.7～5.3，复合凝聚法一般使用碱制明胶。在阿拉伯树胶分子中仅含有羧基，因此其水溶液仅带有负电荷，不受 pH 值的影响。在稀的明胶与阿拉伯树胶的水溶液中，当 pH 值高于明胶的等电点时，明胶和阿拉伯树胶均为聚阴离子，彼此不发生反应；若 pH 值低于明胶等电点，明胶变成聚阳离子，会与聚阴离子的阿拉伯树胶相互作用，结果导致凝聚相的形成。

　　一定浓度的明胶水溶液体系在改变环境条件时会发生溶胶、凝胶之间的状态转换。当溶液浓度高于 1%，温度为 0～5℃时，体系为高黏度的凝胶，温度高于 35℃时，体系为低黏度的溶胶；当溶液中浓度低于 1%时，即使较大程度改变条件也未见到凝胶化作用。正是这些特性使明胶成为微胶囊的良好壁材。

　　以明胶-阿拉伯树胶混合胶体溶液制备复合凝聚相必须满足以下四个条件：

　　① 在配制的胶体溶液中，明胶、阿拉伯树胶的浓度不能过高。当两种物质的浓度均在 3%以下时，得到的凝胶产率较高。

　　② 适当的 pH 值是保证带正、负电荷的高分子电解质发生凝聚的必要条件。溶液的 pH 值在 4.5 以下可以保证不同制法的明胶在溶液中为带正电荷的粒子，而阿拉伯树胶在这种 pH 值下仍为带负电粒子。因此，一般凝聚使用的 pH 值为 4.0～4.5。

　　③ 反应体系温度要高于明胶水溶液胶凝点，而明胶溶液的胶凝区间在 0～5℃，为保证复合凝聚相的产生，反应体系温度通常保持在 40℃左右。

　　④ 反应体系中的无机盐含量要低于盐析效应临界值。但通常混合体系中盐含量较低，不影响凝聚相的产生，主要因素是前三个条件。

　　具体操作工艺为：将 10%明胶水溶液保持温度在 40℃、pH＝7，把油性香精在搅拌条件下加入，得到一个将香精分散成所需颗粒大小的水包油分散体系。继续保持温度在 40℃，搅拌并加入等量 10%阿拉伯树胶水溶液混合，搅拌滴加 10%浓度的醋酸溶液直至混合体系的 pH 值为 4.0，此时溶胶黏度逐渐增加，变得不透明。结果使原来的水包油两相体系转变成凝聚相，在油性香精周围聚集并形成包覆。当凝聚相形成后，使混合物体系离开水浴自然冷却至室温，再用冰水浴使体系降温至 10℃，保持 1h，然后进行固化处理。把悬浮液体系冷却到 0～5℃，并加入 10% NaOH 水溶液，使悬浮液变成 pH＝9～11（呈碱性），加入 36% 甲醛溶液，搅拌 10min，并以 1℃/30min 的速度，升温至 50℃ 使凝聚相完成固化，过滤、干燥，即得到微胶囊香精。

（2）单凝聚法

单凝聚法与复合凝聚法的差异在于单凝聚法的水相中只含有一种可凝聚的高分子材料，这种高分子可能是高分子电解质，也可能是高分子非电解质。单凝聚的方法是向高分子溶液中投入凝聚剂，破坏高分子与水的结合，使高分子在水中失去稳定性，发生浓缩和聚沉。能使水溶性高分子发生凝聚的作用有盐析作用、等电点沉淀、凝聚剂非水化等。由于使用单凝聚体系时控制微胶囊颗粒大小较为困难，因此应用不如复合凝聚法普遍。

用聚乙烯醇包覆形成有半透性的香精微胶囊的制备工艺可将油性香精搅拌分散在聚乙烯醇胶体溶液中形成分散乳化体系，在此乳化体系中加入羧甲基纤维素溶液，由于羧甲基纤维素亲水性比聚乙烯醇更强，聚乙烯醇分子的水化膜被破坏而形成不溶于水的凝胶，并在香精油滴表面凝聚成膜。当加入的羧甲基纤维素与溶液中的聚乙烯醇质量比例在 40:（4～6）范围时，得到大小均匀、颗粒细、膜壁强度适中的微胶囊。为增加膜的力学强度，可用醛类固化剂进行闪联硬化处理，甲醛用量以膜重的 3% 为宜。固化过度会使膜壁封闭太强，无法释放香气。为得到颗粒小、均匀的微胶囊，在形成香精聚乙烯醇溶液为分散体系时，加入占体系总质量 0.6% 的香精乳化剂。可用不同的香精乳化剂与各种香精配伍。在聚乙烯醇壁固化处理液中加入少量无机盐，可使体系黏度降低，使聚乙烯壁膜固化反应更易进行。

据说以这种方法制备的各种微胶囊香精用于纺织品上，在纯棉和毛织物这些对微胶囊黏附好的织物上留香时间可达一年。化纤织物由于表面空隙小，黏附微胶囊小，亲和力低，留香时间在半年左右。经多次洗涤仍可保持一定香气。但此法也有一定的缺点，如甲醛的气味难以完全去除，影响香气。

三、包结络合法

包结络合法是近年来应用较广的制备微胶囊的物理方法，它是用 β-环糊精作微胶囊包覆材料，在分子水平上形成微胶囊。β-环糊精从外形上看像一个内空去顶的锥形体，有疏水性内腔，有人形容像一个炸面圈，环有较强的刚性，中间有一空心洞穴，这个空心洞穴有疏水亲脂效应，可利用其疏水作用以及空间体积匹配效应，与具有适当大小、形状和疏水性的分子通过非共价键的相互作用形成稳定的包合物，对于香料、色素及维生素等，在分子大小适合时都可与环糊精形成包合物。形成包合物的反应一般只能在水存在时进行，当 β-环糊精溶于水时，其环形中心空洞部分也被水分子占据，当加入非极性外来分子（如香精）时，由于疏水性的空洞更易与非极性的外来分子结合，这些水分子很快被外来分子置换，形成比较稳定的包合物。

利用 β-环糊精为壁材包结络合形成微胶囊的方法比较简便，通常有三种方式。

① 在 β-环糊精水溶液中反应。一般在 70℃ 下配制浓度 15% 的 β-环糊精水溶液，然后把囊芯加入水溶液中，在搅拌过程中逐渐降温冷却，使包结形成的微胶囊慢慢从溶液中沉淀析出，经过滤、干燥，得到微胶囊粉末。

② 直接与 β-环糊精浆液混合。把囊芯材料加入固体 β-环糊精中，加水调成糊状，搅拌均匀后干燥粉碎。

③ 将囊芯蒸气通入 β-环糊精水溶液中使之反应，也可形成微胶囊。

用 β-环糊精包结络合形成的微胶囊，可使囊芯与外界环境隔绝，防止紫外线、氧气等外界因素的破坏，也可减少囊芯挥发的损失，并可使香料释放速度减慢，起到控制释放的作用。形成的微胶囊有吸湿性低的优点，在相对湿度为 85% 的环境中吸水率不到 14%，因此微胶囊粉末不易吸潮结块，可以长期保存。一般囊芯含量占微胶囊总质量的 6%～15%，在温湿条件下可以释放。β-环糊精本身为天然产品，具有无毒、可生物降解的优点，不足之处是原料价格较高，因而制备微胶囊的成本较高。

四、挤压法

挤压法是生产粉末化香料的一种较新胶囊化法，其特点是整个工艺的关键步骤基本上在低温条件下进行，而且能在人为控制的纯溶剂中进行，因此产品质量较好。目前已问世了一百多种采用挤压法生产的粉末香料，产品品质均优于其他制备方法的产品。尽管成本较高，但在对香料品质有特别要求的场合下，还是有很好的市场和发展需求。其生产工艺流程如图8.3 所示。

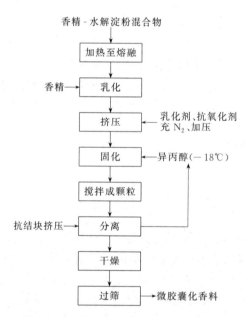

图 8.3　挤压法生产微胶囊香精工艺流程

五、锐孔-凝固浴法

把褐藻酸钠水溶液用滴管或注射器一滴滴加入氯化钙溶液中时，液滴表面就会凝固形成一个个胶囊，这就是一种最简单的锐孔-凝固浴法操作。滴管或注射器是一种锐孔装置，而氯化钙溶液是一种凝固浴。锐孔-凝固浴法一般是以可溶性高聚物作原料包覆香精，而在凝固浴中固化形成微胶囊的。

用 1.6% 褐藻酸钠、3.5% 聚乙烯醇、0.5% 明胶、5% 甘油等水溶液作微胶囊壁材，凝固浴使用 15% 浓度的氯化钙水溶液。用锐孔装置以褐藻酸钠包覆香精滴入氯化钙凝固浴时，在液滴表面形成一层致密、有光滑表面、有弹性但不溶于水的褐藻酸钙薄膜。

采用锐孔-凝固浴法可把成膜材料包覆香精的过程与壁材的固化过程分开进行，有利于控制微胶囊的大小和壁膜的厚度。

六、原位聚合法

把 488.5g 36％浓度的甲醛溶液与 240g 尿素混合，加入三乙醇胺调节 pH＝8，并加热至 70℃，保温下反应 1h 得到黏稠的液体，然后用 1000mL 水稀释，形成稳定的尿素-甲醛预聚体溶液。

把油溶性香精加到上述尿素-甲醛预聚体溶液中，并充分搅拌分散成极细微粒状，加入盐酸调节 pH 在 1～5 范围，在酸催化作用下缩聚形成坚固不易渗透的微胶囊。

控制溶液 pH 值很重要，当溶液 pH 值高于 4 时，形成的微胶囊不够坚固，易被渗透；而当 pH 在 1.5 以下时，由于酸性过强，囊壁形成过快，质量不易控制。如要获得直径在 2.5μm 以下的微小胶囊，加酸调节 pH 的速度要慢，比如在 1h 内分 3 次加酸，同时要配合高速搅拌。而在碱性条件下，同样可得到尿素-甲醛预聚体制成的微胶囊，pH 控制在 7.5～11 范围，反应时间为 0.25～3h，温度控制在 50～80℃。温度高，反应时间则可缩短。

当缩聚反应进行 1h 后，适当升温至 60～90℃，有利于微胶囊壁形成完整，但注意温度不能超过香精和预聚体溶液的沸点。一般反应时间控制在 1～3h，实践证明，反应时间延长至 6h 以上并没有显著的改进效果。

用尿素-甲醛预聚体进行聚合形成的微胶囊有惊人的韧性和抗渗透性。这种方法制得的微胶囊有别的制法无可比拟的良好密封性。缺点是甲醛的气味难以全部消除干净，香精整体香气会受影响，因此现在很少用于微胶囊香精的制作。

第六节　微胶囊香精的生产

一、工艺流程

微胶囊香精的生产方法常用的有三种，分别是喷雾干燥法、蔗糖共结晶法和凝聚法。

目前香精的微胶囊化生产最普遍的工艺方法是喷雾干燥，因此微胶囊矫香剂的工艺路线主要为水相与油相的乳化和喷雾干燥两步，其工艺流程大致如图 8.4 所示。

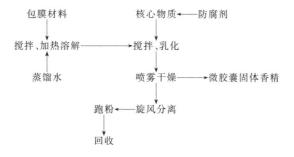

图 8.4　喷雾干燥法制备微胶囊香精工艺流程

蔗糖共结晶法生产微胶囊的工艺流程如图 8.5 所示。

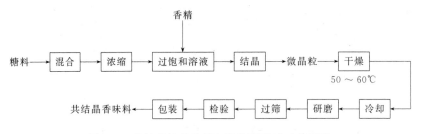

图 8.5 蔗糖共结晶法制备微胶囊香精工艺流程

凝聚法生产微胶囊的工艺流程如图 8.6 所示。

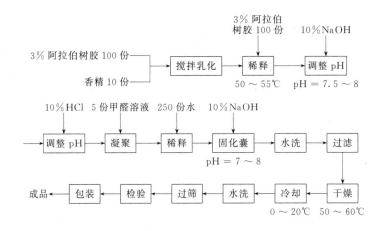

图 8.6 凝聚法制备微胶囊香精工艺流程

二、生产设备

按照工艺路线的要求，下列一些主要设备是必须配备的。

(1) 浆料制品和乳化设备　可以采用配备有搅拌功能的不锈钢或携瓷的夹套锅乳化设备，并配备高速搅拌器或均质搅拌器，使油、水相能均匀混合，油相粒子粒径能达到 $5\mu m$ 左右。

(2) 喷雾干燥系统设备　包括高压泵、空气过滤设备、空气加热设备、喷雾干燥塔和旋风分离器。除高压泵与喷雾干燥塔的喷雾头相连接外，其余各设备通过两台风机及风道加以连接。

三、工艺实例

喷雾干燥法是粉末香料最常用的微胶囊化方法，具有方法简单、操作方便、生产成本低等优点，可使用的壁材有明胶、卡拉胶、阿拉伯胶、改性淀粉和 β-环糊精等。例如采用喷雾干燥法生产肉桂醛微胶囊，可以采用如下方法：以阿拉伯胶和麦芽糊精为壁材，两者的质量比为 1∶1；单甘酯为乳化剂，用量为 0.4%；固形物质量分数为 40%；芯材与壁材的配比为 1mL/10g。最佳喷雾干燥条件为：进风温度 225℃，出风温度 82℃。

若仅仅使用 β-环糊精，则属于分子包囊法与喷雾干燥法的结合，其生产工艺流程如图 8.7 所示。

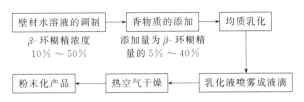

图 8.7 分子包囊法与喷雾干燥法的结合生产微胶囊香精

实验表明，壁材水溶液的固形物浓度越高，则香精的胶囊化率越高；固形物的最大浓度受限于进料管道和泵所能操作的范围，通常控制在50％范围内。另外，与壁材相配的芯材数量应控制在10％～20％的范围内，这样胶囊化的效果最好。

一些天然香料与β-环糊精微胶囊化的过程中，香精油所占的比例分别为：香兰素6.2％、莳萝籽油6.9％、柠檬油8.7％、肉桂油8.7％、薄荷油9.7％、大蒜油10.2％和芥子油10.9％等。

在水相分离法中，粉末香精仅是单一的油滴被壁材所包囊，因此得到的每一个粉末颗粒仅含有一个微胶囊。而在喷雾干燥法中，每一个粉末颗粒中可以包含多个微胶囊。但相比于喷雾干燥法，用水相分离法（复合凝聚法）生产的粉末香料质量更好一些，表现在胶囊的结构更结实且无外表残留油的现象。例如，用水相分离法制备粉末化白兰地香精的工艺流程如图8.8所示。

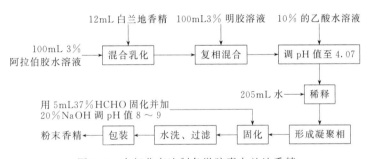

图 8.8 水相分离法制备微胶囊白兰地香精

经微胶囊化后的粉末香精，不仅提高了产品的稳定性，而且极大地拓宽了香料的使用范围。如在焙烤食品中添加肉桂醛可改善产品的风味，但肉桂醛会抑制酵母的生长繁殖，从而给应用带来困难。如果将肉桂醛微胶囊化后，即可圆满地解决上述矛盾。又如，在口香糖生产中，如果使用微胶囊化的薄荷油，这种香料油只有与唾液接触时溶化了外包囊物质后才释放，因此能持久浓厚地保留香味成分。在生产糖果巧克力时使用粉末香精，有助于防止加工过程中香味成分的损失，同时提高产品香味的持久性。

第七节　微胶囊香精的质量控制项目

为了使微胶囊固体香精的质量稳定，可以通过制定下列几项指标来控制。

① 色状　色状是一项外观的控制指标，可以将生产样品与标准样品在适当的光线下用眼观察进行对比。

② 香气和（或）香味　这是一项重要的感官性能指标，需要熟悉香气和香味的有经验的人员来评辨。测试的方法是对生产样品与标准样品两者的稀释液进行感官的评香和（或）

评味。

③ 吸光度　这是一项控制浊度的指标，对某些具有浑浊性能的微胶囊食品用固体香精，可以用规定浓度的香精稀释液用分光光度计在规定的条件下进行测试，吸光度指标通常都有一个范围。

④ 颗粒度　这是一项控制固体香精颗粒直径大小的指标，也应有一个范围，并标明符合该范围的颗粒在固体香精中占有的最低含量，可用生物显微镜结合测微目镜测试。

⑤ 含水量　含水量过高的固体香精会形成黏结，失去疏松自由流动的状态，给使用者带来困难。可利用甲苯-水的共沸特性，以水分测定器测定。

⑥ 自由流动性　这是一项与含水量有关的指标，可以通过把固体香精置于经充分干燥的有塞玻璃瓶中加以翻腾，应无黏壁现象。

⑦ 卫生指标　这是一项保证食用微胶囊香精安全性的指标。包括重金属（以铅计）、砷含量、细菌总数、大肠埃希菌群等。

第八节　微胶囊香精的贮存和运输

微胶囊食品用固体香精可用聚乙烯塑料袋包装，挤出固体上面的空气后进行封口，再装在纸板桶中，存放在凉爽干燥的场所，运输时应防止日晒雨淋。

微胶囊香精一般都不易燃烧，在储存和运输中都可以不按易燃危险品处理，比较安全方便。

第九章

酶解香精的制备

  酶是一种具有生物催化活性的蛋白质,是一种生物催化剂。它具有催化反应条件温和、作用高度专一及催化效率高的特性。酶的最大优势在于其立体选择性,以及在可利用"天然"底物的情况下产生"天然"香味的能力。

  酶解型香精,即通过酶(一般常用脂肪酶和蛋白酶)水解催化得到的香味料,通常是混合物。常见的酶解型香精通常集中于对奶制品和肉类制品的酶解,通过酶解可以产生小分子的香味成分,这些成分香气和香味天然柔和。加入酶解物的香精香味表现力比纯粹使用合成香料调配的香精要强很多,一些酶的水解产物也是制备热反应香精的优良原料。接下来就介绍在食用香精酶解香味料制备的过程中,经常使用的两类酶制剂——脂肪酶和蛋白酶及其水解香味料的制备过程。

  除此之外,很多不同种类的酶(例如氧化还原酶、裂解酶和糖苷酶等等)还可以应用于生物单体香料的制造。但和蛋白质和脂肪的酶解物相比,这些通过生物技术得到的有机天然香料无法被作为香精看待,它们依旧以单体香料的形式参与香精的配制。而蛋白质酶解物和乳脂水解物可看作是对天然香味的一种"提炼",这种物质经过合成香料的稍加修饰和调制,就可以成为香味逼真的食用香精,蛋白质水解液还是重要的热反应香精的制备原料。因此,本章内容仅介绍蛋白酶和脂肪酶在制备香精中担任的角色。

第一节　蛋白质水解物

  食用蛋白酶法研究是一门相对独立的研究领域。迄今为止,蛋白质酶法水解物在香料、医药、宇航食品、饮料、调味品以及整个食品工业等许多方面都获得了应用。

  蛋白质酶解物也是一类风味优良的香料。常用的品种有各类肉类的酶解物和豆类水解物。常用于鱼、猪肉、烤牛肉、焖羊肉和土豆香精中。由于蛋白质水解产物包含多种自由形式的氨基酸,这些氨基酸有助于产生肉类或烘烤的香味,所以水解产物是香精研发的一种重要的底物。水解植物蛋白为香精制造商研发反应型香精提供了廉价的氨基酸来源。

一、酶解机理

  蛋白质的酶解是一种能极有效地改善蛋白质特性的方式。蛋白酶作用于蛋白质的肽键,使蛋白质逐渐降解为多肽、二肽直至游离的氨基酸。一般来说，蛋白质降解后能提高其可溶性。此外，其乳化能力、起泡能力、凝胶作用和亲水性也深受水解作用的影响。水解还会影响蛋白质的味道（包括通过水解获得良好的风味和香气）。通常水解后的蛋白质营养价值会提高，并且更容易消化吸收。

在整个水解过程中，水解速度不断变化。水解速度开始时最高，其后随着时间的延长，将逐步下降，至不再有肽键供酶作用进行时，反应就会停止。能否达到最高水解度，取决于蛋白质的天然本性及所用酶的特性。

过去，主要作为水解底物的是大豆蛋白，用它来补充蛋白质供应量的不足。现在，人们不仅继续研究大豆蛋白水解的过程，而且对开发新的水解资源也付出了努力，不断有新的产品问世，如牛肉、猪肉水解物，鱼、虾类蛋白水解物，棉籽蛋白、菜籽蛋白、叶蛋白的提取物，单细胞蛋白的水解物或提取物。蛋白水解物由多肽和多种氨基酸构成，具有明显的鲜味，常被用来作为反应香料的基本原料。

二、蛋白酶的种类和影响因素

（1）蛋白酶的分类

蛋白酶（protease）是水解肽键的一类酶。蛋白质在蛋白酶作用下依次被水解成胨、多肽、肽，最后成为蛋白质的组成单位——氨基酸。有些蛋白酶还可水解多肽的酯键或酰胺键。在有机溶剂中，有些蛋白酶具有合成肽类和转移肽类的作用。蛋白酶的种类很多，按其作用方式可分为内肽酶（又称内切蛋白酶、氨肽酶）和外肽酶（又称外切蛋白酶、羧肽酶）两大类。内肽酶可从蛋白质或多肽的内部切开肽键生成分子量较小的胨和多肽，是真正的蛋白酶，而外肽酶则只能从蛋白质或多肽分子的氨基或羧基末端水解肽键而游离出氨基酸。一般应用于食物蛋白时用内切蛋白酶，如果配合使用外切蛋白酶，可以达到彻底水解的效果。内切蛋白酶对肽键两端的氨基酸有较高的专一性，同时由于疏水键的产生，可能会有苦味产生。外切蛋白酶从 C-端或 N-端把氨基酸逐个切下。由于蛋白酶的专一性非常复杂，很难根据它们的专一性进行分类，实际上常按酶的来源分类。蛋白酶根据其来源可以分为动物蛋白酶（如胰蛋白酶、胃蛋白酶），植物蛋白酶（如木瓜蛋白酶、无花果蛋白酶），微生物蛋白酶〔如诺和诺德生物技术公司（Novo Nordisk Bioindustrials）的复合风味蛋白酶（flavourzyme）、碱性蛋白酶（alcalase）和复合蛋白酶（protamex）等〕。其中，复合风味蛋白酶可用于从脱脂大豆粉获得肉味加工香料。对香味提取物稀释分析证实，在酶促水解的和热水解的蛋白质中存在烤肉香味的关键香味化合物，如麦芽酚、呋喃酮、甲硫醇和呋喃硫醇衍生物。

微生物蛋白酶又常根据其作用最适 pH 值分类而分为碱性蛋白酶、中性蛋白酶、酸性蛋白酶等。胃蛋白酶、胰蛋白酶、木瓜蛋白酶都属内切蛋白酶。胰蛋白酶在碱性条件下，适合水解 C-端连着核氨酸-精氨酸之间的肽键。胰蛋白酶与碱性蛋白酶有相似的作用机理；木瓜蛋白酶有较广泛的水解能力，对肽键两端氨基酸种类不做严格的规定；胃蛋白酶要求肽键两端连有疏水基团。复合蛋白酶和复合风味蛋白酶则包括了多种外切酶和内切酶，水解时，两种酶各尽所能，协同作用。

可以看出，这样笼统的分类不能反映出蛋白酶的特征与本质。因而学术上蛋白酶的分类都采用国际生物化学联合会命名委员会的建议，根据活性中心来分类。根据酶对专一性抑制剂的反应而将蛋白酶分为四类。

① 丝氨酸蛋白酶　活性中心在丝氨酸，可被有机磷二异丙基磷酰氟（DEP）抑制而不可逆地失活，这类酶全是内肽酶，最适反应 pH 值为 8～10。属此类的酶包括胰蛋白酶、糜蛋白酶、弹性蛋白酶、枯草杆菌（地衣芽孢杆菌）碱性蛋白酶等。丝氨酸蛋白酶一般为碱性。

② 巯基蛋白酶　活性中心含巯基（—SH），可被还原剂如半胱氨酸等活化，巯基易与金属离子结合而引起酶不同程度的失活，巯基也易受到氧化剂、烷化剂的作用而失活。酶的最适 pH 值在中性附近，植物蛋白酶如木瓜、无花果、菠萝、剑麻蛋白酶，微生物中的酵母、链球菌、梭状芽孢杆菌、金黄色葡萄球菌中性蛋白酶均属此类。

③ 金属蛋白酶　金属蛋白酶以其活性中心含 Ca^{2+}、Zn^{2+} 等金属离子而得名。活性中心的金属离子可用金属螯合剂乙二胺四乙酸（EDTA）或邻菲罗啉（OP）来引起酶的可逆性失活，向失活的酶中重新加入有效金属离子，酶活性会得以恢复。通常，氰化物、汞、铅、铜等重金属对酶有抑制作用。属于这类的蛋白酶有微生物中性蛋白酶、胰羧肽酶 A、某些氨肽酶等。

④ 羧基蛋白酶　许多最适 pH 值为 2～4 的酸性蛋白酶皆属此类。其活性中心含天门冬氨酸等酸性氨基酸残基，活性中心的氨基酸可受到重氮试剂二重氮-DL-乙酸正亮氨酸甲酯（DAN）、对溴苯甲基溴（p-BPB）的化学修饰而发生不可逆失活。胃蛋白酶以及黑曲霉、青霉、根霉的酸性蛋白酶皆属此类。如胃蛋白酶，作用的催化部位为天门冬氨酸的羧基，最适 pH 值为酸性。

酶作为一种生物催化剂，其作用条件比较温和，与酸水解和碱水解相比，其对氨基酸的破坏性小。在水解过程中，可选用的酶有多种，如常用的胰蛋白酶、胃蛋白酶、凝乳酶、复合风味蛋白酶、曲霉蛋白酶、金属蛋白酶、耐热蛋白酶、碱性蛋白酶、中性蛋白酶、酸性蛋白酶、丝氨酸蛋白酶、木瓜蛋白酶、菠萝蛋白酶等。

（2）影响蛋白酶作用的因素

① C-端和 N-端两侧的基团属性　酶水解蛋白质有很强的专一性，要求 C-端和 N-端两侧的基团符合一定的条件。如胰蛋白酶水解蛋白质，要求肽键的 C-端为精氨酸或赖氨酸。胃蛋白酶则要求肽键的 N-端连有苯丙氨酰基。

② 氨基酸的构型　一般酶作用时，要求被水解的蛋白质含有 L-氨基酸。有实验表明，当这些酶作用于 D-氨基酸时则失去活性。

③ 蛋白质的长度　有些酶对蛋白质的长度也有要求。

④水解时的温度和 pH 值以及酶与底物的浓度比等也起很重要的作用　为提高水解速度，水解时应选择最佳温度和 pH 值。

除以上几点外，蛋白酶本身的结构和活性部位也对水解产生很重要的影响。

（3）蛋白酶的特征及参数

不同蛋白酶作用的最佳时间、温度、pH 值及最适底物各不相同。不同的酶对同一底物作用所能达到的水解度也不相同。表 9.1 罗列了几种常见蛋白酶的最适使用条件，供读者参考。

蛋白质的酶水解必须有蛋白酶的参与，所以蛋白酶的选用十分重要。不同的蛋白酶的水解效果不同，所得的产品性质也不同，有时为了得到最佳效果，利用不同蛋白酶的不同水解作用特点，而使用混合蛋白酶。

表 9.1 几种蛋白酶的最适使用条件

蛋白酶名称	酶来源	最适 pH 值	温度/℃	最适添加量/（g/kg）	专一性
木瓜蛋白酶	木瓜	5～7	6	10	Lys-, Arg-, Phe-X-COOH
胃蛋白酶	小牛胃、猪胃	1～4	45	0.05	芳香族-COOH 和-NH₂, Leu, Asp, Glu-COOH
胰蛋白酶Ⅰ	胰脏	7～9	45	0.05	Lys-, Arg-, Phe-, Tyr-, Trp-COOH
中性蛋白酶	枯草杆菌	6～8	40	5～10	Leu-, Phe-NH₂, 疏水基-COOH
碱性蛋白酶	地衣状菌素	6～10	55	4～10	疏水基-COOH
复合风味蛋白酶	米曲霉菌种	5～7	50	3～4	广泛的专一性
复合蛋白酶	多种酶	5.5～7.5	35～60	2～3	广泛的专一性

三、水解参数的影响

① 酶与底物比（E/S） 用酶与底物比作为水解参数比用酶浓度作为水解参数更为合理。底物浓度（S）是指底物蛋白占总反应混合物的质量分数。这是因为水解过程中，底物浓度处于饱和状态，所以单位时间水解度的增长依赖于酶与底物的浓度比。另外，用酶与底物比作参数可以评价不同酶作用于蛋白质时的成本。酶与底物比可以简单地用质量比来表示，但更为广泛使用的是每千克底物中含有的酶活力单位的量。

② 水解物的 pH 值 当 pH 值适宜酶水解蛋白质时，水解速度较快，而偏离最适宜范围时，水解速度减慢。在刚开始时，应调节底物到适宜的 pH 值范围，水解过程中 pH 值不断变化，应不断调节 pH 值。如果 pH 值在不低于 3.2～5 或不高于 7.2～8 时，也可以用 pH-Stat 仪（pH 恒定仪）来保持 pH 值的稳定。在不同的 pH 值时，生成产物的种类也不同。

③ 水解温度（T） 随着温度的升高，水解速度加快。温度升高到某一点时，水解速度达到最大值，温度继续升高，酶将逐步失去活性，最后完全失去活性，不再起水解作用，也是根据这一特点，达到灭酶的效果。在水解过程中应始终保持在最适宜的温度。

四、水解理化指标的测定

① 样品蛋白质含量的测定 微量凯氏定氮法：样品经浓硫酸加热消化、脱水，有机物炭化生成碳，碳把硫酸还原为二氧化硫，而自身氧化为二氧化碳，二氧化硫把氮还原为氨，而自身氧化为三氧化硫。反应中生成的水及二氧化硫逸去，而氨与硫酸结合生成硫酸铵盐。在溶液中，碱性条件下用水蒸气蒸馏法将硫酸铵中的氨蒸出，用硼酸吸收后，用盐酸标准溶液滴定。蛋白质含量的计算如下：

$$Pro = \frac{(V-V_0)C \times 0.014 \times 6.25}{W} \times 100\%$$

式中，Pro 为样品蛋白质含量，%；$V-V_0$ 为滴定硼酸吸收液的盐酸标准液耗用体积，mL；C 为盐酸标准溶液浓度，mol/L；W 为样品质量，g；0.014 为氮的摩尔质量，g/mmol；6.25 为氮的蛋白质转换系数。

则：

$$T_N = \frac{(V-V_0)C \times 0.014}{W} \times 100\%$$

式中，T_N 为样品的总氨浓度。

② 酶活力的测定　一个酶活力单位的定义是：1g 固体酶粉（或 1mL 液体酶）在最佳 pH 值和最适温度条件下，1min 内水解酪素产生 $1\mu g$ 酪氨酸。福林法测定酶活力的原理是：蛋白酶在一定的温度与 pH 值条件下水解酪素底物，产生含有酚基的氨基酸（如酪氨酸、色氨酸等），在碱性条件下将福林试剂还原而产生钼蓝与钨蓝，用分光光度法测定，计算其酶活力。计算如下：

$$X = \frac{4}{10}AKn$$

式中，X 为样品的酶活力，U/g 或 U/mL；A 为样品平行试验的平均吸光度；K 为吸光常数；4 为反应试剂总体积，mL；10 为反应时间，min；n 为稀释倍数。

③ 固形物含量的测定　折光法测定，用阿贝折射仪来测定。

④ 氨态氮测定　甲醛法：氨基酸分子中含有酸性基团羧基，有含有碱性基团氨基，加入甲醛固定氨基后溶液显酸性，用氢氧化钠标准溶液可滴定其含量。计算如下：

$$A_N = \frac{(V' - V_0')C' \times 0.014}{W'} \times 100\%$$

式中，A_N 为样品中氨基酸态氮的浓度；V' 为氢氧化钠标准溶液滴定样品的耗用量，mL；V_0' 为氢氧化钠标准溶液滴定空白样所耗用的量，mL；C' 为氢氧化钠标准溶液浓度，mol/L；W' 为样液总体积或样品质量，mL 或 g。

⑤ 水解度的测定　水解度是指水解肽键数占肽键总数的含量（%），是蛋白质水解液的一个关键参数。水解度可以衡量蛋白质水解成游离氨基酸的程度，即氨基酸断裂的个数，从而证明酶催化作用的大小。水解度的测定方法很多，通过 TCA（在一定条件下，氮可以溶于三氯乙酸，可以跟踪水解度）测定冰点的下降，来测定渗透压的上升；通过邻苯二甲醛（OPA）或 2,4,6-三硝基苯磺酸（TNBS）的方法测定游离氨基；通过 pH 值自动恒定器滴定法测定所产生的游离氨基基团。通过测定溶解相中干物质的含量，即白利糖度（Brix），亦能很容易地跟踪和掌握蛋白质的水解情况。除以上方法外，还有利用甲醛滴定法测定游离氨基态氮，从而计算水解度。水解度（DH）表示为：

$$DH = \frac{h}{h_{tot}} \times 100\%$$

式中，h 为在水解过程中肽键断裂数，mmol/g；h_{tot} 为给定蛋白质中总的肽键数，由蛋白质中氨基酸的组成决定，mmol/g。

$$h_{tot} = \frac{Pro}{110}$$

式中，Pro 为样品的蛋白质含量，%；110 为氨基酸平均分子量。

则

$$DH = \frac{n - n_0}{h_{tot}} \times 100\%$$

测定水解度常采用甲醛法（同氨态氮测定）。计算如下：

$$DH = \frac{A_N}{T_N} = \frac{(V' - V_0')C'}{(V - V_0)C} \times \frac{W}{W'} \times 100\%$$

五、常见的蛋白水解香味料制备实例

① 大豆蛋白水解物的生产　将豆粕调整到 pH 值为 8.0，即碱性蛋白酶适宜的作用范围，升温至蛋白酶适宜的作用温度（一般为 45～55℃），酶解作用比较缓慢，酶解时间一般在 30～360min。此时水解度可达 20%～30%，再加盐酸中和，加热灭酶，灭酶后离心分离，上清液在 85℃加热 30min 灭菌，再经活性炭脱色、过滤、浓缩、干燥等工序制成粉末状产品。

② 鸡肉酶解物的生产　实例 1：将 30kg 冷却的鸡肉用绞肉机（直径 6mm）绞两次，将其绞细、混合，将得到的蛋白质含量为 14.6% 的生肉放入一个可调温的搅拌器中，加入 30kg 饮用水，搅拌至悬浮，加入 1440 单位的胃蛋白酶后，缓慢搅拌悬浮的鸡肉并加热至 42℃的水解温度。前水解过程中用盐酸调整溶液 pH 值为 3.5～4.5，酶水解 2h，然后在 pH 值为 1.5～2.5 的条件下进行主水解，时间为 16h。在主水解完成时 pH 值为 2.5，肉蛋白质沉淀物被除去，并除去水解液表面的脂肪（4.8kg）。后水解过程中用碳酸氢钠碱液将酶水解物中和至 pH 值为 4.0，在 42℃下缓慢搅拌，继续水解 1h。反应沉淀物先被中和至 pH 值为 4.7，后中和至 pH 值为 5.3，并在上述的 pH 值下各保持 1h。将水解物加热 5min 至 80℃，使酶失活，然后滤去水解沉淀物。达到 pH 值为 5.8 时，将水解物聚集并真空干燥，便得到 5.6kg 干燥肉精。

实例 2：将鸡肉在绞肉机中绞成肉糜，取出 49.9 份，再按比例加入 50 份水。然后在 50℃水温中加 0.05 份的复合蛋白酶搅拌，1h 后加入 0.05 份的风味蛋白酶，搅拌 1h，pH 值为 6。酶解结束后在 100℃沸水中进行灭活，时间为 5min。

③ 牛肉酶解物的生产　将牛肉在绞肉机中搅成肉糜，取出 49.9 份，再按比例加入 50 份水。在 60℃水温中，加入 0.05 份的复合蛋白酶，搅拌 1h 后，加入 0.05 份的风味蛋白酶，搅拌 1h。酶解结束后，在 100℃沸水中进行灭活（灭酶），时间为 5min。

④ 猪肉酶解物的生产　将猪肉在绞肉机中搅成肉糜，取出 49.95 份，再按比例加入 49.95 份水。在 60℃水温中，加入 0.01 份的木瓜蛋白酶后搅拌 2h。酶解结束后在 100℃沸水中灭活（灭酶），时间为 5min。

⑤ 虾肉酶解物的生产　将虾肉在绞肉机中绞成肉浆（如果是虾粉可直接使用），取出 25 份再按比例加入 25 份的水。在 55℃水温中，加入 0.5 份的木瓜蛋白酶和 0.5 份的风味蛋白酶，搅拌反应 2h。酶解结束后在 90℃环境中灭活，时间为 5min。

第二节　脂肪水解物

乳制品中的各种成分并不与乳制品的风味直接关联。但乳制品中的蛋白质、乳糖和乳脂经过化学反应、酶促反应和微生物发酵作用可产生风味物质，它们是产生风味化合物的重要来源。不同来源的乳制品中，蛋白质、乳糖和脂肪含量不同，尤其是脂肪甘油三酯的化学组成不同，经降解后产生的风味化合物种类和数量上的差异就形成乳制品的不同风味。牛乳中的内源脂肪酶对乳制品的风味有重要作用，风味强烈的奶酪产品，离不开游离脂肪酸的作用。以合适的外源脂肪酶和蛋白酶对干酪、天然奶油进行酶解，甘油脂肪酸在不同阶段水解成各种低分子饱和及不饱和脂肪酸、酮类、内酯类，得到的奶味香基的风味强度比原来的奶酪有显著提高。依照此原理，奶类香精中常常会用到各类乳制品的酶解物增添奶制品的特征

香味，经脂解得到的乳脂肪产物可以用作类似奶油/黄油的风味剂，适量添加可增加干酪和黄油的香味。

一、酶解机理

脂肪酶（lipase）是用小牛、羊羔的胃组织，或动物的胰腺净化后用水抽提而得。也可由黑曲菌变种（*Aspergillus niger* var.）、米曲菌变种（*Aspergillus oryzqe* var.）或假囊酵母（*Eremothecium ashbyi*）等培养后，将发酵液过滤，用50%饱和硫酸铵溶液盐化，用丙酮分段沉淀，再经透析、结晶而成。脂肪酶一般水解甘油三酯的α-位、α'-位的速度快，β-位的速度较慢。最适pH值为7～9。一般脂肪酸的链越长，则pH值越高。

对于香精制备，一般常用脂肪酶水解乳脂肪，得到酶解物香味料以增强奶类香精的香味品质。乳脂肪不同于其他动植物脂肪，它含有20多种脂肪酸，而其他动植物脂肪酸仅含有5～7种脂肪酸。在这些脂肪酸中，低碳脂肪酸（C_{14}以下）挥发酸性脂肪酸多达14%，其中水溶性脂肪酸（丁酸、乙酸、辛酸）达8%左右，其他油脂中只含1%。这些挥发性脂肪酸熔点低、易挥发，能赋予脂肪特有的香味，是牛奶香气物质的重要来源，也是其作为酶解物成为香精配方中重要原料的原因。乳脂肪的主要成分是饱和脂肪酸甘油三酯（约占55%）、不饱和脂肪酸甘油三酯（约占43%）、酮酸甘油三酯（约占1%）、羟酸甘油三酯（约占1%）。乳脂和黄油乳化后，用来自动物胰脏、假丝酵母或假单胞菌的脂肪酶一起混合，保温水解一定时间，这些脂肪酸甘油三酯在脂肪酶的作用下水解生成各种脂肪酸，其中丁酸、己酸、辛酸、癸酸最多，现已知道，$C_4 \sim C_{10}$的脂肪酸与香味有关，它们具有较高的香气贡献度，是构成乳香的主要因素。丁酸产生奶风味，己酸产生奶酪风味。酮酸在进一步反应中生成各种甲基酮类，主要有甲基戊酮、甲基庚酮、甲基壬酮、甲基十一酮等。羟酸生成各种δ-内酯、γ-内酯，其中δ-辛内酯、δ-十二内酯等偶碳内酯最为重要。虽然这些甲基酮类和γ-内酯、δ-内酯含量不高，但对形成奶香的贡献度却很大。其主要反应如下：

$$甘油三酯＋水 \xrightarrow{\text{脂肪酶}} 脂肪酸＋甘油$$

$$\beta\text{-酮酸甘油三酯} \xrightarrow{\text{脂肪酶}} \beta\text{-酮酸} \longrightarrow 甲基酮$$

$$羟酸甘油三酯 \longrightarrow 羟酸 \longrightarrow \delta\text{-内酯类}$$

从以上反应式可看出，乳脂肪经脂肪酶作用后生成奶香味的主要成分有：酸类化合物、羰基化合物和酯类化合物，脂肪酶还可使脂肪酸和醇合成酯，尤其是酪酸和乙醇形成的酪酸酯能增香。但同时也产生了不良嗅感形成的条件，如水解时生成大量低级脂肪酸，尤其是丁酸具有酸败味。故实验时控制水解的时间和条件，使生成的脂肪酸在香味允许值内非常重要。

二、脂肪酶的影响因素

① 温度　温度是影响催化作用的最重要因素之一。在一定条件下，每种酶都有一个最适作用的温度。在此温度下，酶活力最高，作用效果最好，酶也较稳定，酶催化反应的速度增加，酶活力的热变性损失达到平衡，这个温度便是酶作用的最适温度。每种酶还有一个活性稳定的温度，在此温度下在一定的时间、pH值和酶浓度下，酶较稳定，不发生或极少发生活力下降，这一温度称为酶的稳定温度。超过稳定温度进行作用，酶会急剧失活。酶的这

种热灵敏性，可用临界失效温度 T_c 表示，它是指酶在 1h 丧失一半活力的温度。所以，一般只有在酶的有效温度范围内，才能进行有效的催化作用，温度每升高 10℃，酶反应速度增加 1～2 倍。温度对酶作用的影响还与其受热的时间有关，反应时间延长，酶的最适温度会降低。另外，酶反应的底物浓度、缓冲液种类、激活剂和酶的纯度等因素，也会使酶的最适温度和稳定温度有所变化。

② pH 值　pH 值能改变酶蛋白和底物分子的解离状态。每种酶仅在较窄的 pH 值范围内才表现出较高的活力，该 pH 值即是酶作用的最适 pH 值。一般来说，酶在最适 pH 值时表现最稳定，因此酶作用的 pH 值也就是其稳定的 pH 值。酶反应 pH 值过高或过低，酶都会受到不可逆的破坏，其稳定性、活力下降，甚至失活。不同酶的最适 pH 值范围不同，偏酸性、中性、偏碱性的都有。酶作用 pH 值也是一定条件下测得的参数。温度或底物不同，酶作用的最适 pH 值不同，温度越高，酶作用的稳定 pH 值范围越窄。因此，在酶催化反应过程中须严格控制反应的 pH 值。

③ 底物浓度和酶浓度　底物浓度是决定酶催化反应速度的主要因素，在一定的温度、pH 值及酶浓度的条件下，底物浓度很低时，酶的催化反应速度随底物浓度的增加而迅速加快，两者成正比。随着底物浓度的增加，反应速度减缓，不再按正比例升高。底物浓度 S 和酶催化反应速度 V 之间的关系，一般可用米氏方程式表示。有时底物浓度很高，还会因底物抑制作用造成酶反应速度下降。当底物浓度大大超过酶浓度时，酶催化反应速度一般与酶浓度成正比。此外，如果酶浓度太低，酶有时会失效，使反应无法进行。在食品加工中所进行的酶催化反应，虽然酶用量一般比底物量少许多，但也要考虑酶的成本因素。

④ 酶激活剂　许多物质具有保护和增加酶活性的作用，或者能促使无活性的酶转变成有活性的酶，这些物质统称为酶激活剂。酶激活剂可分为三类：第一类是无机离子，如 Na^+、K^+、Ca^{2+}、Mg^{2+}、Cu^{2+}、Co^{2+}、Zn^{2+} 等阳离子及 Cl^-、NO_3^-、PO_4^{3-}、SO_4^{2-} 等阴离子；第二类是分子较小的有机物，主要是 B 族维生素及其衍生物；第三类是具有蛋白质性质的高分子物质。酶激活剂对酶催化反应速度的影响与底物浓度相似，但在实际生产中应用很少。

⑤ 抑制剂　许多物质可以减弱、抑制，甚至破坏酶的作用，这些物质称为酶的抑制剂。如重金属离子、一氧化碳、硫化氢、有机阳离子、乙二胺四乙酸二钠等。实际生产中，要了解和避免抑制剂对酶催化作用的影响。

三、常见的脂肪水解香味料制备实例

经过酶的催化，乳脂可水解为一个由脂肪酸、酮酸、醇、醛、酮组成的混合物，这种产物可以作为奶香的香味料，用于香精的调配，改善乳类香精的香味表现力。以下举一种乳类酶解物制备过程的实例供读者参考。

将 0.05%～2% 德氏根霉脂肪酶加入鲜牛奶中，40℃ 保温 2～5h，加热灭酶后喷雾干燥，可使所制奶粉的黄油香味更浓；如果制酸奶酪时，开始加入 10000U/g 德氏根霉脂肪酶 0.065%～0.5%，可加快发酵速度 33%，除去臭味和微浊物，增加黄油香味，因而增进奶酪风味。脂肪酶还可用于奶油增香，方法是先将奶油在水浴夹层锅中加热至 90℃ 以上 1～2h，稍冷，除去上层凝固蛋白质和下层奶水，即得酥油。然后用 2% 小苏打溶液溶解酶粉成 4% 的酶液，要求活力在 300U 以上。然后加入酥油量 5% 的透析液，即进行均质，温度不超过 30℃。然后在 5～10℃ 下冷却 12h，再在 20℃ 下保温酶解作用 120h，待酸度达中和后，每克奶油中加入 0.05mol/L 氢氧化钠溶液 8~10mL，将奶油取出，再加热到 90℃，保持约 1h，使酶失去活力，除去下层酶液，用三层纱布过滤，即得增香奶油制品。酶解增香后的乳脂产生很强烈的香味。实践证明，黄油增香后用于巧克力、冰淇淋、糖果、饼干中总的奶油量可节约 25%~75%，一般仍能保持原产品的奶油香味，而且可保存储藏一年以上。

乳脂经脂肪酶作用后生成奶油香味的主要成分，从而达到酶解增香的目的。酶解增香后的黄油可用于奶糖、糕点等食品中。用黄油酶解物作为基础原料，适当加以修饰、调整制成的黄油香精已被广泛应用于人造奶油、曲奇饼干、糖果及西点中加香，替代了进口的该类香精。将白脱酶解物与乳化工艺相结合制成的乳化鲜奶、乳化炼奶香精，目前已被广大食品界技术人员所青睐，其纯正天然的甜牛奶香味能起到与天然乳制品相同的效果，添加在冰淇淋、雪糕中能提高产品档次，降低成本，改善产品风味。用稀奶油酶解物作基础原料，通过物理方法进行调和和修饰制成的牛奶香精在市场上已大获成功，该香精在豆奶中添加 0.1% 便能起到压制豆腥、强化奶香的作用。酶法奶类香料的研制成功及规模生产推动了我国乳类产品加香技术的发展。目前，该类香料已被广泛应用于乳饮料、果奶、豆奶、烘焙食品、冰淇淋、雪糕香精中，产生了极好的经济效益和社会效益。

四、脂肪水解物在食用香精中的应用

乳脂经脂肪酶作用后生成奶油香味的主要成分，从而达到酶解增香的目的。酶解增香后的黄油可用于奶糖、糕点等食品中。用黄油酶解物作为基础原料，适当加以修饰、调整制成的白脱香精已被广泛应用于人造奶油、曲奇饼干、糖果及西点中加香，替代了从西方国家进口的该类香精。将黄油酶解物与乳化工艺相结合制成的乳化鲜奶、乳化炼奶香精，目前已被广大食品界技术人员所认识，其纯正天然的甜牛奶香味能起到以假乱真的效果，添加在冰淇淋中能提高产品档次、降低成本、改善产品风味。用稀奶油酶解物作基础原料，通过物理方法进行调和和修饰制成的牛奶香精在市场上的应用已大获成功，该香精在豆奶中添加 0.1% 便能起到压制豆腥、强化奶香的作用。

酶法奶类香味料的研制成功及规模生产推动了我国乳类产品加香的发展。目前，该类香精已被广泛应用于乳饮料、果奶、豆奶、烘焙食品、冰淇淋中，产生了极好的经济效益。

第十章

热反应香精的制备

1912 年法国化学家 Louis Maillard 发现，当甘氨酸和葡萄糖的混合液在一起加热时，会形成褐色的所谓类黑色素（melanoidin），这种热反应后来被称为美拉德反应（Maillard 反应）。除氨基酸盐外，它还包括其他氨基化合物和羰基化合物间的类似反应。它广泛存在于食品加工（如烘、烤、炒、炸、煮）和食品长期贮存中。许多经过加工的食品中的香味都是由这个反应产生的，它是熟食中得到香味化合物的重要途径之一，对食品香味的形成影响巨大。食品在加热过程中所发生的美拉德反应包括氧化、脱羧、缩合和环化反应，可产生各种香味特征的香味物质，如含氧、含氮和含硫杂环化合物，包括氧杂环的呋喃类、氮杂环的吡嗪类、含硫杂环的噻吩和噻唑类，同时也生成硫化氢和氨。

美拉德反应不仅改变食品的颜色和香味，还可能产生有毒物质，如咪唑等。此外，美拉德反应产物有抗氧化性的特征，这也是熟食香味的主要来源之一。随着分析技术的成熟和有效性的日益提高，作为特殊食物香味来源的美拉德反应研究已成为近年来的热门课题，这一反应已在针对许多不同的还原糖的氨基酸的模拟系统中得到验证，香精行业借鉴美拉德反应的过程，以制备香味更加天然逼真的食用香精，并用热反应香精（也称热反应型香精）来归类那些经过烹调或加热处理而形成的调味品，已成为不可扭转的趋势。热反应香精在国际上被认为属于天然香料的范畴，是一种混合物，或是以一定的原料，在反应条件下生成的产品，具有某些食品的特征香气和香味。世界上的许多组织，包括监管机构，已采纳这种分类方法来定义那些通过加热各种材料而产生其他物质特征香味的风味料，IOFI 对热反应香精（process flavor 或 reaction flavor）的定义是：热反应香精是一种由食品原料和（或）允许在食品或反应香精中添加的原料加热制备的产物。

利用美拉德反应制备热反应香精为食用香精的生产提供了一条新的途径，它可以弥补用调香，即香原料配制的方法得到的香精在仿真度和香味细腻度上的不足。目前，通过热反应可以制备肉类、海鲜类、家禽类、焦糖、蛋黄、咖啡和坚果类食用香精，可以有效填补香原料调配而无法高度模拟的香型。

第一节　热反应的理论知识

一、美拉德反应的机理

美拉德反应自被发现以来，由于其在食品、医药领域中的重要影响，引起了各国化学家的兴趣。但由于食品的组分太复杂，要完全弄清楚美拉德反应的机理，仍是一件难事。为了研究美拉德反应的机理，人们通常以几个原料，如某种氨基酸和糖类进行模拟反应，再研究反应的产物组成及生成途径。但至今人们只是对该反应产生低分子量物质的化学过程比较清楚，而对该反应产生的高分子聚合物的研究尚无定论。近三十年来，一些微量和超微量分析技术应用于食品化学领域的研究之中，如气相色谱、高压液相色谱、核磁共振谱、质谱以及气相色谱-质谱联用、气相色谱红外光谱联用等，使美拉德反应化学方面的研究得到了极大发展。另外，食品化学家近年来将动力学模型引入对美拉德反应的研究中，运用这种方法的优点在于不需要考虑美拉德反应复杂的反应过程，而只需要研究反应物、产物的质量平衡以及特征中间体的生成与损失来建立动力学模型，从而预测反应的速率控制点。

总之，热反应（即美拉德反应，下同）反应机理极为复杂，至今尚未全部研究透彻，但已经发现存在于食品中的氨基酸和还原糖等是产生香味物质的前体（即美拉德反应的原料），经过加热可产生多组分的不同香味物质，如肉味、坚果味、蛋黄味等。近二十年来，香料工业中已利用这种反应制取香味料（称热反应香味料），并被视为天然香料用于食品加工中。

1953 年，食品化学家 Hodge 解释了包括美拉德反应在内的一系列反应，如今，他的想法仍是对该反应的基本特征理解的基础。

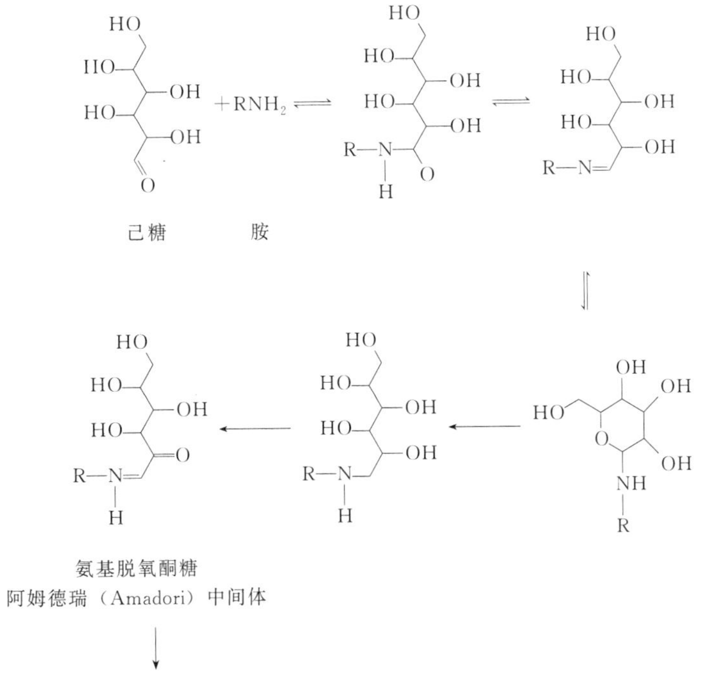

己糖　　　　　胺

氨基脱氧酮糖
阿姆德瑞（Amadori）中间体

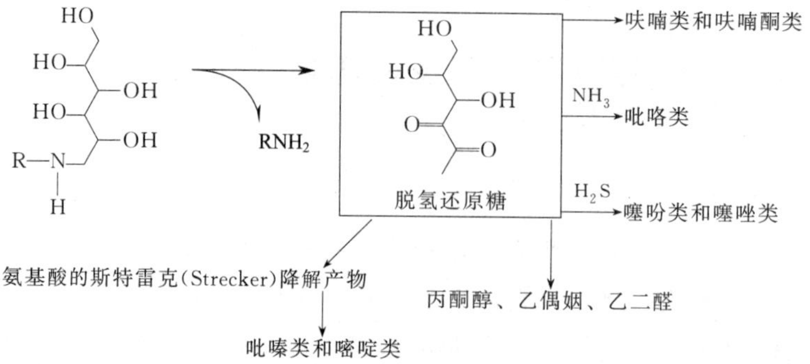

他认为美拉德反应主要分为三个阶段。在起始阶段，醛糖与氨基化合物进行缩合反应形成席夫碱（Schiff base），再经环化形成相应的 N-取代醛糖基胺，然后又经 Amadori 重排形成 Amadori 化合物（1-氨基-1-脱氧-2-酮糖）。在中级阶段，Amadori 化合物主要通过三条路线进行反应：第一条是在酸性条件下进行的 1,2-烯醇化反应，生成羟甲基呋喃醛；第二条是在碱性条件下进行的 2,3-烯醇化反应，产生还原酮类及脱氧还原酮类；第三条是继续进行裂解反应，形成含羰基或双羰基化合物，以进行最后阶段的反应，或与氨基进行 Strecker 分解反应，产生 Strecker 醛类。终极阶段的反应较为复杂，主要挥发性产物包括呋喃硫醇类、噻吩硫醇类、烷基噻吩类、酰基噻吩类、噻吩酮类、硫杂环己酮类、硫杂环戊酮类、双环噻吩类、噻唑类、吡嗪类、噁唑类、脂肪族硫醇类等，总共包括约 130 多种挥发性产物。具体解读如下。

（1）初始阶段

初始阶段是指 N-葡萄糖基胺的生成和随后的重排，即包括羰氨缩合和分子重排两种作用。

① 羰氨缩合　还原糖与氨基化合物反应经历了羰氨缩合和分子重排两个过程。首先，体系中游离氨基与游离羰基缩合生成不稳定的亚胺衍生物——席夫碱，它很不稳定，随即环化为 N-葡萄糖基胺。羰氨缩合作用是可逆的，在稀酸条件下，羰氨缩合的产物极易水解。羰氨缩合过程中游离的氨基极少，反应体系的 pH 值下降，所以在碱性条件有利于羰氨反应。

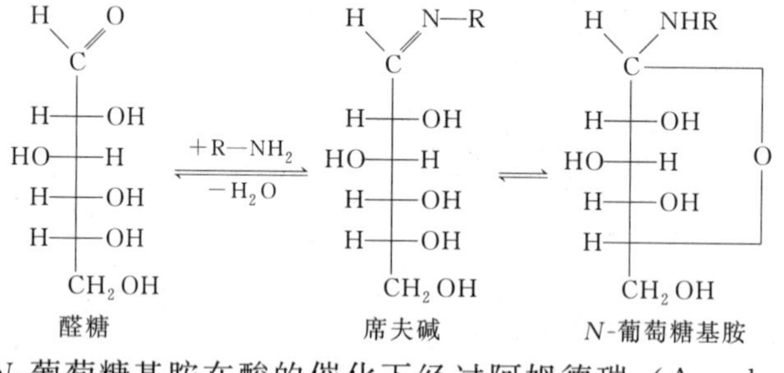

② 分子重排　N-葡萄糖基胺在酸的催化下经过阿姆德瑞（Amadori）分子重排，生成果糖基胺（1-氨基-1-脱氧-2-酮糖）。初级反应产物不会引起食品色泽和香味的变化，但其产物是不挥发性香味物质的前体成分。

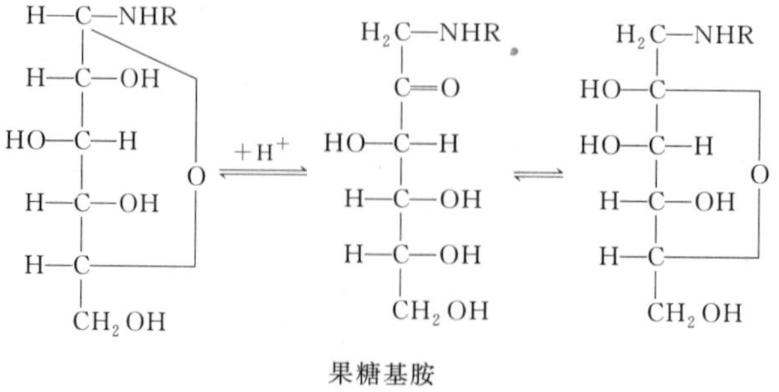

果糖基胺

（2）中级阶段

中级阶段是指脱氧生成呋喃衍生物、还原酮和其他羰基化合物，此阶段反应可以通过以下三条途径进行。

① 果糖基胺脱水生成羟甲基糠醛（HMF）的路线　酸性条件下，果糖基胺进行 1，2-烯醇化反应，再经过脱水、脱氨，最后生成羟甲基糠醛。羟甲基糠醛的积累与褐变速度密切相关，羟甲基糠醛积累后不久就可发生褐变反应。因此，可以用分光光度计测定羟甲基糠醛积累情况，作为预测褐变速度的指标。

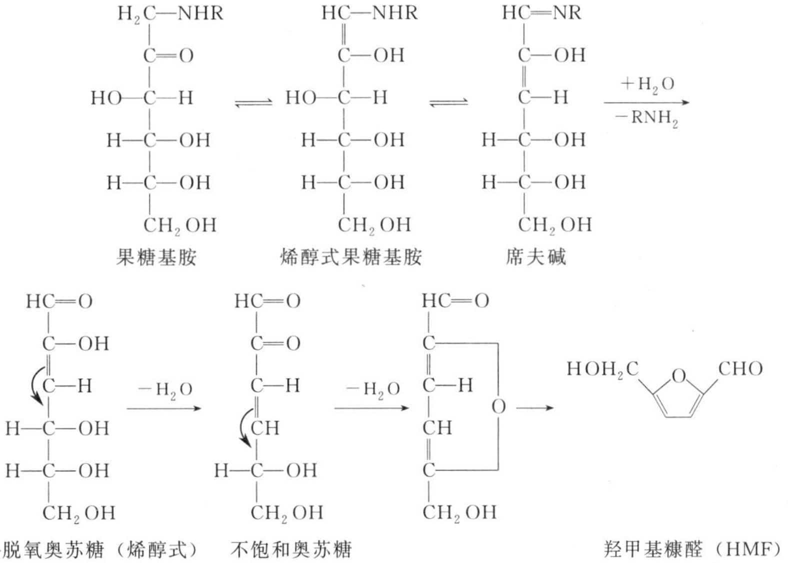

果糖基胺　　　烯醇式果糖基胺　　　席夫碱　　　$+H_2O$　$-RNH_2$

3-脱氧奥苏糖（烯醇式）　不饱和奥苏糖　　　　羟甲基糠醛（HMF）

② 果糖基胺脱去氨或残基重排成还原酮的路线　在碱性条件下，果糖基胺进行 2,3-烯醇化反应，经过脱氨后生成还原酮类和二羰基化合物。还原酮类化学性质活泼，可进一步脱水再与胺类缩合，或者本身发生裂解生成较小的分子，如乙酸、丙酮醛等。

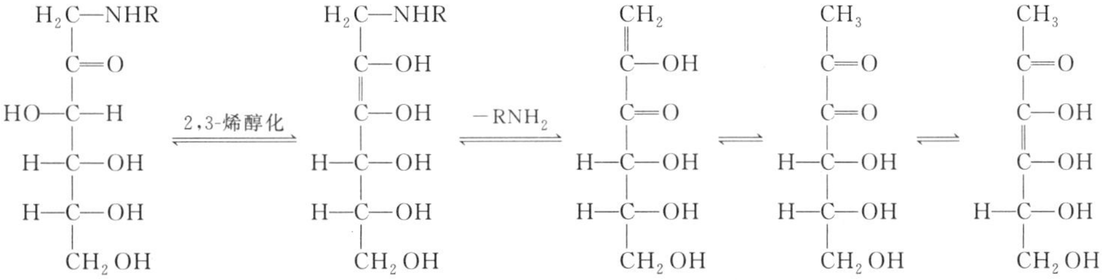

2,3-烯醇化　　　$-RNH_2$

③ 氨基酸与二羰基发生化合作用　美拉德反应的香味物质主要在这一过程中产生。在二羰基化合物的存在下，氨基酸发生脱羧、脱氨作用，成为少一个碳的醛，氨基转移到二羰基化合物上，这一反应为斯特雷克降解反应（Strecker degradation）。这一反应生成的羰氨类化合物经过缩合，生成吡嗪类物质。

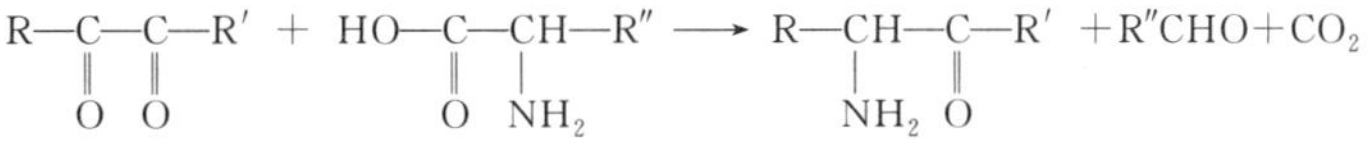

$$\underset{\underset{O}{|}\ \ \underset{O}{|}}{R-C-C-R'} + \underset{\underset{O}{|}\ \ \underset{NH_2}{|}}{HO-C-CH-R''} \longrightarrow \underset{\underset{NH_2}{|}\ \ \underset{O}{|}}{R-CH-C-R'} + R''CHO + CO_2$$

糖可逆地与胺反应形成葡基胺。醛糖形成的葡基胺经过 Amadori 重排生成 Amadori 化合物，如 1-氨基-1-脱氧-2-酮。酮糖与胺反应形成酮基胺，然后再经过海因斯（Heynes）重排形成 2-氨基-脱氧-醛糖。Amadori 化合物公认的降解途径是脱水和断裂，取决于胺的碱性、反应物的 pH 值和温度。Hodge 强调，尽管大多数食品的褐变风味来自美拉德反应，但食品中的许多其他组分，特别是糖类，会相互反应形成羟酸和其他风味成分，即脂质的氧化产物（如醛、α,β-不饱和酮和丙烯醛）参与了褐变反应，产生了肉味化合物。糖的焦糖化反应产生了许多肉味化合物的中间产物，而这些物质可以在较低温度下发生美拉德反应。

Vernin 和 Parkanyi 总结了糖与 α-氨基酸的美拉德反应，并概述了还原酮和脱氢还原酮如何通过脱水、反醛糖化和 Strecker 降解成一些风味化合物，最终形成含 N、含 S、含 O 的杂环化合物。他们也概述了 Amadori 及 Heynes 中间产物是如何重排而形成还原酮的。重要的还原酮是由羰氨化合物的 1,2-烯醇化形成的 3-脱氧酮，2,3-烯醇化形成的 1-脱氧酮。显然，3-脱氧酮的浓度足以经高压液相色谱法（HPLC）检测出来。这些化合物可被分离并经反应生成许多风味中间物质，这些中间物质再与氨、硫化氢反应形成含 N、含 S、含 O 的杂环化合物。通过 1-脱氧酮的降解，形成了许多重要的肉香味物质。

Amadori 化合物的 1，2-烯醇化反应在酸性条件下有利，然后脱氨、重排，形成中间产物 3-脱氧酮，这些中间产物再降解为 5-羟甲基-2-糠醛（己糖）和 2-糠醛（戊糖）。糠醛衍生物也发生自身的酸降解或焦糖化，很容易与氨和硫化氢反应形成杂环化合物。1-脱氧还原酮（1-脱氧酮的平衡物）在 pH＞5.0 时，由逆醛反应降解为一些非常活泼的羰基化合物，如丙酮醛、丁二酮、二羟丙酮、乙二醛、羟基丙酮醇和乙酸。这些化合物非常活泼地与氨基酸反应以进行 Strecker 降解。

美拉德反应中的 Strecker 降解是氨基酸的氧化反应，它是肉味形成中最重要的反应之一。这一反应包括二羰基化合物（如丙酮醛、丁二酮、羟基丙酮和羟基丁二酮）与氨基酸反应，将其降解成比原氨基酸少一个碳的醛、二氧化碳、α-氨基酮、NH_3、H_2S。这些降解产物包括源自 α-丙氨酸的乙醛、源自缬氨酸的异丁醛、源自亮氨酸的异戊二醛和 2-甲基丁醛、源自苯丙氨酸的苯乙醛和源自半胱氨酸的乙醛。

（3）终极阶段

此阶段反应复杂，机理尚未完全清楚，比较公认的说法是，终极阶段是指从呋喃羰基中间产物到芳香化合物的转变，常常通过与其他中间产物（如氨基化合物或氨基酸降解产物）发生反应而实现。此阶段包括羟醛缩合和生成类黑精的聚合反应两类反应。

① 羟醛缩合　羟醛缩合反应是两分子醛的自相缩合作用。加成产物进一步脱水生成更高级的不饱和醛。

② 生成类黑精的聚合反应　终极阶段生成产物〔葡萄糖酮醛、3-脱氧葡萄糖醛酮（3-DG）、3,4-二脱氧葡萄糖醛酮（3,4-二 DG）、HMF、还原酮类及不饱和亚胺类等〕经过进一步缩合、聚合形成复杂的高分子色素。

二、美拉德反应产生的香味物质

在研究由美拉德反应生成的香味化合物中，大部分的研究都是在由一种单一的氨基酸与还原糖或糖的降解产物组成的模拟系统中进行。在很多情况下，反应在水溶液中进行。即便在这样简单的系统中，芳香化合物种类的数量还是非常大。美拉德反应得到的香味产物既与参加反应的氨基酸和单糖的种类有关，又和受热温度、时间、体系的 pH 值、水分等工艺因素有关。一般来说，反应的初级阶段首先生成 Strecker 醛，进一步相互作用生成有特征香气的内酯类、呋喃和吡喃类化合物等嗅感物质，属于反应初期产物（包括受热温度较低、时间较短期间产生的产物）；随着反应的进行相继生成有焙烤香气的吡咯类、吡啶类、噁啉类化合物等，属于反应中后期产物（包括受热时间较长、温度较高产生的物质）。巧克力和可可的香气中的 5-甲基-2-苯基-己烯醛（可卡醛）也被认为是美拉德反应生成的醛类相互作用的产物。单糖受热后的葡萄糖环化是生成苯酚类化合物的途径。

Hursten 将美拉德反应中生成的挥发性香味化合物归成三组。为我们考察在食品中由美拉德反应得到的挥发性芳香化合物的原始组成提供了一种简便方法。

① "简单的"糖脱氢-裂解产物，有呋喃类、吡喃酮、环式烯、羰基化合物和酸。

② 一般的氨基酸降解产物，有醛、含硫化合物（如硫化氢、甲硫醇）、含氮化合物（如氨、胺）。

③ 由一步相互作用产生的挥发性物质，有吡咯、噻唑、吡啶、噻吩、吡嗪、二硫杂烷、三硫杂烷、咪唑、二噻烷、三噻烷、吡唑、呋喃硫醇、3-羟基丁醇缩合物。

其中，第一组包括在反应初始阶段生成的葡基胺的裂解而得到的化合物，以及在许多糖焦化后发现的化合物。这些化合物中很多都具有能形成食物香味的性质，但同时它们又是许多其他化合物的中间产物；第二组包括简单的醛、硫化氢或氨化合物，这些物质由氨基酸和二羰基化合物发生 Strecker 降解而得到。所有这些美拉德反应产物均能用于下一步反应中，美拉德反应的随后阶段包括糠醛、呋喃酮和二羰基化合物与其他活泼物质，如胺、氨基酸、硫化氢、硫醇、胺、乙醛和其他醛，这些附加的反应将生成最后一组美拉德反应芳香产物中的许多重要种类。

（1）芳香化合物的种类

按照官能团的不同，现将美拉德反应可能生成的香味物质及其在反应中的生成机理进行如下介绍。

① 吡嗪类　食品中吡嗪类的形成有各种各样的解释，其大体可以分成两种理论：第一，氨基酸和糖类或糖的降解物质相互作用可以生成吡嗪类化合物，即由美拉德反应中碳水化合物的裂解产生；第二，2-羟基酸或氨基酸的热解反应产生吡嗪类及烷基取代的衍生物。

吡嗪类化合物具有十分重要的价值，这不仅是因为它们是存在于自然界的成分，而且更重要的是它们在极低的浓度下可以表现出独特的香气特性。吡嗪是美拉德反应生成的易挥发性芳香物质中很重要的一种，直接参与形成烧烤风味，一些吡嗪类物质具有很低的阈值，例如 2-异丁基-3-甲氧基吡嗪，一种具有灯笼椒风味的物质，它在水溶液中的阈值为 $0.002\mu g/kg$。

在许多烹调食品中都发现了吡嗪类物质，表 10.1 中列举了食品中含有的一些吡嗪类物质。

表 10.1　食品中较常见的吡嗪类物质

吡嗪	FEMA 编号	气味	用量/(mg/kg)	存在
2-甲基吡嗪	3309	坚果香	10	牛肉,可可制品,土豆片,咖啡
2,3-二甲基吡嗪	3271	烤香	10	牛肉,土豆片,咖啡
2,5-二甲基吡嗪	3272	壤香、生土豆香	10	牛肉,咖啡,榛子,花生,土豆片
2,3,5-三甲基吡嗪	3244	坚果、烤香、焙土豆香	5	牛肉,可可制品,花生,烤山核桃,土豆片
2,3,5,6-四甲基吡嗪	3237	发酵过的大豆香	0.5	咖啡,牛肉,花生
2-乙基-3-甲基吡嗪	3155	生土豆香	3	咖啡,榛子,土豆片
2-甲基-5-乙烯基吡嗪	3211	咖啡香	10	花生,土豆片

吡嗪	FEMA 编号	气味	用量/(mg/kg)	存在
3-甲基-2-异丁基吡嗪	3133	青香	5	花生,土豆片
2-乙酰基吡嗪	3126	爆米花香	5	可可制品,花生,土豆片,爆米花
2-异丁基-3-甲氧基吡嗪	3132	钟形胡椒香	0.05	胡椒,青豌豆
2-仲丁基-3-甲氧基吡嗪	3433	青豌豆香	—	青豌豆,格蓬油
2-异丙基-3-甲氧基吡嗪	3358	青豌豆香	—	格蓬油
2-甲氧基-3(或 5-或 6-)异丙基吡嗪	3358	壤香、钟形胡椒香	0.05	土豆

人们建立了许多反应模型体系来研究各种吡嗪的生成途径,吡嗪生成的大致过程如下:

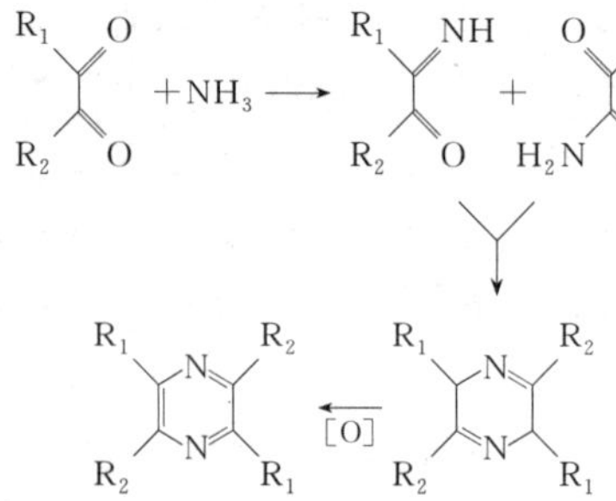

② 噻唑、噻唑啉和噻唑烷 噻唑是由硫胺素(维生素 B_1)热降解生成的,硫胺素热降解时会生成三种噻唑衍生物,其大致机理如下所示:

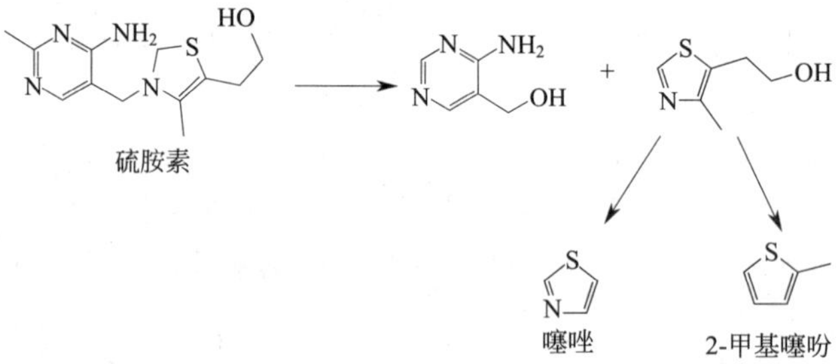

D-葡萄糖、氨及 H_2S 混合反应也会生成噻唑类物质,反应体系的主要产物是 2-乙基-6-甲基-3-羟基吡啶和 2-乙基-3,6-二甲基吡嗪。

噻唑是肉类香精中肉味的重要贡献者,被广泛应用于仿肉风味的生产中。食品中含有的噻唑及噻唑啉类物质主要有:2-甲基噻唑、4-甲基噻唑、2-正丙基噻唑、2-甲基-4-乙基噻唑、三甲基噻唑、2-乙酰基噻唑、2-甲基-4-丙基-5-乙基噻唑、4,5-二甲基-2-异丙基噻唑、2-丙基-4-乙基-5-甲基噻唑、2-丁基-4,5-二甲基噻唑、2-丁基-4-甲基-5-乙基噻唑、2-苯基-5-甲基噻唑、苯并噻唑、2-乙酰基-2-噻唑。

③ 噻吩类 噻吩广泛存在于洋葱等蔬菜中,在熟肉中也有发现。富含糖和含硫氨基酸的美拉德反应体系会生成大量的噻吩类物质。它们的气味阈值很低,而且风味极其突出。但是由于噻吩类物质很不稳定,它们对反应型香精的风味贡献可能不是很大。

④ 呋喃类和呋喃酮类 呋喃类是美拉德反应产物中最为丰富的易挥发性物质,也是很多肉类特征香味的成分,它们具有碳水化合物加热时所产生的焦糖和熟肉气味。许多反应型香精和烹调食品的甜味都来自糖类物质的降解产物。此类物质中比较重要的有:糠醇、2-乙基呋喃、5-甲基糠醛、糠醛、2-乙酰基-5-甲基呋喃、5-甲基-2-丙酰呋喃、乙基糠基硫醚、2-丙酰基呋喃、4-(2-呋喃基)-3-丁烯-2-酮、3-(2-呋喃基)-2-甲基-2-丙烯醛、二糠基醚、2-丁基

呋喃、3-苯基呋喃。呋喃类物质的生成途径如下：

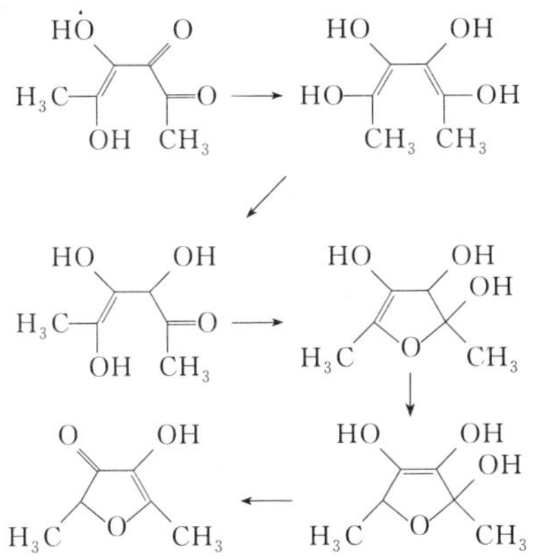

有含硫物质存在时，呋喃酮会与之进一步反应生成噻吩酮和噻吩。此类物质存在于许多烹调食品中，并且为之提供特征香味。

呋喃酮的形成源于许多水解植物蛋白的热反应，这也许就是水解植物蛋白作为肉味香精原料盛行的原因。

⑤　吡咯类　吡咯是一种杂环化合物，它还没有被作为烹调食品的香味成分而进行深入研究。由美拉德反应生成吡咯类物质的大致途径如下：

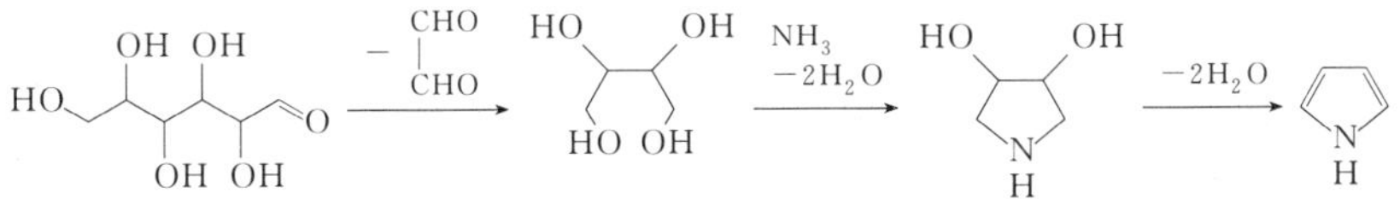

含有鼠李糖和氨的美拉德反应模型体系可以产生 8 种吡咯类物质。

吡咯类物质具有甜味和玉米香味，有些像呋喃酮一样有焦糖香气，比如 2-乙酰基吡咯。一部分吡咯类物质作为风味物质添加入食品中已被认为是安全的。代表性的吡咯类物质有：2-丙基吡咯、2-乙酰基吡咯、3-甲基-4-乙基吡咯、N-甲基-2-吡咯甲醛、吲哚、N-甲基吡咯。

⑥　吡啶类　在烤羊肉等熟制食品的脂肪中分离出许多乙酰基吡啶类物质，此类物质是由脂肪经过热反应生成的，可以产生肉类特征风味。在牛脂/甘氨酸热反应体系中，来自牛脂的壬醛和甘氨酸生成的氨相互作用可以生成 2-丁基吡啶。

吡啶具有独特的香味，它可以作为一种香精添加剂，也可以带来不良风味。在这方面，吡啶的浓度起着极其重要的作用。

⑦　醛类和酮类　尽管醛和酮在所有烘烤产品中都有发现，但是它们对肉风味的形成并不起主要作用，而对其他一些烘烤食品，比如咖啡或者巧克力，有着重要作用。糖与氨基酸发生 Strecker 降解产生了 α-氨基酮。具有不同化学结构的 Strecker 醛类可以经转氨反应和脱羧反应，由不同的前体氨基酸生成 2-甲基丙醛、2-苯乙醛、2-和 3-甲基丁醛。

一些在肉类香精挥发物中发现的醛和酮有：3-己酮、4-甲基-2-戊酮、己醛、2-己烯醛、3-甲基-4-庚酮、2-庚酮、3-庚烯、（E）-2-辛烯醛、2-壬烯醛、4-乙基苯甲醛、癸醛、2,4-壬二烯、2-十一酮、十一醛、2,4-癸二烯醛、5-十三烷酮、2-十二烯醛醇、十二烯醛醇、2,4-十一烷二烯醛、十四碳醛、2,4-癸二烯醛、苯甲醛、壬醛、辛醛、庚醛。

（2）美拉德反应与肉味化合物的关系

和其他香型不同的是，美拉德反应是生成肉味的主要途径，也是肉味香精得到天然肉香所依赖的重要制备手段。众所周知，生肉是没有香味的，只有在蒸煮和焙烤时才会有香味。在加热过程中，肉内各种组织成分间发生一系列复杂变化，产生了挥发性香味物质，目前有1000多种肉类挥发性成分被鉴定出来，主要包括：内酯、吡嗪、呋喃类和硫化物。形成这些香味的前体物质主要是水溶性的糖类和含氨基酸的化合物以及磷脂和三甘酯等脂类。在加热过程中，瘦肉组织赋予肉类香味，而脂肪组织赋予肉制品特有风味，如果从各种肉中除去脂肪，则肉的香味是一致的，没有差别。

然而，并不是所有的美拉德反应都能形成肉味化合物，但在肉味化合物的形成过程中，美拉德反应的确起着很重要的作用。许多肉味化合物就是由各种水溶性的氨基酸和碳水化合物在加热过程中，经过氧化脱羧、缩合和环化产生的，主要有 N-、S-、O-杂环化合物和其他含硫成分，包括呋喃、呋喃酮、吡咯、噻吩、噻唑啉、咪唑、吡啶和环乙烯硫醚等低分子量前体物质，同时还生成硫化物和氨。其中吡嗪是一些主要的挥发性物质。另外，在美拉德反应产物中，硫化物占有重要地位。若从加热肉类的挥发性成分中除去硫化物，则形成的肉香味几乎消失。

肉香味物质可以通过以下途径获得：

① 氨基酸类（半胱氨酸、胱氨酸类）通过美拉德和斯特雷克降解反应产生。
② 糖类、氨基酸类、脂类通过降解产生。
③ 脂类（脂肪酸类）通过氧化、水解、脱水、脱羧产生。
④ 硫胺、硫化氢、硫醇与其他组分反应产生。
⑤ 核糖核苷酸类、核糖-5′-磷酸酯、甲基呋喃醇酮通过硫化氢反应产生。

可见，杂环化合物来源于一个复杂的反应体系，而肉类香气的形成过程中，美拉德反应对许多肉香味物质的形成起了最主要作用。

第二节　热反应香精的常用原料

热反应香精成为咸味香精，尤其是肉味香精的主流制备方式的重要原因，是它能够弥补纯粹通过调配得到的咸味香精在香味表现上的不足。虽然从1960年开始，有人就开始研究利用各种单体香料经过调和生产肉类香精，但由于各种熟肉香型的特征十分复杂，这些调和香精很难达到与熟肉香味逼真的水平，所以对经过烹饪的肉类而产生的香气的前体物质的研究和利用受到人们的重视。因此，美拉德反应被发现与肉味生成有密切关系，并应用于肉味香精的制备，它们主要是以糖类和含硫氨基酸如半胱氨酸为基础，通过加热时所发生的反应，包括脂肪酸的氧化、分解，糖和氨基酸热降解，羰氨反应及各种生成物的二次或三次反应等。所形成的肉味香精成分有数百种。这些热反应香味物质本身可以作为香精去使用，有时也作为基础，通过单体香料的补充、修饰、调和，制成香气和香味透发自然的、具有不同特征的肉味香精。美拉德反应所形成的肉味香精无论从原料还是过程均可以视为天然，所得纯粹的通过热反应得到的香精可以视为天然香精。

通过美拉德反应的理论知识可知，美拉德反应能够生成香味物质，最重要的是选对氨基酸和糖，不同的氨基酸和糖的组合，对特征风味物质的生成起到了决定性作用。因此，热反应香精中，氨基酸和糖是制备热反应香精必不可少的原料。但在实际生产中，对应配料可以有许多变化，除了氨基酸和糖类之外，其他添加的原料还有肽类、氨基糖类、胺类、核酸衍生物、羰基化合物和硫化物。一些肉香型香精为了使香味更加逼近烹饪的天然感，还会加入一些油脂、维生素、蛋白剂等增加风味。我们可以用表 10.2 来归纳热反应香精制备过程中与香味物质生成有关的反应。

表 10.2　反应型香精所包含的反应

成分	反应类型	变化	成分	反应类型	变化
蛋白质	美拉德反应	香味生成	糖类	水解	口感强化
氨基酸	氧化	颜色形成	碳水化合物		质构变化
肽	Strecker 降解	口味变化	核苷酸		
脂肪	聚合反应	污染物	维生素		
脂肪酸	硫代反应	不良风味形成			

一、氨基酸类原料

常用的氨基酸类原料大概有四类，第一类是含有蛋白质的食品，如肉类、家禽类、蛋类、奶制品、海鲜类、蔬菜、果品、酵母和它们的提取物，其中肉类提取物是最常用的蛋白质；第二类是动物、植物、奶、酵母蛋白；第三类是各类氨基酸和肽类，包括 L-丙氨酸、L-精氨酸和它的盐酸盐、L-天冬氨酸、L-胱氨酸、L-半胱氨酸、L-谷氨酸、甘氨酸、L-组氨酸、L-亮氨酸、L-赖氨酸和它的盐酸盐、L-乌氨酸、L-蛋氨酸、L-苯丙氨酸、L-脯氨酸、L-丝氨酸、L-苏氨酸、L-色氨酸、L-酪氨酸、L-异亮氨酸等；第四类物质是上述物质的各类水解蛋白，其中最常用的是水解植物蛋白。下面对最常使用的氨基酸原料加以说明。

（1）肉类提取物

肉类提取物是许多反应型香精的主要成分。肉味香精的前体氨基酸存在于肉类提取物中，因此它是与其他氨基酸、还原糖、水解产物、自溶产物和脂肪发生反应良好的基础原料。鉴于肉类提取物的费用较高，而且在很多情况下反应型香精要模仿肉类提取物的风味，因此在制备反应型香精时使用过多的肉类提取物会提高成本。

（2）氨基酸和肽

从理论知识可知，很多氨基酸可以参加热反应用作开发浓厚香气的前体物质。最常用的氨基酸主要是含硫氨基酸，比如半胱氨酸，它是热反应肉味香精最好的单体氨基酸，实际生产中多使用其盐酸盐，不但效果好，价格也便宜。谷胱甘肽（L-谷氨酸-L-半胱氨酸-甘氨酸）是肉味香精的重要前体，但是对一般使用来说它的费用昂贵。很多的专利文献都有关于含硫氨基酸作为肉味香精前体的例子。4-羟基-5-甲基-3-(2H) 呋喃酮与半胱氨酸的反应生成它的硫代类似物，其具有非常显著的肉类风味特征。各种其他氨基酸与还原糖经前面提到的美拉德反应生成香味化合物而被用于反应型香精方面。而之前提到的肉类提取物、水解植物蛋白和酵母提取物均是作为香料前体的游离氨基酸和多肽极好的来源。

由于单体氨基酸价格和数量的限制，实际生产中多使用含有多种氨基酸的水解植物蛋白（HVP）、水解动物蛋白（HAP）以及酵母自溶/提取物。

（3）水解蛋白

蛋白质水解是指把蛋白质肽键打开生成小分子物质。蛋白质是由大约 20 种常见的氨基酸组成的，这些氨基酸通过肽键连接起来。肽键断裂时依次形成下列物质：蛋白质→胨→胨→多肽→寡肽→氨基酸。水解蛋白液能够很好地代替肉味香精的原因有很多，其中一个原因是蛋白质水解液中含有多种氨基酸，这些氨基酸的分子结构与肉类中的氨基酸分子结构相似，并且价格低于肉类提取物，它们有助于产生肉类或烘烤的香味。蛋白质水解时氨基酸被释放，随后的加热过程产生了挥发性化合物，这些挥发物也存在于其他经过烹调的或者烘焙的食物中。一些比较重要的挥发物如下：

① 吡嗪类　吡嗪、2-甲基吡嗪、2,5-二甲基吡嗪、乙基吡嗪、2,6-二乙基吡嗪、2,3-二乙基吡嗪、2-异丙基吡嗪、2-乙基-6-甲基吡嗪、2-乙基-5-甲基吡嗪、2,3,5-三甲基吡嗪、2-乙基-3-甲基吡嗪、2-乙烯哌嗪、2-乙烯基-6-甲基吡嗪、2-乙烯基-3,6-二甲基吡嗪、2-乙烯基-3,5-二甲基吡嗪、2-乙烯基-2,5-二甲基吡嗪、2-异丁基-6-甲基吡嗪、2-异丁基-5-甲基吡嗪、2(2'-呋喃基)-5(6)-甲基-吡嗪、2,3,5,6-四甲基吡嗪、6,7-二氢-5H-环戊醇-吡嗪。

② 酸类化合物　乳酸、琥珀酸、乙酸、甲酸、乙酰丙酸、焦谷氨酸。

③ 含硫化合物　甲硫醇、二甲基硫醚、乙基甲基硫醚、二乙基硫醚、2-甲基噻吩、二甲基三硫、糠基甲基硫醚、甲基苯甲基二硫醚、3-甲硫基-1-丙醇。

④ 呋喃酮类　3-羟基-4-甲基-5-2(5H)-呋喃酮。

⑤ 酚类化合物　愈创木酚、4-乙基愈创木酚、对甲酚、间甲酚。

⑥ 醛类化合物　5-甲基糠醛、苯甲醛。

所以水解产物是热反应香精研发的一种重要底物。水解蛋白为香精制造商研发反应型香精提供了廉价的氨基酸来源。每一种水解物都有其独特的香味，小麦面筋、玉米面筋和酪蛋白的水解物也可以作为热反应肉香味前体物。工业生产上常用大豆、小麦、玉米、花生等水解植物蛋白，目前我国肉味香精生产中使用最多的是水解大豆蛋白。动物蛋白可用的原料可以是动物的肉、骨、血及皮毛等，目前我国多用肉和骨头。

从不同蛋白质源得到的各种水解液中的氨基酸种类列于表10.3。

表 10.3　各种蛋白质水解液中氨基酸组成　　单位：%（质量分数）

氨基酸	精牛肉	小麦蛋白	大豆	酵母（自溶产物）
天冬氨酸	7.3	3.8	11.7	10.1
苏氨酸	4.4	2.6	3.6	0.5
丝氨酸	3.7	5.2	4.9	4.5
脯氨酸	4.3	10.0	5.1	5.1
谷氨酸	15.9	38.2	18.5	11.6
甘氨酸	4.0	3.7	4.0	5.4
丙氨酸	5.6	2.9	4.1	7.3
缬氨酸	4.3	2.9	5.2	6.0
异亮氨酸	4.3	1.6	4.6	4.6
亮氨酸	7.3	2.8	7.7	6.9
酪氨酸	2.5	0.2	3.4	2.9
苯丙氨酸	3.0	3.3	5.0	3.9
赖氨酸	7.5	1.9	5.8	7.1
组氨酸	2.4	2.0	2.4	2.2
精氨酸	6.0	3.4	7.2	7.1
甲硫氨酸	2.1	1.1	1.2	1.6

通常蛋白质水解有酸法、酶法和微生物发酵法三种方法。三种方法都可以产生肉味前体物，但在水解程度和水解专一性上是有区别的，下面讲解前两种方法。

① 酸水解　可用来水解蛋白质的酸有很多种，如甲酸、乙酸、磷酸、氢溴酸、盐酸、硫酸等，在肉味香精工业中最常用的是盐酸。用盐酸水解蛋白质速度快，水解后用 NaOH 中和水解物，氨基酸以钠盐的形式存在，包括谷氨酸单钠盐，副产物 NaCl 无须分离。如果用 H_2SO_4 水解蛋白质，用钙盐中和，经过滤可得到无盐水解物，但往往风味很差。并且中

和以后大量的 $CaSO_4$ 必须除去，这样的无盐水解物比普通的水解物价格要高 4～5 倍。

　　蛋白质来源不同，酸水解后香味也不同。原因在于组成蛋白质的氨基酸侧链不同和非蛋白质物如淀粉、糖或脂的存在。淀粉最好在水解前去除，否则会产生强烈的苦味。

　　影响酸法蛋白质水解的因素有：酸浓度、温度、时间、压力等。一般最好彻底水解，任何残留的肽都会带来苦味。酸的浓度对水解影响很大，当浓度升高时，氨基酸分解降低，味道增强。温度对于水解的影响要远远大于酸的浓度和时间对水解的影响。高压可以缩短反应时间。

　　水解的程度用水解度来衡量。测定水解度的方法有：甲醛滴定法、冰点测定法、茚三酮法、渗透压法等。

　　酸水解的优点在于水解彻底、氨氮含量高、成本低。图 10.1 是酸法制备水解植物蛋白的工艺流程图，产品可以根据需要制成液体或固体粉末，通常简称为 HVP 液或 HVP 粉。酸水解的缺点是在反应过程中有异味产生，可以用活性炭去除。

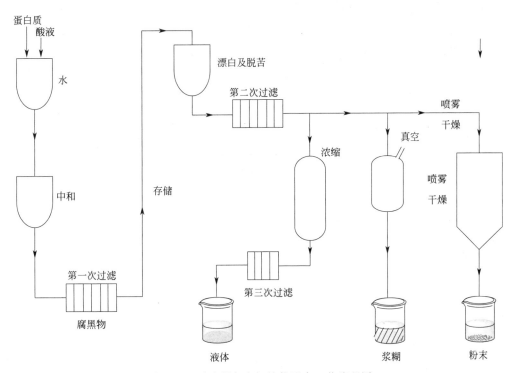

图 10.1　酸法制备水解植物蛋白工艺流程图

　　水解植物蛋白是酸水解的典型产物，是热反应香精最常用的前体物质。在《食品化学品法典（第 12 版）》中有作为风味物质使用的水解蛋白的定义：蛋白质的酸性水解物主要由氨基酸、小肽（由≤5 个氨基酸所组成的肽链）和盐构成，这些盐主要由可食性的蛋白质材料在热和/或食用酸的催化下肽链完全水解产生。肽链的断裂通常从略低于 85% 到近于 100%。在处理过程中，蛋白水解液会用安全和合适的碱性物质处理。作为原材料的食用蛋白质材料来源于玉米、大豆、小麦、酵母、花生、大米，或其他安全适宜的蔬菜或者植物，或牛奶。个别产品可能是液状、膏状、粉状或颗粒状。

　　用于制备水解植物蛋白的产品在理化性质上的具体要求如下。

　　含量（总氮，T_N）：不低于 4.0% 的总氮。

α-氨基氮（A_N）：不低于 3.0%。

α-氨基氮/总氮（A_N/T_N）百分比：不小于 62.0%且不超过 85.0%（以无氨氮为基准进行计算）。

氨基氮（NH_3-N）：不超过 1.5%。

谷氨酸：以 $C_5H_9NO_4$ 计算时不超过 20.0%，且不超过氨基酸总量的 35.0%。

重金属（以 Pb 计）：不超过 10mg/kg。

不溶物：不超过 0.5%。

铅：不超过 5 mg/kg。

钾：不超过 30.0%。

钠：不超过 20.0%。

一些食品企业已经要求香精中不能含有水解植物蛋白，因为在加工过程中会形成一些污染物（这个问题将在安全部分讨论）。在美国，不含水解植物蛋白的风味物质才被认可作为"纯净标签"的风味物质，若香料或食品中含有水解植物蛋白则必须在标签上标注出来。水解蛋白质的种类也必须标注出来。因此如果香精含有水解玉米蛋白和水解大豆蛋白就必须在其标签上标注植物水解蛋白来源于玉米和大豆。

② 酶水解　酶在畜禽屠宰以后继续保持着活性，可作为蛋白质水解的生物催化剂。当肉作为蛋白质水解物来源时，所有构成肉味的因子都包括在内，可以产生逼真的肉香味。这正是用酶解动物蛋白生产肉味香精的优势所在。肉通过酶解，氨基酸含量大大地增加，酶解物加热产生的肉香味是加热相同肉产生的肉香味的 100 倍左右。肉类加工过程中可以产生大量的副产品，如血、骨头、毛、蹄等，这些下脚料通常含高蛋白，如血红蛋白中铁的含量很高，通过酶解这些副产品可以得到与酶解肉相同的效果，由于价格低廉，在经济上是合理的。

用于动植物蛋白水解的酶有许多种，如植物蛋白酶（木瓜蛋白酶、菠萝蛋白酶、无花果蛋白酶），动物蛋白酶（胰蛋白酶、胃蛋白酶），微生物蛋白酶（中性蛋白酶、碱性蛋白酶、复合风味酶、复合风味分解酶等）。这些蛋白酶有其各自的优缺点，并且各种酶最佳作用时间、温度、pH 值及最适合的底物都不相同。不同的酶作用于同一种底物，所能达到的水解度也不一样。生成肉香味的美拉德反应发生在氨基酸和还原糖之间，需要氨基酸源尽可能多含一些游离氨基酸，特别是天门冬氨酸、丙氨酸、半胱氨酸、精氨酸、脯氨酸、谷氨酸、甘氨酸等。不同条件下生成不同水解度的蛋白水解液，对最终香精的香味有决定性作用，一般要求水解度最好达到 30%，即肽分子量在 2000～5000 之间最好。

用酶水解的蛋白的优点是味道柔和而纯净，可作为美拉德反应生产肉味香精的良好原料。酶水解不足之处是易产生苦味，使用这样的蛋白水解物生产肉味香精，能导致产品也带苦味。苦味产生于有疏水基氨基酸的肽而不是游离氨基酸，其中含有疏水基的氨基酸有亮氨酸、异亮氨酸、脯氨酸、苯丙氨酸、组氨酸和酪氨酸。肽中氨基酸排列顺序对苦味的出现也有作用，以上提到的几种氨基酸如果位于边端或是游离氨基酸时，其苦味大大降低。选择合适的链端水解酶和合适的反应条件可以减轻苦味。

各种水解蛋白用于热反应香精的生产都表现出各自的优缺点，在生产肉味香精时，可根据不同的目的和要求，按比例加入其中的两种或三种水解蛋白液，能生产出既价廉又美味的肉味香精。

（4）酵母提取/自溶物

将酵母提取物独立于水解蛋白作为一个小点，是因为酵母是一种比较特殊的酶原，它的自溶过程是相当复杂的。《食品化学品法典（第 12 版）》对酵母提取物的详细定义为：酵母提取物由酵母细胞中水溶性成分组成，其成分主要是氨基酸、多肽、碳水化合物和盐。酵母提取物通过食用酵母中自然产生的酶和加入的食品级酶一起使肽键水解而产生。可在加工过程中添加食品级盐。个别产品可能是液状、膏状、粉状或颗粒状。

典型地，为了风味品质培养的焙烤酵母（一级酵母）或去苦所用的酿酒酵母（二级酵母）都可以用于热反应香精的生产。酵母本身具有一种愉快的坚果香，令人开胃的或苦味的特点，这可以被调香师用于调香。酵母细胞中一半干物质是由蛋白质组成的，可被其自身的内源性酶分解，酵母细胞破碎使得原生内源性（自身溶解）或外加酶催化蛋白质降解成多肽、核苷肽和游离氨基酸，并且酵母中水溶性化合物被除去，最后得到的产物就被称为自溶酵母提取物（AYE）或者酵母提取物。在咸味香精的制备中酵母提取物是非常有用的氨基酸源。

酵母自溶受许多条件的影响，如 pH 值、水量、时间、温度等。酵母的自溶是指发生质壁分离，可通过增加渗透压来完成。例如在酵母悬浮物中加入 NaCl，酵母蛋白通过细胞壁扩散开来，而其他成分则留在细胞中。加酸和有机溶剂都可以使酵母发生质壁分离，使用有机溶剂可以避免微生物的污染。在加入这些物质前，可首先进行机械破碎细胞壁。酵母自溶通常要求温度在 $30\sim60\,^{\circ}\mathrm{C}$，pH 在 $5.5\sim6.3$ 之间分解 24h。当有硫胺素、脱乙酰壳多糖、单甘油酯、双甘油酯、三甘油酯存在时，分解速度加快。自溶后，在 pH 为 $7.0\sim8.5$、温度为 $95\,^{\circ}\mathrm{C}$ 时，经过阴离子交换树脂处理，除去不可溶性盐。用酵母提取物即酵母精和其他配料可以生产高质量的肉味香精。

AYE 和其他利用外源酶（市售酶类）得到的酵母材料已经被证实具有良好的风味增强性能，这是因为它们本身就含有多种氨基酸和某些核苷酸。这使得这些酵母产品成为极好的肉味香精前体，并且它们可以添加到一种香精中以达到风味增强效果。

应用于热反应香精制备的酵母提取物，其卫生和安全相关理化指标必须符合某些规定，具体如下：

含量（蛋白质）：不低于 42.0% 的蛋白质。

α-氨基氮/总氮（A_N/T_N）的比例：不低于 15.0%，不高于 55.0%。

氨基氮：在干燥、无盐的情况下计算不超过 2.0%。

谷氨酸：以 $C_5H_9NO_4$ 计算时不超过 12.0%，不超过氨基酸总量的 28.0%。

重金属（以 Pb 计）：不超过 10mg/kg。

不溶物：不超过 2%。

铅：不超过 3mg/kg。

汞：不超过 3mg/kg。

菌落总数：不超过 50000CFU/g。

大肠菌群：不超过 10CFU/g。

酵母和霉菌：不超过 50CFU/g。

沙门氏菌：25g 样品中检测应为阴性。

钾：不超过 13.0%。

钠：不超过 20.0%。

二、糖类原料

在美拉德反应中需要糖类参与 Strecker 分解反应，这点在较早时已经被注意到。所以很多还原糖被用作反应物。例如核糖、木糖、阿拉伯糖、葡萄糖、果糖、乳糖和蔗糖等糖类被用于许多过程香精中。

核糖很容易与半胱氨酸和其他氨基酸反应，产生良好的香味。但核糖很贵，且不易购买。与己糖相比，戊糖反应产生的风味更优，且更易于与半胱氨酸和其他氨基酸反应，加热时间较短便可产生肉味。所以从香味效果看核糖最好，木糖次之，再次是阿拉伯糖和来苏糖。在实际生产中，最满意的还原糖仍是 D-木糖和 D-葡萄糖。

很多多糖类物质是某些糖类的廉价来源，因此它们在香精方面非常有用。这些原料包括糊精、阿拉伯胶、果胶和藻酸盐。另外还有含糖类的食品，如谷类、蔬菜、果品以及它们的提取物和发酵产物，这些都是常用的热反应原料，它们的水解产物中含有大量的单糖、二糖和多糖类成分，因此这些水解物也是常用的糖类原料。

三、脂肪原料

虽然脂肪不直接参与美拉德反应生成香味物质，严格来说美拉德反应物是没有脂肪的，热反应基本配料（半胱氨酸类和还原糖类）只给出一系列"基本"肉味。因此在各类肉香型热反应香精的制备中，有时需要加入一些脂肪，像家庭烹饪一般向反应配料中添加不同的脂肪，则可生产出羊肉、鸡肉、猪肉风味的反应香精。

美拉德反应可以同时有植物油和动物脂肪的参与，脂肪经过裂解，加上热反应生成的芳香化合物，可以较大程度地还原各种肉类的特征风味。因此在热反应配料中外加部分脂肪，有效地提高特征肉香的强度是很有必要的，但过量的外加脂肪容易影响产品的外观并给使用带来不便，今后发展的方向是在热反应配料中添加脂肪的温和氧化产物。

肉中的脂类包括三脂肪酸甘油酯、磷脂、脑苷脂、胆固醇等，可分为蓄积脂肪和组织脂肪两大类。蓄积脂肪包括皮下脂肪、肌肉间脂肪、肾周围脂肪和大网膜脂肪等；组织脂肪为肌肉及脏器内的脂肪。哺乳动物肌肉中含有大约 3% 的组织脂肪。脂类在肉的加热过程中降解主要生成醛、酮、酸和内酯类化合物，它们在特征肉香味形成中起重要作用，其中磷脂对烤牛肉香味的产生有重要影响。如果将不含脂类的牛肉、猪肉及羊肉提取物分别加热，产生的基本肉香味相似。而当加热各种肉的脂类时便可产生各种肉的特征肉香味。

三脂肪酸甘油酯是动物脂类中含量最多的一类，组成动物脂肪的都是混合脂肪酸甘油酯，有 20 多种脂肪酸。其中对特征性香味影响最大的是不饱和脂肪酸，如油酸、亚油酸、十八碳二烯酸、花生四烯酸等。表 10.4 列举了不同动物油脂的脂肪酸组成。

表 10.4　不同动物油脂的脂肪酸组成

名称	牛油	羊油	猪油	名称	牛油	羊油	猪油
十二酸(月桂酸)			微量	9-十六烯酸(棕榈油酸)	2		3
十四酸(肉豆蔻酸)	3	2	3	9-十八烯酸(油酸)	43	39	42
十六酸(棕榈酸)	26	25	24	9,12-十八二烯酸(亚油酸)	4	4	9
十八酸(硬脂酸)	17	25	13	9,12,15-十八三烯酸(亚麻酸)	0.5	0.5	0.7
二十酸(花生酸)	微量	微量	1	花生四烯酸	0.1	1.5	2
9-十四烯酸							

基于此，热反应香精中常用的脂肪原料通常有以下四类：

① 含有脂肪和油的食品；

② 从动物、海产品或植物中提取的脂肪和油类，如牛脂、鸡油、椰子油等；

③ 氢化的、反式酯化的，或/和经分离而得的脂肪和油类，如甘油三酯、磷脂、脂肪酸（酯）；

④ 上述原料的水解产物。

四、其他原料

热反应前体物质中必须加入适量的水，热反应香精的制备才能进行。除此之外，还可以根据实际情况在热处理操作之前加到反应混合物中的原料有乙酸、丙酸、抗坏血酸、柠檬酸、乳酸、酒石酸、苹果酸、富马酸、琥珀酸、氨基酸（缬氨酸、甘氨酸和谷氨酸）等 pH 缓冲剂，还有药草和辛香料（如丁香、肉桂、八角、花椒、肉豆蔻、草果、白芷、生姜、洋葱、大葱等）及它们的提取物；肌苷酸及其盐、鸟苷酸及其盐、硫胺素及其盐、抗坏血酸及其盐、乳酸及其盐、柠檬酸及其盐、硫化氢及其盐、硫胺素和它的盐酸盐、氨基酸酯、肌醇、二羟基丙酮、甘油、维生素 B_1 等，这些材料可以在 IOFI 标准中找到，其中维生素 B_1 是一个重要成分，因为它在热降解过程中可以产生一系列浓厚肉香味的化合物。下面是维生素 B_1 降解生成重要肉香味香料二（2-甲基-3-呋喃基）二硫醚的过程，该香料具有典型肉香和肉汤香味。

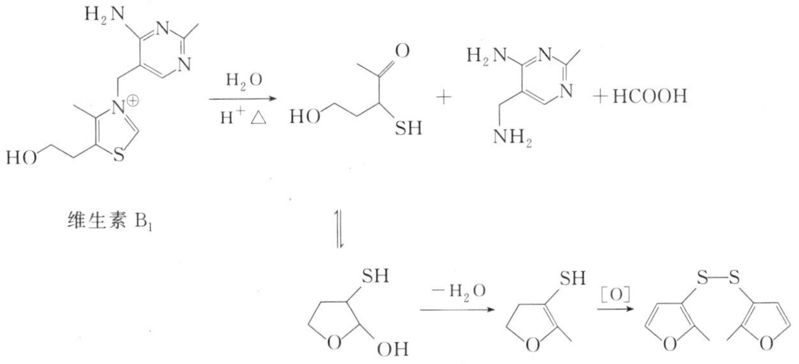

第三节　热反应香精的生产

热反应香精应该根据《国际食品法典》推荐的食品卫生通则来生产。

一、常用设备

（1）不锈钢或玻璃反应罐

热反应香精最常用的设备是夹套不锈钢或玻璃反应罐，它是进行液态热反应的常用设备[由于反应混合物的腐蚀性（酸、碱和高盐浓度），若投料物为 HVP，则要求容器为玻璃内衬]，适用于含水量较高的液态热反应香精制备。反应过程中混合物需要搅拌均匀，可以使用带有刮擦面的刀片，也可以用没有刀片的搅拌器，搅拌装置宜用框板式。锅密闭，锅盖上设窥镜，加料口、抽样口、回流管连通不锈钢冷凝器，冷凝器通大气。

这种设备容量不宜太大，一般以 200L 以下为宜，因为容量过大，易造成反应物接触不均、加热不均等现象，使反应后每批产品的香气、香味不一致。

设备可以采用电加热，但更常使用的是高压蒸汽加热，因此锅内要有夹套、不锈钢蛇管，加热和冷却用。由于在常压加热反应情况下，水会翻腾溢出，同时一部分芳香化合物也随之挥发，因此，可采用回流装置和空气净化装置，例如锅顶必须装有使逸出的气体能充分冷却回流的冷凝器和回流管，以使芳香物质返回到反应釜中，而且采用较低温度的冷凝水会更好。总之，既要让其充分回流，又尽量使芳香化合物的损失减少。

在反应过程中所产生的香味是非常强的。超过回流温度时可以使用压力釜来更好地控制反应条件。

（2）滚筒/鼓风干燥器

滚筒或鼓风干燥器适用于含水量不高的热反应香精的制备，它可以使在一个连续的过程中发生的反应脱水干燥。对反应过程的控制是通过调节鼓风的温度、鼓风的时间和各种反应物的性质（如水分活度）进行的。这种加工方式的主要缺点是转鼓表面温度过热将导致混合物中易挥发的成分明显流失。

（3）糊化反应器

糊化反应是另一种处理含水量不高且固形物含量高混合物反应的方法。不锈钢或玻璃反应罐适用于流动性很好的热反应混合物，而高固形物浆料的热反应要求使用特别的设备，这些设备可以在高温下运转，并且可以转移高黏度材料。Lodiger 混合机、Z 型混合机或者其他型号的糊化反应器可以处理这种产品。在这些设备旁边通常有旋转架和高速转头。如果设计合理，它们可以在很高温度下运作。这种加工方法最明显的优点是反应混合物中可以保留大量的脂肪，尽管该工序可能使得易挥发的组分丢失，但脂肪是重要的风味物质。这种方法特别适用于烤制、炒制、油炸等工序。该方法的主要缺点在于，对设备原始投资和升温过程的消耗较大。由于反应物中存在一些腐蚀性物质（如高盐和氨基酸），在设计设备时要多加注意。例如，正常的轴承和固垫是无法承受生产热反应香精所用的反应物的腐蚀性。

（4）挤压机

挤压机提供了另外一种通过连续方式生产含水量较低的热反应香精的方法。挤压机被设计成允许原料分别加入，在一个连续的过程中混合并发生热反应的容器。混合物的固形含量高可以保证反应混合物的反应时间/温度具备极好的可控性。这一过程被认为可以帮助保护香精成分。挤压机的缺点是，当热反应混合物到达挤压机加热栏末端时压力显著不同，会损失一些挥发性的头香。

少数香精厂家利用挤压腔作为提高热反应香精稳定性的反应容器。挤压机中的热量、湿度和压力加速了这种"过程"或"反应"香精的形成。如前面所述，一些因素像加热时间、温度和 pH 等影响到最终香精的产量。因为材料已经历了大量的热加工，后续的热处理对其影响较小，因此它们具有很好的热稳定性。

使用挤压工艺制作零食产品时，添加到混合物中的风味物质很容易消失或者特征风味发生改变。一般情况下，挤压温度的范围为 $150\sim235℃$。在此温度范围内极少的传统香精能够发挥作用。所以热反应型香精就被研发出来以提高挤压食品中的风味。其风味物质的质量分数随着基本成分的不同而不同。挤压食品以大量的淀粉和蛋白质为基本原料，其中也含有少量的添加剂。在挤压过程中淀粉和蛋白质受到加热、加压、剪切作用，它们历经多种分子水平的变化。例如，淀粉会发生氢键的断裂、凝胶反应和/或者糊精化，蛋白质会发生变性、交联反应和凝固现象。一般来说，在生产挤压食品过程的开始就应该加入难挥发性的物质。例如，用于形成一种风味的前体成分可以与主要原料相混合。而这些成分可以在最终产品的风味类型中用于加强或者补充风味。

二、操作步骤和要点（操作设备以不锈钢反应器为例）

首先，如果原料中需要加入油脂，最好将油脂先加入反应锅内，然后将溶有氨基酸和糖类的水在搅拌情况下慢慢加入反应罐内，然后开始加热。操作时要严格控制温度，一般情况下，反应温度不超过 180℃，在 180℃时加工时间不得超过 15min，而在较低的温度下（一般约为 100~160℃，最好低于 150℃）时间可以较长，为几十分钟至几小时不等，温度越高，反应时间越短，即温度低，反应缓慢，温度高，则反应迅速，一般不超过 4h。所以可以按照生产条件，选择适当的温度。一般来说，反应温度和时间成反比。太高的温度将会产生反应控制问题、加工费用问题、提高初始资本消耗。高于 160℃的温度会造成较大的安全隐患。从营养学的观点来考虑，美拉德反应是不利的，因为氨基酸与糖在长期的加热过程中会使营养价值下降甚至会产生有毒物质。总之，利用美拉德反应赋予食品以整体的、愉快的、诱人的风味前提下，必须控制好反应条件，注意增加某些活性添加剂。

在加热的同时向冷凝器通入冷水，以保持反应回流，并在反应过程中，不断以 60~120r/min 的转速搅拌，使反应物充分接触，并均匀受热，以保证反应的正常进行，加工过程中 pH 不得超过 8。

终点的控制必须非常严格，待反应结束前，停止搅拌，从锅底或锅盖抽样口处抽取反应的产品检验色泽、香气、香味等有关质量指标。在确认质量符合要求后，停止反应，反应产物要迅速冷却至室温，以免在较高温度下继续反应，引起香气、香味的变化，反应后的产品一般要求在 10℃下储存。

三、热反应香精的生产控制

（1）香味的控制

只是将氨基酸和糖类简单地混合起来，发生反应，并不能保证一定能得到特定种类的肉味香精，这体现了风味化学的复杂性。虽然科学研究已经让我们知道了肉类香精的基本情况，但是其中细节之处仍然需要依靠风味化学家不断完善，这需要研究者具有艺术和科学两方面的知识。因此，选对正确的原料，使用适宜的反应温度，才能得到需要的香味效果。

一般来说，决定热反应香精香味的因素主要是氨基酸和糖类的种类和结构，不同种类的氨基酸比不同种类的糖类对加热反应生成的香味特征有更显著的影响。同种氨基酸与不同种类的糖产生的香气也不同。果糖、麦芽糖分别与苯丙氨酸反应产生的是一种令人不快的焦糖味和令人愉快的焦糖甜香，而前一个产物在有二羟丙酮存在的条件下则生成紫罗兰香气。葡萄糖和甲硫氨酸反应产生烤焦的土豆味，而二羟内酮与甲硫氨酸可生成类似烤土豆的气味。在葡萄糖的参与下，脯氨酸、缬氨酸和异亮氨酸会生成好闻的烤面包味，而改为蔗糖等非还原二糖时，则产生不愉快的焦炭气味，但用还原二糖麦芽糖代替葡萄糖时，则形成烤焦的卷心菜味。研究表明，核糖与各种氨基酸共热也能产生丰富多彩的嗅感变化（详见表 10.5），而在同样条件下只加热含硫氨基酸仅产生硫黄气味。

表 10.5 核糖与氨基酸加热时产生的嗅感特征

氨基酸	100℃	180℃	氨基酸	100℃	180℃
甘氨酸	麦焦气味	烤糖气味	酪氨酸	微麦焦气味	弱的烤糖味
脯氨酸	面包气味	烧烤气味	半胱氨酸	硫黄味、臭鸡蛋味	硫黄味、香辛肉气味
丙氨酸	柔和麦焦香	甜麦芽焦糖味	胱氨酸	煮硬的鸡蛋黄味	硫化氢臭气
色氨酸	油腻的糖甜味	油腻的甜味	丝氨酸	甜肉汤味	焦糖气味
缬氨酸	不快的甜味	烤巧克力气味	大门冬氨酸	血包碎屑气味	焦黄面包气味
组氨酸	微苦麦焦太妃糖味	微焦的麦芽香	天冬酰胺	愉快的烤糖香	奶油苦糖味
亮氨酸	苦杏仁味	烤面包味	谷氨酸	微甜肉香,有后味	烤肉香气
异亮氨酸	不快的芳香味	烤奶酪味	谷酰胺	烤糖焦香	苦浓汤味
赖氨酸	焦黄气味	面包气味	肌氨酸	微咸	微焦甜味
精氨酸	烤糖气味	苦的烤糖味	牛磺酸	太妃糖香气	不快的辣烤麦芽味
苯丙氨酸	尖辣的花香	芬芳的麦芽花香	α-氨基丁酸	不快的烤糖味	槭树气味
甲硫氨酸	硫黄味、臭鸡蛋味	烤肉的外皮香气	β-氨基丁酸	烤糖气味	槭树气味

肉味香精的特征风味依据氨基酸的种类和组合的不同而发生较大变化。例如，对牛肉加热前后浸出物中氨基酸组分进行分析，加热后有变化的主要是甘氨酸、丙氨酸、半胱氨酸、谷氨酸等，这些氨基酸在加热过程中与糖反应产生肉香味物质，吡嗪类是加热渗出物中特别重要的挥发性成分，约占 50%。另外从生成的重要挥发性肉味化合物结构分析，牛肉中含硫氨基酸、半胱氨酸和肌氨酸以及谷胱甘肽等，它们是产生牛肉香气不可少的前体化合物，半胱氨酸产生强烈的肉香味，胱氨酸味道差，蛋氨酸产生土豆样风味，谷氨酸产生较好的肉味。当加热半胱氨酸与还原糖的混合物时，便得到一种刺激性的特征性气味，如有其他氨基酸混合物存在的话，可得到更完全和完美的风味，因此蛋白水解物对此很合适。

对于肉香的形成，多糖类物质是无效的。二糖主要指蔗糖和麦芽糖，其产生的风味差，单糖具有还原性，包括戊糖和己糖。研究表明，单糖中戊糖的反应性比己糖强，且戊糖中核糖反应性最强，其次是阿拉伯糖、木糖。由于葡萄糖和木糖价廉易得，反应性良好，所以常用葡萄糖作为肉味香精反应的原料。

另外，反应时间、温度和 pH 等环境因素的控制对特征风味的形成也有显著影响。例如，相对来说，通过美拉德反应制取牛肉香精需较长的时间和较浓的反应溶液，而制取猪肉和鸡肉香精只需较短的加热时间和较稀的反应溶液、较低的反应温度。反应混合物 pH<7（最好在 2~6），反应效果较好；pH>7 时，由于反应速率较快而难以控制，且风味也较差。加热方式不同，如煮、蒸、烧等不同烹调方式，同样的反应物质可产生不同的香味。

（2）反应进程和速率的控制

在实际生产过程中，根据产品的需要，要对热反应的进程和速率进行控制。从美拉德反应速率的角度看，水分、pH、温度、糖的结构和种类、氨基酸的结构和亚硫酸盐等因素均能显著影响美拉德反应的进程。

① 水分 在美拉德反应中，水分是必需的，但是水分过多又会抑制反应，一般是在原料溶解情况下进行反应，含水量通常在 90% 以下，一般在 10%~15% 时，反应最易发生，完全干燥的食品难以进行热反应。人们认为水分活度在 0.65~0.75 时，美拉德反应能达到最大的反应速率。Leshy 和 Reinecems 发现，当水分活度变化范围为 0.32~0.84，在不含脂肪的牛奶中对吡嗪形成做动态研究，当水分活度大约为 0.75 时，吡嗪的生成速率达到最大值。在其他种类挥发物中，水分活度对反应速率的影响取决于它们的形成是否需要水的参与。

② pH值 pH值偏酸性时会抑制反应进行，pH值偏碱性时会加速反应进行，当pH值大于3时，反应速率随碱性增强而变大。这是因为在酸性条件下，N-葡萄糖胺易水解，它是美拉德反应特征香味物质形成的前体。当pH值为3～9时，褐变反应速率随碱性增强而上升，尤其当pH值大于7时，美拉德反应颜色生成得很快。因为在低pH值时，氨基的反转使美拉德反应中间产物变得不活泼，从而得不到大量的类黑精（色素）。同样可以说明随pH值的增大，吡嗪在模拟系统中的生成速率加快。当pH值小于5.0时，一般很难得到吡嗪。一般控制在pH值8以下，加入磷酸盐和柠檬酸将加快反应速率。

美拉德反应中级阶段，Amadori产物的裂解依赖于pH值。在低pH值下，Amadori产物1,2-烯醇化反应易于进行。但是，2,3-烯醇化反应则易在高pH值下发生，这可能会影响到挥发物和褐变反应生成的速率和途径。因此，在研究pH值对美拉德反应影响的模拟系统中，pH值在4.5～6.5的范围内时，pH值的微小变化会对挥发物的性质和浓度造成明显的影响。被认为在肉味的形成中起重要作用的呋喃硫醇和二硫化物容易在低pH值下生成，但吡嗪只能在pH值大于5.0时生成。

③ 温度 美拉德反应在20～25℃即可发生，并随温度上升迅速加快，一般每相差10℃，反应速率相差3～5倍。与烹调有关的目标香味和褐色是随着烹调时温度的上升而逐渐形成的。一般认为，温度低反应缓慢，温度高反应加速，一般在100～160℃，最高不超过180℃。

④ 糖的结构和种类 美拉德反应的原料——糖的结构和种类不同，反应速率也不同。一般而言，醛的反应速率要大于酮，尤其是α,β-不饱和醛反应及α-双羰基化合物反应；五碳糖的反应速率大于六碳糖；单糖的反应速率要大于双糖；还原糖含量和褐变速率成比例关系。例如，在37℃以下，当含水量为15%时，反应速率顺序为：木糖＞阿拉伯糖＞葡萄糖＞乳糖和麦芽糖＞果糖。葡萄糖的反应活性是果糖的10倍。蔗糖只有在较高的温度时才水解出单糖而发生反应。

⑤ 氨基化合物的种类 常见的几种引起美拉德反应的氨基化合物中，反应速率的顺序为胺＞氨基酸＞蛋白质。其中氨基酸常被用于美拉德反应。氨基酸的种类、结构不同会导致反应速率有很大差别。氨基酸中氨基在ε位或末位则比α位反应速率快；碱性氨基酸比酸性氨基酸反应速率快。另外，不同种类的氨基酸参与美拉德反应的难易程度不同，在同样的反应温度下的降解程度也不同。在120～135℃范围内羟基氨基酸降解率最高，到150℃芳香族氨基酸降解的速率最大，而脂肪族氨基酸的降解速率在上面的温度范围内都是最低的（详见表10.6）。

表 10.6 葡萄糖与氨基酸加热 1h 后的降解率　　　　　　　　　　　　　　单位:%

氨基酸	降解率		
	120℃	135℃	150℃
直链 AA	20～28	40	45
侧链 AA	—	42.5	—
羟基 AA	42	—	90
芳香 AA	23	—	60
酸性 AA	36	—	51
含硫 AA	41	—	52
碱性 AA	20～29	40～45	—

⑥ 亚硫酸盐 在美拉德反应初期阶段就加入亚硫酸盐可有效抑制褐变反应的发生。主

要原因是亚硫酸可以和还原糖发生加成反应后再与氨基化合物发生缩合，钙盐与氨基酸结合成不溶性化合物从而抑制了整个反应的进行。

所以，要合理控制热反应香精的速率和进程，可以从四个方面入手：①除去一种反应物，可以用相应的酶类，比如葡萄糖转化酶，也可以加入钙盐使其与氨基酸结合生成不溶性化合物；②降低反应温度或将 pH 调至偏酸性；③控制食品在低水分含量。④反应初期加入亚硫酸盐也可以有效地控制褐变反应的发生。

（3）警惕继发反应

相信大家都有这样的体验，松鼠鱼厥鱼刚端上时的香味，与一小时后的香味，以及隔夜的香味彼此都不一样，而且随着时间的延长，香味质量逐渐下降，这是因为发生了继发反应。继发反应在热反应香精中也常发生。有时，刚反应好的香精香味不错，但如不放冰箱，一夜之后，香味变味了，甚至出现了怪味，因此在热反应香精领域也需要警惕继发反应。继发反应使热反应香精香味质量下降的原因，主要在于在温暖的室温下，香精中的各成分还会继续反应，其中，对香味变差影响较大的几个因素主要是：形成缩醛、氧化聚合反应、变色和乳化状态破坏（破乳）。因此，热反应香精建议低温冷藏。

四、热反应香精的配方实例

下面提供一些已经在文献中有所报道的反应型香精配方的例子，如表 10.7～表 10.17 所示。

表 10.7　牛肉风味配方

组成	用量/g	组成	用量/g
α-丁酮酸	0.25	氯化钠	10.00
肌苷酸二钠	1.30	HVP	43.30
谷氨酸钠	9.60		

称取 20g 这种配方加入 684mL 的水中，加热到 98℃，15min 后所得的产物有烤牛肉风味。建议使用量：牛肉汤中使用量为 0.4%。

表 10.8　烤牛肉风味配方

组成	用量/g	组成	用量/g
HVP	22.00	L-甲硫氨酸	0.31
鸟苷酸钠	0.64	木糖	0.57
苹果酸	0.38	水	76.10

将反应混合物在 100℃ 的条件下回流 2.5h，生成强烈的烤牛肉风味。建议使用量为最终食品的 0.5%～2.0%。

表 10.9　煮牛肉风味配方 1

组成	用量/g	组成	用量/g
牛肉浸膏	19.8	蒸馏水	98.92(mL)
洋葱汁	9.9	丙二醇	31.88
左旋木糖浆或木糖	5.98	牛磺酸	0.9
氨基酸混合物	15.64	维生素B	1.55
酵母粉	19.88	L-半胱氨酸盐酸盐	1.55

首先将牛肉浸膏倒入容器内。按顺序加入丙二醇、洋葱汁、左旋木糖浆、氨基酸混合

物、蒸馏水、酵母粉等成分。搅拌下加热，升温至 105～108℃，回流 2h。反应结束，冷却装桶。

表 10.10 煮牛肉风味配方 2

组成	用量/g	组成	用量/g
维生素 B	2.32	葡萄糖	2.97
HVP(水解植物蛋白)	20.0	乙基麦芽酚	0.27
牛磺酸	1.35	食盐	10
L-半胱氨酸盐	2.32	蒸馏水	60.77(mL)

首先将水解植物蛋白、葡萄糖、L-半胱氨酸盐倒入容器内，加入乙基麦芽酚、蒸馏水、食盐等成分。搅拌下加热，升温至 106～108℃，回流 5h。反应结束后灌装。

表 10.11 鸡肉风味配方 1

组成	用量/g	组成	用量/g
水	60.0(mL)	葡萄糖	10.8
L-半胱氨酸盐酸盐	13.0	L-阿拉伯糖	8.0
甘氨酸盐酸盐	6.7	氢氧化钠(50%)	10.0(mL)

将混合物加热到 90～95℃，回流 2h，用 20mL 的 NaOH 溶液调节 pH 到 6.8。建议使用量为最终食品的 0.2%～2.0% 以获得鸡肉风味。

表 10.12 鸡肉风味配方 2

组成	用量/g	组成	用量/g
右旋木糖	2.6	酵母自溶物(酵母粉)	130
鸡肉浸膏	2.67	配制氨基酸	5.00
浓缩鸡汁 120#	2.67	水	67.39(mL)
洋葱油树脂	6.67		

将混合物加热到 102～105℃，回流 2h。

表 10.13 猪肉风味配方

组成	用量/g
L-半胱氨酸盐酸盐	100
D-木糖	100
小麦蛋白水解液	1000

将混合物在回流温度下加热 60min。

表 10.14 培根风味配方

组成	用量/g	组成	用量/g
L-半胱氨酸盐酸盐	5.0	葡萄糖或木糖	1.0
硫胺素盐酸盐	5.0	烟味香精	1.0
大豆蛋白水解物	1000.0	培根脂肪	20.0

将混合物在回流温度下加热 90min。

表 10.15 羊肉风味配方

组成	用量/g	组成	用量/g
L-半胱氨酸盐酸盐	100	D-木糖	140
蛋白水解液	1500	油酸	100

将混合物在回流条件下加热 2h。

表 10.16 虾肉风味配方

组成	用量/g	组成	用量/g
虾膏	66	谷氨酸	0.98
虾油	4.1	老姜粉	3
酵母自溶物(酵母粉)	1.23	葱粉	2
葡萄糖	3.4	蒜粉	1
木糖	0.6	辣椒粉	1.2
亮氨酸	0.28	辣椒精油(10%)	1.5
赖氨酸盐	0.63	小香葱油	0.51
金氨酸	0.63	天门冬氨酸盐	0.7
缬氨酸	0.49	水	11.75(mL)

将上述原料混合搅拌，控制反应温度 108℃，时间 1～2h。也可将虾膏和虾油部分取出，由虾肉酶解物代替，先进行美拉德反应，控制温度 100～102℃，1～2h，反应结束后，取适量反应物与天然提取物调和。

表 10.17 巧克力风味配方

组成	用量/g	组成	用量/g
L-亮氨酸	1.0	果糖	1.0
L-酪氨酸	3.0	可可提取物	5.0
L-丝氨酸	3.0	甘油	10.0
L-缬氨酸	2.0	丙二醇	24.5
单宁酸	0.5	水	50.0

将上述混合物在回流温度下加热 30min。

上述配方中的分量适合于实验室小试，如果把"g"和"mL"分别换成"kg"和"L"，就是生产时使用的配方了。调香师应该根据实际情况和实验结果对上述配方稍做调整，不能将其视为模板而不做改动。

第四节 热反应香精的香味修饰

热反应香精制备完成后，通常即可作为香精加入食品中。但有时，热反应香精的香气和香味虽然逼真纯正，但浓度不够，或缺少某一部分的香气香味，因此，需要在热反应香精的成品中使用其他的食用香料，以提高香精的浓度和香气、香味，或补足某些微量特征香成分。另外，大部分热反应香精的应用领域是咸味香精的加香食品，尤其是肉香型的食品，这类食品常需要"鲜味"增添风味的逼真感。因此，除了食用香料外，热反应香精中有时会加入一些增效香味和口感的风味增强剂，它们通常是以核苷酸及其盐类为主的鲜味剂。

由于行业规则的限制，这些修饰热反应香精的合成食用香料和风味增强剂不允许在热处理之前就加入反应型香精中，只能在热反应完成后加入，这些成分大部分很容易挥发，可能会在热处理过程中损失掉。在反应后，将合成香料添加到反应型香精中，即可产生不同特征明显的头香。

一、常用于热反应香精的食用香料

目前世界上常用的芳香化学物质有将近 2000 种，其中很多能用于合成香精。我们已经讨论过热反应型香精的产生和在热处理过程中芳香化合物的形成。这些相同的成分已经被人工合成，并且作为香精成分也是安全的。

（1）常用的合成香料

在热反应型肉味香精配方中，使用合成香料对于提高香精的香气强度和透发度、增强产品特色、提高产品质量和降低产品成本均具有非常重要的作用。另外添加合成香料还可以起到稳定产品质量的作用。近年来，由于分析仪器不断改进、分析水平大大提高，食品中的少量甚至微量成分逐步被发现，研发人员进一步了解了食品中香气、香味的成分，又通过合成手段，开发了大量新的食用香料。科技人员经过努力，将这些新的食用香料配制到食品香精之中，就拓宽了香精的香型，也使修饰热反应香精时有了更多可以选择的原料。表10.18列举了文献报道的调香师在热反应香精中最常用的食用香料。

表 10.18 调香时最常使用的食用香料

种类	食用香料	FEMA 编号	CE	CAS 编号
吡嗪类	2,3-二甲基吡嗪	3271		5910-89-4
	2,3,5-三甲基吡嗪	3244	735	14667-55-1
	2-乙酰基吡嗪	3126	2286	22047-25-2
	2-巯甲基吡嗪	3299		59021-02-2
噻唑类	噻唑	3615		288-47-1
	4-甲基-5-羟乙基噻唑	3204		137-00-8
	2-乙酰基噻唑	3328	4041	24295-03-2
	2-异丁基噻唑	3134		18640-74-9
醛类	2-癸烯醛	2366	2009	3913-71-1
	3-甲硫基丙醛	2747	125	3268-49-3
	异戊醛(3-甲基丁醛)	2692	94	590-86-3
	异丁醛	2220	92	78-84-2
	反-2,4-癸二烯醛	3135	2120	25152-84-5
	呋喃甲醛(糠醛)	2489	2014	98-01-1
酮类	双乙酰	2370	752	431-03-8
	甲基乙酰甲醇(乙偶姻)	2008	749	513-86-0
	三硫丙酮	3475	2334	828-26-2
	2-(1-巯基-1-甲基乙基)-5-甲基环己酮	3177		38462-22-5
醇类	1-辛烯-3-醇	2805	72	3391-86-4
呋喃酮类	4-羟基-2,5-二甲基-3(2H)呋喃酮	3174	536	3658-77-3
	3-羟基-4-甲基-5-乙基-2(5H)呋喃酮	3153		698-10-2
吡啶类	吡啶	2966	604	110-86-1
	2-乙酰基吡啶	3251	2315	1122-62-9
内酯类	γ-癸内酯	2360	2230	706-14-9
	γ-十二内酯	2400	2240	2305-05-7
	δ-辛内酯	2796	2274	698-76-0
	δ-十二内酯	2401	624	713-95-1
	δ-癸内酯	2361	621	705-86-2
	δ-壬内酯	3356	2194	3301-94-8
酸类	油酸	2815	13	112-80-1
	异戊酸	3102	8	503-74-2
	2-巯基丙酸(硫代乳酸)	3180	1179	79-42-5
	4-甲基辛酸	3575		54947-74-9
酯类	丁酰乳酸丁酯	2190	2107	7492-70-8

种类	食用香料	FEMA 编号	CE	CAS 编号
酚类	苯酚	3223		108-95-2
	愈创木酚	2532	173	90-05-1
	异丁香酚	2648		97-54-1
硫化物	二甲基硫醚	2746	483	75-18-3
	二甲基二硫	3536		624-92-0
	2,3-丁二硫醇	3477	725	4532-64-3
	2-甲基-3-呋喃硫醇	3188		28588-74-1
硫醇类	甲硫醇	2716	475	74-93-1
	糠（基）硫醇	2493	2202	98-02-2
	苄基硫醇	2147	477	100-53-8
	2,5-二甲基-3-呋喃硫醇	3451		55764-23-3
	2-甲基-3-呋喃硫醇	3188		28588-74-1

研究发现，在众多的合成香料中，醛类、酮类、呋喃类、吡嗪类、脂肪族硫化物和含硫杂环化合物等对于肉味香精的香味影响最大，是各种肉味香精的基本香成分。下面具体介绍这些肉味香精中常用于补足热反应香精香味的成分。

① 呋喃类香料　呋喃类香料是构成肉味香精配方的重要香料，其中 3-呋喃硫化物的肉香味特征性最强，是肉味香精中必不可少的关键性香料。2-甲基-3-巯基呋喃最早发现于金枪鱼的香成分中，之后在鸡肉、牛肉的香成分中也有发现，它具有出色的肉香和烤肉香，是肉味香精中最重要的香料。它的衍生物 2-甲基-3-巯基四氢呋喃、2-甲基-3-甲硫基呋喃、二（2-甲基-3-呋喃基）二硫、甲基-2-甲基-3-呋喃基二硫、丙基-2-甲基-3-呋喃基二硫也都具有典型的肉香味，是公认的最好的肉味香料。肉味香精中常用的其他呋喃类香料有 2,5-二甲基-3-巯基呋喃、二（2,5-二甲基-3-呋喃基）二硫醚、二（2-甲基-3-呋喃基）四硫、2-乙基呋喃、2-戊基呋喃、2-庚基呋喃、糠硫醇、硫代乙酸糠酯、硫代丙酸糠酯、二糠基硫醚、甲基糠基二硫醚、二糠基二硫、糠醛、5-甲基糠醛、2-乙酰基呋喃、2-丙酰基呋喃等。

② 吡嗪类香料　吡嗪类香料一般具有烤香、坚果香、土豆香、面包香、咖啡香、爆玉米花香等香味特征，尽管它们并不具有肉香味特征，但却是肉味香精配方中常用的香料，能使香精具有烧烤香味并使整体香味更饱满。肉味香精中常用的吡嗪类香料有：2-甲基吡嗪、2,3-二甲基吡嗪、2,5-二甲基吡嗪、2,6-二甲基吡嗪、三甲基吡嗪、四甲基吡嗪、2-乙基吡嗪、2-甲基-3-乙基吡嗪、2-甲基-5-乙基吡嗪、2,5-二甲基-3-乙基吡嗪、2-甲基-3-糠硫基吡嗪等。

③ 噻唑类香料　最近几年，噻唑类化合物在肉味香精配方中得到了越来越广泛的应用，主要有：噻唑、4-甲基-5-羟乙基噻唑、4-甲基-5-羟乙基噻唑乙酸酯、2-乙酰基噻唑、4-甲基-5-羟乙基噻唑、2,4-二甲基-5-乙酰基噻唑、4,5-二甲基噻唑、2-乙基-4-甲基噻唑、2,4,5-三甲基噻唑、2-甲基-5-甲氧基噻唑、2-乙氧基噻唑、苯并噻唑等。

④ 含硫香料　含硫香料在肉味香精中具有举足轻重的地位，除了前面提到的呋喃类含硫香料和吡嗪类香料，下面一些含硫化合物在肉味香精中也是经常使用的。其中包括甲硫醇、甲硫醚、甲基乙基硫醚、丁硫醚、二甲基三硫醚、二丙基三硫醚、烯丙硫醇、甲基烯丙基硫醚、丙基烯丙基硫醚、烯丙基二硫醚、甲基烯丙基二硫醚、丙基烯丙基二硫醚、烯丙基三硫醚、甲基烯丙基三硫醚、丙基烯丙基三硫醚、二丙基硫醚、甲基丙基硫醚、甲基丙基二硫醚、二丙基二硫醚、2-噻吩基二硫醚、3-甲基-1,2,4-三硫环己烷、1,4-二噻烷、2,5-二羟

基-1,4-二噻烷、2,5-二甲基-2,5-二羟基-1,4-二噻烷、己硫醇、1,6-己二硫醇、1,8-辛二硫醇、3-甲硫基丙酸甲酯、3-甲硫基丙酸乙酯、3-甲硫基丙醇、3-甲硫基己醇、3-甲硫基丙醛、四氢噻吩-3-酮、1,3-丁二硫醇、2,3-丁二硫醇、3-巯基-2-丁醇、硫代乳酸、硫代乳酸乙酯、硫代乙酸乙酯、2-吡啶甲硫醇、2-萘硫醇、2-甲基硫代苯酚、2,6-二甲基苯酚、2-甲基四氢噻吩-3-酮、4-甲硫基-4甲基-2-戊酮、三硫代丙酮、α-甲基-β-羟基丙基-α′-甲基-β′-巯基丙基硫醚等。

⑤ 醛、酮类香料　醛类和酮类香料是在肉味香精中应用较多的两类香料，尤其是在鸡肉香精中，常见的有：肉桂醛、2,4-十一碳二烯醛、反,顺-2,6-十二碳二烯醛、2-十二碳醛、反,顺,顺-2,4,7-十三碳三烯醛、正己醛、正庚醛、正辛醛、2-庚烯醛、2-辛烯醛、2-壬烯醛、2-癸烯醛、3-辛烯-2-酮、2,4-庚二烯醛、反,反-2,4-辛二烯醛、反,反-2,6-辛二烯醛、2,4-壬二烯醛、反,反-2,4-癸二烯醛、12-甲基十三醛、2-十三酮。

⑥ 焦糖香型香料　焦糖香型香料是肉味香精中的常用香料，主要有麦芽酚、乙基麦芽酚、甲基环戊烯醇酮、2,5-二甲基-4-羟基-3（2H）-呋喃酮、5-甲基-4-羟基-3（2H）-呋喃酮、酱油酮等。

⑦ 酚类香料　酚类香料是肉味香精尤其是火腿和烟熏类肉味香精常用的香料，其主要作用是提供烟熏香味，其中最重要的是丁香酚、异丁香酚、愈创木酚、苯酚和甲酚，其他还有香芹酚、4-甲基愈创木酚、4-乙基愈创木酚、4-乙烯基愈创木酚、对乙基苯酚、2-异丙基苯酚、4-烯丙基-2,6-二甲氧基苯酚、4-甲基-2,6-二甲氧基苯酚等。

⑧ 其他香料化合物　除了上述各类香料外，肉味香精中常用的香料还有：丁香酚甲醚、异丁香酚甲醚、3,4-二甲氧基乙烯基苯、异丁香酚乙醚、异戊酸、2-甲基己酸、庚酸、4-甲基辛酸、4-甲基壬酸、油酸、甲酸丁香酚酯、甲酸异丁香酚酯、乙酸丁香酚酯、乙酸异丁香酚酯、反-2-丁烯酸乙酯、异戊酸壬酯、辛酸辛酯、2-十一炔酸甲酯、月桂酸甲酯、棕榈酸乙酯、苯甲酸丁香酚酯、苯乙酸愈创木酚酯、苯乙酸异丁香酚酯、4-羟基丁酸内酯、2-甲基-5,7-二氢噻吩并（3,4-d）嘧啶、3-乙基吡啶、4,5-二甲基-2-异丁基-3-噻唑啉、2-乙酰基-2-噻唑啉等。

合理选择加入的合成香料和比例，需要调香师掌握各类合成原料的香味特征。关于常用的肉味香精香原料的香气特征，读者可参考本丛书《香精调配和应用》第二章。

（2）常用的辛香料

在热反应肉味香精中添加辛香料可以拓宽香精的香味范围，赋予香精不同的香味特征。

辛香料可以直接在热反应中使用，也可以提取其油树脂、精油等在热反应后加入。热反应肉味香精中常用的辛香料有：八角茴香、桂皮、丁香、花椒、小茴香、姜、洋葱、大葱、细香葱、大蒜、芫荽、莳萝、香叶、甘牛至、白芷、草果、迷迭香、藏红花、砂仁、肉豆蔻、胡椒、辣椒、芹菜、众香果等。表 10.19 列举了增补肉味香精香味常用的辛香料和它们的主要香成分。

表 10.19　肉味香精中常用的辛香料及其特征性关键香成分

名称	主要香成分
茴香（小茴香）	（E）-茴香脑、小茴香酮
葛缕子	D-香芹酮
莳萝	香芹酮、二氢香芹酮、D-柠檬烯、D-水芹烯
芹菜（香菜）	D-柠檬烯、β-芥子烯、正丁酞内酯

续表

名称	主要香成分
丁香	丁香酚、β-丁香烯、乙酰丁香酚、石竹烯
芫荽	d-芳樟醇
罗勒	甲基黑椒酚、芳樟醇、甲基丁香酚
八角茴香(大茴香,大料)	茴香脑
肉豆蔻(玉果)	α-蒎烯、D-莰烯
白豆蔻	桉叶油素、β-蒎烯、D-柠檬烯、α-蒎烯
桂皮	桂醛
月桂叶	D-芳樟醇、丁香酚、桉叶油素
百里香	百里香酚、香芹酚
千里香(九里香,十里香)	红没药烯、石竹烯、香叶醇、芳樟醇
迷迭香	马鞭草烯酮、1,8-桉叶油素、樟脑、芳樟醇
花椒	花椒油素、D-柠檬烯
众香子(甜胡椒)	丁香酚、甲基丁香酚、异丁香酚、黑椒粉
亚洲薄荷	l-薄荷脑、薄荷酮、乙酸薄荷酯
椒样薄荷	l-薄荷脑、薄荷酮、乙酸薄荷酯、薄荷呋喃
留兰香	L-香芹酮
甘牛至	松油烯、α-松油醇、松油烯-4-醇
水薄荷(大叶石龙尾)	甲基对烯丙基苯酚、大茴香醛
辣椒	2-甲氧基-3-异丁基吡嗪、辣椒素
洋葱	(S)-丙烯基-L-半胱氨酸硫氧化物
大蒜	大蒜素、丙烯基丙基二硫醚、二丙烯基二硫醚
番红花(藏红花)	藏红花醛、松油醇、壬醇、β-苯乙醇
砂仁	乙酸龙脑酯、α-樟脑、D-柠檬烯
草果	反-2-十一烯醛、柠檬醛、香叶醇
姜黄	姜黄酮、姜烯
姜	α-姜烯、β-姜烯、辣姜素
香荚兰	香兰素、对羟基苯甲醇、对羟基苯甲醚

二、常用于热反应香精的风味增强剂

风味增强剂又称增味剂或风味增效剂，加入产品中具有补充或增强产品风味的功能。它们有时也可掩蔽不良的风味，改善产品的口感。食品工业常用的风味增强剂有氨基酸的盐和核苷酸的盐两大类，两类物质中，热反应香精常用的风味增强剂分别是谷氨酸单钠盐、5′-肌苷酸二钠和5′-鸟苷酸二钠。人们发现这三种物质在高品质咸味香精，尤其是肉味香精的整体发展中发挥着重要作用。在需要加香的介质（羹汤、肉汁或者酱汁）与添加的风味增强剂之间存在协同作用，这样会提高最终产品的整体风味和口感。然而，单独使用谷氨酸钠并不能得到肉香味的效果。

（1）氨基酸及其盐

实验证明，某些氨基酸具有增强味觉的效果，这种味觉感受被称为鲜味。大约一个世纪之前，研究者发现了氨基酸的这种作用，在大多数蛋白质中都能发现大量的L-谷氨酸单钠盐，这种物质尤其是在蔬菜蛋白中含量特别高，因此这对它作为风味增强剂很有帮助。从20世纪50年代早期开始，全世界都把氨基酸盐作为食品的增味剂应用于食品工业。

热反应香精中常用的氨基酸的盐是谷氨酸单钠盐（MSG），俗称味精，是L-谷氨酸的单钠盐。它增强风味的功能80余年前已被知晓，大量生产主要采用发酵法。

由于使用广泛，公众和监督管理者担心过度使用谷氨酸钠可能危害食品安全。美国

FDA 已经做过几次对使用谷氨酸钠安全性的审查，但还没有对它的使用采取任何措施。FDA 的政策中谷氨酸钠的拟定用途是安全的，但是由于公众的担心，所以谷氨酸单钠（MSG）必须显示在所有使用它的食品的标签上，但在香精标签上不标。美国农业部和 FDA 的商标要求谷氨酸钠必须标示在产品成分明细中。

（2）核苷酸及其盐

核苷酸及其盐类是一般食物中的另一个组成部分。和谷氨酸钠一样，这些物质也具有鲜味效果。它们不仅比谷氨酸钠的效果更强，而且它们与谷氨酸钠有协同作用，所以将少量的两种材料同时加入食物中，就能得到相同的风味提高效果。核苷酸不仅是很好的风味增强剂，它们还涉及肉风味的实际形成。联合利华的另一个团队，Van den Ouweland 和 Peer（1975 年）对肉化学科学做了重要的补充，他们证明在硫化氢与 4-羟基-5-甲基-3($2H$)-呋喃酮反应时会产生一系列具有肉香味的巯基呋喃和噻吩的衍生物。他们认为二氢呋喃是由核糖核苷酸中核糖-5-磷酸衍生化而来的。有证据显示呋喃也可以来自糖类的热分解。

热反应香精中最常添加的核苷酸盐是 5'-肌苷酸二钠和 5'-鸟苷酸二钠。这两种化合物都是核糖核苷酸，具有相似的结构式。在天然 5'-核糖核苷酸中，只有这两个显示出明显的风味增强性能。它们的二钠盐被用作风味增强剂。5'-肌苷酸二钠和 5'-鸟苷酸二钠是 5'-肌苷酸（肌苷-5'-磷酸，IMP）和 5'-鸟苷酸（鸟苷-5'-磷酸，GMP）的钠盐。鸟苷酸盐的效果是肌苷酸盐的两倍。它们可单独购买，也可以以 1∶1 的肌苷酸盐/鸟苷酸盐的混合物（俗称"I＋G"）出售。它们现在通过发酵或酶解而制备，应用很广。肌苷酸盐/鸟苷酸盐混合物的增味功效远大于 MSG，大概为 50～100 倍。在食品中当它们与 MSG 一起使用时，有确定的协同效应。在热反应香精中加入肌苷酸盐/鸟苷酸盐混合物会有一定的效果。加入很少的量（0.1％～0.5％）就可增加反应香精的风味。

第五节　粉末状热反应香精的制备

一些食品由于介质的要求和加香的需要，希望热反应香精为干燥的粉末状态。制备粉末状热反应香精的思路是将经过热反应制备的香精，或进一步经过香原料和辛香料以及增味剂调配的热反应香精，在适当的载体、抗结剂、乳化剂、抗氧化剂、保护剂和稳定剂等反应型香精附属物的协助下，经过喷雾干燥或托盘干燥工序，制成粉末香精。

1. 喷雾干燥

热反应香精制备完成后，要根据需要和商业销售的目的对混合物进行脱水干燥。脱水干燥是重要的一步，它可以确保原料以有用的、稳定的形式存在。把形成的风味物质与合适的载体混合，这些载体可以是淀粉、淀粉衍生物、食用胶或者是这些原料的混合物。虽然热反应香精在喷雾干燥工序中会再次暴露在高温下，但是喷雾干燥的时间通常很短且温和，还不足以产生其他风味成分。最终得到的香精产品是粉末状的，不易吸湿。一些 HVP 或者盐分含量高的热反应型香精难以干燥，就是因为这些原料的吸湿性。

喷雾干燥的起始成本是相当大的，而且它需要占据工厂很大的工作面积。然而，工作的高效性和对干燥工序的严格控制可以弥补这些缺点。

2. 托盘干燥

托盘干燥法提供了一种不同的干燥方法。因为针对一些热反应香精的天然吸湿性，这种方法是非常有用的。把产品放置在托盘中，托盘放在真空室的加热架上。室内的压力下降，架子的温度上升以除去水分。块状物分散成一种特定尺寸的颗粒，然后包装起来。需要注意的是，这种产品吸湿性非常强，需要在空调房间中处理。例如 HVP 制造商发现这种处理对生产高品质风味特征的 HVP 非常有用。

该工序还可以除去一些不想要的风味，并生成更多有用的特征风味。它不像喷雾干燥法，作为一种分批操作法，这种方法确实存在缺点。它需要对原材料做进一步加工（研磨和定量），然后再包装。

第六节 热反应香精在食品中的应用

热反应香精在食品中的应用非常广泛，可以用在肉、汤、酱料、调味肉汁、调味品、烘焙食品、零食和主菜中。食品服务型行业的发展也提升了市场对于以热反应型香精为基础的咸味基料的需求。这一类香精的制备方法简单，质量可靠，稳定性好，这些优点使得该类香精成功应用于食品行业。在食物的热加工处理过程中，这些香精很有可能控制着食品的风味变化。在加热处理加香产品时，热反应型香精中的前体物质在分配之前就可以使产品的风味发生进一步的变化。热反应型香精还可以使从未经过烧烤的产品具有烧烤风味，或者使从未暴露在高温中的食物具有烘烤风味。总之，热反应香精可以提高、强化或者复制食品的真实风味。表 10.20 总结了多种热反应香精在食品应用中的典型使用量。这些类型香精的特点如下：

热反应香精（PF）：仅通过热反应制备得到的香精，没有进一步添加合成香料、风味增强剂或（和）辛香料的精油、油树脂等成分。

混合香精（CF）：通过添加天然或人工合成的香原料补充热反应香精的头香和香气强度，或添加风味增强剂（谷氨酸钠等），以达到增强效果的热反应型香精。

前体系统（PS）：一种混合原料，热处理时释放香味。

咸味混料（SB）：热反应香精和调味料或中草药的混合物。

表 10.20 各种类型香精在通常应用中的典型使用量 单位：%（质量分数）

应用	推荐用量			
	PF	CF	PS	SB
汤粉	×	0.1～0.5	×	2.0～5.0
灌装汤汁	0.5～2.0	0.1～0.5	0.5～1.0	2.0～5.0
干酱料	×	0.1～0.5	×	1.0～3.0
精制酱料	1.0	0.1～1.0	0.2～0.5	2.0～4.0
干肉汤粉	×	0.1～1.0	×	0.5～1.0
精制肉汤	1.0	0.1～1.0	0.2～0.5	0.2～0.5
零食	×	0.25	×	4.0～8.0
素肉	1.0～5.0	0.2～1.0	0.5	0.5～1.0
重组肉制品	1.0～5.0	0.1～1.0	0.2～0.5	0.5～2.0
饮料	×	0.05～0.25	×	0.01～0.05
焙烤食品	1.0～2.0	0.1～2.0	0.25～1.0	0.05～0.50

1. 汤类中的应用

汤类代表着热反应型香精的一个主要应用。一道好汤的做法就是创造一种热反应型香精的基本方法。把肉、肉汁、调味料、糖、盐和其他食物原料放入一个锅中，加热一段时间，加热过程是我们本节讨论的重点。在食物烹制过程中产生的香精与通过热加工处理产生的香精一样稳定。热反应香精在制汤时可以提高食物的鲜味。生产商通常将热反应香精与药草、香料和风味增强剂结合使用，以生产出高品质汤类产品。

热反应香精的前体物质可以在汤加热之前添加，这样可以在加热或者烹制时同步产生热反应香精。热反应香精可以用来补充商业配方由工序变化或者忽视了某种成分而引起的风味损失。即使生产食品的反应或配方不可能产生嫩煎、烧烤或炙烤香韵，只要使用热反应香精，就会将这些香韵带入最终的产品中，使产品的味道具有明显的"煎、烧、烤"的特征。

干汤料在冲泡时只能完全依靠热反应香精来产生最终产品的香味、口感和品质。它们是由多种干的原料组成的，因此在不添加热反应香精的前提下，本身是没有味道的，因此干汤料中将会大量使用热反应香精赋予汤料特征香味。

2. 调味汁和肉汁中的应用

这些产品对热反应香精的要求与汤料类似，但是它们的使用量相对较大。毕竟调味汁和肉汁是浓缩产品，它们具有很强烈的风味，能给人深刻的印象。大多数调味汁和肉汁有肉的风味特征，而这几乎完全是由于使用了热反应型香精。

3. 零食产品中的应用

咸味零食（以咸味为基础或者大部分是不甜的）的滋味主要依靠调味料和香料，但许多零食也将热反应香精加入其中，得到独一无二的风味。多种多样的天然香精和人工合成香精已经用于零食产品中。培根、牛肉、鸡肉和奶酪的风味配以烧烤、炙烤和碳烤的香韵已成为许多零食中常用的风味。薯条、改良土豆点心、坚果和油炸点心等零食，它们的风味主要是通过添加香精、调味料和风味增强剂来形成的。

4. 其他食品中的应用

多种多样的其他食品，比如素肉、改良肉类产品、饮料和烘焙食品都从使用热反应香精中获益。肉味香精、咸味香精或者焦味香精的特点和品质可以通过热反应香精进行增强。

第七节　美拉德反应的其他应用

除了香料香精领域，美拉德反应在近几十年来一直是食品化学、食品工艺学、营养学、香料化学等领域的研究热点。因为美拉德反应是加工食品色泽和浓郁芳香和各种风味的主要来源，特别是对于一些传统的热加工工艺过程如咖啡、可可豆的焙炒，饼干和面包的烘烤以及肉类食品的蒸煮。另外，美拉德反应对食品的营养价值也有重要的影响，既可能由于消耗了食品中的营养成分或降低食品的可消化性而降低食品的营养价值，也可能在加工过程中生成抗氧化物质而增加其营养价值。对美拉德反应的机理进行深入的研究，有利于在食品储藏与加工的过程中，控制食品的色泽、香味的变化或使其反应向着有利于色泽、香味生成的方向进行，减少营养价值的损失，增加有益产物的积累，从而提高食品的品质。

一、利用美拉德反应赋予食品香味

在食品香气风味中，某些具有特殊风味的食品，一般称之为热加工食品，如烤面包、炒花生、炒咖啡豆等过程所形成的香味物质，其形成的化学机理就是美拉德反应。在酱香型白酒生产过程中，美拉德反应所产生的糠醛类、酮醛类、二羰基化合物、吡喃类及吡嗪类化合物对酱香酒风格的形成起着决定性作用。现按照食品种类的不同，介绍一些食品在加工过程中，因发生美拉德反应而产生的风味。

（1）牛肉风味　形成牛肉风味的很多主要成分已经在 Lawrie1982 年发表的文章中进行了报道：吡咯-$[1,2-\alpha]$-吡嗪、4-乙酰基-2-甲基嘧啶、4-羟基-5-甲基-3-$(2H)$呋喃酮、2-烷基噻吩、3,5-二甲基-1,2,4-三硫环戊烷。

（2）鸡肉风味　熟鸡肉的香味与牛肉的香味有很大不同。正如我们提到的，肉中脂肪部分被烹饪后成为影响最终风味组成的决定性因素。对于鸡肉也是一样的，鸡肉脂肪的分解产物对风味会产生重要的影响。熟鸡肉风味特征的形成很大程度上与(Z)-4-癸烯醛、反-2-顺-5-十一碳二烯醛和反-2-顺-4-反-5-十三碳三烯醛有关。这些化学物质在香精配方中都会用到。尽管不饱和醛具有重要作用，但是其他成分也影响风味。

（3）猪肉风味　猪肉香味与牛肉或者鸡肉的香味有很大的不同。主要的特点是其含硫的香韵。硫胺素的分解对猪肉香味影响很大。3-巯基丙醇、3-乙酰基-3-巯基丙醇、4-甲基-5-乙烯基噻唑等化合物形成了猪肉风味的特点。

（4）培根风味　这方面的早期工作涉及相关产品类型的分析，强调火腿、香肠和熏肉的风味。近来的工作致力于分析炸培根中的挥发物。这些研究已经鉴别出超过 135 种化合物。

烃类、醇类和羰基化合物占已发现的化合物中最大的部分，尽管这些化合物很多都没有培根或肉类的风味或者香味。已经发现的化合物，比如 2-羟基-3-甲基-2-环戊烯-1-酮（对调香师来说可作为甲基环戊烯醇酮）和乙酰丙酰（2,3-戊二酮）提供了培根香韵中较多的焦甜香和黄油味特征。酚类，比如通常在木材烟雾中发现的苯酚、愈创木酚和 4-甲基愈创木酚，已经在熏培根的挥发物中发现。

现在已经在炸培根中发现了 22 种吡嗪，包括 2,6-二甲基吡嗪、三甲基吡嗪和 5,6,7,8-四氢喹喔啉；12 种呋喃，包括 2-正戊基呋喃以及 3 种噻唑，2 种噁唑和 6 种吡咯（包括 2-乙酰基吡咯）。这些化合物在其他肉类的挥发物中也已经被鉴别出来，而且它们是典型的猪肉产物。

（5）烤坚果风味　烤制的坚果和种子的风味特征也来自其前体物质的反应和高温处理。例如，在经过蒸汽蒸馏法处理的芝麻油提取物中已经鉴别出超过 221 种挥发物。

烤种子香味的总体特点，通常被描述为烤香和坚果香，一般对烘烤的条件依赖性很强。风味研究结果表明糠硫醇、愈创木酚、2-苯基乙硫醇和 4-羟基-2,5-二甲基-3$(2H)$呋喃酮等化合物是其最重要的风味成分。炒花生的研究比较详尽，已经有超过 279 种挥发成分得到鉴别。鉴别出的化合物主要类别是吡嗪、硫化物、呋喃、噁唑、脂肪烃、吡咯和吡啶。

（6）咖啡风味　咖啡风味是由烘焙咖啡豆产生的。这些香味物质的产生是由咖啡豆的发酵过程和最后的烘焙条件引起的。从发酵和烘焙过程产生的挥发性风味物质中已经鉴别出超过 1000 种化合物。研究表明这些化合物中的 60～80 种形成了烘焙咖啡的风味特征。在挥发物中发现了大量的吡嗪、醛类、呋喃、酸类和硫醇化合物。在烘焙过程中会形成超过 80 种吡嗪，具有浓烈的绿色蔬菜类气味的 2-甲氧基-3-异丙基吡嗪和 2-甲氧基-3-异丁基吡嗪都存在于绿色未焙炒的咖啡豆中，并且最后促使形成烘焙咖啡香味效果。这些吡嗪和其他由氨基酸与还原糖经美拉德反应得到的吡嗪占烘焙咖啡香味中挥发成分总量的 14%。

甲硫基丙醛对烘焙咖啡香味是必须的。甲硫基丙醛有一种类似烹饪过的马铃薯的香味，但是它可以经过分解形成更不稳定的甲硫醇。由新近烘焙或者研磨的咖啡产生的这种低浓度化合物会产生令人愉悦的香味。来源于含硫化合物的臭鼬香韵很容易让人想起新烘焙的咖啡。

有三种呋喃也被认为对烘焙咖啡香味特征的形成有重要作用。它们分别是 3-羟基-4,5-二甲基-2(5H)呋喃酮、3-羟基-4-甲基-5-乙基-2(5H)呋喃酮和 4-羟基-2,5-二甲基-3(2H)呋喃酮。这些化合物具有焦糖类香味,并且存在于多种经热处理的食物中。

（7）可可/巧克力风味　可可香味的产生是由于发酵过程释放出了氨基酸和糖类以及随后的烘焙过程。我们在可可挥发物中发现的化合物与在咖啡香气中发现的化合物大体上相同。发酵和烘焙条件（时间和温度）对香味特征有着重要的影响。吡嗪类还是其香味的特征物质。在 120~135℃烘焙 15min 会产生最大量的吡嗪类化合物。与咖啡一样,可可和巧克力的香味十分复杂,是由多种化合物共同形成它的整体香味以及风味。

没有报道证实在可可豆中发现胱氨酸或者半胱氨酸,并且唯一的含硫氨基酸——甲硫氨酸的含量相对于发酵后可可豆中其他氨基酸含量处于一个较低的水平。如果存在更多的含硫氨基酸,那么可可就会具有非常不同的香味类型。一种名叫长角豆（St. John's bread）的可可替代物已经能通过使用烘焙的角豆树（槐豆）豆荚进行商业生产。它是生产槐树豆胶的副产物。去除种子的豆荚经过筛选、干燥（烘焙）和粉碎或者研磨制成一种可可类原料,其香味类型与较低品质可可粉相似。

（8）焦糖、糖蜜和蜂蜜风味　焦糖、糖蜜和蜂蜜风味都有一个共同的特征类型,这是由碳水化合物的热分解和重组形成的（糖类的热分解）。其中包括呋喃酮化合物,例如,4-羟基-2,5-二甲基-3(2H)呋喃酮和 2-羟基-3-甲基-2-环戊烯-1-酮,是其香味的主要成分。

（9）面包风味　在烤面包的香气中人们已经鉴别出将近 300 种挥发性化合物。数量最多的杂环类化合物构成香基,其次是醛类和酮类。据报道最具有饼干气味的化合物是 2-乙酰基-1-吡咯。

二、利用美拉德反应控制食品的色泽

美拉德反应在色泽方面应用广泛。酱油、豆酱等调味品中褐色色素的形成也是因为美拉德反应,这种反应也称为非酶褐变反应。大量研究表明,美拉德反应中间阶段产物与氨基化合物进行醛基-氨基反应最终生成类黑精,类黑精是引起食品非酶褐变的主要物质。由此可知,美拉德反应产物是棕色的,反应物中羰基化合物包括醛、酮、还原糖,氨基化合物包括氨基酸、蛋白质、胺、肽。反应的结果是食品颜色加深并赋予食品一定的风味。比如:面包外皮的金黄色、红烧肉的褐色。但是该反应也会使食品中的蛋白质和氨基酸大量损失,如果控制不当,也可能产生有毒、有害物质。

对于咖啡、红茶、啤酒、糕点、酱油等食品,我们希望有颜色,但有时美拉德反应所产生的颜色是我们不希望的。例如:在面包生产中要充分利用美拉德反应,在焦香糖果生产中要有效控制美拉德反应,在调味品加工中要充分利用美拉德反应,使食品在加工后产生非常诱人的金黄色或深褐色,增强人们的食欲。

控制美拉德反应生成色泽的例子也很多,例如在果蔬饮料的加工生产中,常常由褐变导致产品品质劣化,虽然果蔬褐变主要原因是酶褐变,但对于水果中的柑橘类和蔬菜来说,含氮物质的量较高,也往往容易发生美拉德反应而导致褐变,生产中应注意当 pH>3 时,pH 值越高,美拉德反应的速率越快。所以在果蔬饮料加工生产中,在保证正常口感的前提下,应尽可能降低 pH 值,减小美拉德反应的速率。当糖液浓度为 30%~50% 时,最适宜美拉德反应的进行，而饮料生产中，原糖浆的浓度一般恰是这个浓度。因此在配料时，应避免将果蔬原汁直接加入糖浆中。

又如，乳品加工过程中，如果杀菌温度控制得不好，乳品中的乳糖和酪蛋白会发生美拉德反应使乳品呈现褐色，影响乳品的品质。在奶制品加工储藏中，由于美拉德反应也可能生成棕褐色物质，但这种褐变也不是人们所期望的，是食品厂家需要极力避免的。

另外，有些情况下允许美拉德反应的发生，因为它可能是产生风味物质的关键步骤，但其色泽也由美拉德反应产生，所以要控制美拉德反应，使颜色的深浅适宜。比如酱油的生产过程中应控制好加工温度，防止颜色过深。又如面包表皮金黄色的控制，在和面过程中要控制好还原糖和氨基酸的添加量和焙烤温度，防止最后反应过度生成焦黑色。

三、美拉德反应物的功效研究

近年来不断有研究聚焦美拉德反应物的生物活性，包括其抗氧化、促进激素分泌、抗诱变、防癌等功效，拓宽了美拉德反应的应用范围和相关食品的功效价值。

美拉德反应的抗氧化活性是由 Franzke 和 Iwainsky 于 1954 年首次发现的，他们对加入甘氨酸-葡萄糖反应产物的人造奶油的氧化稳定性进行了相关报道。直到 20 世纪 80 年代，美拉德反应产物的抗氧化性才引起人们的重视，成为研究的热点。研究表明美拉德反应产物中的促黑激素释放素，还原酮，一些含 N、S 的杂环化合物具有一定的抗氧化活性，某些物质的抗氧化活性可以和合成抗氧化剂相媲美。Lingnert 等研究发现在弱碱性（pH＝7～9）条件下，组氨酸与木糖的美拉德反应产物表现出较高的抗氧化活性，Beckel、朱敏等先后报道在弱酸性（pH＝5～7）条件下，精氨酸与木糖的抗氧化活性最佳。也有人研究发现木糖与甘氨酸、木糖与赖氨酸、木糖与色氨酸、二羟基丙酮与组氨酸、二羟基丙酮与色氨酸、壳聚糖和葡萄糖的氧化产物有很好的抗氧化作用，可见美拉德反应产物可以作为一种天然的抗氧化剂，但是目前对美拉德反应产物抗氧化活性的研究还不充分，其中的抗氧化物质和抗氧化机理还有待人们进一步研究。

另外，美拉德反应还能够促进胰岛素的分泌，在不添加任何化学试剂的条件下，蛋白质、糖类发生羰氨缩合作用，生成蛋白质-糖类共价化合物。该化合物比原来蛋白质的功能改善很多，不仅无毒，且具有较强的乳化活力和较强的抵抗外界环境变化的能力，扩大了蛋白质在食品和医药方面的应用范围，而且美拉德反应的终产物——类黑精具有很强的抑制胰蛋白酶的作用。现已知，胰蛋白酶在胰脏产生，若此酶被抑制，就会引起胰脏功能的亢进，促进胰岛素的分泌。现已发现含有类黑精的豆酱可作为促进胰岛素分泌的食品，有待用于糖尿病的预防和症状改善。

在产生类黑精的同时，美拉德反应中间体——还原酮类物质及杂环类化合物除能提供食品特殊的气味外，还具有抗氧化、抗诱变等特性。随着科学技术的不断发展，食品工业中广泛应用抗氧化剂是非常必要的，因此深入研究美拉德反应抗氧化、抗诱变、消除活性氧等性能是近年来食品营养学和食品化学领域的热门课题。

综上，热反应香精是一种复杂多样的香精。热反应香精在各种食品中广泛应用，是当今风味化学家主要的创新点和挑战之一。

香料行业从业者还需继续努力，了解热处理时风味形成的机理，以及应用该知识创造新的、更加有用的风味，并确保调香师用来调配香精产品的香原料安全。

第三篇

香料香精的品质
控制与质量评价

香料香精的品质控制与质量评价是香精能够顺利进入市场的必备环节。香精的稳定性会直接影响加香产品的稳定性，因此对香精香料稳定性的控制也是必要的。另外，香精香料的安全性评价是保障消费者安全的坚固堡垒。基于此，笔者在本篇将香料香精的品控环节按照评控气味、评控稳定性和评控安全性三个方面，设置了四章内容。

　　阅读第十一、十二两章内容后，读者能够学会用科学的"香精语言"定性、定量地描述学习、试验和工作时的感官体验，将主观的感官反馈变得客观具体，并且学会根据不同的工作目的科学地选择不同的感官评价试验模型，掌握感官评价流程的正确操作和注意事项，独立自主地进行感官评价活动。这对香料香精产品定位市场推广，满足客户对气味的要求，提高感官评控结果对研发试验的指导意义具有积极作用。

　　第十三章内容主要从香精香料的稳定性入手，解释了重视香精香料稳定性的重要性，以及影响稳定性因素的原因和如何控制稳定性等内容。

　　最后一章则介绍了国内外组织和法规对日用香料香精和食用香料香精的安全性管控。从安全性评价思路入手，重点阐述约束香料香精安全生产的主流标准和法规，并加以引述，读者可以参考引述内容，对试验和工作中所用原料和操作规范加以管理，确保香精香料研发过程的安全性。

≡ 第十一章 ≡

香料香精的感官评价

香料香精的感官评价，是香料香精及其加香产品品质控制的首要环节。产品的加香无非就是为了让消费者对其气味产生欢愉而激起其购买欲，所以对香气和香味的品质进行评价时，人的嗅觉和味觉是最主要的依据。在气味的评定检测中，至今仍没有任何仪器分析和理化分析能够完全替代感官分析，因此要科学地提高感官分析结果的代表性和准确性并为开发产品服务。

感官评价是一种经典的质量检查方法，即凭借人体的感觉器官，如口、鼻、眼等对香精和加香产品进行综合性的鉴别和评价，是一种分析评定气味的重要方法。它不仅是人的感觉器官对香精香料的各种刺激的感知，也是对这些刺激的记忆、对比、综合分析的理解过程。为了使感官评价的原始结果更加可靠和统计分析进行得更快更好，科学家还把仪器分析、化学计量学、心理学、生理学和电子计算机技术与感官评价结合，变成感官评价分析。因此，感官评价需要生理学、心理学和数理统计学等方面的知识，这样才能保证该方法的科学性和可靠性。

感官评价在香料香精中的应用非常广泛，如化妆品香精的选择、香水的市场定位测定、品酒、食品新鲜度的鉴别、食品的香味评价、加香食品的香气香味检验等，其质量标准是大多数产品检验的首要标准，如今感官评价已经成为香精和用香企业评价产品质量的首要手段。

香精感官评价方法的建立和完善，可以为新产品的研发和生产品控提供一种科学的辅助方法。因此，采用正规的方法进行感官评价是至关重要的。本章内容将重点介绍如何用"香精语言"定性定量准确具体地描述评价感受、日用香精和食用香精及其加香产品的感官评价操作，当中包括参与感官评价的环境布置、人员要求和常用的感官评价分析试验方法等内容。

第一节 感官评价的作用和目的

用感官方法来辨香与评香是调香师在识辨、评比、鉴定香精香料及加香制品香气时必不可少的手段和方法。辨香是识辨香气香味，评香是对比或鉴定香气香味。通过辨香和评香，要达到以下几点目的：

① 识辨出被辨评样品的香气特征，如香韵、香型、香气强弱、扩散程度和留香能力等。

除此之外，香精的直冲感、仿真感、圆润和谐感以及连贯性也是感官评价中重要的部分，它们的质量决定了香精的档次。

　　a. 直冲感　即香气冲鼻感，来源于低沸点和挥发性香料强烈的嗅觉感。

　　b. 仿真感　香精要和日常生活食用的食物香味相同或相近，与真实的事物香型一致，否则会令人难以接受。当然复配香型虽然在自然界不单独存在，但由于各种单独的香型在自然界存在，只要调配得令人易于接受即可。

　　c. 圆润和谐感　即香气天然柔和感。

　　d. 连贯性　整个香精的香型要在鼻腔和/或口腔内保持一段时间的一致性，不要出现头香、体香、基香各段香气之间前后断层或不协调的异味等现象。

　　② 对于食用香精的加香产品，感官评价有时需要评价对香精基本味的感受，即包括酸、甜、苦、咸、鲜等，其中鲜味是一种复杂的综合味感，可以增强食物的肉味、口感、温和性、持续性。此外，还要评价香精的化学感官因素对产品的感官影响，化学性感官因素是由香精中的一些化学物质造成的感觉，如涩、辣、刺等。

　　③ 评价食用香精在加香产品中的口感。食用香精最主要的感官特性就是要具有天然扩散饱满的香味，持久性好，回味绵长自然。

　　④ 在香料、香精或加香产品生产企业中，评香人员要对进厂的香料或香精香气做感官评价，并对本厂的每批产品的香气质量进行评定，给出是否合格的结论。

　　⑤ 在调配香精的过程中（包括加入介质后）进行感官评价。比较各个香韵、头香、体香、基香、协调程度、香气或香味强度、留香程度（日用香精更重视）、逼真程度和香味还原度（食用香精更重视）、香气的稳定程度和色泽的变化等，便能通过修改香精配方达到要求。

　　⑥ 通过感官评价，了解某一香料或自己配的香精在加香制品中的香气变化、挥发性和持久程度、变色情况等，则必须将该香料或香精加入加香制品，然后进行观察评比，视加香制品的性质和工艺条件而定，考察一段时间，并尽可能同时做对比试验。

　　⑦ 在仿香和创香工作中，利用感官评价的科学结果，指导调香师有的放矢地修改香精配方，直至达到既定的香气和香味目标。

第二节　用"香精语言"描述香气和香味

　　"香精语言"是香料香精行业内通用的，用于表达对香精和加香产品闻香尝味或使用过程中气味感受的描述性语言。这种语言并不是由权威机构制订并发表，而是根据香料香精从业人员经年累月的感官品评经验，结合业内富有影响力的科学家对香气和香味的分类归纳理论，逐步发展出来的一套描述气味的语言。在香精的世界中使用"香精语言"，能让工作人员互相理解对方对气味的主观感受，即使用相同或类似的词汇，以及相似的逻辑描述香气和香味。"香精语言"能够有效消除一部分因个体差异而产生的歧义，增强气味感受的客观性和准确性，便于调香师细化比较香气和香味之间的差异性，从而得到有效的感官评价感受，进一步增强感官评价对产品研发品控的意义。

一、和"香"有关的概念术语

　　首先，在描述"香"前，有必要对香气及和香气类似称呼的术语进行解释和辨析。人们对日用香精及其加香产品和食用香精及其加香产品的感受器官不是完全相同的，前者仅仅用嗅觉感知，而后者通常在嗅闻后需要食用，即嗅觉和味觉都要感受外界的刺激。因此，关于"香气""香味""气味"和"气息"之间的联系和区别，以及"香型"和"香韵"指的是什么，又有什么联系，值得阐释清楚。正确理解这几个词汇，是调香师感官评价后，能够将自己的感受描述出来的基础。

① 气息　气息是嗅觉器官所感觉到的或辨别出的一种感觉，它可能是令人感到舒适愉快的，也可能是令人厌恶难受的气息，这个术语在英语中相当于"odor"或"odour"。

② 香气　香气是指令人愉快舒适的气息的总称，它是通过人们的嗅觉器官感觉到的，在调香中香气也可以用作香韵或香型的含义。香气这个术语在英语中常用"scent"或"fragrance"或"perfume"等描述。

③ 香味　香味是通过人们的嗅觉器官和味觉器官感觉到的令人愉快舒适的气息和味感的总称，香味这个词在调香中用于描述食用香料或香精香味的特征，在英语中相当于"flavor"或"flavour"。

④ 气味　气味是用来描述某物质的香气和香味的总称，这个术语在英语中相当于"aroma"。

从这四个概念中可以看出，气息和香气，是一种仅仅用嗅觉器官感受到的对象，也就是通常所说的"鼻子闻到的东西"，但不同之处在于，香气仅仅是一种令人愉悦的气息，而令人感到厌恶的气息不可以称为香气，只能叫气息。另外，在香气的基础上，若一个对象能够被嗅觉和味觉器官一同感受时（例如饮用加了甜橙香精的饮料时，嗅觉能够感受到其甜橙样的香气和味道，味觉也能感受到逼真的甜橙味），这样的对象就是香味。而气味，则是香味和香气的总称。

二、用香韵和香型描述香气和香味

明确了调香师日常生活中感知的对象，对于描述香精和加香产品的香气或香味是远远不够的。气味品质的描述不像人们对其他感觉的描述那样直观统一。人类通过五大感觉感知世界的各种刺激。其中从周围得到的信息以表示视觉信息的词语最为丰富，不单有光、明、亮、白、暗、黑，还有红、橙、黄、绿、蓝、靛、紫，更有鲜艳、灰暗、透明、光洁等模糊的形容词，近现代的科学和技术又进一步增加了许多描述光的精确度量词，如亮度、浊度、光洁度、波长等，人们觉得这么多的形容词是足够表达清楚看到的形象的，看到一个事物时要准确地讲述或描述，一般不会有太大的困难。表示听觉信息的词汇也不少，我们很少觉得词不够用。但一般人想要把从香气和香味中得到的信息告诉别人就比较困难了。比如一瓶香水的气味，一般无法通过对方的描述对这种香气有一个具体的感受。有关嗅觉信息的形容词甚至比味觉信息的形容词还缺乏。世界各民族的语言里都经常用味觉形容词来表示嗅觉信息，如甜味、酸味、鲜味等。但是如今已知的有机化合物约200万种，其中约20%是有气味的，没有两种化合物的气味完全一样，所以世界上至少有40万种不同的气味，但这40万种化合物在各种书籍里几乎都只有一句话代表它们的气味：有特殊的臭味。

由于气味词语的贫乏，人们只能用自然界常见的有气味的东西来形容不常有的气味。例如"像烧木头一样的焦味""像玫瑰花一样的香味"等。这样的"借物喻物"的形容仍然是模糊不清的，但基本已能满足日常生活的应用。对于从事香精香料的工作者而言，用这样的形容法肯定是不够的，"像玫瑰花的香味"究竟是什么香味呢？可以用尽量避免类比的描绘，用客观的表达定性定量地描述玫瑰花的香气吗？并且由于生活的地域、经历、习俗等个体因素的多样性，对同一种气味的描述也会不一样，就算感受相同，不同的人会采用不同的"以物喻物"的表述。因此，调香师需要"标准化"的描述词汇和方法，来精确地描述气味，这样传达信息时才不会存在语言障碍。基于此需要，香型和香韵被发展出来，用于具体描绘香气和香味。

① 香韵　香韵是用来描述某一天然香料、香精或加香制品的香气中带有某种香气的韵调而不是整体香气的特征，如玫瑰醇甜、茉莉酮青、动物香香韵、木香韵等。香韵这个术语，在英语中相当于"note"。有时也可用感觉上的特征来表达，如甜、鲜、青香韵等。

② 香型　香型是用来描述某种香精或加香制品的整体香气类型或格调，如某的香气属于花香型、果香型、茉莉型、东方香型、古龙（科隆）型、素心兰型、馥奇型等。香型这个术语，在英语中相当于"type"。

香韵指的是香气（食用香精是香味，下同）中可以用一些形容词归纳为一类的一个部分。从物质的角度看，香韵就是众多构成某种香气的分子中，体现同样或相似香气特征的一类化合物，这些化合物可以被归纳为一个香韵。

香韵的分类可大可小，只要便于调香师叙述的香韵分类都是科学的。例如一支玫瑰香精，调香师可以把它的香气分为醇甜韵、酿甜韵、辛甜韵、玫瑰木青韵、木香韵等；而一支香水香精中，体现玫瑰的香气可能只是其中一个部分，这时为了方便可以把整个玫瑰看作一个香韵，与柑橘果香韵、动物香韵、木香韵、青香韵一起构成香水的香气。若要进一步解剖每一个香韵具体是什么格调，还可以把大香韵进一步细分成若干个子香韵，例如青香韵还可以细分为玫瑰木青韵、叶青韵、草青韵等。至此，一种香水的香气就可以用香韵分门别类地大致勾勒出来了。另外，在叙述一种香气的若干香韵时，有时也可以用"香气"指代香韵，这是一种约定俗成的讲法，在香料香精行业内通用。调配一支香精时常提及的"香气分路"，指的就是组成该香精香气的各个香韵。

香型是香气的一种整体的格调，它一般是若干个香韵组合在一起形成的一种能在生活中直接找到对应物的、人们熟悉的对象。例如古龙香型，它已经是一种人们熟悉的、定型的香水类型，提到古龙香，习惯用香水的人一般都能大致对这种香气有比较统一的印象。古龙香型是由柑橘果香韵、花香韵（当中又由茉莉香韵、橙花香韵、玫瑰香韵、薰衣草香韵等组成）、动物香韵和少量的青香、草香、木香和辛香韵构成。但是香型有时未必是一种香气的整体，例如 20 世纪风靡全球的醛香-素心兰香型香水，就是在已经成熟的素心兰香型的基础上，增加了醛香韵，整体构成了醛香-素心兰这个新的香型。因此对于香型和香韵的关系有时未必是包含与被包含的关系，需灵活使用。

早期的调香师手头可用的材料不多，主要是一些天然香料，而这些香料的每一个品种香气因为香料产地、批次等因素的不同又不能"整齐划一"，所以形容香气的语言仍旧是比较模糊的，比如形容依兰依兰油的香气是"花香，鲜韵"，像茉莉，但"较茉莉粗强而留长"，有"鲜清香韵"而又带"咸鲜浊香""后段香气有木质气息"。利用香韵、香型和一些具象的形容对一些早期的调香师来说已经够了，至少他们看了这样的描述以后，就知道配制哪些香精可以用到依兰依兰油，用量大概多少为宜。但这样的描述，仍使得香气的分辨率停留在香韵阶段，无法进一步精确化香气的描述。

另外，和香型相关的概念——谐香，也经常使用（日用香精领域更常用）。

所谓谐香，是由几种香料在一定的配比下所形成的一个既和谐又有一定特征性的香气，它是香精中体香的基础，谐香这个术语，相当于英语中的"accord"。从香气角度解释，谐香就是一种具有香型意味的香韵，这个香韵是香精中的灵魂、特色一般的存在。从物质角度解释，谐香就是若干个香原料按照一定合适配比调配而成的香基（base）所形成的富有特色的香气。因此，每一种谐香的香气是具有一定特征的，正确理解谐香的概念有助于调香师合理设计配方。

三、用"化合物+香韵、香型"具体描述香气和香味

合成香料出现和大量生产以后，调香师使用的词汇一下子增加了许多，甚至可以形容某种香气香味就像一个单体香料，这是一个很好的形容香气的方式，因为纯净的单体香料香气是非常明确的且一定互不相同（有的单体香料即使香气类似但也有区别），一般不会引起误会。每一个单体香料的香气就是一个与众不同的标尺，而香气的本质就是各种香分子单体的混合物。因此在描述香气时，可以用一系列单体化合物的名称、香气和该化合物的相似程度去定性地完整描述某一种香气。这种描述香气的方式至今仍在调香师的交流中占据主要地位。这种描述还可以拆解、分析香气的化学组成，对调香具有积极的实践意义。

这样的描述方式大大精确和具象化了香气，不同的香料单体虽然香气各不相同，但很多香原料的香气都具有描述某种气息的共性，因此，我们习惯将香料按照香韵或香型归类，每一类香型和香韵代表香气中的某一种特定的韵味和风格，同一种香韵中的各种化合物单体又具体化了香韵中香气的微妙变化。用香韵、香型和香韵香型中的各种化合物去描述一种香气，就会具体、全面而又便于交流。

在调香师的脑海中，自然界各种香气和香味早已分成若干个香型或香韵并以各种单体香原料作为标尺了。调香师由于在调香工作中接触了大量的香原料，当需要评价的对象是玫瑰花香时，他们会倾向于用多少香茅醇、多少香叶醇、多少苯乙醇……来形容玫瑰的醇甜韵；同样地，会用多少乙酸苄酯、多少α-戊基桂醛（或α-己基桂醛）、多少吲哚……来形容作为修饰的茉莉花香香韵。又如，当调香师评价一个香水的香气时，脑海中会先勾勒例如茉莉花香香韵、玫瑰花香香韵、柠檬果香香韵、木香香韵和动物香香韵的大致比例，接着再把这些香韵用例如多少乙酸苄酯、多少香茅醇、多少柠檬油、多少檀香、多少合成麝香来形容，这样对香气的形容不仅具体到位，而且分析了香气的组成，是一种一举两得的香气描述方式。

例如，当调香师评价一款素心兰香水的香气时，他们会仔细嗅闻香气中各个香韵的组成，估计素心兰的香气是由哪些原料组成（如表11.1所示）。

表 11.1　素心兰香精香水配方 单位：g

原料	添加量	原料	添加量
香柠檬油	4.2	乙酸芳樟酯	1.5
柠檬醛	2.2	乙酸松油酯	1
壬醛	0.5	香豆素	3.2
十一烯醛	0.3	乙基香兰素	0.8
肉豆蔻油	4	麝香105	4
羟基香茅醛	2.6	龙涎酮	2
兔耳草醛	0.4	环十五内酯	1
新铃兰醛	3.2	灵猫酮	0.5
橡苔浸膏	2.6	麝香T	0.4

续表

原料	添加量	原料	添加量
香茅醇	0.2	广藿香油	0.5
香叶醇	0.1	乙酰基柏木烯	1.2
苯乙醇	0.1	岩兰草醇	1
苯乙醛二甲缩醛	0.03	岩蔷薇净油	1.2
依兰依兰油	0.1	檀香 208	0.4
小豆蔻油	1.6	赖百当浸膏	0.6
水杨酸苄酯	3	丁香花蕾油	0.3
芳樟醇	4	10%桃醛	5

调香师对这一款香水的香气评价大概会是：头香由柠檬、柑橘的果香组成，并且有明显的辛香韵增强了香气强度（主要是肉豆蔻油一类），然后青香韵有草青（格蓬样的青气），玫瑰木青（芳樟醇一类的原料）贯穿始终，并有苔青样（橡苔）的特征香气。花香部分以茉莉花香韵作为主体，也能感受到玫瑰（主要是醇甜类原料）甜气。木香方面有明显的广藿香的苦味，檀香的甜和柏木的温暖感，后段有明显的豆香和辛甜韵（丁香酚的甜），动物香韵有特征的琥珀香气，除此之外，还有类似环十五内酯的温暖、甜样的麝香等香气。

对香气按照"化合物＋香韵、香型"的原则感官评价，即可大致勾勒出此款素心兰香水的香气轮廓，对组成香气的各个香韵，以及各香韵中主打此香韵格调的原料进行了分析，对照上表，可以发现，这样的感官分析描述可以大致将香气结构及各个不同香韵的特征勾勒出来。

四、头香、体香和基香

头香亦可称为顶香，是对香精（或加香制品）嗅辨中最初的香气印象，也就是人们首先能嗅感到的香气特征，它是香精整体香气中的一个组成部分，一般是由香气扩散力较好的香料所形成，头香这个术语，相当于英语中的"top note"。

体香亦可称为中段香韵，是香精主体香气，每个香精的主体香气都应有其各自的特征，它代表着这个香精的主体香气，体香应是头香之后，立即被嗅感到的香气，而且能在相当长的时间内保持稳定和一致，体香是香精的主要组成部分，在英语中相当于"body note"或"middle note"。

基香亦可称为底香，是香精的头香与体香挥发后，留下的最后的香气，这个香气一般是由挥发性很低的香料或某些定香剂组成，相当于英语中的"basic note"。

对用日用香精调香师来说，日用品香精和其加香产品的头香、体香和基香是关注的重点。和食用香味不同的是，无论是香水，还是化妆品、洗护用品等，人们和它们的香气接触时间很长，从商店里打开瓶盖的第一刻起，到使用完后皮肤或是居室环境内的香气，人们都希望它们的气息能够随着使用时间的延长而保持一定的连贯性、持续性。所以，日用香精的调香师在评价香气时格外注重这三段香气的连贯和持久性。大家都希望调配出来的香精，加入产品中后，能够做到：①头香"先声夺人"，给消费者好的印象，让他们在购买时，用香气吸引消费者；②体香持久，和头香连贯。消费者在使用加香产品时，其香气希望和头香保持一定的连贯性，差别不能太大，并且特征香明显，令人感到舒适；③基香具有一定的定香功能，即使用过加香产品的空间、载体或人体的皮肤表面香气留香时间尽量持久（例如香水香精和化妆品香精、洗护类产品香精对留香的要求就比较高），给消费者一定的回味感。

所以，香气的感官品评原则上都可以将香气分成三大香韵，即头香、体香和基香，然后在不同的时间段用上述"化合物＋香韵、香型"法则评价三段香韵的变化情况。要注意的是，头香、体香和基香并不是完全割裂的三段香韵，它们是连贯而自然过渡的，如果一支香精头香、体香和基香的香气几乎完全不一样，那无疑是一支失败的香精。关于如何协调好三大段香韵，让它们连贯且细腻，读者可阅读本丛书《香精调配和应用》。

头香的香味对加香产品是很重要的。无论是拧开饮料瓶盖时的逼真柑橘果香，还是含入口中的硬糖给人的第一股香味刺激，这对培养消费者对新产品忠诚度是至关重要的，夸张一些说，头香赢，则产品赢。因此，密封的加香食品虽然不注重留香，但"开瓶""开袋"的香气体验感，以及"入口时瞬间的香味体验"和头香和体香的连贯融洽，也决定了食品的香味逼真自然的程度。综上所述，食用香精领域的感官评价应适当从"头体基"香的角度重视香精的香味。

五、香气和香味的常用分类方法

根据"化合物＋香韵、香型"原则描述评香感受是准确进行感官评价的基础，但初学者对香韵和香型的类别品种还是比较生疏。事实上，香气或香味的分类并没有统一的规定。因为不同的调香师主攻的领域不一样，所以不同的领域对香气的分类也各不相同。现介绍一些在日用香精和食用香精领域常用的香气分类法，读者可以根据自己的研习领域选择适宜的分类法记忆香料的香气和香味，并加以描述。

（1）早期的气味分类法

① 林奈分类法　最早期对香气分类贡献较大的是瑞典植物学家林奈（Linnaeus），他把各种香料材料及精油、净油的气味分为 7 大类，即：

a. 芳香的，如香石竹花等；

b. 芬芳甜香的，如百合花、茉莉等；

c. 动物美香的，如麝香、灵猫香等；

d. 葱蒜香的，如大蒜、阿魏等；

e. 羊膻气的，如某些草兰花等；

f. 腐烂气的，如万寿菊、欧莳萝等；

g. 令人作呕的，如烟草花、犀角花等。

这个分类法对当时的调香师来说，有一定的应用价值，但太过简单，后来人们在此基础上提出新的分类法，类别多了一些。

② 李迈尔香气分类法　1865 年，李迈尔（Rimmel）根据各种天然香料的香气特征，将香气分为 18 组，在各组中，用人们比较熟悉的一种香料来代表该组的香气，并列出类似于这组香气的其他香料品种（如表 11.2 所示）。这种分类方法接近客观实际，容易被人们接受，对于天然香料的使用亦有一定的指导意义。李迈尔香气分类法对日用香精的香气分类较为具体，比较适合日用香精领域的从业人员揣摩学习。

表 11.2　李迈尔的香气分类法

组别	香气类别	代表香料	属于同类别的香气
1	薰衣草样	薰衣草	穗薰衣草、百里香
2	玫瑰样	玫瑰	香叶、香茅
3	茉莉样	茉莉	铃兰、依兰依兰、卡南加
4	橙花样	橙花	刺槐、橙叶

续表

组别	香气类别	代表香料	属于同类别的香气
5	晚香玉样	晚香玉	水仙、百合
6	香石竹样	丁香	香石竹、丁香石竹
7	紫罗兰样	紫罗兰	金合欢、鸢尾根
8	薄荷样	薄荷	留兰香、芸香、鼠尾草
9	樟脑样	樟脑	迷迭香、广藿香
10	檀香样	檀香	岩兰草、柏木
11	青香样	香荚兰豆	安息香、苏合香、黑香豆
12	龙涎香样	龙涎香	橡苔
13	麝香样	麝香	灵猫香、麝葵籽
14	茴香样	大茴香	八角茴香、小茴香、芫荽籽
15	辛香样	玉桂	肉桂、肉豆蔻
16	柑橘样	柠檬	香柠檬、甜橙
17	果香样	梨	苹果、菠萝
18	杏仁样	苦杏仁	月桂、桃仁、硝基苯

③ 四香等级分类法　1927 年，克罗克（Crocker）和汉得森（Henderson）把所有的气息都归属于芬芳（甜）、酸、焦、酒腥四大类中，每类气息中按强度分为 9 个等级即从 0～8，最强为 8。他们认为任何气味都具有这四类香气，只是各类的香气强度不同而已。如麝香的香气估定量为 8476，即芬芳（甜）气是 8、酸气是 4、焦气是 7、酒腥气是 6。其他的如苯甲酸苯乙酯 5222，二苯醚 6434，黄樟素 7343，苯乙醇 7423，乙酸苄酯 8445，β-萘乙醚 6123，苯乙酸异丁酯 5523，苯乙酸甲酯 5636，柠檬醛 6645，桉叶油素 5726，正丙醇 5414，苯丙醇 6322，乙酸对甲酚酯 4376，愈创木酚 7584，檀香醇 5221，苯甲酸异戊酯 5322，甲苯 2424，大茴香脑 2377，玫瑰花 6423。

这个分类法很有特点，它对现如今香精评价和记忆香原料香气最大的贡献是，首次提出了香原料单体的香气评价思路，即评价每一个香原料时，将其所有香气感受进行分维，并对每一个维度的感受进行强度评析，这种思路有助于调香师有条理地定量评价香气和记忆香原料的香气和香味。然而，把所有的香气用四个维度的特征香去描述，显然在如今香极大丰富的现状下无法精确得出各种香的"分辨率"，而且具体的数据很难在调香师之间统一起来，所以分类法实际应用不大，但其分维定量的评价思路对评香和积累香气体验具有很强的实操意义。

④ 捷里聂克日用香精香气分类法　捷里聂克（P. Jellinek）于 1949 年在他的《现代日用调香术》一书中，根据人们对气息效应的心理反应，将香气归纳为动情性效应的香气、麻醉性效应的香气、抗动情性效应的香气及兴奋性效应的香气四大类（如图 11.1 所示）。

a. 动情性效应的香气　包括动物香、脂蜡香、汗渍气、酸败气、干酪气、腐败气、尿样气、粪便气、氨气等。概括起来，可用"碱气"（alkaline）、"呆钝"（blunt）来描述。

b. 麻醉性效应的香气　包括玫瑰香、紫罗兰香、紫丁香等各种花香和膏香。总的可用"甜气"（sweet）、"圆润"（mellow）来描述。

c. 抗动情性效应的香气　包括薄荷香、樟脑香、树脂香、青香、清淡气（watery）等。总的可用"酸气"（acidic）、"尖锐"（sharp）来描述。

d. 兴奋性效应的香气　包括除了鲜花以外的植物性香料（如籽、根、叶、茎、树干等）的香气，如辛香、木香、苔香、草香、焦香等。总的可用"苦（干）气"（bitter，dry）、"坚实"（firm）来描述。

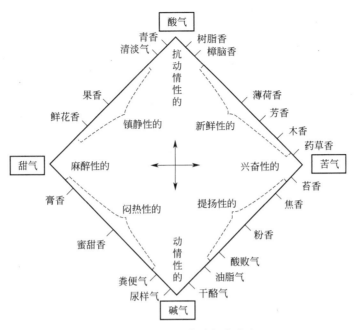

图 11.1　捷里聂克香气分类法

在上述四类香气之间，存在着下列关系：在酸气与苦气之间主要是新鲜性的气息，在苦气与碱气之间主要是提扬性气息，在碱气与甜气之间主要是闷热性的气息，在甜气与酸气之间主要是镇静性的气息。

在捷里聂克香气分类中，不但借用了味觉和触觉来描述，如味觉方面的碱、甜、酸、苦等，还借鉴了触觉方面的呆钝、尖锐、圆润、坚实等描述词汇。而且这四类香气中，有两两对立的香气类别，如酸-碱、尖锐-呆钝，或甜-苦、圆润-坚实，这是其香气分类的特点，也是捷里聂克对如今香气描述工作的最大的贡献：调香师可以借助味觉和触觉的感觉辅助记忆不同香气、香韵的特点，并且用这样的感觉词汇使香气更加具象化。捷里聂克认为自然界所有的香气可以组成一个圈，互相影响，既没有香气的起点，也没有终点，始终可以动态变化。

捷里聂克香气分类虽然对描述香气的词汇有着巨大的贡献，且其香气分类更适用于日用香精的香气评价，但把自然界所有香气分成四类显然不能满足如今调香和评香的要求，例如其提出的兴奋性效应的香气，把草香、木香、苔香和青香等非花香香气分成一类，没有进一步加以区分，这已经无法满足现今的感官评价需要，只有对这四类香气根据环渡规律进一步深入细分，才能满足现代香料香精行业的需求。

⑤ 比斯分类法　在众多香气分类法中，比斯对香气的分类最为有趣。他认为香感和乐感有共通之处，也可分为 A、B、C、D、E、F、G 七种，模仿音阶将香气分为八度音阶。他认为，像杏仁、葵花、香荚兰豆和铁线莲等给人的香感是一样的，所以皆为 D 型，只是香的强度不一样而已，因此其精油可以相互调配。比斯把当时常见的天然香料效仿音阶排列成"香阶"。

比斯通过将香型与旋律的比较，首次用艺术观点提出调香的和谐、协调概念，对懂得音乐又初学调香者有一定的启发。但比斯提出的香阶与实际情况并不能完全一致，协和音未必都能配出芳香气味；反之，不协和音配合成调和香气者亦不在少数。尽管如此，比斯的尝试还是得到了当时多数调香师的肯定和赞许，但他的香气分类理论对现如今香料香精从业人员熟悉、记忆并描述香气的指导意义较为有限，仅能够提供一些香型组合上的思路和建议。

⑥ 乐达食用香料香味分类法　调香师乐达（Lucta）根据主观与客观相统一的原则，把食用香料的香味分成 25 类，它们分别是：水果香（fruity）、柑橘香（citrus）、香草香（vanilla）、奶香（dairy）、辛香（spicy）、野草香（wild-herbaceous）、大茴香（anisic）、薄荷香（minty）、烤香（roasted）、葱蒜香（alliaceous）、烟熏香（smoke）、青香（green）、芳香（aromatic）、药香（medicinal）、蜜糖香（honey-sugar）、香菌-壤香（fungal-farthy）、醛香（aldehydic）、具松果香（coniferous）、海产品香（marine）、橙花香（orange flower）、动物香（animal）、木香（woody）、花香（floral）、烟草香（tobacco）、香茅-马鞭草香（citronclla-vervain）。

⑦ 比洛日用香精香气分类法　1948 年，法国著名调香师比洛（Billot）公布了他的香气分类法。他把香气分成八大类，于 1975 年又增至九类，它们是：花香、木香、田园香、膏香、果香、动物香、焦熏香、厌恶气和可食香。后两种在日化用香精中用途极少，在食用香精中应用较广泛，也用以完善各种香气。现将他的分类及一些代表性的香料或物质选列于表 11.3 中，供读者参考。

表 11.3　比洛香气分类法摘选

组别	香气类别	代表香料
1		花香（floral）
（1）	玫瑰香韵	玫瑰油、玫瑰香叶油、玫瑰草油、玫瑰木油、姜草油、玫瑰醇及其酯类、香叶醇及其酯类、β-苯乙醇及其酯类、四氢香叶醇、顺玫瑰醚、β-突厥酮、邻氨基苯甲酸苯乙酯
（2）	茉莉香韵	茉莉净油、依兰依兰净油、乙酸苄酯、α-戊基桂醛、α-己基桂醛、茉莉酮类、茉莉酮酸甲酯、吲哚、茉莉酯
（3）	风信子香韵	风信子净油、苯乙醛、对甲酚甲醚、苯丙醛
（4）	紫（白）丁香香韵	紫（白）丁香花净油、铃兰净油、α-松油醇、羟基香茅醛
（5）	橙花香韵	苦橙花油、苦橙叶油、邻氨基苯甲酸甲酯、甲基萘基甲酮
（6）	晚香玉香韵	晚香玉净油、水仙净油、黄水仙净油、黄兰净油、忍冬花净油、百合花净油、十一烯醛、十二醛
（7）	紫罗兰香韵	紫罗兰花净油、金合欢花净油、含羞花净油、鸢尾净油、胡萝卜籽油、α-紫罗兰酮、β-紫罗兰酮、甲基紫罗兰酮
（8）	木樨草香韵	木樨草净油、癸炔羧酸乙酯
2		木香（woody）
（1）	云杉-冷杉香韵	胡椒油、百里香油、云杉叶油、冷杉叶油
（2）	檀香香韵	东印度檀香油、柏木油、愈创木油、香脂檀油、檀香醇及其乙酸酯、柏木醇及其乙酸酯、岩兰草醇及其乙酸酯、乙酸对叔丁基环己酯
（3）	丁香香韵	香石竹净油、烟草花净油、丁香油、中国肉桂油、斯里兰卡玉桂油、玉桂叶油、肉豆蔻衣油、肉豆蔻油、众香子油、广藿香油、丁香酚、异丁香酚、丁香酚乙酸酯、异丁香酚乙酸酯、桂醛
3		田园香类（rustic）
（1）	薄荷脑香韵	亚洲薄荷油、椒样薄荷油、胡薄荷油、薄荷酮、薄荷脑
（2）	樟脑香韵	迷迭香油、白千层油、小豆蔻油、甘牛至油、香桃木油、鼠尾草油、意大利柏叶精油
（3）	药草香韵	新刈草净油、罗勒油、洋甘菊油、芹菜油、薰衣草油、杂薰衣草油、穗薰衣草油、香紫苏油、大齿当归（独活）油、欧芹油、艾菊油、百里香油、苦艾油、水杨酸异戊酯、大茴香酸甲酯
（4）	青香香韵	紫罗兰叶净油、龙蒿油、庚炔羧酸甲酯、庚炔羧酸异戊酯、龙葵醛及其二甲缩醛、苯乙醛二甲缩醛、顺-3-己烯醛、叶醇及其甲酸/乙酸/水杨酸酯、2,6-壬二烯醛及其二乙缩醛

组别	香气类别	代表香料
(5)	地衣香韵（包括壤香香韵）	橡苔净油、树苔净油、香薇净油、异丁基喹啉、3-壬醇、庚醛甘油缩醛
(6)	荚豆香韵	甲基庚烯酮
4		青香类（balsamic）
(1)	香荚兰豆香韵	香荚兰豆净油、安息香树胶树脂、葵花净油、香兰素、乙基香兰素
(2)	乳香香韵	没药香树脂、乳香香树脂、防风根油、秘鲁香膏、吐鲁香膏、苏合香树脂、白芷油、意大利柏叶净油、乙酸桂酯、苯甲酸桂酯、桂酸苄酯、桂醇
(3)	格蓬香韵	白菖蒲油、格蓬油、格蓬香树脂
(4)	树脂香韵	松脂、松针油、乙酸龙脑酯、银枞叶油
5		果香类（fruity）
(1)	柑橘皮香韵	香柠檬油、芫荽籽油、柠檬草油、白柠檬油、甜橙油、香橼油、圆柚油、柠檬油、橘子油、苦橙油、防臭木油、柠檬醛及其二甲缩醛、癸醛、甲酸芳樟酯、甲酸松油酯、二氧月桂烯醇
(2)	醛香香韵	脂肪族醛类（$C_7 \sim C_{12}$）
(3)	杏仁样香韵	苦杏仁油
(4)	茴香香韵	八角茴香油、茴香油、大茴香脑
(5)	果香香韵	γ-十一内酯、乙酸苯乙酯、乙酸异戊酯、乙酸异丁酯、γ-壬内酯、己酸烯丙酯、对甲基-β-苯基缩水甘油酸乙酯、丁酸香叶酯、丁酸苯乙酯、丙酸异丙酯、2,6-二甲基-5-庚烯醛
(6)	巧克力香韵	可可豆
6		动物香类（animallic）
(1)	麝香香韵	麝香、广木香净油、云木香油、白芷净油、酮麝香、二甲苯麝香、三甲苯麝香、麝香酮、十五内酯、环十五酮、麝香 T、萨利麝香、芬檀麝香、佳乐麝香、麝香 R-1、10-氧杂十六内酯
(2)	海狸香香韵	海狸香、皮革香
(3)	甲基吲哚香韵	灵猫香、灵猫酮、甲基吲哚、对甲基四氢喹啉、苯乙酸、苯乙酸异戊酯
(4)	海洋香韵	海藻净油
(5)	龙涎琥珀香韵	龙涎香、麝葵籽油、岩蔷薇净油、岩蔷薇浸膏、降龙涎香醚
7		焦熏香类（empyreumatic）
(1)	烟熏香韵	桦焦油、精制刺柏焦油、杜松油、Millard 反应衍生物
(2)	烟草样香韵	烟叶净油、黄香草木樨净油、黑香豆净油

比洛香气分类法在调香界较易被接受，有较好的实用效果。他的香气分类虽然不多，但常用的基本香气类别都基本包含在内，其中，以日用香精的涵盖更全面，食用香味部分还可以再扩充，因此，该分类法值得日用调香师研究学习，同时也值得食用调香师在感官评价和调香时参考。

比洛香气分类法把每一个大香韵具体分成了特征各异的小香韵，并用常见典型的香原料记忆这一香韵的特征，这样的学习方式类似于笔者提出的"化合物＋香韵、香型"描述香气法，值得每一个香料香精初学者学习，无论是记忆香原料的香气香味，还是评价香精的气味，这样清晰的思路有助于帮助从业者建立自己的"香气感受库"。

此外，比洛还补充说明："粉香"（powdery）可与有关的木香、根香、龙涎琥珀香或药草香的香料香气联系起来；地衣香与蜜香可与膏香、香薇香、苔藓香相联系。再者从表 3.3 中可以看出，对同一种香料植物，由于加工工艺不同，所得香料制品的香气类别则有所差别，如意大利柏叶精油（水蒸气蒸馏法）的香气归入田园类中的樟脑香韵，而其净油（浸提法）则归入膏香类中的乳香韵；又如白芷精油归入乳香香韵，而其净油则归入动物香类的麝香香韵中。

（2）目前常用的气味分类方法

科学家和调香师们撷取前人香气和香味分类思路的精华，并结合每个子类的特征化合物，对于不同领域（主要是日用和食用）的香气和香味进行了更实用的分类。这些分类方法对调香师记忆香气香味和学会用"香精语言"描述感官评价将更具价值。

① 奇华顿公司日用领域香气分类法　奇华顿（Givaudan）公司受林奈香气分类法的影响，在此基础上，将常用的合成香料和单离香料归入 40 个日化香精的香型中（见表 11.4）。此分类法的意义是将调香最常用的单体香料根据香型的不同进行了分类，方便调香师记忆香气。该分类法较适合日用香料香精领域的香气感官评价。

表 11.4　奇华顿公司的香气分类法

香气类别	代表性香料
刺槐花（acacia）香型	大茴香醛、大茴香醇、对甲氧基苯乙酮、邻氨基苯甲酸甲酯
金合欢花（cassie）香型	鸢尾酮、紫罗兰酮类、乙酸大茴香酯、庚炔羧酸甲酯
银白金合欢（mimosa）香型	金合欢醇、甲基壬基乙醛、二苯甲酮、2,4-二甲基苯乙酮
香石竹（carnation）香型	丁香酚、异丁香酚、甲基丁香酚、甲基异丁香酚、乙酸丁香酚酯、乙酸异丁香酚酯
素心兰（chypre）香型	水杨酸异戊酯、乙酸芳樟酯、香豆素
三叶草（clover）香型	水杨酸异丁酯、苯甲酸异丁酯、苯甲酸异戊酯
兔耳草（cyclamen）香型	兔耳草醛、铃兰醛、羟基香茅醛
栀子花（gardenia）香型	乙酸苯乙酯、乙酸苯基甲基原酯、邻氨基苯甲酸苯乙酯
晚香玉（tuberose）香型	羟基香茅醛、甲基大茴香酯、甲基苄酯
玫瑰（rose）香型	玫瑰醇、香茅醇、香叶醇、苯乙醇、结晶玫瑰（乙酸三氯甲基苯基原酯）
茉莉（jasmin）香型	乙酸苄酯、芳樟醇、乙酸芳樟酯、茉莉酮、苄醇、吲哚、α-戊基桂醛、邻氨基苯甲酸甲酯
依兰依兰（ylang ylang）香型	香叶醇、芳樟醇、松油醇、乙酸苄酯、苯甲酸乙酯
香罗兰花（wallflower）香型	大茴香醛、洋茉莉醛、对甲酚甲醚
风信子（hyacinth）香型	桂醇、苯乙醛、龙葵醛、苯甲醛、铃兰醛、异丁酸苄酯
忍冬花（honeysuckle）香型	洋茉莉醛、甲基-β-萘基原酮、邻氨基苯甲酸甲酯
葵花（heliotrope）香型	香兰素、香豆素、大茴香醛、洋茉莉醛、桂酸苄酯
山楂花（hawthorn）香型	苯甲醛、苯乙醛、铃兰醛、大茴香醛
香豌豆花（sweetpea）香型	苯乙醛、甲基壬基乙酮、庚炔羧酸甲酯、水杨酸异戊酯
山梅花（syringa）香型	甲基-β-萘甲酮、甲基紫罗兰酮类、苯乙酮
橙花（orange flower）香型	橙花醇、橙花叔醇、橙花酮、β-萘甲醚、β-萘乙醚
苦橙花（neroli）香型	辛醇、辛醛、β-萘甲醚、橙花醇、橙花酮
丁香（lilac）香型	松油醇、大茴香醇、苯乙醇、羟基香茅醛、苯乙醛、乙酸大茴香酯、苯乙二甲缩醛
铃兰（lily of the valley）香型	铃兰醛、兔耳草醛、羟基香茅醛、洋茉莉醛、金合欢醇
草兰（orchid）香型	水杨酸异丁酯、水杨酸异戊酯、苯甲酸乙酯、苯甲酸异戊酯、壬醛
水仙花（narcissus）香型	丙酸桂酯、桂酸乙酯、乙酸对甲酚酯、苯乙酸对甲酚酯、桂醇
长寿花（jonquil）香型	乙酸苄酯、苯甲酸苯乙酯、羟基香茅醛、龙葵醛、桂醇
薰衣草（lavender）香型	乙酸芳樟酯、甲基香茅醛、芳樟醇、乙基戊基甲酮
木樨草花（mignonette）香型	紫罗兰酮类、金合欢醇、水杨酸苄酯、庚炔羧酸甲酯
菩提花（linden）香型	芳樟醇、松油醇、金合欢醇、大茴香酸乙酯
广玉兰花（magnolia）香型	玫瑰醇、羟基香茅醛、α-戊基桂醛、洋茉莉醛
紫罗兰（violet）香型	紫罗兰酮类、甲基紫罗兰酮类、鸢尾酮类、苄基异丁香酚
香叶（geranium）香型	香茅醇、香叶醇、二苯醚
馥奇（fougere）香型	甲基乙基甲酮、苯乙酮、水杨酸异戊酯、香豆素
新刈草（new-mown hay）香型	苯乙酮、对甲氧基苯乙酮、乙酰基异丁香酚
蜜香（honey）香型	苯乙酸乙酯、苯乙酸香叶酯、苯乙酸苄酯、苯乙酸
鸢尾（orris）香型	鸢尾酮、紫罗兰酮、十四酸乙酯、荜茇醛
马鞭草（verbena）香型	柠檬醛、羟基香茅醛、苯甲酸异丁酯
松木（pine）香型	乙酸龙脑酯、甲酸龙脑酯、龙脑
琥珀（amber）香型	黄葵内酯、葵子麝香、酮麝香
灵猫（civet）香型	甲基吲哚、吲哚、水杨酸异戊酯

② 国外某香精公司香气特征分类法 基于比洛香气分类思路，即通过特征香气香味化合物定义香气的分类，国外某著名香料香精企业对现有常见香气味进行整合和分类，将纷繁复杂的香世界分为 23 个大类，每一类中用若干个化合物界定该香气大类，其中每一个特征香气味化合物又代表了该大类中的不同风格。该方法使企业中有关评香语言标准化，便于交流。同时，该法则明确用化合物定义了每一香韵大类中相似但不同的香气香味风格，使得感官评价变得客观具体。例如在评价某香味时，可以用"有明显的柠檬香，但风格偏向于丁酸香茅酯的感觉，又同时带有橙花醇样的新鲜感"的表述，把什么样的柠檬香和什么样的新鲜感具体体现出来，这也和笔者在本章中倡导的用"化合物＋香韵、香型"描述气味感受的原理是一致的，这就是该描述法的具体体现，更具优越性：化合物的"标尺感"更加清晰明确。

该分类法则涵盖日用和食用领域，因此对两类香料香精从业人员均适用。具体分类内容详见表 11.5。

表 11.5 国外某香精公司香气特征分类法

序号	类别	特征化合物
1	龙涎香（ambergris）	葵子麝香、12-氧杂十六内酯（麝香 R-1）
2	大茴香（anises）	大茴香醛、大茴香醇、大茴香脑、甲酸茴香酯、乙酸茴香酯
3	醛香（aldehyde）	庚醛、壬醛、辛醛、癸醛、月桂醛、甲基壬乙醛
4	动物香（animal）	吲哚、3-甲基吲哚
5	香脂（balsam）	乙酸桂酯、桂醇、桂酸甲酯、桂酸乙酯、柳酸异戊酯、柳酸丁酯
6	木香（woody）	乙酸柏木酯、柏木脑、乙酸香根酯、香根醇、紫罗兰酮系列、甲基紫罗兰酮系列
7	柠檬香（lemon）	柠檬醛、香茅醛、乙酸香茅酯、丁酸香茅酯
8	辛香（spicy）	桂醛、丁香酚、异丁香酚、甲基丁香酚、甲基异丁香酚
9	叶青（leaf-green）	苯丙醇、苯乙醛、乙酸二甲基苄基原酯、二甲基苄基原醇、辛炔羧酸甲酯、二苯醚
10	新鲜感（fresh）	羟基香茅醛、橙花醇、香叶醇
11	花香（floral）	芳樟醇、松油醇
12	果香（fruity）	乙酸戊酯、甲酸戊酯、苯甲酸戊酯、桂酸戊酯、椰子醛、桃醛、杨梅醛
13	茉莉花香（jasmine）	甲酸苄酯、乙酸苄酯、桂酸苄酯、苯乙酸苄酯、柳酸苄酯、α-戊基桂醛
14	薰衣草香（lavender）	乙酸松油酯
15	蜜甜香（honey）	苯乙酸、苯乙酸乙酯、苯乙酸芳樟酯
16	薄荷香（minty）	薄荷脑
17	麝香（musky）	酮麝香、二甲苯麝香
18	水仙花香（narcissus）	甲基对甲酚、乙酸对甲酚酯、苯乙酸对甲酚酯
19	橙香（orange）	邻氨基苯甲酸甲酯、N-甲基邻氨基苯甲酸甲酯、乙酸芳樟酯、苯甲酸芳樟酯、檀香醇、β-萘甲醚、β-萘乙醚
20	玫瑰花香（rose）	香茅醇、香叶醇、玫瑰醇、乙酸香叶酯、乙酸玫瑰酯、对甲氨基酚
21	玫瑰叶香（rose leaf）	苯乙醇、乙酸苯乙酯、苯甲酸苯乙酯
22	玫瑰果香（rose fruity）	甲酸玫瑰酯、甲酸香叶酯、丙酸玫瑰酯、丁酸香叶酯、苯乙酸玫瑰酯、苯甲酸玫瑰酯、苯甲酸香叶酯
23	香荚兰香（vanilla）	香兰素、乙基香兰素、洋茉莉醛、香豆素

③ Clive 分类法 化学家 Clive 将常见的香气分为 38 类，并给出了每类香气的代表性物质。该分类法包含了食用和日用两类香料的香气（如表 11.6 所示）。该分类法对食用领域的香气和香味分类较为深入，虽然日用的香气有所涉及（如提到了部分花香），但相当不完整，因此该分类法更适用于食用香味领域。

表 11.6 Clive 分类法

序号	香气类型	代表性香气物质
1	酸香(acidic)	甲酸、乙酸
2	葱蒜香(alliaceous)	二烯丙基二硫醚、异硫氰酸烯丙酯
3	杏仁香(almond)	苯甲醛
4	氨气香(ammoniacal)	氨、环己胺
5	大茴香(aniseed)	大茴香脑
6	芳香(aromatic)	苯甲醇
7	焦香(burnt)	吡啶
8	樟脑香(camphoraceous)	桉叶油素
9	可可香(cocoa)	苯乙酸异丁酯
10	孜然香(cumin)	枯茗醛
11	食品香气(edible)	麦芽粉、乙偶姻、2-异丁基噻唑、2-乙酰基吡啶
12	轻飘气息(ethereal)	乙醚
13	粪便气息(fecal)	吲哚、3-甲基吲哚
14	鱼腥味(fishy)	三甲胺
15	果香(fruity)	苯甲酸乙酯、γ-十一内酯
16	风信子香(hyacinth)	肉桂醇
17	茉莉花香(jasmine)	顺式茉莉酮
18	百合花香(lily)	羟基香茅醛
19	麦芽香(malty)	异丁醛
20	薄荷香(minty)	左旋香芹酮
21	麝香(musky)	佳乐麝香
22	油气息(oily)	十六烷、十六酸乙酯
23	橙花香(orange blossom)	邻氨基苯甲酸甲酯、β-萘甲醚
24	氧化剂气息(oxidizing)	臭氧
25	酚气息(phenolic)	苯酚、邻甲苯酚
26	腐烂气息(putrid)	二甲基硫醚
27	尖刺气息(pungent)	甲醛
28	玫瑰香(rose)	2-苯乙醇
29	性气息(sexual)	雄甾烯醇
30	精液气息(spermous)	1-吡咯啉
31	辛香(spicy)	肉桂醛
32	汗气息(sweaty)	异戊酸
33	甜香(sweet)	香兰素
34	尿气息(urinous)	雄甾烯酮
35	紫罗兰香(violet)	α-紫罗兰酮
36	木香(woody)	乙酸柏木酯
37	青香(green)	苯乙醛二甲缩醛
38	柑橘香(citrus)	柠檬醛

④ 适用于食用和日用领域的实用分类法 已经公布的日用调香师对香气的分类法比食用调香师对香气的分类法多得多,在此介绍一种日用调香师、葡萄酒品酒师、品茶师、咖啡品尝师、食用调香师和食品技术人员公认的香气分类法,这种分类方法不但对香气进行了分类,并且将香气按相似度进行了排序,还给出了某些相邻香气相似度的数值。这种分类方法将香气分为 60 类,见表 11.7。

表 11.7 香气序列及其相似度

序号	名称	相似度	
1	苦杏仁(bitter almond)		
2	坚果(nut)		
3	香蕉(banana)	0.40	
4	菠萝(pineapple)		

续表

序号	名称	相似度		
5	苹果（apple）	0.11	0.13	
6	醚样（ethereal）			
7	白兰地（brandy）	0.25		
8	葡萄酒（wine）			
9	葡萄（grape）			
10	柑橘（citrus）			
11	醛样（aldehydic）			
12	蜡样（wax）			
13	脂肪（fat）			
14	黄油（butter）	0.29		
15	奶油（cream）			
16	根（root）	0.13		
17	苔藓（moss）			
18	皮革（leather）			
19	壤香（earth）	0.25		
20	蘑菇（mushroom）			
21	硫黄样（sulfury）			
22	果香（fruity）		0.25	
23	花香（floral）	0.26		
24	青香（green）			
25	茶香（tea）	0.23		
26	金属样（metallic）			
27	天竺葵（geranium）			
28	茉莉花（jasmine）	0.09		
29	丁香花（lilac）			
30	茴芹（anise）			
31	铃兰（lily of the valley）			
32	橙花（orange blossom）	0.10		
33	含羞草（mimosa）			
34	紫罗兰（violet）			
35	玫瑰（rose）	0.17		
36	蜜香（honey）			
37	龙涎香（ambergris）	0.13		
38	霉味（musty）			
39	动物香（animal）	0.21		
40	麝香（musk）			
41	檀香（sandalwood）			
42	粉香（powder-like）			
43	百合花（lily）			
44	木香（woody）			
45	松林香（piney）			
46	樟脑（camphor）	0.33		
47	薄荷（mint）			
48	干草香（hay）			
49	烟草香（tobacco）	0.31		
50	烟熏香（smoke）			
51	焦油（tar）	0.21		
52	药香（medicinal）			
53	酚香（phenolic）			

续表

序号	名称	相似度	
54	芳香（aromatic）		0.10
55	药草香（herbal）	0.21	
56	辛香（spicy）		
57	胡椒香（pepper）		
58	香脂香（balsamic）	0.18	
59	香草香（vanilla）		
60	焦糖香（caramel）		

该分类法对香气和香味的分类较为细致，不仅对日用香精和食用香精的调香和评香都具有实际操作层面的积极意义，而且它最大的意义在于提出了香气类别之间的差异性大小关系，这比"香味轮理论"和叶心农的"环渡理论"更进一步，使人们能够量化感受并有效记忆不同香气之间的差异。

⑤ 叶心农日用香精香气分类法　世界上对香气的分类方法有很多种，不同的分类方法各有千秋。我国调香专家叶心农经过长期的调香实践，结合捷里聂克香气分类中的"香气是可以过渡"的理论，对日用香精香气进行了分类。这种分类方法在我国日用香精调香师的日常交流中是实用的。即从日用香精调香接触到的香气入手，结合各类香气间的区别和联系，先将日用香料的香气划分为花香和非花香两大类。花香方面又分为四个正韵（清、甜、鲜和幽）和这四个香韵两两组合的四个双韵；在非花香方面分为十二类并分别排列出花香型辅成环和非花香型辅成环（如图 11.2 所示），用以说明它们之间的前后联系（环渡）的意义。

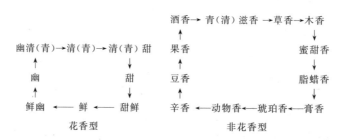

图 11.2　香韵辅成环及环渡示意图

a. 花香香气分类　常见的 35 种花香归属于 8 个香韵。

清（青）韵-正香韵：以梅花（prunus）为代表，归入本香韵的香花还有山楂花（hawthorn）、薰衣草花（lavender）、菊花（chrysanthemum）、洋甘菊（chamomile）等。

清（青）甜香韵-双香韵：以香石竹花（carnation）为代表，归入本香韵的香花还有丁香花（clovebud）等。

甜韵-正香韵：以玫瑰花（rose）为代表，归入本香韵的香花还有月季花、蔷薇花（rosaceae）等。

甜鲜香韵-双香韵：以风信子（hyacinth）花为代表，归入本香韵的香花还有栀子花（gardenia）、忍冬花（honeysuckle）等。

鲜韵-正香韵：以茉莉花（jasmin）为代表，归入本香韵的香花还有玳玳花（daidai）、橙花（neroli）、白兰花（michelia）、依兰依兰花（ylang ylang）、树兰花（aglaia）等。

鲜幽香韵-双香韵：以丁香花（lilac）为代表，归入本香韵的香花还有铃兰花（lily of the valley）、兔耳草花（cyclamen）、广玉兰花（magnolia）等。

幽韵-正香韵：以水仙花（narcissus）为代表，归入本香韵的香花还有黄水仙花（jonquille）、晚香玉花（tuberose）等。

幽清（青）香韵-双香韵：以金合欢花（cassie）为代表，归入本香韵的香花还有紫罗兰花（violet）、桂花（osmanthus）、本草花（reseda）、银白金合欢花（俗称含羞花）（mimosa）、刺槐花（acacia）、葵花（heliotrope）、甜豆花（sweet pea）、香罗兰花（wallflower）等。

b. 非花香香气分类　非花香分为12个香韵。

青（清）滋香韵：植物的青绿色彩，常常有清凉爽快的青滋气息，犹如人们在青色草原旷野间，阵风吹来，闻到的一种新鲜清爽的绿叶气息。这种绿叶的青气，统称为青滋香韵。草本植物中紫罗兰叶片的青滋气，在调香应用中曾是最名贵的青滋香，是天然叶青的代表。在合成香料中以顺-3-己烯醇、顺-3-己烯醛、2,6-壬二烯醇、2,6-壬二烯醛或羧炔酸酯类为代表。橡苔中的青香称为苔青，其品级不及前者。

树木青翠的枝叶和树干，也有青滋香，但其中有自"青"转为"清"（花香韵）者，例如苦橙叶、玳玳叶、白兰叶、玫瑰木等，这些精油中的主要香成分常为芳樟醇、橙花醇及其衍生物。此类青滋气可概称为木香。

此外，木本中的松针、柏叶、桉叶，草本中的薄荷等，虽也是自绿色部分中提取青滋气香料，但这些精油中含有较多的蒎烯、龙脑、乙酸龙脑酯、桉叶素、薄荷脑、薄荷酮等，在它们的青滋气中凉气突出，是一种凉清之香。这种青滋气虽品级不高，在调香处方中用量甚微，但有时却是不可不用的品种。

青滋香是非花香韵辅成环中的一个起点，可以说人们日常生活中常接触到的青香香气大多可由青滋香演变而来。

尚有一些植物的绿色部分，不是以青滋香为主，而是专有的青草之气。从香气角度而言，青草之香与青滋香是有区别的，所以我们可从青滋香过渡到草香这一环。

青（清）滋香的典型香原料有：大茴香醛、大茴香醇、松油醇、乙酸松油酯、乙酸二甲苄基原酯、二甲基苄基原醇、芳樟醇、乙酸芳樟酯、甲酸香叶酯、乙酸香叶酯、羟基香茅醛、苯乙醛、苯乙醇、乙酸甲基苯基原酯、庚炔羧酸甲酯、辛炔羧酸甲酯、二氢茉莉酮酸甲酯、甲酸香茅酯、乙酸香茅酯、乙酸苯乙酯、苯乙二甲缩醛、兔耳草醛、桉叶素、乙酸龙脑酯、龙脑、薄荷脑、α-戊基桂醛、α-己基桂醛、乙酸苄酯、甲酸苄酯、α-戊基桂醇、叶醇、四氢芳樟醇、2,6-壬二烯醛、苯甲酸芳樟酯、邻氨基苯甲酸芳樟酯、丙酸苯乙酯、乙酸大茴香酯、甲基壬基甲酮、甲酸己酯、甲酸庚酯、乙酸己酯、乙酸庚酯、甲酸芳樟脂、甲基己基甲酮、薄荷酮、丁酸苯乙酯、异戊酸苯乙酯、蒎烯、甲酸玫瑰酯、乙酸二甲基苯乙基原酯、四氢香叶醇、女贞醛等等。此处还有紫罗兰叶净油及浸膏、橡苔浸膏、橙叶油、白兰叶油、玫瑰木油、松针油、芳樟油，薄荷油、桉叶油、杜松籽油、玳玳叶油、柏叶油、留兰香油等。

草香韵（包括芳草香和药草香）：植物绿色部分的香气，除具有上述清爽的青滋香外，还带有青涩草香（芳草香或药草香）。芳草香多指茎叶在青鲜时的草香，药草香多指茎叶在干枯时的草香。例如香茅、柠檬桉叶，因其中含有较多的香茅醛青涩的青草香气，它们属于芳草香。例如迷迭香，则属于药草香而不是一般的青草气，这类草香香气，在调香配方中，如使用得当，可以取得犹如在旷野间嗅到的大自然的气氛。

有些草本植物在枯干之后，其叶茎或茎根中却带有干的或干甜的木香，如甘松、缬草等，这种由草香渐渐转变为木香的联系，使得草香能环渡到木香。

草香（包括芳草香和药草香）的典型香原料有：香茅醛、苯乙酮、二苯甲烷、β-萘乙醚、β-萘甲醚、水杨酸丁酯、水杨酸异戊酯、异薄荷醇（芳草香）、香荆芥酚、百里香酚、水杨酸甲酯、水杨酸乙酯、苯甲酸乙酯、苯甲酸甲酯等（药草香）。

还有香茅油、柠檬桉油、迷迭香油、甘松油、缬草油、鼠尾草油（芳草香）、乌药叶油、百里香油、苍术硬脂、菖蒲油、姜黄油、冬青油、地塘香油、白樟油等（药草香）。

木香韵：植物青绿时的香气，在青色变黄枯后，会转为带有干或干甜之气，有木香格调。木香的主要本质就是有甘甜木香香气。如檀香木、柏木、愈创木、岩兰草（根）、广藿香（干叶）等等。木香一般都淳厚浓郁，所以常用于重香型或重调香型中，且多作为体香使用。木香中也可区别为：甘甜木香，如檀香木、赤柏本、若兰草（根）等；干枯甜木香，如香苦木、香附籽等；苦焦木香，如桦焦（干馏树皮）。木香干而甜的本质可视为由木香环渡至蜜甜香的理由。

木香的典型香原料有：檀香醇、柏木醇、乙酸柏木酯、人造檀香、乙酸檀香酯、岩兰草醇、乙酸岩兰草酯、檀香油、柏木油、楠木油、愈创木油、岩兰草油、广藿香油、桦焦油、香苦木皮油、香附籽油等。

蜜甜香韵：甜香之美，除花香之外，干草香中有甜，但木香及干草香中之甜香均是附属香气，更有以甜香为主的蜜甜香成为环中单独的一类。花香中以玫瑰香为正甜。在非花香中的蜜甜香，可以香叶、玫瑰香草等精油为代表。在调香中，蜜甜香是最重要的香气，应当掌握蜜甜香在众香中的作用，其应用不仅限于玫瑰香型中，而可广泛地作为蜜甜香韵之意，广泛用于许多香型中。

蜜甜香也可按其相互间的香调（note）差别，分为若干小类（其中有些小类还交叉在环中其他类别中），主要有：玫瑰甜（醇甜）、柔甜（蜜甜）、辛甜（焦甜）、膏甜（桂甜）、酿甜、蜡甜（蜜蜡甜）、青甜（橙花甜）、盛甜（金合欢甜）、果甜、豆甜、木甜。

以上几种蜜甜香的小类应用不同。鸢尾柔甜香属上乘，不仅在花香型如紫罗兰花、桂花中适用，在许多高档香精中，常以之增添美好香韵。

蜜甜香中的主要小类——玫瑰甜及柔甜，往往带有微微的蜜蜡或脂蜡香气，玫瑰油中含有玫瑰蜡，鸢尾油中含有十四酸，都显示甜香与脂蜡香的亲近关系，故可从蜜甜香环渡至脂蜡香。

体现蜜甜香的典型香原料有：甲基紫罗兰酮类、紫罗兰酮类、桂醇、苯丙醇、橙花醇、香叶醇、香茅醇、玫瑰醇、乙酸桂酯、乙酸苯丙酯、苯乙酸、苯乙酸乙酯、苄醇、丙酸苄酯、结晶玫瑰（乙酸三氯甲基苯基原酯）、鸢尾酮、金合欢醇、二甲基苯乙基原醇、十四酸乙酯、丙酸香叶酯、丁酸香叶酯、苯乙酸香叶酯、苯乙酸苯乙酯、苯乙酸丁酯、苯乙酸异丁酯、乙酸玫瑰酯、丙酸玫瑰酯、丁酸玫瑰酯、苯甲酸苯乙酯、香叶油、玫瑰草油、鸢尾凝脂、姜草油等。

脂蜡香韵（包括醛香韵）：常绿植物的枝叶中常含有蜡质，这有助于御寒越冬或减少水分蒸发。籽实、坚果皮壳上也往含有脂蜡。这些物质常是高碳酸及其酯类，有时也含有醛或酮类。这些物质是脂蜡香气的来源，例如橙、柑、柚、柠檬、香柠檬、白柠檬的果皮精油中，就含有辛醛、壬醛、癸醛、十二醛等的脂蜡香气；鸢尾茎根精油中含有十四酸的脂蜡气；楠叶油也有似壬醛的脂蜡香，并可用于玫瑰型香精配方中。脂蜡香包括醛香香气，多半来自脂肪族醛类，是近代醛香型中的重要香韵。

体现脂蜡香的香原料（包括醛香）有：辛醛、壬醛、癸醛、十一醛、十二烯醛、甲基壬基乙醛、辛醇、壬醇、癸醇、十一醇、十一烯醇、十二醇、乙酸辛酯、乙酸壬酯、乙酸癸酯、庚醇、庚醛、甲酸辛酯、甲酸癸酯、丁二酮及楠叶油等。

膏香韵：有些草木不但有来自萜、酸、醛类等的脂蜡香，还有膏香。这类膏香来自草木在生长期间因生理关系或人工引变所生成的分泌物（其中有些是萜烯或醛的聚合物）。它们的形式有的是树胶，有的是树脂（萜烯或醛类的聚合），有的是树胶树脂或油树胶树脂。这些物质或多或少都含有具有香气的物质，如苯甲酸及其酯类，或桂酸及其酯类，或其他具有沉浓膏香的物质。如乳香油的树胶树脂的香气中有十二醛的脂蜡香，这可作为从脂蜡香可进一步过渡到膏香的原因。

膏香具有凝蔼的特性，它有和谐诸香与温柔众香的作用。一般来说，膏香香料的挥发速率较为缓慢，所以可作为定香剂使用。但用量要适当，勿使其影响香精香型的稳定性，因为膏香易沉底面显露，反而使香气累不轻灵。

体现膏香的香原料（包括树脂香）有：苯甲酸、苯甲酸苄酯、桂酸、桂酸苄酯、硅酸苯乙酯、桂酸甲酯、桂酸乙酯、桂酸桂酯、苯丙醛、溴代苯乙烯、水杨酸苯乙酯、吐鲁香树脂、秘鲁香树脂、安息香香树脂、苏合香香树脂，乳香香树脂、没药香树脂、格蓬香树脂、芸香香树脂、古巴香树脂等。

琥珀香韵：琥珀原是树脂年久历变而成的凝固体，香气较弱，但难散失。在调香术中，琥珀香常与龙涎香混用，欲加以区别，主要是将兼以木香及烟熏气与龙涎香为主者称为琥珀香，故又可称为本质龙涎香；而不带木香者称为龙涎香。岩蔷薇、圆叶当归籽与根、防风根的制品等，是自膏香环渡至琥珀香的代表性天然香料。水杨酸苄酯、苯甲酸异丁酯、404 定香剂、三甲基环十二碳三烯甲基甲酮、Trimofix O 等是合成香料中的代表。这些香料在调香中的用量一般均宜小，多用反而不好。麝葵籽油是琥珀香，但有稍多的龙涎香-麝香样的动物香香韵，这可作为自琥珀香环渡至动物香的解释。

体现琥珀香的典型香原料有：水杨酸苄酯、苯甲酸异戊酯、香紫苏醇、苯甲酸异丁酯、桂酸异丁酯、α-柏木醚、降龙涎香醚、岩蔷薇浸膏、麝葵籽油、香紫苏油、圆叶当归根油、防风根香树脂等。

动物香韵：动物香属于有浊气的香料。动物泌出的香泽，既温暖又氤氲而有浊气，似有情感，这是动物香的主要特点。如天然品中的麝香、龙涎香、灵猫香与海狸香等。化学合成的"单体"如麝香酮、葵子内酯、十六内酯、灵猫酮等，其结构虽与天然动物香中的主香成分相同，但单一使用，终难达天然动物香温暖动情之感，所以天然动物香较名贵，多用于高档加香产品。它们能增香、提调，留香较久又有定香能力。浊香重者以喹啉类、甲基吲哚及苯乙酸对甲酚酯为代表，用量应小且要慎重。

体现动物香的香原料有：十五酮、十六酮、十五内酯、麝葵内酯、麝香 105、酮麝香、二甲苯麝香、佳乐麝香、麝香 T、粉檀麝香、灵猫酮、吲哚、甲基吲哚、对甲基喹啉、对甲基四氢喹啉、对甲酚甲醚、乙酸对甲酚酯、苯乙酸对甲酚酯等。

辛香韵：辛香来自辛香料（spices）。天然辛香料可从有关香料植物的叶、枝、茎、花、果、籽、树皮、木、根等中提取。辛香料一般都有一种辛暖气味，既可除腥膻气，又可引起食欲和开胃。在日用化学品中使用辛香，多见于东方香型、素心兰香型、香薇（馥奇）型等。常用的天然辛香料有八角茴香、小茴香、花椒、丁香、桂皮、肉桂、月桂叶、肉豆蔻、芫荽等；合成品中有大茴香脑、丁香酚、桂醛等。辛香原多用于食用加香，但在日用化学品香精中，适当选用，可取得独特风格。辛香香料有较重的豆香而带温辛气者，如香兰素、香豆素等，因其应用特殊，故另列为一环，称为豆香，编排于辛香之后。

体现辛香的香原料（包括焦香、烟草香、革香）有：丁香酚、异丁香酚、大茴香脑、对苯二酚二甲醚、乙酰基异丁香酚、丁香酚甲醚、异丁香酚甲醚、枯茗醛、对异丁基喹啉等。

体现辛香的常用天然香料有：八角茴香油、茴香油、小茴香油、丁香油、丁香罗勒油、黄樟油、枯茗油（姬茴香油）、月桂油、月桂叶油、肉桂油、肉豆蔻油、葛缕子油、芹菜籽油、芫荽籽油、姜油、茴香罗勒油、众香子油、小豆蔻油、豆蔻衣油、桂皮油、月桂皮油、斯里兰卡桂叶油、花椒油、菊苣浸膏、咖啡浸音、桦焦油等。

豆香韵（包括粉香）：具有豆香的籽类香料植物中的香荚兰豆、黑香豆、可可豆的制品，在调香上早有应用。豆香的合成品如香兰素、乙基香兰素、香豆素、洋茉莉醛等，是许多香型的目用化学品香精中必用的豆香兼粉香香料。豆香香料中有的兼有果香，如 γ-辛内酯（似椰子果香）、香豆素（坚果样香）等，在调香中豆香与果香也常相辅并用，为此，豆香过渡到果香亦属合适。

体现豆香的常用香原料（包括粉香）有：香兰素、香豆素，对甲基苯乙酮、苯乙酮、苯甲烯丙酮、洋茉莉醛、乙基香兰素、水杨醛、异丁香酚、苄醚，香英兰豆浸膏（酊）、黑香豆浸膏（酊）、毛鞘茅香浸膏、可可酊等。

果香韵：果香包括类别较多，可大体区分为坚果香、浆果香、水果香、瓜香。

苦杏仁油或苯甲醛兼有豆香的坚果香，是由豆香转入果香的例子。坚果香在日用化学品香精中，目前应用面尚小，但可少量应用在素心兰、木香、粉香、馥奇等香型中。

浆果香可用草莓醛、悬钩子酮等来代表。可用作香气修饰剂。

水果香又可分为若干小类，如：柑橘果香，其中以橙、橘、柚、柠檬、香柠檬等果香为代表，合成或单离品中的柠檬醛、柑青醛、香柠檬醛、柠檬腈、N-甲基邻氨基苯甲酸甲酯等均归属此类，适用于古龙、花露水香型；桃子、李子、杏、椰子果香，可以 γ-十一内酯、丙酸异戊酯、γ-壬内酯等为代表，适用于栀子、晚香玉等重花香型中；苹果、生梨、香蕉类果香，可以异戊酸异戊酯、乙酸异戊酯、乙酸丁酯等为代表；凤梨香，可以己酸烯丙酯、对叔丁基环己基丙酸烯丙酯、丁酸乙酯等为代表。后两类鲜果香适用于作果香头香香料使用。

有不少果实在成熟、过熟后有熟果气，如经发酵处理，可产生酒香，这是由果香环渡至酒香的理由。

常用的果香香原料（包括坚果香、浆果香与瓜香）有：桃醛、草莓醛、椰子醛、凤梨醛、覆盆子酮、苯甲醛、柠檬醛、乙酸异戊酯、甲基-β-萘基甲酮、苎烯、丁酸苄酯、邻氨基苯甲酸甲酯、N-甲基邻氨基苯甲酸甲酯、丁酸异戊酯、甲酸异戊酯、异戊酸异戊酯、丁酸乙酯、异戊酸乙酯、环己基丙酸烯丙酯、2,6-二甲基-2-庚烯-7-醛（甜瓜醛，melonal）等。

常用的果香天然原料有：苦杏仁油、甜橙油、柠檬油、柚皮油、香柠檬油、柠檬草油、山苍子油、除臭木油、山胡椒油、橘子油、柚子油、白柠檬油、山楂浸膏等。

酒香韵：酒香也有不少类别，可简单概括为果酒香、朗姆酒香（rum）、谷物酒香等。在日用化学品香精中，多用前两者。酒香大多数由酯类组成。在果酒香中，以康酿克油、庚酸乙酯和壬酸乙酯等为代表，多用于提调香气，或用作头香原料以及用于需要酿甜的香型香精中。朗姆酒香以乙酰乙酸乙酯、甲酸乙酯、丙酸乙酯等为代表，它们在香精中主要是作头香原料。

酒香在日用化学品香精中，虽然用量较小，但在许多花香型香精（如玫瑰、桂花、紫罗兰、苹果花等等）中，能取得新奇效果。酒香是清灵、轻扬、飘逸、新鲜气息，故回渡入青滋香。

常用的酒香原料有：庚酸乙酯、壬酸乙酯、壬酸苯乙酯、人造康酿克油、异戊醇、乙酸乙酯、甲酸乙酯、丙酸乙酯、己酸乙酯、康酿克绿油等。

⑥ 香味轮分类法　和叶心农的日用香精香气"环渡理论"类似，食用香精的香味也可以按照类似思路分类并且过渡。香味轮分类法就是一种以轮形图的形式对食用香料香味进行分类的方法。图 11.3 是香味轮分类法的轮形图。轮形图的中心，是要调配的香型的香味矩阵（flavor matrix）。16 种香味及各香味的典型代表香料化合物环绕在矩阵周围，相邻的香味相似。调香师根据自己对需调配的香精香型的理解将其分解为一些纯粹的"香味"，并给出各香味间的比例，从而确定出一个香味矩阵。在各香味中，选择合适的香料化合物，按恰当的量重新组合，即可调配出所需香型。因此，关于香味组成的准确分析，往往意味着一个好的香精配方的拟定。16 种香味依次如下：

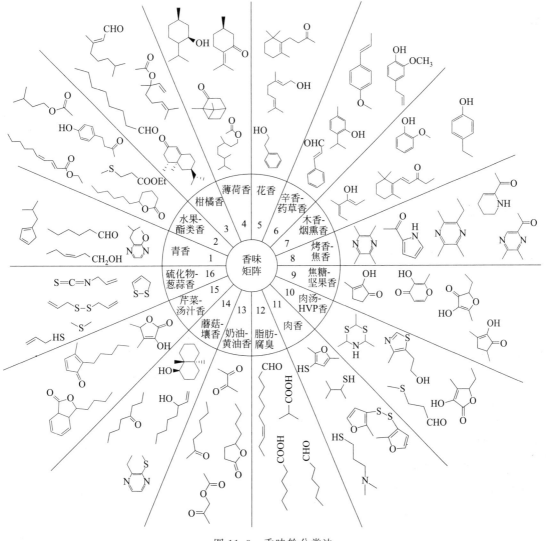

图 11.3　香味轮分类法

a. 青香（green）　绿叶、绿色植物的香味。

b. 水果-酯类香（fruit ester flavor） 成熟的香蕉、梨子等瓜果发出的香甜香味。

c. 柑橘香（citrus-like flavor） 柑橘、柠檬、橙子、柚子等柑橘类水果和植物发出的香味。

d. 薄荷香（minty） 薄荷油发出的甜、清鲜、清凉的香味。

e. 花香（floral） 带有甜香的青香、水果香、药草香的花香。

f. 辛香-药草香（spicy herbaceous flavor） 辛香料和药草共有的香味。

g. 木香-烟熏香（woody smoke flavor） 愈创木酚、木香、甜香、烟熏香香味。

h. 烤香-焦香（roasty burnt flavor） 典型代表是烷基和酰基取代的吡嗪等化合物的香味。

i. 焦糖-坚果香（caramel nutty flavor）香 含糖食品加热时产生的香味，以及烤坚果的微苦焦香。

j. 肉汤-HVP香（bouillon HVP flavor） 一种扩散的、温暖的、咸味的、辛香的香味，使人联想到肉类提取物。

k. 肉香（meaty animalic flavor） 十分复杂的香味，烤牛肉、烤肉的香味，差别较大。

l. 脂肪-腐臭香（fatty rancid flavor） 典型代表是丁酸和异丁酸令人厌恶的酸味。

m. 奶油-黄油香（dairy butter flavor） 包括从典型的黄油香到奶油的发酵香。

n. 蘑菇-壤香（mushroom earthy flavor） 以 1-辛烯-3-醇为代表的典型蘑菇香和使人联想到土壤的香味。

o. 芹菜-汤汁香（celery soup flavor） 温暖的辛香植物根的香味，使人联想到浓汤香味。

p. 硫化物-葱蒜香（sulphurous alliaceous flavor） 包括令人愉快的硫醇味，烯丙基硫酸等化合物的葱蒜香味。

⑦ 气味 ABC 分类法 通过以上介绍我们发现，香气的分类标准和方法虽然有所不同，但调香师都是把各种香料按香气的不同分成几种类型进行记忆，然后才能熟练应用它们。在早期众多的香料分类法中，都是把各种香料单体归到某一种香型或香韵中，例如乙酸苄酯属于青滋香型或茉莉花香型，这个分类法在调香和评香实践中暴露出许多缺点，因为一个香料（特别是天然香料）的香气并不是单一的，或者说不可能用单一的香气表示一个香料的全部嗅觉内容，所以近年来有人提出各种新的香料分类法，例如泰华香料香精公司创办的调香学校里，为了让学生记住各种香料的香气描述，创造了一套"气味 ABC"教学法，该法将各种香气归纳为 26 种香型，按英文字母 A、B、C……排列，然后将各种香料和香精、香水的香气用气味 ABC 加以量化描述，对于初学者来说，确实易学易记。林翔云编著的《调香术》中认为 26 种气味还不能组成自然界所有的气味，又加了 6 种气味，分别用 2 个字母（第一个字母大写，第二个字母小写）连在一起表示，总共用 32 个字母表示自然界最基本的 32 种气味，基本概括了日用香精和食用香精领域常见的香气和气味，因此日用和食用调香师均可借鉴该法将香气进行分类。现将"气味 ABC"各字母的意义表示如下：

A	脂肪族的	aliphatic	Mo	霉味、菇香	mould
Ac	酸味	acid	M	铃兰花	muguet
B	冰	ice	N	麻醉性的	narcotic
Br	苔藓	bryophyte	O	兰花	orchid

C	柑橘	citrus		P	苯酚	phenol	
Ca	樟脑	camphor		Q	香膏	balsam	
D	乳酪	dairy		R	玫瑰	rose	
E	食物样的	edible		S	辛香料	spice	
F	水果	fruit		T	烟熏味	smoke	
Fi	鱼腥味	fishy		U	动物香	animal	
G	青、绿的	green		V	香荚兰	vanilla	
H	药草	herb		Ve	蔬菜香	vegetable	
I	鸢尾	iris		W	木香	wood	
J	茉莉	jasmine		X	麝香	musk	
K	松柏	conifer		Y	壤香	earthy	
L	芳香族化合物	aromatic chemical		Z	有机溶剂	solvent	

需要说明的是，"气味 ABC"只是表示一部分人对各种香料香气的看法和描述。例如龙涎香酊在泰华提供的"气味 ABC"数据库里记为"100％尿臊气"，而麝葵籽油为"100％麝香香气"，都难以令人信服。林翔云编著的《调香术》中对这些数据一一做了修正，使它们更接近实际，又通过反复嗅闻、比较，增加了 2000 多个常用香料的数据，虽然如此，这些数据仍然带着作者的主观意识，与客观实际往往还有较大的差距。使用者可根据自己的看法改动，不应盲目生搬硬套（读者可查阅林翔云著《调香术》中的"气味 ABC"，寻找每个香原料的量化描述）。

⑧ 自然界气味关系图　无论是捷里聂克对日用香气的分类、国内调香师叶心农的"香气环渡理论"，还是"香味轮"等香气分类理论，他们都将自然界中一部分气味按照一定的规律进行分类，并且认为气味是一种像光谱一般可以平滑过渡的感觉。然而，这些分类方式虽然各有特色，但却没有将自然界所有的气味都囊括进自己的分类法则中。林翔云教授则在这些理论提出的"环渡"的基础上，借鉴"气味 ABC"理论中对香气的分类方式和芳香疗法理论，结合自身丰富的调香和感官评价经验，创造性地提出了自然界的气味关系图（见图 11.4）。

在气味关系图中，不同类别的香气并不按 A、B、C……排列，而是按照气味特征顺序排列，并在最外围的两圈加上该香型类别的特征香化合物，形成可以环渡的自然界气味 ABC 关系图。下面对这 32 种香型及其排列位置进行详细说明。

坚果香。坚果和水果的气味都属于果香，英文中的果香为 fruity，类似于某种干鲜果香，如核桃香、椰子香、苹果香等。在气味关系图里，这两类比较接近的香气为邻（按顺时针排列，下同），水果香放在坚果香后面，坚果香的前面是豆香。坚果包括可可、板栗、莲子、西瓜子、葵花籽、南瓜子、花生、芝麻、咖啡、松仁、榛子、橡子、杏仁、开心果、核桃仁、白果、腰果、甜角、酸角、夏威夷果、巴西坚果、胡桃、碧根果等。其中有些在日常生活中被称为坚果，但实际上利用的部位并不完全符合坚果的定义。大多数坚果需要经过热处理——烧、煮、煎、烤、烘、焙等，才会有令人愉悦的香气，就是所谓的坚果香。这一点与水果有较大的差异，坚果香与水果香的主要差别也在这里。

水果香。水果香指苹果、梨、桃子、李子、奈李、油奈、杏、梅子、杨梅、樱桃、石榴、芒果、香蕉、桑葚、椰子、柿子、火龙果、杨桃、山竹、草莓、蓝莓、枇杷、圣女果、奇异果、无花果、百香果、猕猴桃、葡萄、菠萝、龙眼、荔枝、菠萝蜜、榴莲、红毛丹、甘

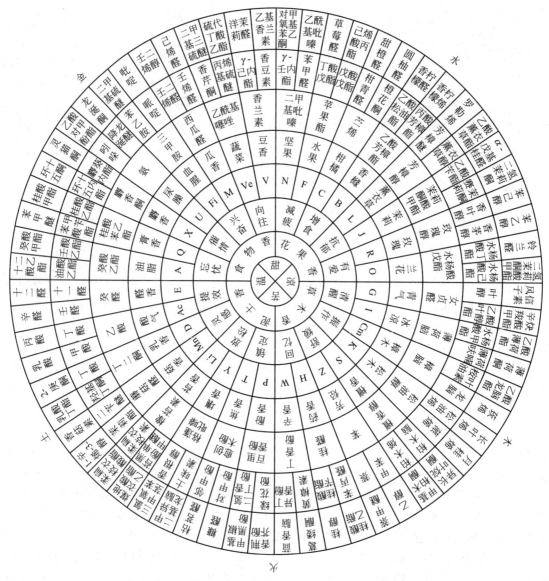

图 11.4　自然界气味关系图

蔗、乌梅、番石榴、余柑、橄榄、枣、山楂、覆盆子等的新鲜成熟果实，也包括各种山间野果如桃金娘、地稔、酸浆、野牡丹（野石榴）、山莓（树莓、悬钩子）、刺莓、赤楠、乌饭子、金樱子、牛奶子、拐枣、鸡爪梨等的香气，大多数香气较强烈但留香都不长久，只有少数（水蜜桃、草莓、蓝莓、葡萄、覆盆子等）例外。与花香类似，水果香也是比较复杂的，自然界里纯粹的水果香只有苹果、梨、香蕉、石榴、草莓、甘蔗等几个品种，其余的如桃、李子、杏等有坚果香；梅、杨梅、桑葚、杨桃、葡萄、余柑、橄榄、山楂、酸浆等有较强的酸味；芒果、椰子、菠萝、龙眼、荔枝、番石榴、菠萝蜜、榴莲等热带水果都有异味，有的带蜂蜜甜味，有的带各种含硫化合物的动物香气甚至尿臊味；还有一些带有较强烈的青香、花香、豆香、涩味等。这些品种都只能算是复合水果香。所有的复合水果香都可以用苹果、梨、香蕉、石榴、草莓五种纯粹水果香加上一些特异的香气成分调配出来。

柑橘香。柑橘是橘、柑、橙、金柑、柚、枳等的总称，原产中国，现已传播至世界各地。柑橘也是水果，柑橘香属于水果香的一部分，但又明显地有别于一般的水果香，所以把它们列为另一香型，排在水果香后面。除了香柠檬、香橼、佛手柑（这三种都属于花香而不属于水果香）之外，绝大多数柑橘类水果的果肉和果皮主要的香气成分（90％以上）都是D-柠烯，这是一种低沸点、高蒸气压的头香香料，留香时间很短，但香气较强。纯粹的柑橘香其实就是纯品D-柠烯的香气。香柠檬、香橼、佛手柑等的香气虽然还有水果香，但已经呈现明显的花香，另列一类。柑橘树的花、叶精油都属于花香香料，不在这里讨论。

香橼香。花香香气包罗万象，非常复杂，在叶心农的"八香环渡"理论里，以梅花、香石竹、玫瑰、风信子、茉莉、紫丁香、水仙、金合欢等8种花香作为代表并成环，自成一体。但如果把花香放在自然界所有的气味里面讨论的话，有许多花香带有非花香香气，如香橼、佛手柑和香柠檬既有花香又有明显的柑橘果香气息，这也是把香橼排在柑橘香后面的原因。桂花是花香与果香（桃子香）的结合；穗薰衣草、杂薰衣草和夜来香（晚香玉）的花香都带有明显的药香；依兰依兰花、水仙花和茉莉花带有动物香香气；梅花、荷花、香石竹花和风信子花都有辛香香气；兰花有草香香气。这些花香只能算是复合花香。纯粹的花香一般认为只有正薰衣草、铃兰和红玫瑰三种。所有的复合花香都可以用这三种纯粹花香加上一些特异的香气成分调配出来。由于茉莉花香包含了几乎所有花香的香气，虽然它不太纯粹，但很有代表性，我们还是把它作为一种重要的花香类型放在气味关系图中。在花香中，香橼香与正薰衣草香接近，薰衣草香排在香橼香后面。

薰衣草香。在香料工业上，薰衣草主要有三个品种：正薰衣草、穗薰衣草和杂薰衣草。芳香疗法和芳香养生使用的主要是正薰衣草。其他两个品种香气较杂，效果不同。如正薰衣草有镇静、安眠作用，而穗薰衣草和杂薰衣草却有清醒、提神作用，刚好相反。正薰衣草的香气才是纯粹的花香，穗薰衣草和杂薰衣草的香气都可以看作是带有浓厚药香的薰衣草香气。

四种重要的花香——薰衣草香、茉莉花香、玫瑰花香、兰花香的香气成分中芳樟醇含量依次下降，所以这四种花香也按这个顺序往下排列。

茉莉花香。茉莉花香是所有花香的总代表，也是自然界里最复杂的复合花香。配制茉莉花香，可以用现成的三种纯粹花香，即薰衣草、红玫瑰和铃兰的香基加入适量的动物香、果香、辛香、药香、青香、草香、膏香、木香等香气材料调配而成。虽然调香师认为茉莉花香与玫瑰花香差异较大，前一个香气丰富而复杂，后一个香气则简单且纯粹，但是茉莉花香的香气成分里有不少的玫瑰花香香料，而且都还含有较多的芳樟醇，都带有明显的芳樟醇气息，这是把玫瑰花香排在茉莉花香后面的理由。

玫瑰花香。玫瑰花香几乎与自然界里所有的香气配合都能融洽和谐，这也是它出现于各种不同风格的日用品香精中的一个原因。在调香师眼里，玫瑰花香还可以再划分成几类：紫红玫瑰、红玫瑰、粉红玫瑰、白玫瑰、黄玫瑰（茶玫瑰）、香水月季、野蔷薇等，真正的纯粹玫瑰花香只有红玫瑰一种。其他玫瑰花香都可以用红玫瑰香精加些特征气味的香料调配出来。玫瑰花香气都是以甜韵为主，但也有部分玫瑰花的香气带青香气，跟某些带甜香韵调的兰花香气接近，这是把兰花香排在玫瑰香后面的主要原因。

兰花香。兰花的香气，在我国被文人们抬到极高的地位，称为"香祖"。可惜在香料界，兰花香却没有这么高的地位，调香师对兰花香的印象，一般会聚焦在几种极其廉价的合成香料上，如水杨酸戊酯、异戊酯或丁酯、异丁酯，因为兰花香精里这几种香料是必用的而且用量很大。其实即使兰花单指草兰，其香气也是多种多样的，水杨酸酯类的香气只是其中一部分，不能代表全部，自然界里确有香气高雅的兰花，让人闻了还想再闻，不忍离去；但也有一些兰花散发出令人厌恶的气味。大多数兰花都有明显的青香气息，有些兰花的青气很重，带有各种青草的芳香，所以把青香排在兰花香的后面。

青香。青香包括各种青草、绿叶的芳香，调香师常用的青香有绿茶香、紫罗兰叶香、青草香等等，气味关系图里的青气或者青香主要指的是青草香。调香师对青草的香气的定义是：将稀释后的女贞醛的香气作为青草香的特征香气。就像水杨酸戊酯和水杨酸丁酯的香气代表兰花（草兰）香气一样。如此一来，青草香的定义就有了参照标准，调香师交流时就方便多了。当然，每个调香师调出的青草香香精还是有着不同的香味，就像茉莉花香精一样，虽然都有点像茉莉花的香味，但差别还是非常明显。

有许多青草的香气带有凉气，带凉气的草香更让人觉得青，所以紧跟青草香后面的是冰凉气息。

冰凉气息。凉香香料有薄荷油、留兰香油、桉叶油、松针油、白樟油、迷迭香油、穗薰衣草油、艾蒿油以及从这些天然精油中分离出来的薄荷脑、薄荷酮、乙酸薄荷酯、薄荷素油、香芹酮、桉叶油素、乙酸龙脑酯、樟脑、龙脑和其他人造的带凉香气的化合物。凉气本来被调香师认为是天然香料中对香气有害的杂质成分，有的天然香料以这些凉香成分含量低的为上品，这就造成大多数调香师在调配香精的时候，不敢大胆使用这些凉香香料，调出的香精香味越来越不自然，因为自然界里各种香味本来就含有不少凉香成分。极端例外的情形也有，例如牙膏、漱口水香精，没有薄荷油、薄荷脑几乎是不可能的，因为只有薄荷脑才能在刷牙、漱口后让口腔清新、凉爽。举这个例子也足以说明，要让调配的香精有清新、凉爽的感觉，就要加入适量的凉香香料。

樟木头的主要香气成分——樟脑的气味也带清凉，所以把樟木香放在冰凉气息后面。

樟木香。樟木历来深受国人的喜爱，又因为它含有樟脑、黄樟油素、桉叶油素、芳樟醇等杀菌、抑菌、驱虫的成分，人们利用这个特点，用樟木制作的各种家具经久耐用。配制樟木香精可以用柏木油、松油醇、乙酸松油酯、芳樟醇、乙酸芳樟酯、乙酸诺卜酯、檀香803、檀香208、异长叶烷酮、二苯醚、乙酸对叔丁基环己酯、紫罗兰酮、桉叶油素、樟脑或提取樟脑后留下的白樟油和黄樟油等，没有一个固定的模式，因为天然的樟木香气也是各异的。与樟脑一样，桉叶油和桉叶油素都是带冰凉气息的香料。

松木香。松、杉、柏木的香气与樟香非常接近，所以排在樟香后面。松木的香气原来一直没有受到调香师的重视，在各种香型分类法中常常见不到松木。由于20世纪末兴起回归大自然热潮，森林浴也成为时尚，松木香才开始得到重视。一般认为，所谓松木香或者森林香应该有松脂香，也要有松针香才完整。因此，调配松木香或森林香香精既要用各种萜烯、也要用到龙脑酯类（主要是乙酸龙脑酯，也可用乙酸异龙脑酯）。有些松、杉、柏木的香气有明显的檀香香气，所以让松木香与檀木香为邻也是合理的。

檀香。檀香的香味是标准的木香，可以把它当作纯粹的木香，是木香香气的总代表。其他木香都可以用檀香为基准再加上各种特征香调配而成。例如樟木香可以用檀香香基加樟脑配制，松木香可以用檀香香基加松油醇、松油烯等配制，柏木香可以用檀香香基加柏木烯配制，沉香可以用檀香香基加几种药香香料配制而成等。天然檀香与合成檀香的香气都带有明显的芳烃气息，所以把芳烃气息排在檀木后面。

芳烃气息。从木香到药香之间有一个过渡香气，即芳烃的气味，这种气味令人不悦，一般人说是有明显的化学气息，大多数合成香料都或多或少的带有这种气息，许多天然香料其实也带有这种化学气息，调香师把它们当作不良气味，从煤焦油里提取出来的苯和萘的气味就是芳烃气息的代表。

药香。药香是非常模糊的概念，外国人看到这个词想到的应该是西药房里各种令人不适的药剂的味道，这就是药香与芳烃气息为邻的原因。而我国民众看到药香二字想到的是中药各种植物根、茎、叶、花、树脂等（非植物的药材也有香味，但品种较少）的芳香。作为日用品加香使用的药香虽然每个人想到的不一样，但基本上指的是中药铺里那些药材的香味，调香师能够用现有的香料调出来的药香大体上可以分为桂香、辛香、凉香、壤香、膏香四类。这一节药香指的是桂香，也就是肉桂的香气，另外四种香气都各有特色，在下面各节里分别介绍。

辛香。天然的辛香香料都是中药，所以与药香为邻。食用辛香料有丁香、茴香、肉桂、姜、蒜、葱、胡椒、辣椒、花椒等，前四种的香气常用于日用品加香中。直接蒸馏这些天然辛香香料得到的精油香气都与原物香气差不多，价格也都不太贵，可以直接使用，但最好还是经过调香师配制成完整的香精再用于日用品的加香，除了可以让香气更加协调、宜人，香气持久性更好，大部分情形下还可以降低成本。辛香香料里有的也含有酚类，如丁香油里面就有丁香酚，虽然有酚的气息，但它们的香气不属于酚香，而是归入辛香里面。所以酚香紧跟在辛香的后面。

酚香。中草药里有不少带酚类化合物气息的，如百里香、荆芥、土荆芥、康乃馨、牛至等等，它们是自然界里酚香的代表。合成香料里的苯酚、二苯酚、乙基苯酚、对甲酚、二甲基苯酚、愈创木酚、二甲氧基苯酚、麦芽酚、乙基麦芽酚以及它们的酯类香气有的属于酚香，有的属于焦香，差别在于烧焦味是否明显，焦味明显的就属于焦香了。酚香香气处于辛香与焦香之间，与这两个香气为邻。

焦香。各种植物材料烧焦（高温裂解）后得到的焦油都含有大量的酚类物质，也就是说所谓焦香其实主要是各种酚类物质的气味，所以焦香与酚香为邻可以说是合理的。焦香不一定令人厌恶，在日化香精里有许多皮革香带有焦香气息，食物里带焦香息的也不少，如焦糖香、咖啡香、烧烤香等。香烟的香气更是明显的焦香气味，抽烟的人对这种焦香很熟悉。在农村，农民们经常把各种农作物的秸秆、根茎、籽壳等拌土熏烧成为火烧土作为肥料使用，这种火烧土的气味既有焦香也有土壤香，是乡土气息的重要组成部分。焦香与土壤香的气味比较接近，所以把土壤香排在焦香的后面。

壤香。土腥味本来是天然香料里面令人讨厌的杂味，在许多天然香料的香气里如果有太多的土腥味就显得格调不高，合成香料一般也不能有土腥臭。但大部分植物的根都有土腥味，有的气味还不错，尤其是我国民众对不少植物根（中药里植物根占有非常大的比例）的气味不但熟悉而且还挺喜欢，最显著的例子是人参，它香气强烈，是标准的壤香香料。壤香是焦香与苔香之间过渡的桥梁。

苔香。苔藓植物喜欢阴暗潮湿的环境，一般生长在裸露的石壁上或潮湿的森林和沼泽地中，一般生长密集，有较强的吸水性，因此能够抓紧泥土，有助于保持水土，可以积累周围环境中的水分和浮尘，分泌酸性代谢物来腐蚀岩石，促进岩石的分解，形成土壤。有少数的苔藓植物带有明显的气味，其代表为橡苔和树苔，二者香气都比较接近土壤香，因此把苔香排在壤香后面。

菇香。菇香指的是各种食用菌和非食用菌的香气，这些菌类生长在腐败的草木、土壤上，或长在树上，如花菇、草菇、茶树菇等。在闽南话里，长菇了就是腐败发霉的意思，所以菇香也就是霉菌的香气。菇香与壤香、苔香都比较接近，这从它们的来源都可以看得出来，所以把菇香放在苔香的后面。

　　乳香。乳香包括鲜奶、奶油、奶酪和各种奶制品的香气，属于发酵香。鲜奶虽然没有经过微生物发酵，但也是食物在动物体内通过各种酶的作用产生的，等同于发酵，与霉菌的作用类似，香气也接近，都有一种特异的令人愉悦的鲜味。为此，把乳香放在菇香的后面，作为菇香与酸气息的过渡香气。食物发酵大多数会产生酸，带有酸气息，所以把酸气息排在乳香后面。

　　酸气息。酸本来是味觉用词，是水里氢离子作用于味蕾产生的刺激性感觉。但所有可挥发的酸都会刺激嗅觉，产生酸气息。有些不是属于酸的香料也令人联想到酸，所以评香术语里面也有酸味这个形容词，但不一定说明它的香气成分里含有酸。

　　脂肪酸的碳链越长，酸气越轻，高级脂肪酸已经闻不到多少酸味了，油脂气味慢慢出现。这中间过渡的香气是高级脂肪醇和高级脂肪醛的气味，香料界称之为醛香，所以醛香处在酸气息与油脂香之间。

　　醛香。醛香香精是 Chanel No.5 香水畅销全世界以后才在日用品加香方面应用的香型，由于 Chanel No.5 香水特别受女性的喜爱，所以醛香香精非常适合家用化学品、家庭用品的加香。为了解释 Chanel No.5 香水特别受女性欢迎的原因，有人做了实验，发现暴晒过的棉被、衣物等织物有明显的醛香气息，进一步分析这些醛香成分主要是辛醛、壬醛、癸醛、十一醛、十二醛等，并且确定这些醛香成分是棉织品里的油脂成分在阳光下（紫外线）分解的产物。这也说明醛香与油脂香是比较接近的，所以我们把油脂香放在醛香的后面。

　　油脂香。油脂是油和脂肪的统称，从化学成分上来讲油脂都是高级脂肪酸与甘油形成的酯。自然界中的油脂是多种物质的混合物。纯粹的油脂是没有气味的，因为它们在常温下不挥发。所谓油脂香是指油脂中含有的少量稍微低级的油脂分解产物醇、醛、酮、酸等和某些杂质成分的混合气息。没有酸败的食用油脂都带有各自令人愉悦的香气，如芝麻香、花生香、菜籽油香、茶油香、橄榄油香、椰子油香、猪油香、牛油香、羊油香等，这里讨论的不是这些特色香气而是所有油脂共同的香气息，即油香气和脂肪香。油脂香与膏香相似，都是比较沉闷、不透发，但留香持久，耐热，有定香作用。所以膏香排在油脂香后面。

　　膏香。有膏香香味的天然香料是安息香膏（安息香树脂）、秘鲁香膏、吐鲁香膏、苏合香、枫香树脂、格蓬浸膏、没药、乳香、防风根树脂等，合成香料有苯甲酸、桂酸及这两种酸的各种酯类化合物等，膏香香料大多数香气较为淡弱，但有后劲。在各种日用香料里面加入膏香香料可赋予某些动物香气，隐约可以嗅闻到麝香和龙涎香的气息。因此，把麝香排在膏香的后面。

　　麝香。麝香是最重要的动物香，香气优雅，有令人愉悦的动情感。留香持久，是日用香精里常用的定香剂，其香气能够贯穿始终。合成的麝香香料带有各种杂味，有的带膏香香气，有的带甜的花香香气，也有带油脂香气的。日用香精里使用的动物香有麝香、灵猫香、龙涎香和海狸香，后三者尿臊气息较明显，因此把它们的香气都归入尿臊气息中，列在麝香香气的后面。

　　尿臊气息。浓烈的尿臊气息令人不快，但稀释以后的尿臊味却令人愉悦，与粪臭稀释以后的情形相似，而且"性感"，这可能是粪尿里含有某些信息素如雄烯酮等的原因。

　　龙涎香的香气是尿臊气息的代表，浓烈时令人不快，稀释后却令人喜爱。天然龙涎香是留香最为持久的香料，古人认为龙涎香的香味能"与日月同久"，而龙涎香的气味越淡（只要还闻得出香气）越好，合成的龙涎香料虽然已取得相当大的成就，但还是不能与天然龙涎香相比。现在常用的龙涎香料有龙涎酮、龙涎香醇、降龙涎香醚、甲基柏木醚、甲基柏木酮、龙涎酯、异长叶烷酮等，这些有龙涎香气的香料都有木香香气，有的甚至木香香气超过龙涎香气，所以目前全用合成香料调配的龙涎香精都有明显的木香味。

在世界各国的语言里，腥臊气息常常混在一起，难以分清，指的都是动物体及其排泄物散发的气息，浓烈时都令人作呕，腥味比臊味更甚。把血腥气息排在尿臊气息后面是意料中的事。

血腥气息。血腥气息包括鲜血的腥味和鱼腥气味，虽然这两种腥味不太接近，但带有这两种腥味的物质在加热以后都显出令人愉悦的带着鱼肉香的熟食味。近代称含有动物性成分的餐饮食物为荤菜，事实上这在古代称之为腥。所谓荤腥即这两类的合称。这里讨论的是腥类，植物荤菜在菜香里讨论。

鱼肉类食物在新鲜时气味令人不悦，如生吃鱼等时，一般都选取血腥味不太强烈的三文鱼，而且大多数人吃的时候喜欢加点香料（调味料）以掩盖。加热（烧、煮、烤、煎）以后的鱼肉没有了血腥气息，取而代之的是肉食香味，这些香味主要来自氨基酸和糖类加热时发生的美拉德反应。

瓜香。调香师在配制幻想型的"海洋""海岸""海风"等海字号香精时，免不了想到在海边经常嗅闻到的鱼腥气味，但太明显的鱼腥气味用在日化香精里令人不悦。一些调香师发现清淡的鱼腥香里似乎有一种青瓜的气息，而青瓜一类的香气更能唤起人们对于海洋的种种美好回忆，配制海字号香精常用的海风醛、环海风醛、新洋茉莉醛等合成香料也都有明显的瓜香香气，都是配制瓜香香精的原料。这也是我们把瓜香放在血腥气息后面的主要原因。

食用的瓜类有西瓜、甜瓜、木瓜、黄瓜、小黄瓜、南瓜、菜瓜、冬瓜、苦瓜、丝瓜、葫芦瓜、八月瓜等，有许多瓜类都被人们当作菜肴，与各种蔬菜一样，生吃熟食均可，这是瓜香与菜香为邻的主要原因。

菜香。菜香也与果香、花香一样，品类众多，很难以哪一种香气作为菜香的总代表。有强烈香气的蔬菜有的被称为荤菜，如葱、蒜、韭菜之属。有许多豆类也被人们当作蔬菜，如荷兰豆、豌豆、扁豆、菜豆、蚕豆等，所有食用豆类发芽后制得的豆芽菜和各种豆制品尤其是豆腐制品也被广泛地用作菜肴，把菜香与豆香的距离拉近了，所以把豆香放在菜香的后面。

豆香。豆香香料有香豆素、黑香豆酊、香兰素、香荚兰豆酊、乙基香兰素、洋茉莉醛、γ-己内酯、γ-辛内酯、苯乙酮、对甲基苯乙酮、对甲氧基苯乙酮、异丁香酚苄基醚、噻唑类、吡嗪类、呋喃类等，可以看出，许多豆香香料也是配制坚果香香精的常用香料，也就是说，豆香与坚果香有时候不易分清，这就是把豆香放在坚果前面的原因。

以上是自然界气味关系图中 32 个香型排列位置的说明。需要说明的是，这个关系图把所有香气分成四大类，即甜、凉、苦、温（见自然界气味关系图中心）代替克罗克（Crocker）和汉得森（Henderson）四香等级分类法中的甜、酒腥、焦、酸 4 个基本类别。麝、膏、脂、豆、橘、果、鸢、玫为"甜"；铃、茉、兰、青、冰、麻、樟、松为"凉"；木、芳、辛、药、焦、酚、土、苔为"苦"，霉、乳、酸、食、菜、溶、腥、臊为"温"。每类香气中将强度分为 10 个等级即从 0～9，相当于常用香料气味 ABC 表里的 0%～100%，即 0%～4.9%为 0，5.0%～14.9%为 1，15.0%～24.9%为 2，25.0%～34.9%为 3，35.0%～44.9%为 4，45.0%～54.9%为 5，55.0%～64.9%为 6，65.0%～74.9%为 7，75.0%～84.9%为 8，85.0%～100%为 9，那么，每一个香料或香精我们也有了一个 4 位数来表示它们的香气，简称 4 位数表示法或甜凉苦温表示法，由于四舍五入的原因，4 个数字加起来不一定为 10，有时会是 11 或 12。

如单体香料覆盆子酮查常用香料气味 ABC 表得麝 10、膏 5、豆 40、果 10、辛 5、药 10、焦 5、酚 5、乳 10，即甜 7（麝 10＋膏 5＋豆 40＋果 10＝65）；凉 0；苦 3（辛 5＋药 10＋焦 5＋酚 5＝25）；温 1（乳 10）。其香气表示为 7031。

这张自然界气味关系图的作用很强大，常见用途如下：

a. 初学者可利用这张关系图了解每一种香料的香气和用途。

b. 调香师可以根据这张图根据香韵寻找合适的香料，例如需要加入茉莉香韵时，通过查图可有 α-戊基桂醛、乙酸苄酯和白兰叶油等原料供选择。

c. 评价某个香精或加香产品的香气时，可以在闻香纸上细细嗅闻，抑或在使用或食用过程中感受香气和香味，用气味 ABC 法则定性定量地描述香气。调香师在讨论一种气味时，也可以用此法则定性定量描述，例如可以说这个香味约有 20% 的果香、10% 的茉莉花香、30% 的玫瑰花香、30% 的木香，还有 10% 的麝香香味，这样听者基本上就能理解表达的意思了。

实践证明，自然界所有的气味（包括臭味）基本上都可以用这 32 种基本香按一定的比例描述出来，所以每一种气味原则上也都可以简单到只用几个字母来表示，如百花香可以用 I（紫罗兰）R（玫瑰）M（铃兰）J（茉莉）O（兰花）表示；东方香可以用 W（木香）Q（膏香）R（玫瑰）表示；素心兰可以用 C（橘香）Br（苔香）M（木香）U（臊味，动物香）R（玫瑰）J（茉莉）表示，甚至垃圾臭也可以用 Y（土臭）Mo（霉气）Ac（酸味）Z（溶剂气息）Fi（腥臭）U（臊味）表示。字母后面加上数字可以表示各种香气所占的百分比，如一个"东方香 W50Q30R20"表示它的香气是由 50% 的木香、30% 的膏香和 20% 的玫瑰香组成的。气味关系图大大方便了调香师对香气的描述，规范了香型、香韵的分类方式，本质上和"化合物＋香型、香韵"对香气香味的形容法则师出同源，并在此基础上利用"气味 ABC"理论将香气强度的描述加以量化，使香的描述更加具体。

由于自然界气味关系图主观地用现成的 26 个英文字母来表示所有的气味，其中难免有遗漏或交叉、重复的问题。例如桂醛可以说有 40% 药香、50% 辛香和 10% 木香，也可以说有 10% 药香、80% 辛香和 10% 木香，因为辛香和药香分不清。这样就造成不同的人甚至同一个人在不同的时间里对一个香料或者香精的"气味 ABC"数值标注的不一样，但这并不影响该法则的应用，因为人们看到一个香料或者香精的"气味 ABC"数值，至少对它初步有个认识，在使用的时候就不会太盲目了。

另外，自然界气味关系图除了能够帮助调香师定性定量地描述、衡量气味外，还具有对角补缺和相邻补强性质。对于用香厂家来说，为了掩盖某种臭味或异味，可以利用该图中呈对角关系的香气或香料（和由这些香料组成的香精）互补（补缺），也可以利用邻近补强的原理，加强某种香气，在图中该香气所在位置的邻近寻找加强物；又或是为了消除某种异味，在该香气所在位置的对角寻找将其掩盖的香料。例如：在尿臊的对角是樟木香，这就是为什么人们喜欢在卫生间里面放樟木粉或樟脑丸的原因；在土香的对角是柑橘香，意味着在香精里面如果有土腥臭可以加点柑橘香掩盖；在一个青香香精里而，除了要使用女贞醛等青香香料外，加点凉香香料和有兰花香气的香料也可以起到增强青香气息的效果。

六、香气和香味的补充描述性表述

以上介绍的不同气味分类方法，当中涉及的香型和香韵的分类词汇，都是香料香精行业中通用的"香精语言"，在描述香气和香味时，可以用"化合物＋香韵、香型"的法则，并选择适合自己行业领域和使用习惯的气味分类法则对香气进行定性和定量描述。但为了让气味的描述更加具体，有时还会用到一些有关触感、质感方面的形容词词汇去描述某种香气和香味，在此介绍一些常见的香气和香味的补充描述词汇，这些表达未必是香韵和香型，但这些形容词汇会帮助调香师更加细分香气与香气之间，或香味与香味之间的细节差异，使调香师在交流感官感受时感到更加形象具体。

新鲜的	fresh	清爽的	refreshing
浓郁的	complet	有回味的	aftertaste
果皮感的	peely	果肉感的	pulpy
饱满的	full	口感绵密的	mellow
均衡协调的	balanced	成熟的	ripe
多汁的	juicy	不够成熟的	acerbe
丰富的	rich	圆润的	round
果酱感的	jammy	发酵感的	fermented
收敛性的、涩的	astringent	辛辣的、苦涩的	acrid
刺激性	biting	扩散性的、透发的	diffusive
持久的	durable	粗糙的	harsh
温和的、柔和的	mild	油脂恶臭的、酸败的	rancid
强烈的	strong	温暖的	warm

七、使用"香精语言"描述感官评价感受实例

不管是日用香精还是食用香精的调香师，都可以使用这种经过规范化的语言，利用"化合物＋香型、香韵"法则，并选择适当的香气分类方式，结合补充的香气香味描述性表述，定性定量地描述香气和香味。例如，品尝含有草莓香精的糖酸水时，香味感受可以如下表述（所有和"香精语言"有关的词汇均突出）：

打开瓶盖后整体闻到的是新鲜感较强的草莓香，并且头香中的酸感略显收敛，有一点点的涩感。酸韵、青韵（叶醇和叶醇酯一类）以及果甜（丁酸乙酯，异戊酸的酯类）之间的协调感很好。尝味时，酸味中的果香感很明显（偏2-甲基丁酸），涩感明显没有只闻香时强烈，青韵较为柔和，和果香衔接得较好，但茉莉香韵（顺式茉莉酮）的药草感稍微有些突出。焦甜韵主要是菠萝呋喃酮的厚实感、成熟果肉感和乙基麦芽酚的焦甜感。吞咽后口中仍有持久的似玫瑰蜜甜感（似突厥酮类），这种甜感和焦甜韵会稍有不清爽感，显得有一点点滞留。

八、香气和香味描述中某些性质的定量描述

产品的品质性能指标，一般都会有特定的形容词去定性定量地描绘，只有"香"这个指标最难量化和形容。长久以来，除了调香师之间可以用上述介绍的法则具体描述香气和香味感受外，香精企业对用香企业描述香精时都习惯用日常熟悉的、较为主观的形容词来形容香气和香味，例如，香气比较优雅，香气强度比较冲，又或者是留香时间比较长，等。但这些形容往往会造成很多低效率的沟通：什么是优雅？到底有多冲？描述得让人摸不着头脑，这样的描绘通常让人很难听出客观的具体内容。

常常和香精企业打交道的下游企业，也就是香精的销售对象们对香精的认识普遍比较有限，这是一个较为普遍的现象，遇到描述想要的香精品质时常常很难用语言说清楚，增加了研发人员高效地研发并提供客户心仪的香精样品的难度。而对于香精企业，要想说清楚一个经过调香师辛辛苦苦花了精力和心血创造出的富有特点的香精的优点，并说清楚用了什么办法和方式通过加香试验才选出来一款适合加香产品的香精容易，但是要说清楚这款香精好在哪里却很难。对于香精的上游企业，也就是各种香原料的供应商也有香精研发部门类似的问题，当他们想向调香师推荐研发的香料新品种时，推荐理由总是显得苍白无力，比如"该香料香气纯正，能达到怎样的效果"，可是这样的描述很难引起香精企业的注意，抓不住关键

信息。调香师收到样品后可能不会立刻使用，时间长了也许就错过了一个使用优质新香料的机会。如果香料厂能够提供除了常规理化数据外，一些关乎香的量化数据（如香气强度和留香性能等），调香师则会更加大胆地尝试在香精中引入新原料。

当香料香精香气的各指标可以通过量化来表现时，初学者对每一个常用香料和常见的香精香型很快就有了数字化的认识，可以摆脱模糊的概念，而且让已经从事调香工作的人员包括经验丰富的老调香师对香料香精有一种重新认识的感觉。推广开以后，香料厂、香精厂、用香厂家和从事香料香精贸易的人员在谈论、评价、买卖时都觉得有了一种"标尺"感。有了可以量化的指标后，实际情况中对香料香精的评价和讨论可以变得清晰具体，例如，某个香精留香值太低，香比强值不大等。虽然用香厂家不可能要求供应厂提供配方，但却有权要求香精企业尽可能具体地提供香精的香气评价信息。

当然，量化香气性质的描述的意义不只是用在贸易上，对调香师内部交流和研发工作都有巨大的意义。掌握了香料香精量化的评价指标的调香师对每一次调香工作更加胸有成竹，更能调出令客户满意的香精产品。早期的调香师凭着直觉和长期积累的对各种香料的印象（本质上是没有量化的各种描述香气的指标），也能调出好香精，一旦有了具体的数据，将是如虎添翼，各种香料的使用更能得心应手，对自己的调香作品在激烈的市场竞争中取胜，将更加充满信心。反过来，对于竞争对手产品的评价，也比较容易通过一定的分析手段得出相对客观的结论。

香料香精和加香产品的香气和香味中，已有三个性质可量化，它们分别是香比强值、留香值及香品值，是林翔云教授在 1995 年提出的，并详细记录在《调香术》一书中。香比强值是三个量化指标中第一个被提出来的。

（1）香比强值　人们早已将同其他"感觉"一样的术语用于嗅觉用语之中，阈值（最低嗅出浓度值）是第一个用于香料香气强度评价的词，虽然每个人对同一种香料的感觉不一样，造成一个香料有几个不同的实验数据，但从统计的角度来说，它还是很有意义的。

一个香料的阈值越小，它的香气强度越大，阈值的倒数一般认为是该香料的香气强度值。但用阈值描述香气强度是不够科学的，阈值与香气强度在数值上并非一定呈现倒数关系。例如，乙基香兰素的香气强度比香兰素强 3 倍左右，可是在各种资料里乙基香兰素的阈值却比香兰素高。β-突厥酮在水中的阈值是 $0.002\mu L/L$，β-突厥酮在水中的阈值是 $1.5\sim100\mu L/L$，二者的香气强度不可能相差 750 倍以上。柳酸甲酯在水中的阈值是 $40\mu L/L$，石竹烯在水中的阈值是 $64\mu L/L$，而二者的香气强度一般认为相差 10 倍。除萜甜橙油的阈值（$0.002\sim0.004\mu L/L$）与甜橙油（$3\sim6\mu L/L$）相差 100 多倍，但实际它们的香气强度相差并没有如此明显。因此，用阈值描述香气强度有时会出现错误，需要定义一个新的变量描述香气强度，它就是香比强值。

如果我们把一个常用的单体香料的香气强度人为地规定为一个数值，其他单体香料与它比较（香气强度），就可以得到各种香料单体相对的香气强度数值。林翔云提出把苯乙醇的香气强度定为 10，其他单体香料与苯乙醇相比的一组数据，称为香比强值，这是林翔云香料香精"三值理论"的第一个值。

香比强值是香料或香精的香气强度用数字表示的一种方式。把极纯净的苯乙醇的香气强度规定为 10，其他各种香料和香精都与苯乙醇比较，根据它们各自的香气强度给予一个数字，如香叶醇的香气强度大约是苯乙醇的 15 倍，就把香叶醇的香比强值定为 150。这种做法带有很大的主观片面性，不同的人对各种香料的感觉不一样，甚至同一个人在不同的时候对同一个香料或香精的感觉都可能不一样，加上每一个香料在不同的配方中有不同的表现力，因此这种人为给定的数字经常有很大的差别，如同阈值一样。阈值是人可以嗅出的最低浓度值，带着人们极喜爱和极厌恶气味的香料阈值可以相当低，而带着人们感觉愉快、清爽、圆和香气的香料其值会表现得高一些。由此似乎可以推论：两个香料混合后测出的阈值如果比原来两个香料的值都低的话，说明这两个香料合在一起会更刺鼻更难闻。如测出的阈值比原来两个香料的阈值都高，则可认为这两个香料合在一起时香气比较圆和。进一步说，一个调好的香精，其阈值应当比配方中各香料的值加权计算数值高，调得越圆和的香精其阈值比各香料阈值的加权计算数值高得越多，但其香比强值则仍为各香料香比强值的加权计算数值。这也说明香比强值与阈值之间并无一定的数学关系。

香比强值的应用是多方面的。对调香师来说，在试配一个新的香精时，准备加入的每一个香料都要先知道它的香比强值是多少，以初步判定应加入的量。该香料如作为主香用料时，加入的量要让它的香气显现出来；如该香料只是作为修饰剂或辅助香料时，就要控制加入的量，不让它的香气太突出，以免破坏主题特征香气或香味。

香精的香比强值可以用香料的香比强值和配方计算出来，举一个茉莉香精的例子，如表11.8所示。

表 11.8　各种香料的用量和香比强值

香料	添加量/%	香比强值
乙酸苄酯	50	25
芳樟醇	10	100
α-戊基桂醇	10	250
苯乙醇	10	10
苄醇	10	2
柳酸苄酯	4	5
吲哚	1	600
羟基香茅醛	5	160

这款香精的香比强值为（50×25＋10×100＋10×250＋10×10＋10×2＋4×5＋1×600＋5×160）÷100＝62.9。

香比强值能够直观地反映一个香料或香精的香气强度，能够让人直观地评价香精对产品、香料对香精的香气贡献，计算简便，现已逐渐成为调香工作、香料和香精开发、香精贸易的重要数据。

香比强值理论也可用于香型分类研究。例如国内外一些调香、香料香精的文献中提到一个香精里面玫瑰花香、茉莉花香、木香、动物香等所占的比例，这个比例说明某种香气的香料比例，显然这个比例不能说明该香精属于哪种香型，因为各种香料的香气强度差别太大。例如在一个依兰依兰花香的配方中，只要加入一点点吲哚就能把它变成带有茉莉感觉的特征香气，如果仅看配方原料的质量分数，是看不出变化的，若用香比强值计算，马上就能断定它的香气是茉香花香。

一款现代香水到底应该归到哪种香型来研究，这常常是很模糊的概念，笼统地把它们都称为素心兰香水也行，但这没有意义。即使是细分为醛香素心兰、花香素心兰、豆香素心兰，也要有客观的判断标准才可行。而使用香比强值，花香和青气的比例一清二楚。

对于用香厂家来说，香比强值概念最重要的一点就是可以直观地知道购进或准备购进的香精的香气强度，因为香气强度关系到香精的用量，从而直接影响到配制成本。例如配制一款洗发香波，原先使用的一种茉莉香精，香比强值是 100，加入量为 0.5%，现在想改用另一种香精，香比强值是 125，那么加香量改成 0.4% 就行了。

众所周知，加香的目的无非是盖臭（掩盖臭味）和赋香。未加香的半成品，原材料有许多是有气味的，要把这些异味掩盖住，香气强度当然要大一些。如能得到这些原材料香比强值的资料，通过计算就能得到需用香精的量。一般得靠自己实验得到这些数据，最简单的方法是用一个已知香比强值的香精加到未加的半成品中，得出至少要多少香精才能掩盖异味，间接得出这种半成品的香比强值，其他香精要用多少很容易就可以算出来了。例如煤油（目前气雾杀虫剂用得最多的溶剂）的加香，未经脱臭的煤油香比强值高达 100 以上，想要用少量的香精掩盖它的臭味几乎是不可能的。把煤油用物理或化学的办法脱臭到一定的程度，加入 0.5% 香比强值 400 的香精时几乎嗅闻不出煤油的臭味了，可以算出这个脱臭煤油的香比强值等于或小于 2。

（2）留香值　香料的香气持久性对调香师，尤其是日用调香师而言是一个很重要的问题，香料的香气持久度对配制成的香精香气持久性影响很大。对调香师来说，调配每一个香精基本都要用到头香、体香、基香三大类香料，也就是说留香久的和留香不久的香料都要用到，而且用量要科学，使配出的香精香气能均匀散发、平衡和谐。对用香厂家来说，他们希望购进的香精加入自己的产品后在经过仓库储藏、交通运输、柜台待售等长时间的货架期后到使用者的手上时仍旧香气宜人，有的产品（例如洗发水、沐浴露、香皂、洗衣粉）甚至还要求在使用后在人体或衣物上残存一定的香气（即实体香）。

朴却（Poucher）在 1954 年发表了 330 种香料的挥发时间表，把香气不到一天就嗅闻不出的香料系数定为 1，100 天和 100 天以后才闻不出香味的香精系数定为 100。所得到的值也可称为朴却嗅闻系数。

这种实验也叫作香料持久性实验，具体做法是：用闻香纸条蘸吸液体香料，蘸吸长度为 0.5cm，然后将纸条夹在夹子上放在室温的房间里，随时间的推移，闻香次数由每小时一次至每天一次，直至香气消失为止，并在每次闻香后做好记录。固体或稠厚的浸膏类香料需先用溶剂溶解。香气持久性的实验结果，会因个人对香气的敏感程度的差异而不同，不一定十分精确。但对调香者来说是必须了解和掌握的，这对设计香精配方有较大的帮助。表 11.9 和表 11.10 展示了部分常用的天然和合成香料的朴却嗅闻系数，仅供读者参考。

表 11.9　部分常用香料的朴却嗅闻系数

序号	品名	持久性/d	序号	品名	持久性/d
1	桉叶油	1/24～3	13	香柠檬油(冷榨)	3～7
2	薰衣草油前组分	3/24～1	14	玫瑰净油 1#	3～7
3	柠檬油(蒸汽蒸馏)	3/24～1	15	甜橙油(冷榨)	3～7
4	香柠檬油(蒸汽蒸馏)	1～3	16	薰衣草油(中馏)	3～7
5	柏叶油	1～3	17	日本柳杉油	3～7
6	格蓬油	1～3	18	大茴香油	7～30
7	杜松子油	1～3	19	香茅油	7～30
8	柠檬油(冷榨)	1～3	20	柏木油	7～30
9	肉豆蔻油	1～3	21	橙花油	7～30
10	甜橙油(蒸汽蒸馏)	1～3	22	甜橙油(冷压法)	7～30
11	紫苏油	1～3	23	防风根油	7～30
12	鼠尾草油	1～3	24	没药香树脂	7～30

续表

序号	品名	持久性/d	序号	品名	持久性/d
25	丁香油	30～90	31	甜橙花净油	>90
26	海狸浸膏	30～90	32	广藿香油	>90
27	格蓬树脂	30～90	33	玫瑰净油 2#	>90
28	龙涎香	90	34	香荚兰豆净油	>90
29	薰衣草油(后馏)	>90	35	大花茉莉净油	>90
30	橡苔浸膏	>90			

表 11.10　合成香料的朴却嗅闻系数

序号	品名	持久性/d	序号	品名	持久性/d
1	乙酰基异丁香酚	3/24	33	庚炔羧酸甲酯	3～7
2	α-蒎烯	3/24	34	γ-甲基紫罗兰酮	3～7
3	乙酸乙酯	3/24	35	苯甲酸甲酯	3～7
4	2-辛酮	3/24	36	橙花醇	3～7
5	己酸烯丙酯	3/24～1	37	α-松油醇	3～7
6	苯甲醇	3/24～1	38	正壬醛	3～7
7	癸酸乙酯	3/24～1	39	正辛醛二甲缩醛	3～7
8	辛酸乙酯	3/24～1	40	癸醛二甲缩醛	3～7
9	乙酸芳樟酯	3/24～1	41	正癸醛	7～30
10	D-柠烯	3/24～1	42	正十一醛	7～30
11	玫瑰醚	3/24～1	43	正十一烯醛	7～30
12	正辛醇	3/24～1	44	羟基香茅醛	7～30
13	癸醇	3/24～1	45	香叶醇	7～30
14	四氢香叶醇	1～3	46	α-戊基桂醛	7～30
15	四氢芳樟醇	1～3	47	大茴香醇	7～30
16	芳樟醇	1～3	48	兔耳草醛	7～30
17	正辛醛	1～3	49	邻氨基苯甲酸乙酯	7～30
18	乙酸苄酯	1～3	50	异丁香酚甲醚	7～30
19	左旋葛缕子酮	1～3	51	橙花叔醇	7～30
20	柠檬醛	1～3	52	丁香酚	30～90
21	十二酸乙酯	1～3	53	2-甲基十一醛	90
22	甲酸香叶酯	1～3	54	正十二醛	90
23	香叶基乙基醚	1～3	55	桂醛	90
24	乙酸橙花酯	1～3	56	二氢茉莉酮	90
25	罗勒烯醇	1～3	57	丁二酮	90
26	β-苯乙醇	1～3	58	异戊酸香叶酯	90
27	香茅醛	3～7	59	α-己基桂醛	90
28	大茴香醛	3～7	60	柳酸己酯	90
29	乙酸三环癸烯酯	3～7	61	苯丙醛	90
30	甲酸香茅酯	3～7	62	檀香醇	90
31	N-甲基邻氨基苯甲酸甲酯	3～7	63	γ-十一内酯	90
32	十一烯酸甲酯	3～7			

香精的留香值的计算方法与香比强值相同，举一个茉莉花香精的例子，如表 11.11 所示。

表 11.11　茉莉花香精中各种香料的用量和留香值

香料	添加量/%	留香值
乙酸苄酯	40	5
芳樟醇	19	10

香料	添加量/%	留香值
α-戊基桂醇	10	100
丁香油	1	22
安息香浸膏	5	100
柳酸苄酯	10	100
卡南加油	10	14
羟基香茅醛	5	80

　　该香精的留香值为 $(40×5＋19×10＋10×100＋1×22＋5×100＋10×100＋10×14＋5×80)÷100＝34.52$。这个值更准确地应叫作计算留香值，因为它同实际留香值有差距，这是由于各种香料混合以后互相会起化学反应产生留香更久的物质，实际上，所有高级香水香精的实际留香天数几乎都超过 100，而计算留香值是不可能达到 100 的。

　　香料的留香值与香精的计算留香值用途也是很广的。调香师在调香的时候可以利用各种香料的留香值预测调出香精的计算留香值，必要时加减一些留香值较大的香料使得调出的香精留香时间在一个希望的范围内。用香厂家在购买香精时，先向香精厂询问该香精的计算留香值以判断是否符合自己加香的要求是很有必要的，二次调香时，计算留香值也是很重要的内容。希望留香好一点的话，计算留香值大的香精可以多用一些。需要注意的是，计算留香值太大的香精往往香气呆滞、不透发，一些低档香精更是如此。

　　对于用香厂家来说，购买一个香精，除了闻它的香气好不好、适合不适合自己的产品加香要求以外，最好能要求香精厂提供两值——该香精的香比强值与留香值，因为这两个指标调香师可以根据配方计算出来。一个香精如果兑入一定量的无香溶剂的话，用鼻子不容易闻出来。有资料表明，在一般情况下，一个香料或香精的浓度改变 28%，人们才刚能明显地感觉到气味强度差异，而如果用计算方法的话，它的香比强值和留香值应当是马上能发现改变的。因此香精企业提供香精的香比强值和留香值是很有必要的。

　　香料的挥发时间就是该香料被蘸在闻香纸上留香的时间，这与朴却提出的留香系数在原理上是相似的概念，其测定方法是用闻香纸蘸取香料，称重，记录达到恒重时的时间，以 h计，超过 999h 以 999h 算。这种方法比较科学，其数据的重现性很好，但由于没有同气味关联，因而不能用于食用香精的感官分析中，应用较为有限。例如，邻苯二甲酸二乙酯的挥发时间为 60h，但它的留香值只能是 1，香料的挥发时间比较准确，数据不会在不同情况下发生改变。读者可以阅读林翔云所著《调香术》（第一版）附录综合表中各种香料的挥发时间，将其与留香值比较，对这两组数据进行分析，对各种香料的留香性能会有更进一步的认识。

　　（3）香品值　什么叫作香？什么叫作臭？这个问题看起来简单，随便问周围的人都可以回答，闻起来舒服愉快就是香的，闻起来不舒服、难受就是臭的，可这个问题调香师回答起来就难了。要是更进一步问，甲与乙比，哪一个更香一些，哪个更臭一些，就更难回答了。这也体现了提出香品值这个概念的必要性。

　　所谓香品值，就是一个香料或者香精香气品位的高低，由于这是一个相对的概念，需要一个对照物，而且这个对照物应该是大家比较熟悉的，如茉莉花香，要给一个茉莉香精定香品值，就要把它的香气同天然的茉莉鲜花进行比较。国人提到茉莉花香一般指的是小花茉莉鲜花（不是茉莉浸膏，也不是其净油）的香气，西方人熟悉的茉莉花香指的是大花茉莉鲜花的香气，二者都有实物。要给一个茉莉香精定香品值，就要把它的香气同天然的茉莉鲜花（我国用小花茉莉，国外用大花茉莉）比较。如果人为地限定最低分为 0 分，最高分（就是天然茉莉花香的香气）是 100 分，让一群人（至少 12 人）来打分，去掉一个最高分和一个最低分，然后求得的平均值就是这个茉莉香精的香品值。

对比天然的各种花香、果香、木香、草香、动物香、蔬菜香、鱼肉香去判定相应香精的香品值，应该说还是比较客观的。对于那些幻想型的香精，给它们定香品值，难度就大多了。像素心兰、馥奇、东方香、古龙香、中国花露水、力士，又如食用香精中的五香、咖喱、可乐等大家比较熟悉的香型，情况会好些。但调香师新创造的香型，评审团会给的香品值是多少，无人知道。一般情况下，很有特色的新香型往往不容易被多数人接受，免不了在初期被"冷落"（给分很低），如"香奈儿 5 号"在 1921 年问世的时候，看好的人并不多，但它的爱好者在随后一百年里不断地增加。后来的许多新香型香水也有类似的经历。所以，对香精的香品值的评定，虽然一般地可以请一些外行人当评香组成员（最好先把香精配在加香产品里放置一定的时间后再评香），但用于高级香水、化妆品和一些高档产品的香精最好还是请专家来评香，并评断其香品值。

香料香品值的评定比香精更复杂，一般人难以胜任，大多数单个香料的香气与人们日常生活中接触的香气还尚有差距。例如，如何给 α-戊基桂醛打分？调香师们根据以往的调香经验，认为这个香料应当属于哪种香型，就按这种香型的要求给它打分，如对于 α-戊基桂醛来说，所有的调香师都认为它应属于茉莉花香香料（加到香精里面起产生或增加茉莉花香的作用），但 α-戊基桂醛的香气实在太粗糙，有明显的化学气息，所以只能给 5 分上下，有的调香师甚至才给 2 分。

必须指出，调香师的打分是给让他们闻的香料打分，这个香料通常不能代表该香料的所有品种。比如芳樟醇这种香料就很有争议，调香师知道有两种芳樟醇，一种是合成芳樟醇，一种是天然芳樟醇，前者直到现在香气还是不甚美好，即使纯度高达 99％也是如此，所以香品值不高。后者即使纯度不高，香气还是好得多，有明显的花香，特别是从白兰叶油、纯种芳樟叶油提取的天然左旋芳樟醇，完全闻不到生硬的木头气息和冰凉气（从芳樟叶油、芳樟油或玫瑰木油提纯的天然芳樟醇都带有桉叶素和樟脑的生硬冰凉气），闻到的是非常优美的花香，因而一致给它高分，平均分为 90 分。

对于各种香料给出的香品值应用时还需注意，如果在实际操作时某种香料香气不好，而此表中这个香料的香品值却很高，或者实际应用时某一种香料香气非常好，而表中这个香料的香品值却不高，这时需要考虑是否应该修正它的香品值。

香精的香品值可以按配方中各个香料的香品值、用量比例计算出来，计算方法同香比强值、留香值，计算出来的香品值叫作计算香品值，它同实际香品值（让众人对香精评价打分，取平均值）有一定差距。调配一个香精，如果它的实际香品值小于计算香品值，可以认为调香是失败的，实际香品值超过计算香品值越多，调香就越成功。因为所谓调香，就是最大限度地提高混合香料的香品值。

用香厂家向香精供应商购买香精时，可以要求香精供应商提供该香精的计算香品值，然后自己组织一个临时评香小组给这个香精打分，得到实际香品值（最高分 100，最低分 0），如果实际香品值超过计算香品值甚多，这个香精应该比较符合要求。

香料本来是没有"品位"一说的，因为任何香料都有它应用的价值，有的香料用在这种香精体现的价值有限，但用在合适的香精中就可以有很大价值，或者称之为品位好。例如吲哚，在不同的应用里拥有不同的价值，有的人觉得它本身的气味难闻，价值不高，香气较为低劣，但在某些香精里，例如大花茉莉香精中少量地使用，会对香精的香气有着画龙点睛的效果，因此香料的品位是很难定量描述的，在不同的条件下评价香料得到的价值都不一样。

大部分纯净的香料单体嗅闻时由于香气强度太大，往往无法给人带来愉悦的嗅闻体验，会让人觉得香气不好。稀释以后大部分香料的香气变得宜人，但并不是每一种香料经过稀释香气都会变好。各种香料的香气是在调配成香精时发挥作用的，使用不当不仅发挥不了作用，有时反而会破坏整体香气。如果要定义每一个香料的品位值，只能放在一个香气范围内考察它的表现力。例如，乙酸苄酯一般都用于调配茉莉香精，若乙酸苄酯本身与茉莉花香的香气很接近，则其香气的品位得分就高一些，如果不太像茉莉，则得分就会低一些。香品值的概念就是按这个原理创造出来的。

由于人们对香水的香气印象已基本定型——一般是以花香为主的体香，加些好闻的果香、木香、动物香或膏香等组成圆和一致的香韵。因此，在配制香水所用的香料中，带凉气、酸气、辛辣气、苦气、药草气、油脂哈喇（酸败）味者，其香气品位一般都被认为较低，在配方中要慎用。诚然，人们对香水的认识也在不断地变化着，香料的品位也随之变化。例如 20 世纪 80 年代开始流行带青香香气的香水，这是受到"回归大自然"思潮的影响所致，原先被调香师冷落的带青香香气的香料如格蓬、叶醇及其酯类、辛炔羧酸酯类、女贞醛、柑青醛、二氢月桂烯醇、乙酸苏合香酯、紫罗兰叶油、迷迭香油、松针油、留兰香油、薄荷油、桉叶油等大量进入香水配方中，以至于调香师不得不反思以前对各种香料品位的认识。

好的香水的评判标准之一是头香、体香、基香基本一致，通俗点叫作"一脉相承"，中间不断档，香气让人舒适美好，有动情感，留香持久。因此，像茉莉浸膏及其净油、玫瑰油、树兰花油、桂花浸膏及其净油、金合欢浸膏及其净油、香紫苏油、广藿香油、香根油、东印度檀香油、鸢尾浸膏及其净油、麝香、龙涎香、羟基香茅醛、铃兰醛、二氢茉莉酮酸甲酯、龙涎酮、异甲基紫罗兰酮、鸢尾酮、橙花叔醇、金合欢醇、龙涎香醚及降龙涎香醚、突厥酮类、酮麝香、佳乐麝香、香兰素、香豆素、洋茉莉醛、异丁香酚、合成檀香、γ-癸内酯等本身就已具备上述条件，当然也都被大量作为香水配方成分使用。用气相色谱法剖析香水及香水香精、高档化妆品香精时，上述香料的特征峰大量存在，或者说在分析香水、香水香精或高档化妆品香精的色谱图时，大部分峰都应归属于上述香料。这些香料的品位在香水和化妆品应用领域都是比较高的。

如果把上述香料看作是品位最高香料的话，那么"二等"香料应是：香叶油、橙叶油、玳玳叶油、白兰叶油、芳樟叶油、玫瑰木油、甜橙油、柠檬油、麝葵籽油、赖百当浸膏（及其净油）、柏木油、血柏木油、愈创木油、楠叶油、大部分人造麝香、各种合成的草香、木香、果香、膏香香料等。

"三等"香料包括香茅油、薄荷油、留兰香油、草果油、迷迭香油、杂樟油、桂皮油、橘叶油、大蒜油、洋葱油、辣椒油与组成这些精油的主要单体香料以及类似香气的合成香料。

单用"头等"香料是可以配制出很不错的香水香精和高档化妆品香精的，林翔云教授团队通过对许多国内外著名的香水及其香精进行成分分析，发现早期的香水配方基本上是由这些香料组成。当然最早的香水香精只能用天然香料调配，香气比较局限，也会影响合成香料问世后一段时间的流行香型的走向。Chanel No. 5 的成功动摇了这种认识，在大量的"头等"香料里加入适量的"二等"和"三等"香料才能调出有个性的香精，这在当今已成共识，事实上，早期的古龙水就含有大量的迷迭香油。

第三节　感官评价分析方法

　　较早期的评香活动是由一些具有敏锐嗅觉和长年经验积累的专家进行的。一般情况下，他们的感官评价结果具有绝对的权威性，当几位专家的意见不统一时，往往采用少数服从多数的简单方法决定最终的评香结果。这是原始的评香分析，这样的做法存在很多弊端：第一，评香组织由专家组成，人数太少，而且不易召集；第二，各人对不同香气敏感性和评价标准不同，几位专家对同一香气评价各有不同，结果分歧较大；第三，人体自身的状态和外部环境对评香工作影响很大；第四，人具有的感情倾向和价值取向会使评香结果出现片面性，甚至做假；第五，专家对物品的评价标准与消费者的感觉有差异，不能代表消费者的看法。最重要的是，即使调香师能够使用香精语言科学准确地描述评价结果，但这些以文字主导的结果若无法凝聚成具有统计学意义的结论，对于调香指导、产品开发的意义仍旧是有限的。

　　由于认识到原始评香方法的种种不足，人们在进行感官评价时逐渐地融入了生理学、心理学和统计学方面的研究成果，从而发展成为现代的感官评价分析方法。现代感官评价分析方法对于评香组织的各项工作要求将不再依靠权威和经验，而是依靠评价感受经由科学的数学模型而转化成的具有统计学意义的结论。

一、感官评价分析类型

　　感官评价分析类型主要包括分析型感官评价和偏爱型感官评价。

　　分析型感官评价把人的嗅觉作为一种可以量化感受的分析仪器，通常用来评鉴香精或加香产品之间的差异，即通常用来比较某种感官特性之间的差异大小。例如选出与标样最接近的香精，或是选出香气强度最接近某种产品的仿制产品等。分析型感官评价结果的准确性是分析型感官评价的衡量尺度，结果本身是对产品的客观评价，不应由个体差异的喜好主导评价结果。因此提高结果的准确性可以从指定评价标准、规范实验条件和科学选拔评香员三方面入手。

　　所谓指定评价基准，就是选定标样作为判断的基准，品评员有统一的、标准化的样品作为参照物，以防因个体差异而对同一个评价对象产生不同的评价尺度。实验条件的规范化，指的是实验环境有统一标准，否则评价结果会受到环境的干扰而出现误差。品评员的选拔也是进行感官评价前必要的程序，参与分析型感官评价的评价员应当经过恰当的选拔和培训，评价能力应保持在同一水平。

　　偏爱型感官评价与分析型感官评价遵循的原则相反，它以待评价物为对象，基于人的主观喜恶，利用嗅觉和味觉器官进行的评价方法。例如开发用于饮料中的新果香型香精，让评价员选出自己最喜爱的一款。偏爱型评价不需要统一的评价标准和条件，主要是依靠人的生理和心理作用，即主要由人的嗅觉和味觉感受决定评价结果，结果同时受到个体差异、测试环境、生活习惯、审美观点等因素的影响，呈现因人而异的特性。

　　因此，需要根据不同的要求和目的，选用不同类别的感官评价模型。

　　（1）分析型感官评价

　　分析型感官评价（analytic sensory evaluation），即辨别样品间是否存在差别，差别的大小、方向和强度的感官评价方法。这种评价方法与香精的香气香味风格和强度有密切关系，主要包括香气香味差异、香精香型风格、香气强度、香气香味仿真度、口感综合强度、真实度、新鲜度等指标。这种方法对评价员、评价基准和感官评价室条件都有严格的要求：

① 评价员应经过适当的选择和培训，对香精有较深刻的认识，一般由公司的研发人员组成。他们应该对香精的各项感官指标有区别、分析和判断的能力，嗅觉和（或）味觉敏锐，对香精的各种特性具有准确的表达能力。

② 评价基准要标准化，对香精的评价要预先统一规定评价使用的术语、评分尺度、评价项目指标和等级的定义。

③ 评价条件要规范化，感官评价室的照明、温度、气流等对评价员造成影响的因素都要有一定的规定。评价样品的制备、保存、传递等都要有操作规程。

（2）偏爱型感官评价

偏爱型感官评价（preference sensory evaluation）又称嗜好型感官评价，是测量人群对样品的感官反应，对香精的香气或香味不加严格明确的要求，只是由参加品尝的人随机感觉决定的一种感官评价方法。偏爱型评审组由本单位一般职工和消费者代表组成，也不规定统一的评价标准和评价条件，但选择受试的人群要有一定的人数和代表性。

二、分析型感官评价

分析型感官评价包括样品间的总体差别检验、差异类别检验和描述分析。

（1）总体差别检验

总体差别检验是建立在多种不同的分析方法之上，在样品间差别不明显的情况下，单纯用来评价样品间是否存在感官差别的检验方法。常用的方法如下。

① 两点检验法　两点检验法是以随机的顺序同时出示 A、B 两个样品给评价员，要求评价员对这两个样品进行比较，判定整个样品或某些特征强度顺序的一种检验方法。适用范围：确定两种样品之间是否存在某种差别，差别方向如何，是否偏爱两种产品中的某一种。可用于选择与培训评价员。

② 二-三点检验法　二-三点检验法是一种先提供给评价员一个对照样品 R，接着提供两个不同编号的样品，其中一个与对照样品 R 相同，要求评价员在熟悉对照样品 R 后，从后面提供的两个样品中挑选出与对照样品 R 相同的样品的方法。这种检验方法有两种形式。a. 固定参照模式：正常产品作为参照样。b. 平衡参照模式：正常生产样品和要进行检验的样品被随机用作参照样。当参评人员受过培训，对参照样品很熟悉时采用固定参照模式。当参评人员对两种样品都不熟悉，而又没有受过训练时应采用平衡参照模式。常用于成品检验。若两个样品可明显地通过色泽、组织等外观区别出来或被测样品有后味不适用此方法。

③ 三点检验法（三角实验法）　同时提供三个编码样品，其中有两个是相同的，要求评价员挑选出其中单个样品。适用范围：鉴别两个样品间的细微差别，也可应用于挑选和培训评价员或者考核评价员的能力。

④ A-非 A 检验法　这种方法是先让评价员熟悉样品 A 或非 A，再将一系列样品提供给评价员，这些样品有 A 和非 A，要求评价员指出哪些是 A，哪些是非 A，最后统计选择正确的人数，通过卡方检验分析结果的检验方法。适用范围：确定由原料、加工、处理、包装和贮藏等各环节的不同所造成的产品感官特性的差异。特别适用于评价具有不同外观或后味样品的差别检验，也适用于敏感性检验，确定评价员能否辨别一种与已知刺激有关的新刺激或确定评价员对一种特殊刺激的敏感性。

⑤ 五中取二检验法　同时为评价员提供五个随机排列的样品，其中两个属于同一种类型，其他三个属于另一种类型，要求评价员将这些样品按类型分成两组。该法可识别出两样品间的细微感官差别。当可找到少量的优选评价员时，可采用此法。

⑥ 差异对照检验　呈送给评价员一个标准对照样和一个或多个待检样，并告知评价员待测样中的某些样品可能与对照样相同，要求评价员定量地评价出每个待测样与对照样之间的差异大小并按相应等级进行评分的检验方法。适用范围：判定一个或多个样品和对照样之间是否存在差异，并评价这种差异的大小。当样品间存在可以被感官察觉的差异，而差异的程度又会影响实验结果时，此种方法具有一定效果，例如产品的质量控制和货架期的研究中经常使用该方法。

⑦ 选择检验法　该方法是从三个以上的样品中，选择出一个最喜欢或最不喜欢的样品的检验方法。常用于偏爱调查。

⑧ 配偶检验法　把数个样品分成两群，逐个取出各群的样品，进行两两归类。适用范围：检查评价员的识别能力和识别样品间的差别。

（2）差异类别检验

在感官品评技术实际应用中，仅评价两样品间是否存在感官差异是远远不够的，还要了解评价的样品在哪一个或哪几个特性之间存在差异，以及差异的大小。有时需要在多个样品之间进行某些特性差异比较和分类，对样品进行喜好度分析。采用总体差别检验的方法无法满足实验要求，只有采用差异类别检验的方法，如排序法、评分法、标度法、分类法、成对比较法和评估检验法，并借助一些统计学数据处理软件（Excel、SPSS、SAS 等）才能完成评价工作。

① 排序法　排序法是一种随机提供给评价员三个或三个以上不同编码的样品，要求按照某一特性强度或整体印象排定顺序的感官分析方法。当评价少量样品（6 个以下）的复杂特性，或评价大量样品（20 个以上）的外观时，这种方法是迅速有效的。适用范围：可用于进行消费者的可接受性检查及确定偏爱的顺序，选择产品；确定由不同原料、加工工艺、处理方法、包装和贮藏等环节造成的对产品感官特性的影响。在对样品做更精细的感官分析之前，先采用此方法进行筛选检验。

② 标度法　标度法是根据一定范围内的标尺对样品进行评判的一种感官分析方法，既能使用数字来表达样品某项指标的感觉强度，也可使用描述词汇与数字对应起来表达特性的感受，这种数字化处理使感官品评成为给予统计分析、模型、预测等理论的定量科学。适用范围：适用于需要量化感觉、态度或喜好等各种场合的感官品评中。

③ 分类法　分类法是指评价员评价样品后，划出样品应属的预先定义的类别的一种分析方法。适用范围：当样品打分困难时，可用此法评价出样品的差别，得出样品的级别，也可以鉴定出样品的缺陷等。

④ 评分法　要求评价员把样品的品质特性以数字标度形式来鉴评的一种检验方法。适用范围：此法可同时评价一种或多种产品的一个或多个指标强度及其差别，尤其适用于鉴评新产品。

⑤ 成对比较法　成对比较法是把数个样品中的任何两个分别组成一组，要求评价员对其中任意组的两个样品进行评价，最后对所有组的结果进行综合分析，从而得出数个样品的相对评价结果的检验方法。适用范围：可用于确定数个样品之间是否存在某种差别以及差别方向。可确定是否偏爱产品中的某一种。

⑥ 评估检验法　评价员在一个或多个指标基础上，对一个或多个样品进行分类、排序。

适用范围：可用于评价样品的一个或多个指标的强度及对产品的偏爱程度。进一步也可通过各指标确定整个产品质量重要程度的权数，然后对指标的评价结果加权平均，得出整个样品的评分结果。

（3）描述分析或检验

由一组合格的感官评价人员对构成样品特征的各个指标进行定性、定量描述，尽量完整地描述出样品品质的检验方法，包括香气和风味剖析、质地剖析、定量描述分析、时间-强度描述分析、系列描述分析、自由选择剖析等方法。该方法又可细分为简单描述评价和定量描述评价。

① 简单描述评价法　要求评价员对构成样品的各个指标进行定性描述，尽量完整地描述产品的品质。

② 定量描述评价法　要求评价员尽量完整地对样品的各项感官指标强度进行评价。

适用范围：可用于识别或描述某一特殊样品或许多样品的特殊指标，或将感觉到的特性指标建立一个序列。常用于质量控制，产品在贮存期间的变化或描述已经确定的差别检测，也可用于培训评价员。

三、偏爱型感官评价

消费者检验可分为定性检验和定量检验两部分，偏爱型感官评价是消费者感官定量检验中必不可少的检验方法。

（1）偏爱检验

① 成对偏爱检验　成对偏爱检验是向消费者提供两个样品，让消费者选出一个更喜欢的样品的方法，它是两点检验法的一种类型。

② 偏爱排序　偏爱排序是让消费者按照喜好程度由高到低或者由低到高的顺序对两种以上的产品进行排列的方法，它是排序法的一种类型，也是成对偏爱检验的扩展，只是针对的产品更多。

（2）接受性检验

接受性检验是让消费者使用标度来表达对产品的喜爱程度或不喜爱程度的方法。它是标度法的一种类型，标度法中使用的类项标度、线性标度、量值标度都可以用于消费者的接受性检验，特别是快感标度是该项检验中最常用的标度。

四、合理选择感官评价分析方法

在香精感官评价分析中，在实施某一评价时，根据使用目的，选择适当的方法是非常重要的。在评价一个产品时可能会使用多种评价方法，以更全面地了解此产品的各项特征和品质。感官分析实际应用中经常选择的检验方法如表 11.12 所示。

表 11.12　感官分析实际应用时各种方法的选择

实际应用	检验目的	适用方法
产品改造	确定需要改进的感官性质； 确定试验产品与原产品的差异； 确定试验产品比原产品有更高的接受度	差别检验 描述分析，单项指标差别检验 接受性检验

续表

实际应用	检验目的	适用方法
工艺过程的改变	确定不存在差异； 如果存在差异，确定消费者对该差异的态度	三点法 描述分析，单项指标差别检验 偏爱检验，接受性检验
降低成本（改变原料的来源）	确定差异不存在； 如果存在差异，确定消费者对新产品的态度	三点法 描述分析，单项指标差别检验 偏爱检验，接受性检验
产品质量控制	检出样品与标准品有无差异及差异量的大小； 分析品质内容，检出趋向性	差别检验 描述分析
贮存期间的稳定性	确定差异出现的时间； 进行差异指标的详细分析； 确定存放一定时间的产品的接受性	差别检验 描述分析 接受性检验
原料和产品检查	原料分等、产品分级	评分法、分类法
新产品开发	了解产品各方面的感官性质，以及与市场中同类产品相比，消费者对新产品的接受程度	差别检验、描述分析、消费者感官检验
消费者接受性	消费者对产品的态度	接受性检验
喜好调查和品质研究	获取喜好程度品质好坏； 喜好程度或品质顺序的数量化	成对偏爱检验、偏爱排序、三点法、选择法、评分法、评估检验法、配偶法
品评员的筛选和培训	筛选和培训品评员	敏感检验、差别检验、描述分析检验
感官检验与物化检验的关系	通过实验分析减少需要品评样品的数量； 研究物化因素与感官之间的关系	描述分析检验 单项指标差别检验

五、感官评价分析中存在的问题及解决方案

（1）感官评价中应注意的问题

在香精的感官评价中常会遇到的问题有疲劳效应、顺序效应、记号效应、位置效应、对比效应及变调效应等，这些都在一定程度上影响了感官评价的进行，因此要让感官评价真实可信，就应该对这些问题加以注意和避免。

① 疲劳效应　是指若长时间持续一种刺激，则味觉及嗅觉都会变弱，导致知觉丧失的现象。

② 顺序效应　把先出现的刺激或后面的刺激评价过大的倾向。

③ 记号效应　与样品的本质无关，而是由于对样品记号的喜好影响判断的倾向。记号效应有两种类型：多数人的共同倾向和个人的主观倾向。其依据是自己的姓名或自己单位名称的大写字母以及个人经历的记忆等。

④ 位置效应　在三点试验法或五点试验法中，放在与试样质量无关的特定位置时，试验就会出现一种选择次数特别多的倾向。

⑤ 对比效应　在味觉中，第一种味道使得第二种味道变得更强或更弱的现象。

⑥ 变调效应　先品尝或嗅闻的香精的香气味，使后品尝或嗅闻香精的香气味发生改变的现象。

（2）感官评价分析试验的操作注意事项

为了保证感官评价统计分析的有效性，减小干扰因素对结果的不良影响，在香精的感官评价中一定要注意以下几个事项。

① 样品的外观呈现　样品制备应遵循均一性原则，即制备的样品除所要评价的特性外，其他特性应完全相同。精心制备，掩盖差别（如掩盖色差、样品温度、摆放顺序或呈送顺序等）。制备好的香精或其样品分盛在相同的容器中，样品的数量、部位应尽量一致。样品编码及位置对实际品评结果有不可忽略的影响。该效应作为一种客观形象可从三个方面来克服：

a. 评价员应努力提高自己的品评能力，包括敏感力、判断力；

b. 利用顺序中性字编码（如川、个、干、门、工等），也可以用数字、拉丁字母或字母和数字结合的方式对样品进行编号。用数字编号时，可从随机数表上选取 2~3 位数的随机数字，避免使用特征性较强的数字编号，如喜好感强的数字 168、重复数字 888、特殊名称 007 等；用字母编号时避免按字母顺序编号或选择喜好感较强的字母（如最常用字母、相邻字母、字母表开头与结尾的字母等）。同次试验中所用编号位数应相同，且保证每个鉴评员拿到的样品编号不重复。

c. 样品递交给品评员评价前，需按一定规则摆放，以消除摆放顺序和位置对品评员的干扰。样品呈放通常有两种方法，在进行味觉识别或其他特定的实验时，按要求的顺序呈送和摆放样品即可。其余情况，可以采用使每个样品在每个位置上出现的概率相同的摆放法，例如三个样品呈三角形摆放，四个样品呈正方形摆放，四个以上的样品呈圆形摆放（如图 11.5 所示）。

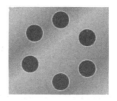

图 11.5　感官评价分析试验样品的摆放

② 样品数量　一次评定的样品数不宜过多，特别是食用香精一般要进行口感评价，比较容易产生味觉疲劳。每次试验可鉴评样品数控制在 4~8 个。对含酒精或强刺激感官特性的样品，将鉴评样品数限制在 3~4 个。配偶法一般不超过 5 对，排序法和评分法 7 个以下为宜。

③ 样品分量　有些试验（如三点试验）应严格控制样品分量。另一些试验则不需控制，给鉴评人员足够鉴评的分量。对于需要控制用量的差别试验，每个样品的分量控制在液体 20mL、固体 20g 左右。而偏爱试验的样品分量可比差别试验高一倍。

④ 评价员人数设定　进行一次具有统计意义的感官评价分析试验，参与评价的、有一定经验的评价员一般不少于 5~7 人，人数太少会影响评价结果的准确性。

⑤ 独立评价　评定前主持人就有关要求向评价人员进行交代，评价时评价员应独立做出判断，不互相讨论，以避免互相干扰。

⑥ 消除感官干扰的操作　每次品尝一个样品后应漱口，以除去残留的刺激作用，然后再进行下一次品尝。

第四节　感官评价的准备工作和操作步骤

学会用科学的"香精语言"描述感官评价的结果，以及懂得将感官评价的结果有的放矢地根据不同目的选择合适的感官评价分析方法，将感官评价感受提炼成具有统计意义的结论，是现代感官评价活动的核心。下面，笔者将具体阐述实施科学的感官评价活动需要做的准备工作和规范的操作步骤，以确保读者进行感官评价时得到的评价结果和通过结果分析得出的结论是科学有效的。

一、感官评价员的选择与培训

建立一个合格的评价组织，首要任务就是组成评价队伍，评价员的选择和培训是不可或缺的，评价分析按其评价目的不同而分为分析型和偏爱型，但不管是哪一种评价小组，都要求评价员具有从事感官分析的兴趣，工作负责，且身体健康、个人卫生条件良好。评价队伍也应分两组，即分析评价组和偏爱型评价组，分析型评价组的成员有无感官评价分析的经验或接受培训的程度不同，会对分析结果产生很大影响，通常要求这一类型的评价员嗅觉和味觉总体灵敏度相当。偏爱型评价仅是个人的喜好表现，属于感情的领域，是人的主观评价，这种评价人员不需要专门培训，一般的消费者都能胜任。分析型评价人员根据其评价能力可分为一般评价员和优选评价员。

由于评价目的性质的不同，偏爱型评价所需的评价员稳定性不要求太严，但人员覆盖面应广泛些。如不同族群、文化程度、年龄、性别、职业等，有时要根据评价目的而选择特定人群。分析型评价组人员要求相对稳定些，这里要介绍的评价员的选择和培训大部分是针对此类型评价员而言的，当然，两种类型评价组成人员分类并非非常清楚，评价员也可同时是偏爱型评价员和分析型评价员。

（1）候选评价员的条件

用香企业和香料香精企业多是从公司内部或相关单位召集志愿者作为候选评价员。候选者应具备以下条件：

① 兴趣是选择评价员的前提条件。

② 候选者必须能保证至少80%的出席率。

③ 候选者必须有良好的健康状况，不允许有疾病、过敏症，无明显个人气味，如狐臭等。身体不适时不能参加评价工作，如感冒、怀孕等。

④ 有一定的表达能力。

（2）评价组人员的选定

并非所有候选评价者都可入选为评价组成员，还可从嗅觉灵敏度和嗅觉分辨率方面来考核测试，从中淘汰部分不适合的候选员，并从中分出分析型评价组的一般评价员和优选评价员。

① 基础测试　挑选三四个不同香型的香精（如古龙、醛香、馥奇等），用无色的溶剂稀释成1%溶液。每个候选评价员得到四个样品，其中有两个相同，一个不同，外加一个稀释用的溶剂，评价员最好能达到100%选择正确率。如经过几次重复还不能觉察出差别，此候选员直接淘汰。

② 等级测试　挑选10个不同香型的香精（其中有两三个较接近、易混淆的香型），分别用棉花蘸取同样多的香精，然后分别放入棕色玻璃瓶中，同时准备两份样品，一份写明香精名称，一份不写名称而写编号，让候选评价员对20瓶样品进行分辨，将写编号的样品与其对应香气的写了名称的样品对号入座。本测试中分辨对一个香型得10分，总分为100分，候选员分数在30分以下的直接淘汰，30~70分者为一般评价员，70~100分者为优选评

价员。

（3）评价组成人员的培训

评价组成人员的培训主要是让每个成员熟悉实验程序，提高觉察和描述香气香味的能力，提高嗅觉灵敏度和记忆力，使他们能够提供准确、一致、可重现的香气评定值。

① 评价员工作规则　评价员应了解所评价带香物质的基本知识（如评价香精时，了解此香精的主要特性、用途等，而评价加香产品时，应了解未加香载体的基本知识）。评价员应了解实验的重要性，以负责、认真的态度对待实验。进行分析型评价时，评价员应客观地评价，不应夹杂个人情绪。评价过程应专心、独立，避免不必要的讨论。在试验前 30min，评价员应避免受到香味刺激，如吸烟、嚼口香糖、喝咖啡、吃食物等。评价员在实验前应避免使用有气味的化妆品和洗涤剂，避免浓妆。实验前不能用有气味的肥皂或洗涤剂洗手，更不可使用人体香氛。

② 理论知识培训　首先应该让评价员适当地了解嗅觉器官的功能原理、基本规律等，让他们知道可能造成嗅觉误差的因素，使其在进行评价实验时尽量地配合以避免不必要的误差。香气的评价大体上也就是香料、香精的直接评价或加香物品的香气评价，因此，评价员还应在不断的学习中，了解香料、香精的基本知识，所有加香物品的生产过程、加香过程。

③ 嗅觉的培训　在筛选评价员时，已对嗅觉进行了测试，选定合格的评价员就无须再进一步训练，应该让评价员进入实际的评价工作中，不断积累经验，以提高其评价能力。

④ 设计和使用描述性语言的培训　设计并统一香气描述性的文字，如香型、香韵、香气强度、香气仿真度、香型的分类、香韵的分类等。反复让评价员体验不同类型的香气并要求详细描述，这样可以进一步提高评价结果的统一性和准确性。

二、感官评价员进行评价时的基本要求和注意点

感官评价员在收到通知进行评价前应确保能准时出席。鉴评人员在进行鉴评前不得了解样品的制备过程，避免影响实验结果。由于评香人员使用香皂、香水和盥洗水等，因而常常随身带进异味。在评价之前，所有评价人员应用未加香的肥皂或洗涤剂洗手，并停止使用有香气的化妆品及洗涤剂等。吸烟者更是带进异味的来源，不吸烟者对烟味特别敏感。因此强烈要求吸烟者在评味开始前 30min 内不得吸烟。所有评价员应避免味觉受强烈刺激。

试验期间禁止在试验区大声谈话，避免在试验时打电话；禁止在试验时进行讨论和谈论试验结果。身体不适如感冒或过度疲劳的人，暂时不能参加感官鉴评的试验。

三、感官评价对环境的要求

香精企业的感官评价室是整体工厂设计时最能体现设计心思的地方，因为评香环境对进行评香的人员而言至关重要。设计科学、结构合理的评香室才能够让室内进行感官评价实验的人做出科学的判断，从而帮助企业对选择香精和加香产品做出有效评断，反馈正确的评香感受，这样才能有助于香精香料的研发。评香室的环境首先要做到通风良好，且调香和厂房的香气味不飘进评香室。其次，要光照条件适中，让受试者视线清晰，不受香精或加香产品外观的干扰，环境幽美且没有浓烈的"情绪感"，即在一个相对中性的环境中让感官品评人员做出客观判断。评香室的面积一般控制在 100m² 左右，并且需要两个以上的隔离房。从安全角度设计，评香室的保险丝容量要达到 60A 以上才能够负载较多的机械设备同时开启

运作。整个实验室需要有一个单独的安全开关以具备有效的防火、火警报警功能。

整个评香功能区一般分为四个区域，分别是样品区、加香分样区、品评区和留样区。其中样品区、留样区和加香分样区应该完全分隔开。

① 样品区 样品区是指存放未经过加香物品的区域。对于食用香精企业的样品区而言，里面一般存有制备各种食品、未经加香的常用配料，这些配料和产品有的由客户公司（即用香企业）提供，有的属于内部采购，香精公司应根据不同的需要而食用不同来源的配料制备加香食品。对于日用香精而言，样品区一般存放未经加香的各类日用品，包括洗护用品类、洗涤用品类、化妆品、塑料制品、橡胶制品、石油制品、石蜡、纸制品和各类固体香等。样品室的温湿度设定主要由存放的样品决定，室温一般在20℃左右，相对湿度控制在55％。不当的温湿度会使样品形变或发生化学变化，影响加香效果。因此，样品区的储物柜通常设计成依墙而立的立式柜，每一个柜子拥有大大小小的抽拉式抽屉，底部配以滚珠运动，方便取样。柜子贴近地面的区域适宜做成双开门，存放大宗型原料，如麦芽糊精、石蜡、洗衣粉等原料，并保持柜门紧闭，以免有香气进入。地面保持干燥整洁。整个样品区的面积不必过大，只需要能容纳日常常用的产品原料即可，过量地囤积样品，经年累月难免会使样品沾染香精企业中的香气味而报废。

② 加香分样区 加香区，顾名思义，即进行香精加香，制备含香产品，或准备香原料小样的地方。加香区内的操作台的设计科学与否对工作人员高效制样有着至关重要的决定作用。操作台的设计应尽量人性化。高度应符合人体舒适的习惯，操作台以下的部分可做成储物柜。操作台以上应做成玻璃材料的储物柜，以减少腐蚀。称量设备应根据日常需要配齐至少一套，常用的有610g电子天平、1～5kg电子秤、分析天平、恒温水浴锅、封口机、冰箱等，特殊的制样还需要特殊的设备，例如压模机、制皂机等。另外，排气扇、空调、换气扇等通风设备应备齐，及时将加香时产生的香气排到室外，以免污染评香室。而分样区指的则是将制备好的加香产品或需要评香的物品进行分样的区域，例如将加了不同香精的三种奶茶等分成若干份，并编上编号，每份各有3份50g的不同奶茶供品评员品评，要求挑出最喜爱的品种。分样区可以根据香精公司的实地情况与加香区分开或是合并，但分样区一定要紧邻评香室，评香室和分样区之间要尽量密闭，不能让分样区的气味污染品评人员。所以，当分样或加香时需要接触香气太浓烈的香精时，制样应在通风橱内操作。当香气太扩散或浓烈的样品需要放在分样区时，应放在有抽风功能的样品柜内。另外，加香分样区需要配备洗涤区，以便将做完品评的样品容器、器皿和工具清洗干净，洗涤区应配有储物架等装置。

③ 品评区 品评区需要良好的评判环境，要求安静、光线充足、无异味。品评区既可以有集体品评区，也可以有单独品评区，不同的品评区承载不同的功能。对于单独品评区，每一个品评间需用隔板隔开，互相不可以干扰，最好独立成间。每个品评间都应配有样品输送窗口、问答表递送窗口。集体品评区是用来给多个感官品评员边交换品评感受意见，边进行品评的场所，适宜用来进行感官品评人员培训及品评前的指导。不管是哪种品评，当品评人员需要用食用的方式评鉴产品时，品评区的每一个台子上应备有漱口的纯净水（25～35℃）和吐液用的容器，同时备有纸巾，方便评价员记录感受。

品评区的布置尽量遵循"中性、舒适"的装修原则，即环境尽量不引起品评人员的感受波动，尽量让品评员的综合感受完全来自品评的样品。因此，噪声控制、温湿度（通常在15～30℃之间）控制、采光照明、换气等都大有学问。尤其是换气的设置尤其需要注意。评香区必须要无香，所以应用换气设备以及气味吸附过滤器尽可能清除室内的异味。通常情况下，1min 内可以置换品评区容积 2 倍或以上空气的换气设备适宜用于该区域。另外，品评区的墙壁和地板以及桌面等设施必须无异味，并且容易清理。在整个评价阶段，人员必须感觉舒适（但不能太舒适），光线太亮或太暗都将影响评判。正常实验时以日光照明或日光灯照明即可，对于一些需要遮盖或掩蔽样品色泽的试验时，可利用特殊的有色灯，以消除样品的各种颜色差异或色调，但对评香人员可能有抑制作用。是否需要消除无关的特征，也需谨慎掌握。即使最终产品有外表特征也最好以原状评定。如果必要，可在评价活动开始前向评香人员说明，然后决定哪些有关哪些无关。

④ 留样区　一些品评完的样品需要留样观察，则可以放入留样区。留样区与样品区的功能类似，因此用于摆放产品的橱柜设计也有相通之处。不同的是，留样区的产品都是经过加香的产品，如何保持这些产品互相不串味，以便下次评价使用是很重要的。因此，各类需要留样的样品要密封包装，并按照一定规律陈列于留样柜内，并贴上标签。陈列柜需要常年开启抽风功能，环境温度维持在需要的范围内，留样区的排气扇常年应处于开启状态，以便正常换气通风，留样室的门密闭性要好，并保持常年关闭。

有些香精公司若有条件，可以考虑设置更衣室等房间，有特殊加香产品的评香实验可根据具体需要附加其他房间，例如一些蚊香产品的品评需要点燃蚊香等待香气挥发才可品评，因此需准备若干间互不相通的房间，评香前同时点燃房间内的蚊香，待几分钟后，让评香员进入不同的房间比较评香。

四、食用香精及其加香产品的感官评价步骤

食用香精在感官评价时的具体步骤，包括制样、感受香气和香味标准操作、味觉复原，以及当中每一步的注意要点和必要时采取的措施。

（1）制备样品的相关操作

制备样品所有用具必须洗涤干净，没有异味。最好用同样容器盛样品。用后可丢弃的器具也应仔细检查有没有异味，并于用后丢弃。

样品要制备到何种程度取决于被评定原料的性质：未研碎和已粉碎的食用香料可研磨成细粉，颗粒不大于 $250\mu m$；辛香料、油树脂和精油在评味前应分散于合适的载体上，但评香可直接用闻香条进行；浓缩香精在评味前应稀释至可接受的浓度，但评香可直接进行；单体香料可以溶于乙醇并以适合的稀释液评味，经过香精加香的最终产品要制备成可直接食用的成品。

如果是浓缩物，直接评味时首先必须稀释至可接受的浓度。用下列 3 种方法之一就可达到此要求：与相宜的简单化合物混合（如葡萄糖、蔗糖、乳糖或盐，甜味物和咸味物应选择对应的化合物混合），用可接受的溶剂（如乙醇）稀释或以正确的剂量加至某一无香味食品或载体中。推荐用于此目的的载体包括：

① 由 60% 玉米淀粉、29% 砂糖和 18% 盐组成的无香味汤　取上述汤料 4.5%，加沸水，烹煮 1min 后增稠。待评价的浓缩样品加入制备好的汤内。此介质特别适宜于辛香料、烹调用食用香料、调味品和咸味香精等制品的感官评价。

② 用白脱或人造奶油、醇面粉和牛奶制成的膏状物　此介质适合乳制品、奶类制品、水果和其他甜味香精的感官评价。

③ 糖浆 10% 的糖溶于饮用水　此介质是用于评定甜味食用香精、精油和甜辛香料（如姜、肉桂、玉桂）的标准载体。

④ 重组的土豆泥　这是按制造商指导的方法制得的，但不加任何白脱，用于评定洋葱、大葱、红辣椒和调珠料。

⑤ 软糖料　这是根据需要用速溶（果糖）返砂基重组过的。加香后的基料在玉米淀粉模型中形成。

⑥ 糖果　用下列原料：蔗糖 120g、水 40mL、葡萄糖浆 40g。葡萄糖与水共沸，混合至溶解，加糖，迅速在 152℃ 煮沸，然后将产物移离加热炉，再拌入香精、色素或柠檬酸。然后将混合物倒在涂油板上，使之冷却并通过轧糖机形成产品。

⑦ 果胶软糖　蔗糖 100g、水 112.5mL、葡萄糖（43DE）100g、柑橘果胶（Slow Set）6.25g、50% 柠檬酸溶液 2mL，果胶与糖混合，慢慢加入 70℃ 的水中，不断搅拌。温度升至 106℃ 后，将产物移离加热器，然后迅速拌入香精、色素和酸的溶液，再倒入玉米淀粉模子，取出前静放 12h。

⑧ 充有 CO_2 气体的软饮料基　一般配方如下（经修改后适用于特殊产品）：苯甲酸钠溶液 10%，0.25mL；柠檬酸溶液 50%，1mL；果葡糖浆 160mL。以适当的剂量将香精拌入饮料，在装瓶和充气之前，1 份浓缩液用 5 份饮用水稀释。

⑨ 牛奶　牛奶是初步评定冰淇淋和其他乳制品食用香精的有用载体，如果需要可用 8% 的蔗糖使牛奶增甜。

能选到一种最合适的载体固然很好，但美国材料试验学会（ASTM）为制备评价香味的样品规定了下列准则：这种制备方法将不使样品带有外来的味觉或嗅觉；所有样品将用类似的方法制备；对于差别试验时，制备方法要尽可能简单，并让人最容易发觉差别；避免使用给样品带来外加香味的制备方法（如油炸），进行偏爱型感官评价试验时，制备方法必须有利于该产品的正常使用；只要认为必要，可使用任何补充的食品载体（如为了评价顶端配料❶，可用冰淇淋）。

上述做法的目的是向评价人员提供好的样品和最佳的条件，以得到最可靠的评判。

另外，对于食用香精和加香产品而言，温度是影响人们感受香味的重要因素，食用不同温度的产品时，人们的嗅觉和味觉的敏感度是不一样的，因此，食用样品的温度应以最容易感受样品特性或食用习惯为原则进行调整，具体见表 11.13。

表 11.13　不同食品的最佳品尝温度

品种	最佳温度/℃	品种	最佳温度/℃
基本味觉识别	20～25	冰品	−10～−4
碳酸饮料	15～25	糖果	常温
果汁饮料	15～25	炒货	常温
茶饮料	15～25	饼干等烘焙食品	常温
糖酸水实验	20～25	肉制品	常温
汽酒	10～20	汤料类	55～65
常温乳及乳制品	15～30	低温乳及乳制品	4～10

制备样品时很多时候要用饮用水，可用蒸馏水或软化水。由于城市供水中任何能被感知的味道对所有样品都是一样的，因而可以忽略。

---

❶　所谓顶端（topping）配料是指加在其他食品上部的配料，如动物奶油之类。

（2）感受香气的标准操作

评香工作首先要求标准统一，即最好使用标准的方式将样品暴露于鼻腔感受器，周围温度和相对湿度很重要，如果可能，在整个评香时期，应保持稳定。真正的评香过程取决于个人选择。可能用两个鼻孔自然呼吸，又或者用一个鼻孔用力嗅闻，也可只靠自动喷射器的吹风而被迫嗅闻。

评价香气的标准动作一般按照下列方法进行。

① 液体样品　用标准闻香纸（一般长为 140～150mm，宽为 5～6mm，剪自合适的吸水纸，不带任何其他气味）。将闻香纸一端用手捏住，另一端浸入样品 1～2cm，将头稍微低下，样品正对鼻腔 1 英寸（0.0254m）处，通过鼻孔适当用力吸气，每次 2～3s，使气体分子较多地接触嗅上皮，从而引起嗅觉的增强效应。连续评香应有规律，当比较两种香气时不能第一种用左鼻孔，后一种用右鼻孔。同样，有人常常将所有浸渍过的闻香纸一起夹在弹簧夹上嗅闻，这样的评香结果也不可靠。

② 喷雾样品　用标准的剪自较厚吸水纸的闻香卡片，否则按液体样品方法使用。必须在标准的距离按标准的时间喷雾，以确保样品剂量均一。

③ 水溶液样品　对于软饮料、咖啡和酒类等水溶液产品而言，打开瓶盖后的第一股香气感受对产品的香味品质有着至关重要的作用。在感官评价时，准确嗅闻这些水溶液样品的香气才能得到客观、准确的香气感受。水溶液样品闻香的标准动作是：先测闻静止状态的样品，接着如品葡萄酒一般，轻轻晃动样品杯，使样品的香气释放出来，再将杯子靠近鼻子前，吸气闻一闻香气，与第一次闻的感觉做比较。

④ 微胶囊香精　微胶囊香精的香气不能直接嗅闻，为此，可取 5g 物料，加 25mL 沸水，放在盖得不紧的容器内搅拌，静放使之达到平衡。20min 后，温度降至 50℃ 时即可评定。

嗅闻时要注意香精香料的浓度，过浓时易引起嗅觉饱和麻痹或疲劳。对于气味很强烈的香料（如含硫化合物或固态树脂状的品种），可以用纯净无嗅的溶剂如双脱醛乙醇或 DEP 稀释成 0.1%～10% 的稀溶液，再重复液体样品闻香的标准动作。

当需要考察香精和加香产品的留香和持久性、连续性时，需要在不同时段嗅闻香气，此时要根据样品香气的强弱和评辨者嗅觉能力来掌握评辨的时间间隔。为此，评香应在如下时间内进行：蘸后就闻，再分别隔 1h、2h、6h 各闻一次，过夜之后或不少于 18h 之后再闻一次。也可以先几分钟闻一次，如果香气没有消失，就把闻香间隔时间拉大，每小时闻一次，香气若保持一天不消失，则每天闻一次，直到香气不明显为止。每一次闻香时，要感受香气在不同时间中的变化，包括香气和挥发程度（头香、体香、基香）。每一次间隔之间，闻香纸应在室温下夹在合适的夹子上，同其他香纸相互隔开，并远离高浓度的外杂气味。香料的香气在闻香纸上的保留时间称为该香料的持久性，从几分钟到数月不等。

不用闻香纸闻香的另一方法是将样品置于密封容器内，使样品蒸气在评香前达到平衡。如果评价的是液体、油树脂等，就取 5mL（g）样品置于一个 140mL 的瓶口塞紧的容器内。如果是干燥的原料，将具有代表性的样品置于试验容器内，样品数量为容器总高度的四分之一。评香前容器在恒温（20～25℃）下至少静放 1h。评香必须有控制地嗅闻，使吸进的只是气相部分。在重复嗅闻之间必须使挥发气体达到平衡，一般间隔 5min 即可。

要注意的是，同一类样品，一轮（3min 内）使用此方法不超过三次，否则会引起嗅觉适应，使嗅敏度下降。总的来讲，评香时间不能过长，要有间歇，有休息，使鼻子嗅觉在饱和疲劳和迟钝下能恢复其敏感性，效果更佳。一般地，开始时的间隔是每次几分钟，最初三四次的嗅尝最为重要，易挥发的香精香料要在几分钟内间歇地评价；香气复杂的，有不同挥发阶段的，除开始外，可间歇 5～10min，再延长至半小时乃至一天，或持续二三天再评价，要重复多次。

（3）感受香味的标准操作

香味评定的条件与评香相比，如果稍有区别的话，要求只会更高。应在专门的香味评定室进行，但实际上常常在未占用的实验室内与其他活动同时进行。经验表明：如果有其他评味人员存在（如与一个评珠专门组一起评味时）或者在不安静的环境或者是匆忙的条件下评味，都严重影响评味人员的灵敏度。

香味的感受需要调动嗅觉和味觉两种器官。人们对食品香味的感受从打开包装的闻味开始，到尝试品尝，再到咀嚼或饮用细品，一直到吞咽结束，不同的阶段由于感受的部位侧重点不一样，人们对同一种产品的香味感受也不一样。因此，感受香味的标准操作也根据需要分为不同种类。常用的感受香味的标准操作中，侧重感受香气的方法是范式法，侧重对香味整体感受的是啜食法、一般品尝法和描述性品尝法，侧重味感的评价方法是味感识别法，现具体介绍如下。

① 范式法　用手捏住鼻孔，通过张口呼吸，然后将样品放在张开的口旁，迅速地吸入一口气并立即拿走小瓶，闭口；接着放开鼻孔使气流通过鼻孔流出（口仍闭着），使后鼻腔充满香气，同时在舌头上也感觉到了该物质。

② 啜食法　以口啜入适量的样品，并使劲地吸气，使液体杂乱地吸向咽壁（就像吞咽时一样），气体成分通过鼻后部达到嗅味区，样品无须吞咽，可吐出，也可进行咀嚼。这个过程一定要注意安全，避免呛噎。

③ 一般品尝法　啜入适量的样品（太少、太多都不好，可以留在口中漱口的量），不要急着马上吞下去，先含在口中打转，让整个舌头上下、前后、左右及整个口腔上颚、下颚充分与样品接触，去感觉样品的酸、甜、苦涩、浓淡、均衡协调与否，然后才吞下体会余韵回味。该法适合液体样品的香味评价，在感官评价分析中是常用的尝味方式（最常用于差别检验和排序检验）。

④ 描述性品尝法　啜入适量的样品，头往下倾一些，嘴张开成小"O"状（此时口中的样品好像要流出来），然后用嘴吸气，像是要把样品吸回去一样，并可同时伴随着舌头的快速搅动（要求 5～8s），让整个舌头上下、前后、左右及整个口腔上颚、下颚充分与样品接触，去感觉样品的酸、甜、苦涩、浓淡、均衡协调与否，然后才吞下体会余韵回味。这种方法对香味的感受最为细致，是评价茶类、酒类和香精样品最常用的方法。

⑤ 味感识别法　样品一点一点地啜入口内，并使其滑动接触舌的各个部位（尤其应注意样品能达到感觉酸味的舌边缘部位），样品不得吞咽。该法主要是用来评价酸、甜、苦、咸、鲜等味感和辣、涩、肥等触感。

（4）味觉复原

在各种样品评味之间是否应该调整味觉有很大分歧。如果评价最终样品，无须调整味觉，但如果评价香味强度高的香精，那么在每结束一项评味后要再次调整，尽量使评味人员的味觉复原。

为此目的，下列物料应用最广泛。

大部分水果香精、食用香草和温和调味品的评味后：水（饮用水或充碳酸汽水）、无盐薄脆饼干、爆米花、新鲜面包（去掉硬壳白面包）、脱脂乳和白脱奶。

有苦味、香味强烈或有油性特征的和/或有后味的香精评味后：稀释白柠檬汁、苹果片和苹果汁（稍加糖的）。

强烈而辛辣的辛香料评味后：天然酸牛奶、稀释糖浆（10％蔗糖）和土豆泥。

（5）特别措施

按照下列三条主要规则，人们可以容易地评价香气强的原料或香味浓的最终产品。

① 被评定的原料必须稀释至适当浓度，不使嗅觉和味觉无法接受。

② 在各种样品和各批次评定之间必须留有一定的时间使感觉恢复。

③ 重复评定应在另一时间以相反顺序进行，以消除任何遗留的影响。

就第一条规则而言，稀释程度将取决于最初样品的强度以及所选用的评价介质，下列是有关各种原料稀释的一般建议。

合成香料：0.1g（液体0.1mL）溶于5mL 95％乙醇，将0.02mL溶液加至100mL介质中。

精油：将0.25mL的精油与10mL 95％乙醇混合，加0.05mL溶液至100mL（g）的介质中。

油树脂：将0.25g油树脂溶于10mL 90％的乙醇中，摇动均匀，并使任何不溶物沉淀，将0.5mL的上层清液加入100mL介质中。另一方法是用一个合适的混合器将0.25g油树脂分散于100g盐内，取0.5g温合物放入评定介质中尝味。

香精：将0.02mL（如为粉末香精，则取0.02g）的香精溶于50mL（g）的评定介质中。

由于某些产品具有特殊的感官性质，因而可能产生问题，下列情况需特别注意。

① 辛辣　辛辣是由于口腔和/或咽喉上部受到刺激或感到痛觉而被感受，刺激的部位常常能表明是什么刺激物。一般剂量的辛香料有下列辛辣作用：胡椒被感觉于舌的前沿，姜被感觉于舌根，辣椒被感觉于咽喉底部，芥末被感觉于整个口腔，辣根如同芥末。

由于辛辣迅速产生刺激，刺激使感官饱和并疲劳，对其他样品将不再产生感觉，因此也使香味强度和质量评定产生困难。所以评价这类物质（如咖喱粉，含高浓度辣椒调料及各种辛香料的辛香料制品）时应使这种刺激作用降低到最低点。方法是：在接近阈值的低浓度时评价；留有足够时间使感官恢复知觉；以相反顺序进行重复评定；限于评定一种性质（如辛辣度的比较）。

② 苦味　有的辛香料，如肉豆蔻和肉豆蔻衣非常苦，这一特性将影响评定。由于味觉对苦味很敏感，因此其相对评定只能在低浓度进行。

③ 大蒜和洋葱　葱属植物（其中大蒜和洋葱香味最强）的评价比较难，因为口腔残留这类香味，产生这类香味的硫化物最顽固，特别是大蒜，食用后几小时，呼气中还有这种气味。另外，如果通风条件不好，评香室可能残留大蒜或洋葱气味。因此，如果要进行多品种的评定，最好另有房间。

制备样品时，必须远离评定地点，包括大蒜或洋葱这类精油最好在通风良好的通风橱内制备。制备好的样品要盖紧，尽量不要污染空气。

洋葱和大蒜粉或含这些原料浓度高的产品应与土豆泥混匀再进行评价，评价完毕后用稀释白柠檬汁作为味觉恢复剂。这类原料应置于冷的介质中评价，因为热的介质更难于发现香味差别。

④ 生理作用　某些辛香料和精油对嗅觉与味觉有明显的生理作用，这将干扰其质量的

评定，丁香和众香子含大量的丁香酚（温和的麻醉剂）和单宁类化合物（收敛剂）。含大量薄荷脑的薄荷油在口腔内有强的清凉作用，对鼻腔稍有麻醉作用。如果仔细稀释，并留有足够的恢复时间，这些作用可减低到最低点。

五、日用香精及其加香产品的感官评价步骤

和食用香精的评价步骤类似，日用香精及其加香产品的评价大致也分为制备样品、评香（但不需要评味步骤）和嗅觉复原几个步骤，每个步骤的操作原理和食用香精的相似之处不再赘述，主要介绍几个步骤中特用于日用香精领域的操作和注意点。

日用香精的感官评价不仅要对香精进行评价，更要对加香产品进行感官评价。对市售的各种化妆品、香皂等日化产品辨香或评香时，一般即以成品用嗅辨的方法来评价。如要进一步评比（为了仿制或其他需要），则可从产品中萃取出香成分，再进行如上品辨。日用品最重要的是加香实验，加香实验能够帮助用香企业合理选择适合产品香型的香精。每一种日用品都有它自己的特性，不是随便一种香精加入都能达到加香的目的。随意选择香精有时不但造成香气的极大浪费，有时也会使香精企业效益受到侵害。要使日用产品带有消费者喜欢的香气，就要进行香精的感官评价实验。因此，无论是香精企业还是生产日用品的企业都应该重视评香实验和相关实验室的建设。

（1）样品制备的相关操作

香水的制备一般在调香阶段就已完成，因此可直接用于感官评价。对于嗅闻其他香精，若香气强度较大，可用双脱醛酒精或 DPG 稀释到适宜浓度再供评香。但对于评价各类加香日用品，样品的制备就显得较为复杂。样品制备室内通常需要安装各种设备，储存各种未经加香的载体和基料，这些材料通常是未加香的护发用品、洗衣粉、洗发露、沐浴露、洗洁精、蚊香坯、小环香坯、塑料制品、橡胶制品、石油制品、纸制品、鞋子、干花、人造花，还有各种各样的塑料原料、橡胶粒或橡胶片、皂粒、石蜡果冻蜡、气雾剂罐等。因为品种不同，这些材料的储存方式也大不相同。

制备样品时，一般在加香分样区进行，操作台的设计应尽量人性化，高度应符合人体舒适的习惯，操作台以下的部分可做成储物柜。操作台以上应做成玻璃材料的储物柜，以减少腐蚀。称量设备应根据日常需要配齐至少一套，常用的有 610g 电子天平、1～5kg 电子秤、分析天平、恒温水浴锅、封口机、冰箱等，特殊的制样还需要特殊的设备，例如压模机、制皂机、拌料机、研磨机、挤压机、成型机等。这些机械虽小，但都要尽量做到与工厂里操作的工艺参数（如温度、压力等）接近。

制备样品时，可按照一定的比例将香精和未加香的样品拌匀，固体、半固体的产品还要经过挤压、成型或者加热、冷冻等步骤才能把香精加进去，加工工艺要尽量与量产时的实际操作接近。制样结束后不管是包装还是不包装都需要放置在架试室的样品架上，一般在自然通风的条件下放置，有的样品根据需要放在冷或热的恒温箱里，有的要放在紫外灯下照射一定的时间。关于标准样品的制备方法，可见表 11.14。

表 11.14　感官评价配制标准样品的制作方法

方法名称	操作	说明
空气稀释法（静态法）	将一定体积的香气物质注入一个已知容积并充满空气的密闭容器中,使之均匀扩散	由于容器中香气物质有一部分被容器表面吸附,容器内香气物质的实际浓度要比计算值略低

续表

方法名称	操作	说明
液体稀释法	将香气物质用水或其他无气味的溶剂稀释，然后放在一个有磨口玻璃塞的小烧瓶中（如容积为150mL），随着溶液（如50mL）旋摇振动，气味物质在烧瓶内气液两相之间达到平衡，打开瓶盖吸嗅嗅闻，就能简便地获得香气刺激。只要香气物质-溶剂分配系数低于0.05，且有足够的后备香气物质逸出，就可维持气相中香气物质浓度的恒定。这样，就可以多次嗅闻而不明显降低香气强度	根据该香气物质的空气-溶液分配系数，即可计算烧瓶上方空间中香气物质的浓度。将该溶液用相同的溶剂稀释，也就同时稀释了烧瓶液上香气物质的浓度

（2）感受香气的标准操作

和食用香精不同，日用香精及其加香产品的感官品评只需要集中精力做好香气的评价即可。但日用香精和加香产品的香气评价比食用香精更加多元。除了用闻香纸评判香水、香精和部分产品，以及喷雾剂的香气感受（详见"食用香精及其加香产品感官评价步骤"中的"感受香气的标准操作"）外，大部分产品的使用过程中给消费者带来的香气体验也需要评判。因此，评价员需要根据不同的产品，设计不同的仿真模拟使用实验，即模拟现实生活中消费者使用不同种类日用品时的真实状态，进而评价使用时香气的质量。例如，洗发水除了要评价嗅闻状态时的香气，更应该评价在洗发时带给消费者的香气体验；卫生香不仅要进行近距离嗅闻，更重要的是评价其在密闭空间内燃烧一段时间后，房间内的香气质量。不同的产品要设计不同的评价模型，否则产品的香精在闻香纸上香气效果再好，也有可能出现实际使用时香气断层、香气持久性不佳、香韵不和谐等现象。

另外，日用香精的连续性和持久性是两个重要的香气质量指标。不少产品，特别是和皮肤密切接触的化妆品、个人护理类产品、香水等，都需要考察其在一段时间内香气质量的变化。因此，对于这类加香产品，感官评价需要在一段时间内分几次进行。对于香水，可以进行架试，也可喷于皮肤上，分别感受一段时间后香气强度的变化、香气的连续性和香韵的和谐程度。而对于类似蚊香类的产品，则可在蚊香燃尽后的不同时间点进入充满香气的室内进行香气评价。总之不同的产品带给消费者香气体验的场合是不同的，感官评价时需要测试设计人员考虑周全，尽可能设计周全一个加香产品的感官评价试验。

（3）嗅觉恢复

和味觉相似，嗅觉的误差对于评香分析结果将造成极大的影响。因此，我们必须了解造成嗅觉误差的嗅觉生理特点和嗅觉的基本规律，以便评香员在选择实验环境的布置、实验方案的设计、结果处理等方面尽量将嗅觉可能引起的误差降低到最低水平。

由于嗅觉是辨别各种气味的感觉，嗅觉的感受器位于鼻腔最上端的嗅上皮内，其中嗅细胞是嗅觉的感受器，接受有香气的分子。嗅觉的适宜刺激物必须具有挥发性和可溶性，否则不易刺激鼻黏膜，无法引起嗅觉。

"入芝兰之室，久而不觉其香"讲的就是嗅觉疲劳，也叫嗅觉适应。嗅细胞容易产生疲劳而无法正常对外界香气分子的刺激做出感受反馈，即当嗅球等中枢系统由于气味的反复刺激而陷入负反馈状态时，人对香气的感受则受到抑制，气味感消失，这便是对气味产生了适应。因此在评香工作时，要尽量控制评价产品的数量和评香时间。

第五节　总结

香料香精及其加香产品的感官评价活动是香精产品研发和品质控制的关键环节。感官评价活动的正确开展可以为目标产品营造愉悦且受欢迎的香气或香味，并提高加香产品的质感和价值。正确地开展香料香精感官评价活动，调香师首先需要正确地使用"香精语言"准确描述香气或香味体验，定性定量地形容原本抽象的香和味，利用"化合物＋香型、香韵"原则，最好在叙述评香感受时结合一些和触觉、质感有关的词汇或是可以定量化地表达（如三值理论），这样才能有条理且具体准确地呈现评香结果。

同一组经过若干专业评价员品评的样品所得到的评价结果若进一步采用合适的感官评价方法模型进行数理分析，便可得到具有统计学意义的感官评价结论，从而科学地评判和比较一组样品间各种和香有关的感官特性，或测定得到一组产品的某个感官特性在不同群体中的受欢迎程度，科学而高效地反馈产品的感官特性，指导香精香料的产品研发工作。

"香精语言"让香的体验具体、有条理且客观翔实；感官评价分析方法让品评的结果准确性更高，指导意义更强；充足的准备工作和规范的操作流程是感官评价工作有效开展的重要保障。

 **拓展阅读**

电子鼻和电子舌

近年来随着化学传感器和电子技术的快速崛起，感官评价模式也从单一的由人识别过渡到用机械电子设备评价，有人提出用电子鼻和电子舌替代人类的嗅觉与味觉器官进行感官评价，希望评香评味结果更加公正客观，不受人体器官易疲劳、易受干扰等个体因素的影响。

1. 电子鼻

电子鼻的发展历史最早追溯到 1982 年英国科学家 K. Kersaud 和 G. Dold 发表在 *Nature* 上的一篇开创性文章。文章指出，精细识别不同比例的气体分子组成的复杂气体混合物，哺乳类动物的嗅觉系统不必使用高度特异的外围感受器，而是使用以收敛神经元通路组织的广谱响应感受细胞来进行特征检验。电子鼻的工作原理与生物嗅觉相似：首先气体分子被电子鼻的传感器阵列吸附，产生信号，然后将信号经各种方法处理和传输，最后将处理后的信号经模式识别系统做出判断（如图 11.6 所示）。

1994 年，英国华威（Warwick）大学的 Gardner 和南安普顿（Southampton）大学的 Bartlett 使用了"电子鼻"这一术语并给出了定义：电子鼻是一种由具有部分选择性的化学传感器阵列和适当的模式识别系统组成，能识别简单或复杂气味的仪器。目前世界上很多权威大学和知名的企业已经开发出具有广泛应用的电子鼻，成为一种新颖的分析、识别和检测复杂成分的重要手段。

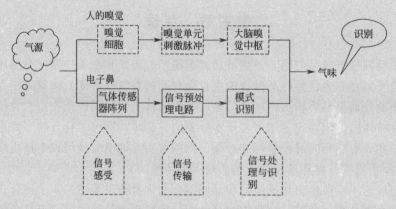

图 11.6 电子鼻的仿生工作原理

现在的通用型电子鼻系统主要由气敏传感器阵列、信号预处理和模式识别三部分组成（如图 11.7 所示）。某种气味呈现在一种活性材料的传感器面前，传感器将化学输入转换成电信号，多个传感器对一种气味的响应便构成了传感器阵列对该气味的响应谱。显然，气味中的各种化学成分均会与敏感材料发生作用，所以这种响应谱为该气味的广谱响应谱。为实现对气味的定性或定量分析，必须将传感器的信号进行适当的预处理（消除噪声、特征提取、信号放大等）后采用合适的模式识别分析方法对其进行处理。理论上，每种气味都会有它的特征响应谱，根据其特征响应谱可区分不同的气味。同时还可利用气敏传感器构成阵列对多种气体的交叉敏感性进行测量，通过适当的分析方法，实现混合气体分析。

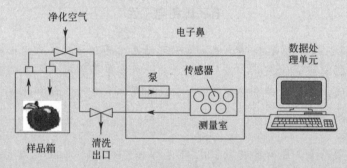

图 11.7 电子鼻系统工作示意图

电子鼻正是利用各个气敏器件对复杂成分气体都有响应却又互不相同这一特点，借助数据处理方法对多种气味进行识别，从而对气味质量进行分析与评定的。

电子鼻识别的主要机理是在阵列中的每个传感器对被测气体都有不同的灵敏度，例如，一号气体可在某个传感器上产生高响应，而对其他传感器则是低响应；同样，对二号气体产生高响应的传感器对一号气体则不敏感。归根结底，整个传感器阵列对不同气体的响应图谱是不同的，因此可以用于识别气体。

电子鼻的工作可简单归纳为：传感器阵列-信号预处理-神经网络和各种算法-计算机识别（气体定性定量分析）。从功能上讲，气体传感器阵列相当于生物嗅觉系统中的大量嗅感受器细胞，神经网络和计算机识别相当于生物的大脑，其余部分则相当于嗅神经信号传递系统。

传感器阵列利用交叉敏感特性成为电子鼻系统的基础，一般采用半导体氧化物传感器，它结合模式识别技术能实现电子鼻选择性，提高测量精度。

信号预处理电路将传感信号归一化处理，才能被人工神经网络识别。

模式识别主要有主成分分析、判别函数分析、人工神经网络等数学方法，将多维信号矢量包括特定的气味特征用模式识别将这种特征抽取出来，就能判断被测对象是何种气体。

英国欧斯米泰克公司成功地开发出了一种电子鼻，试验表明，它能"嗅"出侵蚀病人皮肤伤口的细菌，提醒医生及时采取相应措施。

该种电子鼻是由32个不同的有机高分子感应器组成的矩阵，对各种挥发性化合物散发的气味十分敏感，化合物不同，则反应不同。通常，细菌生长时会发出化学气味，电子鼻接触气味后，每个感应器的电阻会各自发生变化。由于每个感应器对应一种不同的化学物质，因此32种不相同的电阻变化组成的"格式"便分别代表了不同气味的"指纹"。

试验表明，电子鼻只需要数小时便可发现是否有细菌存在。而过去采用实验室化验的方通常1~3天才能得到结果。研究人员相信电子鼻将可能对寻找伤口耐甲氧西林金黄色葡萄球菌（MRSA）和其他细菌的方式带来革命性变化。MRSA对日益普及的抗生素疗法具有抵抗能力。此外，电子鼻技术还可以用于检查其他部位的感染，帮助病人早发现，早治疗。

意大利 Rome Tor Vergata 大学研制的电子鼻已经应用于检验鱼的新鲜度和西红柿的质量等食品分析中，他们用这种电子鼻和7名经过训练后的品尝者来确定西红柿的总体质量。结果表明，电子鼻和品尝者在定性识别方面具有类似性，但电子鼻给出了更好的分类结果。一些报道证实，电子鼻已经发展到能区分和识别大量不同的食品，例如咖啡、肉类、鱼类、干酪、酒类等，有一种电子鼻采用了大量的附有改进后的金属功能卟啉和相关化合物的石英平衡器（QMB），传感器对具体应用中所感兴趣的化合物种类具有较宽范围的可选择性。电子鼻在真实的不用特殊调整的环境中进行检测，所有测量方法都是在室温和40%的相对湿度、标准大气压下进行，它的性能已经通过几种食品分析中所感兴趣的物质成分的灵敏度检测进行了检验，这些化合物是很有代表性的，例如有机酸、乙醇、胺、硫化物、金属羰基化合物等。对于鱼和牛肉的分类和识别存储天数，对西红柿产生的酸浓度，对红葡萄酒暴露在空气中的香味等检测工作中，电子鼻得出的结果稳定性优于经过训练的人鼻。

综上所述，电子鼻技术响应时间短、检测速度快，不像其他仪器，如气相色谱传感器、高效液相色谱传感器需要复杂的预处理过程，其测定评估范围广，可以检测各种不同种类的食品，并且能避免人为误差，重复性好，还能检测一些人鼻不能够检测的气体，如毒气或一些刺激性气体，在许多领域尤其是食品行业发挥着越来越重要的作用。并且目前在图形认知设备的帮助下，其特异性大大提高，传感器材料的发展也促进了其重复性的提高，并且随着生物芯片、生物技术的发展，集成化技术的提高以及一些纳米材料的应用，电子鼻将会有更广阔的应用前景。

从以上介绍的国内外情况来看，电子鼻作为评香工具已具有使用价值。当然，不管是电子鼻或是人工鼻用来作为评香的工具，都只能是机械地模仿一个或一群人的工作，永远不可能全部代替人的鼻子。

2. 电子舌

现在，食品、香料香精和香烟的评香工作已经可以使用电子舌了。

电子舌是一种使用类似于生物系统的材料作传感器的敏感膜，当类薄膜的一侧与味觉物质接触时，膜电势发生变化，从而产生响应，检测出各类物质之间的相互关系。这种味觉传感器具有高灵敏度、可靠性、重复性，它可以对样品进行量化，同时可以对一些成分含量进行测量。

电子舌是用类脂膜作为味觉物质换能器的味觉传感器，它能够以类似人的味觉感受方式检测出味觉物质。目前，从不同的机理看，味觉传感器大致有以下几种：多通道类脂膜传感器、基于表面等离子体共振传感器和表面光伏电压技术传感器等。模式识别主要有最初的神经网络模式识别，最新发展的是混沌识别，混沌是一种遵循一定非线性规律的随机运动，它对初始条件敏感，混沌识别具有很高的灵敏度，因此也越来越多地得到应用。

同电子鼻一样，电子舌也是根据传感器来感应各种味道，并将结果通过颜色或其他方式显示出来，这种电子舌外观小巧，而且可以浸在食物样本中，测出食物的味道。市场上已经出现的一种电子舌用阵列的色泽指示器来识别葡萄酒的年龄和品种，还可以检测有毒物质和人类的血糖水平，更先进的电子舌已经能部分取代品酒师或品味专家的职能，精确、可靠地测定饮料、食物、烟草和饲料的味道，评定它们的质量。

一般的电子舌上装有 4 个化学传感器，通常以阵列形式呈现（如图 11.8 所示），分别对酸、甜、苦、咸做出反应，与电子鼻相似，但相对来说要简单一些。电子舌接触待检测的溶液时，传感器薄膜能吸收溶解在水中的物质，使电极的电容量发生改变。4 个传感器的状态组合，就是这种溶液的"味道"，它可以在包含酸、甜、苦、咸等标尺的图谱上占据一个特定的点。不同的饮料和食物有不同的味道特征点，一些味道只有微弱差别的饮料如蒸馏水和矿泉水，其特征点在图谱中的位置有明显差异。电子舌通过确定味道特征点，能够区分不同的味道，例如区别两个不同厂家在同一年酿造的同一种葡萄酒，或同一厂家在不同年份酿造的同一种酒。由于电子舌非常精密，能够发现水中极少量的杂质，在某些方面比人类品味专家更为灵敏。

电子舌由 6 个、11 个或 22 个化学传感器组成，当把它们放入液态或经过粉碎的固态食物中后，各个传感器将分别对食物的某一方面情况进行探测。敏感的传感器随后将有价值的信息汇总，传给分析程序，将各种信息与分析程序中存有的与食品质量、成分相关的各种标准逐一进行对照，可以较准确地对食品进行识别，这种电子舌能辨别啤酒、咖啡、果汁、矿泉水的优劣，指示食用油和果冻的原料组成，区分淡水鱼和海水鱼，鲜肉和冷冻肉，确定动物肝脏中是否有药物沉积以及沉积量等。

味觉传感器已经能够很容易地区分几种饮料，有人研究电子舌在茶叶滋味分析中的运用，他们首先研究用电子舌区分常见饮料的能力，经过对某品牌红茶、韩国产的绿茶和咖啡的研究表明，电子舌可以很好地区分红茶、绿茶和咖啡，并且也能很好地区分不同品种的绿茶。他们还研究了采用主成分回归（PCR）和偏最小二乘法（PLS）的电子舌技术在定量分析代表绿茶滋味的主要成分含量上的分析能力，先用不同样品的茶汤培训电子舌，再用经过培训的电子舌来检测未知绿茶样品的主要成分含量。结果表明，电子舌可以很好地检测咖啡因（代表苦味）、单宁酸（代表苦味和涩味）、蔗

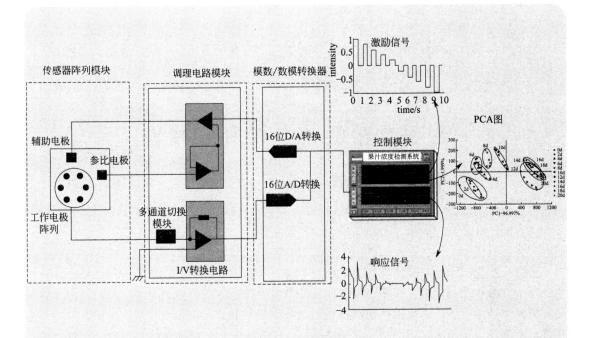

图 11.8 电子舌工作系统

糖和葡萄糖（代表甜味）、L-精氨酸和茶氨酸（代表由酸到甜的变化范围）的含量和儿茶素的总含量。应用研究表明电子舌可以定性和定量分析茶叶的品质，它在"味道"的评价中将是一项具有广阔前景的技术，

电子舌在一些酒类上也有应用。米酒品质评价主要基于口感、香气和颜色三个因素，而对于口感的评价是三者中最难做到的。有人利用味觉传感器和葡萄糖传感器对日本米酒的品质进行了检测，该味觉传感器阵列由 8 个脂质膜电极组成，利用主成分分析法进行模式识别和降维处理，最后显示出二维信号图，分别代表滴定酸度和糖度含量。从模式识别分析上看，电子舌的通道输出值与滴定酸度、糖度之间具有很大的相关性。

按目前的技术水平，把这一类电子舌应用于食物、烟草和饲料等加香产品的评香工作是可能的，而且非常适宜，因为人类舌头上的味觉细胞在连续工作一段时间后会疲倦，导致分辨能力降低，电子舌则不会出现这种情况。例如对烟草品质的评价，长期以来人们主要依赖于感官评吸，由于评吸人员个体、性别及经验等生理和心理的差异，对味觉客观、真实感受的表达缺乏足够的可靠性，受外界环境因素的干扰大，而且大量评吸卷烟对评吸人员的身心健康不利。上海应用技术大学、上海香料研究所、红塔烟草（集团）有限责任公司香精香料技术中心等机构进行了用电子舌协助评香的实验，为考察电子舌对不同卷烟烟气味觉的识别效果，利用电子舌系统检测了 6 种烤烟型和 3 种混合型卷烟样品主流烟气水处理液的味觉特征，并对其传感器响应信号进行了主成分分析（PCA）和判别因子分析（DFA），结果表明 PCA 对卷烟品种的味觉识别贡献率达 84.82%，DFA 对卷烟品种的味觉识别贡献率达 95.42%。结论是，电子舌能区分不同香型卷烟味觉特征，有望成为一种辅助的卷烟感官质量评价方法。

第十二章

香料香精的持久性和连续性

　　香料、香精的质量，除表现在其香韵香型特点和扩散性能上外，气味的持久性和连续性也是重要的品控指标。持久性和连续性原本是香料香精感官评价中的一个部分，但由于科学家对其研究较为深入，不仅根据这两种特性发展出多种经典实用的香气理论，而且从物理和化学等角度深入分析了影响香精香气和香味持久性和稳定性的影响因素，得以合理控制持久性和连续性，这是香气和香味的其他感官特性的基础。因此，笔者将持久性和连续性单独列为一章，阐述持久性和稳定性的内涵、区别和联系，对感官品控的重要性、影响持久性和连续性的机理因素以及控制措施等内容。

　　调香工作者在拟定香精配方时必须根据加香成品的特点要求，慎重地选择合适的香料品种和用量，并且通过加香应用试验，合理控制香气或香味的持久性和连续性，才可确定配方。有些香精在初配时，香气香型尚可认为满意，但经过存放或加入成品后，香气持久性减退，或留香时限缩短、香气不连贯、香气断层、香味无法和食品融合恰当，影响逼真度，烘焙加香产品在高温加工后香味支离破碎、香气香味保香性差等。这些问题，对调香工作者来说，都应予以严肃认真的对待。加香成品不能因香精的持久性和连续性问题引起不良后果。

第一节　香料香精的持久性

1. 持久性的内涵

　　所谓持久性，是指香料或香精在一定的环境条件下（如温度、湿度、压力、空气流通度、挥发面积等），于一定的介质或基质中的香气香味存留时间的限度，即留香能力。时限长者持久性强（留香长久），短者持久性弱（留香短暂）。对于日用加香产品，除了特殊的原因或要求外，我们总是希望香气在使用过程中的持久性越强越好，留香越久越好。对于食品，虽然不强调香精在加香产品中的持久性（因为大多数食品都是密封的，香味不会外逸，只需香味稳定就行，消费者食用某个食品的时间也很有限，通常为开袋即食），但香精在各个原料中的留香性能，直接会影响香精的保香性能，对于保香性能要求较高的耐高温食用香精，要想提高保香性能，就需要重视香精的留香性能。所以，对调香工作者来说，仅仅是香气香味持久，还不能认为是完好的，还要使香气香味在使用和加工过程中尽量长久地保持其原来的香型或香气特征。

2. 影响持久性的主要因素

混合物（如天然香料等）由于内部各种香料单体的含量变动而表现不同，如苦橙叶油几乎每一批取样测出的留香值都不一样。读者使用这些数据时，最好根据自己的香精香料样品做一下留香试验。

香料香气的持久性，与它们的分子结构、分子量、蒸气压、沸点（或熔点）、官能团的性质、化学活泼性有关，同香比强值和阈值有关，并且同它的纯度直接相关，如苯甲酸乙酯可能提纯不够或储存时分解产生少量苯甲酸使得留香性能增强。一般认为，持久性强的香料可作为香精的体香与基香组分，而持久性弱的且有一定扩散力的，适用作头香组分。香料的香气持久性，是调香者必须经过实践逐步掌握的重要性质，有的香料沸点低、挥发快，在闻香纸上的留香时间只有几秒钟，而沸点高、挥发慢的香料，留香时间可达数月。

天然香料的持久性主要取决于其中沸点较高、蒸气压较低的香料单体的含量。所以同一个天然香料，用水蒸气蒸馏法得到的精油的留香值就比用溶剂浸提得到的产品低。以低沸点成分为主体的天然香料（如芳樟叶油等）杂质越多，则留香越久。在香料贸易中，一些商家往香料里加入无香溶剂，如加入乙醇则降低留香值，加入油脂、香蜡、各种浸膏等会提高留香值。因此，可以把留香值作为判断天然香料质量的一种指标。由于天然香料是多种成分的混合物，各成分的沸点不同，香气消失的时间也不同，留香过程中，香气特征会随时间延长而发生变化。

香精的持久性同天然香料相似，主要取决于其中高沸点、低蒸气压的香料成分含量。香水和高级化妆品香精加入了大量的定香剂，用实测法得出的留香值几乎都为100，而用配方计算则低于100。因此，香精的留香值不宜用实测法，用实测法得出香精的留香值，理论上是没有意义的。

3. 描述香料香精持久性的指标

在本篇第十一章中，笔者已详细介绍了留香值的含义，它可以定性定量地描述香料的留香值和计算香精的留香值，读者可以根据留香值，按需调整香精的留香时间，并结合本篇第十一章中规范的感官评价操作步骤，科学地评价香精实际留香能力与估计值之间的差距，并尝试根据上述提到的影响持久性的主要因素分析原因、解决问题。

4. 感官评价持久性的操作方法

人们可以用嗅感评辨法来评判香料香气持久性的强弱，但考察香精香气持久性的强弱或留香时间的长短，就要比香料复杂得多了，特别是在加香成品中。这不单纯是香气的时限，而且还有它的香型或香气特征的稳定性或持久性问题。只用仪器测试，难以得出满意的结论。目前，用人的嗅感去评辨香精的持久性（包括稳定性），仍是较简便、快速而有效的方法。同时借助气相色谱中的顶空分析的结果来综合评定。

5. 控制香精持久性的措施

在调香中，香气的持久性（或称留香能力）是与定香（食用香精习惯叫保香）作用密切相关的。当得到各种香料的留香值数据后，调香师很容易通过调整配方使一个香精的留香值（此处指计算留香值）达到一定的数据范围而不大改变香气格调，这就是调香时使用定香剂的意义。

由于香精香气的持久性与定香作用关系密切，这里再讨论一下定香作用与定香剂的选用问题，从而阐释如何控制香精的持久性。

香精香气持久性除与香精中所用香料的香气持久性及用量有外，也与其中某些香料的香气和定香性能有关，还与其中所用的定香剂的性能有关。在调香术中，所谓定香作用是由于物理或化学因素，某些较易挥发散失的香料的香气能持久保留，延缓香料或香精蒸发，或者说有降低香料及蒸气压的作用，以达到预期内的定香效果。

由于香精的组成成分多且结构性质复杂，成分之间互相牵连，关系复杂，通过少数几个香料品种或是用同一种定香剂对一种或几种香料的定香效能所测试观察得到的结果，还不能概括出令人信服且有实际指导意义的论断。此外，即使是同一香精或是几种相同香料与定香剂的同一组合，在不同介质或基质中所表现出的定香效果也有差异。这种测试研究工作量很大，而且需要固定的试验人员（特别是评香人员），耗费时间较长，期间稍有变化，整个试验结果将失效，或重现性差。这也是近来这方面的研究报道较为鲜见的原因之一。

我们知道，如果要发生定香作用，至少要有两种或两类物质，一是定香剂，二是被定香的香料（可简称为香料）。有人解释由于定香剂能在被定香的香料分子或颗粒外层表面形成一种有渗透性的薄膜，从而阻碍了该香料迅速地、自由地从香精中挥发散逸出来，这样该定香剂对该香料就起了一定的定香作用。也有人解释定香作用是由于定香剂与香料之间，或甲香料与乙香料之间的分子静电吸引、氢键作用或是分子缔合，结果是某香料的蒸气压降低或是某组合的蒸气压下降，从而延缓其蒸发速率，达到持久与定香的目的。也有人认为由于定香剂的加入，香精中某些香料的阈限浓度降低，或者是改变了它的黏度，因此，同一含量的香料，定香剂存在的情况下，香气就相对地易于被嗅到，或是被嗅感的时限延长，达到了提高香气持久性与定香的效果。总的看来，从理论上可以说定香作用是与降低香料或香精的蒸气压有较密切的关系。

定香剂本身可以是一种香料，也可以是一种没有香气或香气极弱的物质。必须指出，一种定香剂对某些香料的定香效果，会因客观环境条件的不同而有变化（主要是香气时限上的变化，香气香型上可能没有明显变化）。所以选择定香剂，要根据具体要求与情况而定，并通过实践考察结果来判定。许多实验结果认为，目前还难以明确地说明定香剂的效能与它的化学结构、蒸气压、黏度、分子量、溶解力、分子吸引力以及与被定香的香料的化学结构之间的概括性或规律性的关系。真正有效的万用定香剂是难找到的，既能定香而又能保持香型的万能定香剂，更是难取得。因此，在香精中使用几种定香剂，优于只选用单一定香剂。通过不同香料的配合达到保持香型而又提高留香的效果，则是更高的定香技艺的体现。

综上所述，定香的目的，就是要延长香精中某些香料组分或者整个香精的挥发时限，同时使香精的香气特征或香型能保持较稳定且持久（也要表现在加香成品及消费者使用过程中）。这可以通过加入某些特效的定香剂，或通过香精中香料与香料组分之间适当搭配（品种与用量）来实现。同时可以看出，香气持久性与定香作用之间的关联是十分密切的。一般认为：要求无限期地延长持久性和要求稳定到在整个挥发过程中"一丝不变"是不合理且不可能的。

在创拟香精中，对香料与定香剂的选用，应该从香型、香气、扩散力、持久性、稳定性、安全性、与介质和基质适应性等角度综合考虑，其中对安全性这一要素必须严格对待，不可疏忽。

延长香精的持久性和提高定香作用，是比较复杂的工作，涉及不同香型、不同档次或等级、不同的加香介质或基质，以及不同安全性的要求等复合因素，同时这些因素自身往往又是比较复杂的。我们可在选用香料及定香剂的品种和用量上做出一些建议。比如，在不妨碍香型或香气特征的前提下，通过使用蒸气压偏低的、分子量稍大些的、黏度较高的香料或定香剂，来达到良好的持久与定香效果。

第二节　香料香精的连续性

在利用定香剂和保香剂科学调控香精的持久性，并用感官评级验证结果时，调香师同时还要兼顾香精香气（包括其加香成品）的扩散力与香韵间的和合协调，也就是要使香精的头香、体香与基香三者互相密切协调，并能使整个香气缓缓而均衡地自加香成品中散发出来，或是在食用时给人嗅觉和味觉以和谐天然逼真的感受。这个问题，无论是在香水、古龙水、加香水剂等所用的日用香精调香配方，还是在饮料、膨化食品、糖果等食品香精中都要加以重视，以防顾此失彼。

1. 连续性的内涵

香精香气或其加香成品的扩散力和谐与香韵间的和合协调，香精的头香、体香与基香三者互相密切协调，使香气香味有完整饱满、缓缓逸出的和谐天然感，这就是香精的连续性。需要注意的是，由于单体香料不存在头香、体香和基香，所以连续性一般来评价香精气味的质量，有时也会用来衡量天然产物的气味质量。

2. 影响连续性的主要因素

人体嗅觉对香气信号的感知，并非即闻即失，也不会维持太长的时间，而是具有规律性的。举个容易理解的例子：从电影胶片放映速度看如何保持动作连续性，视觉记忆延迟时间是 1/24s，每秒过 24 帧，电影影像就是连续的。嗅觉记忆香气和保持香气信号的时间比视觉长得多。通过反复实验得出，嗅觉记忆延迟的时间间隔是 2.5s。

基于嗅感物质在嗅黏膜上的传导过程，嗅觉记忆延迟定理（盛氏定理❶）的定义如下：

人体嗅觉记忆某一香气的延续时间（隔）为 2.5s。超出这个范围，如有其他香成分出现，则香气是连续的，否则会出现香气间隔（或称断层）。

如果一系列香气信号是互相交织的，那么该香精的香气是连续的（图 12.1）。

图 12.1　连续的香气

如果一系列香气信号中存在间隔，那么该香精的香气就是不连续的（图 12.2），即出现断层。

图 12.2　不连续的香气

嗅觉记忆延迟定理揭示了人体嗅觉与香气的内在联系和规律，对调配香精提出了指导性的结论和量化数据，为香精香料行业的发展作出了贡献。

---

❶　该定理由盛君益创立，故称盛氏定理。

3. 头香、体香和基香原料对控制连续性的意义

1954 年，英国著名调香师朴却（Poucher）按照香料香气挥发度，以及在辨香纸上的挥发留香时间，将 300 多种天然香料和合成香料分为头香、体香、基香原料。他认为香精应由头香香料、体香香料和基香香料三部分组成。香精香料在空气中挥发，到达鼻腔，通过神经传到大脑后使人产生嗅觉。因此香气根据香精香料的挥发程度可分成三段。

（1）头香或顶香（top note）　最初闻到的香气称为头香。如香水瓶打开盖子时立刻闻到的那部分香气。属于挥发度高，扩散力强的香料，在辨香纸上一般认为在 2h 以内挥发散尽，不留香气者为头香。由于留香时间短，挥发以后香气不再残留。头香能赋予人们最初的优美感，使香精香气富有感染力，作为香精的第一印象是很必要的。可作为头香的香料中大部分香气是令人愉快的，因此，在创造头香时可以有更多的选择，可以充分体现调香师的创造精神。这是香气给人留下的第一印象。对于香精来说，这种香气是非常重要的。一般总是选择嗜好性强，能与其他香气融为一体，且清新爽快，使全体香气上升，并带有独创性的香气成分作为头香。因此，新的单体或单离香料对一名调香师来说格外重要。所有柑橘型香料、玫瑰油、果味香料、轻快的青香味香料都属此范围。困难在于，香气与食品一样，必须经常变换口味，否则使人产生厌腻感，但又要防止过于奇特的变化而使人不适应。若没有头香，香气则会显得平淡，气味单调。

（2）体香（body note）　又称中段香韵，简称中韵（middle note），挥发程度中等。头香过去之后，随之而来的一股丰盈的香气。在辨香纸上香气持续 2~6h，体香香料构成香精香气特征，是显示香精香料香气特色的重要部分。这部分的适宜香料有茉莉、玫瑰、铃兰、丁香等花香，及醛类、辛香料等各种香料。

（3）基香（base note）　又称尾香、晚香、底香或残香、香迹（dry out），挥发程度低而富有保留性，在辨香纸上香气残留 6h 以上或几天甚至数月。如麝香香气可以残留一个月以上。基香香料不但可以使香精香气持久，同时也是构成香精香气特征的一部分。

在调香工作中，根据香精的用途，要适当调整头香、体香、基香香料的比例，头香、体香和基香要注意合理的平衡。各类香料比例的选择，应使各类原料的香气前后呼应，在香精的整个挥发过程中，各层次的香气能循序挥发，这样，香气前后就具有连续性，特征香气前后不脱节，达到了香气完美、协调、持久、透发的效果。

单体香料可依照挥发度用这种方法分类，而天然香料因是混合物，含有从头香到尾香的成分，较难分类，有必要记忆其特殊香气，不要被附随的香气影响。这样，香气的设计是以各单体香料或香基的挥发性为基础，按照其挥发性由低到高的顺序，分别形成基香、体香和头香。作为基香部分的香料，最初发出的香气并不能使人产生快感，但经过一段时间后，会逐渐变成富有魅力的香气。体香香料由各种受人喜爱的花香型香料组成。作为头香的香料，初闻香气甚佳，但转瞬即逝。而调香师根据经验将上述各部分香料有机地组合起来，使各种香气取长补短，从始至终都发出美妙、芬芳的香气。并且要求各段香气之间的变化是平滑连续的，就是说各段香气之间的界限不是那么明确。在中韵部分多少残留一些头香部分的主要香气，如各段之间香气的变化不是那样平滑连续的，则认为香气的连续性不好。在艺术性方面，要求香气细腻、优雅、有独创性。在技术性方面，则必须具有一定的香气强度，有香气和谐自然、持久力强等特点。

4. 实现香精连续性的措施

控制香精的连续性措施，有两种方式。

首先，科学地使用头香、体香、基香原料，使各类原料的香气前后呼应，在香精的整个挥发过程中，各层次的香气能循序挥发，特征香气不前后脱节，这样基本可以有效地实现连续性。

其次，根据嗅觉记忆延迟定理，调香师可以在嗅觉空位加插填补空白的原料，从而实现气味的连续。例如，在香水香精中，最常用的手段便是加入天然香料（特别是精油）。因为天然香料中的组分可以有效地填补香精中出现的断层，像一根链条一样有机地把各组分串联起来。所以，一些法国著名品牌的香水往往使用较多品种的精油和浸膏，使香精的香气透发，香气连贯、流畅、圆润。

另外，现代色谱技术的发展也为我们提供了辨别香精组分的手段，我们可以通过确定各个香料组分的保留时间，实现香精的连续性。色谱柱，如同一个高效分馏塔，可以把组分一一分开，像常用的气相色谱-嗅觉测定法（GC-O），就是在 GC 上接一个闻香口，或在尾气出口闻一下，就能达到鉴别某成分的目的。而香气间隔也可以从色谱图中发现，组分之间的间隔如果超过了人体嗅觉记忆延迟间隔 2.5s，嗅觉体验就会不连贯，某一香气过分突出（俗称化学气冒出来了）。此时，为了弥补香气的断层，需要寻找填补断层的原料，选择的原则为：选用原料保留时间处于断层两个原料之间，且香气类型要偏于某一方，或介于二者之间，形成过渡，比如乙酸苄酯与橙花醇之间可以选用香茅醇，丁酸乙酯与己酸乙酯之间可以选择乙酸异戊酯，不要选用香气特征有别于二者的，且阈值过低、过分透发的香原料。

第三节　连续性和持久性的再认识

把香料香精的连续性和持久性放在一节内阐述，是因为这两个感官性质是各有特点且相互影响的。持久性带出香气香味组分留香的概念，而留香又和饱和蒸气压、挥发速率等有关，协调好不同的饱和蒸气压的各个香组分，使它们在空气、鼻腔和口腔中依次挥发的时间差都能不超过嗅觉延迟时间，这样才能做到香精的连续。持久性是连续性的前提，利用持久性的不同，科学构建香精配方是实现连续性的基础，连续性就是科学认识了持久性的结果。

然而，根据留香时间的不同，把香原料划分成头香、体香、基香原料，有时还是会限制人们对香料在香精连续性，也就是香料在不同香气分段中所扮演不同角色的认识，总以为一种香料的留香长短就决定了它在香精中的香气位置。例如，二氢茉莉酮酸甲酯问世后，最初的一段时间内未引起足够的重视，因为它的香气并不强烈，但留香持久，调香师自然而然把它放在基香香料的类别里。那个时候，调香师的注意力集中在那些香气强度（香比强值）大而价格又相对低廉的合成香料上，例如二氢月桂烯醇，有一段时间甚至刮起二氢月桂烯醇热，几乎每个调香师都试着用二氢月桂烯醇配出自己喜欢的独特的新香精，众多的国际香型香精都含有大量二氢月桂烯醇。事实上，二氢月桂烯醇留香时间很短，比芳樟醇还差，按朴却的分类法，应被列为头香香料。二氢茉莉酮酸甲酯以其"后发制人"的特色逐渐受到调香师们的喜爱。人们发现，这种新香料即使少量加入一般的日用香精中，也能使头香圆和、清甜，而当它大量存在于香精中时，仍不会遮盖掉香精原本营造的香气特征，它的香气好像永远只是衬托主体香气，但却能使几乎任何一个香精的香气保持变化不太大。自从合成香料问世，至今一百多年来，鲜少有一种香料能以单一成分而被调香师视为完整香精的，但二氢茉莉酮酸甲酯做到了。有人称 20 世纪 80 年代为"二氢茉莉酮酸甲酯时代"，一点也不夸张。在食品香料中，香兰素无疑是最出色的，有的食品只用单一的香兰素加香即可获得成功。因为香兰素也有这种"自始至终"保持一种香气的特点。但在日化香精配方中，香兰素的许多缺点（溶解度不佳、易变色等）就显露出来了。

像香兰素、二氢茉莉酮酸甲酯、广藿香醇这样的香料，只将它当作基香香料使用显然是有问题的。而像龙涎香醚、降龙涎香醚、突厥酮等香料能以少量甚至极少量使一个香精自始至终贯穿一股香气（即龙涎香效应），则更暴露出朴却分类法的缺陷。

一个理想的香料，应如二氢茉莉酮酸甲酯一样，既可作头香、体香，又可作基香香料使用。自然界这样的例子不少，如檀香醇、广藿香醇、香根醇、茉莉酮酸甲酯、苯甲酸叶酯、麝香酮、灵猫酮等，调香师长期以来虽然都将它们的母体（即得到这些组分的原天然香料）用作基香香料，但从未忽视它们在头香、体香方面的表现。

二氢茉莉酮酸甲酯是最好的例子，从事香料合成的化学家们，从二氢茉莉酮酸甲酯的例子中看出优选香料的有效途径：沸点不低、香气强度（香比强值）不太大、稳定性良好、与其他香料的相容性好等，其中，最重要的是前两点。

被朴却列为头香的香料中果香香料最多，这样又给初学者一个错觉，以为果香香料都是留香极短的，殊不知有的果香香料留香极长久，如γ-十一内酯（桃醛或称十四醛）、草莓醛（十六醛）、γ-辛内酯、γ-壬内酯（又叫椰子醛或称十八醛）、覆盆子酮、丁酸苄酯、邻氨基苯甲酸甲酯等。这些香料香比强值都较大，不能将它们看作基香香料。有意改变"香水都是麝香香气收尾"这个传统格局的调香师不妨试试这些带果香的基香香料。事实上，1985年问世的 Poison 香水已相当成功地实现了这一点。

同样将香料分为三大类，阿尔姆（Ellmes）强调了头香、体香香料的重要性，而忽略对基香香料的重视。卡勒（J. Carles）正好相反，他认为一个香精（香水）的主要香气特征取决于基香，将体香香料叫作修饰剂，头香香料几乎被忽略不计。这些观点似乎都有失偏颇，但在调香实践中有时却是正确的。如前所述，二氢茉莉酮酸甲酯就可视为一个美妙的兰花香精直接应用的例子，将香兰素作为香英兰豆香气直接用于食品中的例子也屡见不鲜。食品香精配方更是常有只用头香和体香香料的例子，基香香料有时只是点缀一下，加入基香香料往往不只是为了留香。

第十三章

香料香精的稳定性

香料香精的稳定性是香料香精品质控制不容忽视的重要内容。有些香精在初配时，香气香型尚可认为满意，可是经过存放或加入成品后，发生香型不稳定或变型，或产生沉淀、分层等物理现象，影响加香成品的物理性质和使用效果，造成不必要的损失。因此，香料香精的稳定性是质量评价和品控的又一个关键环节。

香料香精的稳定性主要表现在两个方面：一是香型或香气上的稳定性，即香气或香型在一定时期和条件下，是基本上相同，还是有明显的变化；二是它们自身以及在介质（或基质）中的物理化学性能是否保持稳定，即香精对加香介质质地（如泡泡糖的硬度）、色泽的影响，对光热的稳定性，与加香产品其他原料的配伍性等，特别是在储放一定时间内遇热、遇光照或与空气接触后是否会发生质量变化。这两种稳定性往往是相互联系的。

第一节　香料香精不稳定的原因

香料香精不稳定的原因可以归纳为以下几个主要方面：

① 香精中某些分子之间发生化学反应（如酯交换、酯化、醇醛缩合、酚醛缩合、醛醛缩合、醛的氧化、泄馥基形成等）；

② 香精中某些分子和空气（氧）之间的氧化或聚合反应（醛、醇、不饱和键等）；

③ 香精中某些分子遇光照后发生物理化学反应（如某些醛、酮及含氮化合物等）；

④ 香精中某些成分与加香介质或其中某些组分之间的物理化学反应或配伍不溶性（如受酸碱度的影响而皂化、水解，溶解度上的变化，表面活性等方面的不适应等）；

⑤ 香精中某些成分与加香产品包装容器材料之间的反应等。

第二节　香料香精稳定性的体现

上述原因，可以使香精或香精在加香介质中产生以下不稳定的结果；

① 香型或香气上的变化（包括扩散力、持久性、定香效果等）；

② 加香介质的着色或变色，或发生乳浊，或析出沉淀物，或乳剂分层等；

③ 加香产品的使用功能效果上的变化；

④ 加香成品的包装容器内壁上发生变化。

其中，香料香精香型或香气的稳定性和变色问题最为常见，因此常常受到调香师的重视。

1. 香气或香型的稳定性

香气或香型的稳定性，可分别对合成与单离香料以及天然香料进行考察。由于合成与单离香料是单体，在单独存在时，如果不受光、热、潮湿、空气氧化的影响，储放时间不过长、不受污染，它们的香气几乎是前后较一致的，相对来说是比较稳定的。而天然香料，由于它们是多成分的混合物，各混合物成分含量不一，物理化学性质也不同，特别是蒸发速率不同，所以它们的香气稳定性要差一些。一些香料品种的香气前后差异比较明显，如有些精油类的天然香料，因含有较多易聚合或变化的萜烯类成分，会导致香气上的变化。就合成与单离香料和天然香料而言，化学成分的分子结构特点、官能团的活泼性和物理性质，是关系到它们在某加香介质中是否适应以及是否配伍相容的重要因素。例如，某加香介质由于加入了某香料而发生浑浊，或沉淀，或乳剂破坏，或变色，或着色，或应用效能变异，或包装容器内壁质量变化等现象，这就表明，这种香料在这种加香介质中和这类包装材料间是不稳定的。

香精在香气或香味上的稳定性，在某些程度上与天然香料相仿。香精是由用量不等的合成与单离香料、天然香料、定香剂所组成的，有时根据应用需要，还含有一定量的溶剂和载体。这些组分各自都有其物理化学性质，当混合在一起后，就会产生复杂的变化。这些变化都关系着香精香气的稳定性。就香精本身来说，如果它的整个挥发过程的蒸发速率比较均衡，即香精在相当时间的挥发过程中（外界因素要比较稳定），它的香型香气变化较小，香气比较恒定，就应认为是稳定的。但是仅仅达到这个要求还不够，还要考察它在加入某个介质后以及使用过程中，香型是否仍能比较稳定；与原香精的香型是否基本上保持一致（即头香、体香与基香的演变是否稳定）；香气扩散程度是否仍与该香精相仿，提高还是降低；香气持久性及定香效果是否变化；是否会导致介质形态、色泽、着色、澄清度、应用性能、容器材料以及在消费使用过程中变化等。如果存在上述缺陷，则需要调整香精中有关组分，使之达到要求。

香精的组成要比天然香料复杂得多，往往是由数十种乃至数百种不同分子结构的化合物所组成的混合物。这些化合物的物理化学性能往往差异很大，尤其是它们在蒸气压和蒸发速率上的差异，如果配比恰当，它们可以形成一些共沸混合体，这些共沸混合体如果能紧密连贯、均衡、有节奏地从香精和加香介质表面上挥发出来，那么就可以取得稳定的香型或香气。要达到这一点，调香工作者要经过多番的试验（包括香精应用试验）才能实现。所以，调香工作者在为某一加香产品设计香精配方时，既要详细了解该加香介质的性能（包括它本身有无特殊气息），又要根据香型、安全性、经济的要求来选择香料（包括修饰、和合）、定香剂等品种，从头香、体香、基香到香气、物理化学稳定性方面进行综合考虑，通过品种、用量及应用的试验来取得香精配方（有时还可以加入一定的添加剂，如抗氧化剂、金属离子螯合剂等来取得满意的效果）。

2. 颜色的稳定性

由于香料化合物的化学不稳定性，会产生变色或着色的现象。这个问题对于要求保持一定色泽，特别是白色或无色的加香成品影响较大，不可忽视。发生变色现象，可能是因为香料中某些成分遇热、遇光照或遇空气氧化；也可能是由于香料与香料之间发生反应；有的则是由于香料与介质或与包装材料之间发生反应。下面列举一些容易导致变色的香料。

① 吲哚类　如吲哚与甲基吲哚遇光照和空气接触会呈红色。与邻氨基苯甲酸甲酯、香兰素或洋茉莉醛共用时，会产生深红色。与硝基麝香类共用，有时会产生黄色。

② 喹啉类　喹啉的多数品种都会导致变色，产生淡绿、淡棕、深棕色。与香兰素共用时会产生深红色。

③ 硝基麝香类　常用的硝基麝香都会导致变色，其中麝香变色较缓慢且程度较小，硝基麝香遇光照一般产生黄棕色，二甲苯麝香会产生棕色。

④ 醛类　有些醛类如柠檬醛、桂醛、乙基香兰素、洋茉莉醛、香兰素等都是较易引起变色的，特别是遇光照时间稍长后，洋茉莉醛、香兰素变色程度最为严重。大茴香醛、苯甲醛也会导致变色，但在用量少的情况下，变色程度较小，在一般情况下，产生黄或棕黄色，或红色，如与其他易变色香料共存时，将产生较深的色泽（天然香料中的肉桂油、桂皮油、香荚兰豆浸膏、柠檬草油等，因含有较多醛成分，也会导致变色）。

⑤ 酚类　酚类香料容易导致变色。遇光照或与金属接触（特别是铁质）极易变成深棕色，如丁香、异丁香酚、香荆芥酚、丁香油（橡苔与树苔制品中含有酚类化合物，故也会引起变色）等。

⑥ 醚类　常用的品种如 β-萘甲醚和 β-萘乙醚，遇光照后有时会变成淡黄色（象牙黄）。

⑦ 酮类　常用的酮类香料中有些是会导致变色的，如二氢茉莉酮酸甲酯、紫罗兰酮类与甲基紫罗兰类（多半是由其所含杂质引起的，纯品不会导致变色）等。

⑧ 邻氨基苯甲酸的酯类　如甲酯、乙酯、芳樟酯、松油酯等，以及这些酯类与醛类形成的泄馥基香料，都较容易产生变色现象，色泽常呈黄色、棕色、棕红色、棕黄色（茉莉、白兰浸膏或净油中含有这类成分及吲哚，使用时也要注意）。

有许多天然香料中除含有上述容易导致变色的成分外，往往还含有会引起着色的成分（色素类），所以在确定香精配方时要加以注意。现列举一些会导致变色或着色因素的品种。

① 精油或净油类　丁香油类、丁香罗勒油、桂叶油、月桂叶油、桂皮油、肉桂油、树兰花油、冷磨甜橙油、松甘油、洋甘菊油、山苍子油、柠檬草油、橙叶油、广藿香油、岩兰草油、肉豆蔻油、大花茉莉净油、小花茉莉净油、白兰净油、大灵猫香净油、香荚兰豆净油、橡苔净油、树苔净油、岩蔷薇净油等。以上变色情况多呈黄色至淡棕色，个别呈棕褐色。

② 浸膏、香膏、香树脂类　香荚兰豆浸膏（变棕色）、安息香树脂（变棕色）、秘鲁香树脂（变红棕色）、吐鲁香膏或香树脂（变红至红棕色）、苏合香树脂（变暗灰色）、格蓬香树脂（变黄色）、没药香树脂（变橙红色）、枫香香树脂（变棕黄色）、黑香豆浸膏（变棕色）、大花茉莉浸膏（变棕黄色）、小花茉莉浸膏（变棕黄色）、白兰浸膏（变棕黄色）、桂花浸膏（变黄色）、橡苔或树苔浸膏（变棕绿色）、岩蔷薇浸膏（变绿或棕色）、大灵猫香膏（变红棕色）、海狸香膏（变红棕色）等。

这些导致变色因素的品种，并不意味着在白色或无色加香介质中完全不能用。在香料中加入极微量的抗氧化剂，可降低被氧化香料的变色程度。控制用量及与其他香料之间配合，也可以达到较少变色程度的要求。这些都要经过实际应用试验考察，方可定论。

　　总之，香料与香精，尤其是香精的稳定性问题，是调香工作者在拟定配方时不能忽视的一个重要方面。对香料的物理化学性能要心中有数，对任何一种新香料品种，都要经过仔细的探讨和研究，发现问题要随时记录。香精的配方既要在加香介质中使香气稳定，又要与介质在物理化学性能相协调，因此对所使用的香料要严格检查其质量规格，保证小样与生产的香精的一致性。设计任何一个新配方都要通过应用试验来达到相应稳定性的要求，确保加香产品的质量。

第三节　检查香精稳定性的方法

　　要考察某香精在某加香介质中是否稳定，最能说明问题的方法是架试（shelf test），就是在模拟正常存放或使用条件下，在不同间隔的时间内，用感官（嗅觉、视觉、必要的味觉）或物理化学方法，做必要的评估、测试或分析工作，但这样做往往需要几个月或一年的考察时间。目前人们可以采用一些快速强化的方法来检验。

　　（1）加热法　对香精可将其在超过室温的温度下保持一定的时间，然后评辨其香型或香气的变化。对加香成品在适宜的加热温度下，除评价（包括使用中）其香型或香气香味外，还需观察（可用仪器）其色泽或其他方面的变化（同时要做空白对照试验）。

　　（2）冷冻法　将香精或加香成品在低温中放置一定时间后，观察其黏度、澄清度（是否有沉淀或晶体析出）的变化。对液态加香成品，观察是否发生不澄清、浑浊、沉淀、分层等现象。对乳剂或胶体要观察其是否分层，或出现乳剂、胶体破坏现象（同时要做空白对照试验）。

　　（3）光照法　用紫外线或人造光照射香精，在一定的时间内，观察其色泽、黏度变化并评辨其香型或香气变化。用上述光照射加香成品，在一定的时间内，评辨其香型或香气变化并观察其色泽及其他变化（同时要做空白对照试验）。

　　以上加热、冷冻的温度，光照强度以及时间等条件，要根据具体情况来选定。对加香成品的实际应用效果试验，一般采用习惯的使用条件与方法来考察其香型或香气香味（头香与留香时间往往是考察的主要方面）和使用效果有无明显的变化。

第四节　常见香料在不同介质中稳定性的总结

　　关于香料的稳定性，不少调香工作者和化学工作者曾做过许多试验，但由于各种香料的来源、质量、试验用的介质、试验条件等有差异，所以即使是从同一种香料所得的结果，并不都完全相同。某些香料在某种介质中是否稳定，具体应用试验是必要的。由香料化学成分化学性能的稳定程度不同而引起香气的变化，可做以下概括（其中也有例外的）：

　　① 酸类在碱性介质中不稳定。

　　② 醇类一般比较稳定。其稳定程度大致是：饱和醇类＞不饱和醇类，伯醇类＞仲醇类＞叔醇类（有些醇类例外）。

　　③ 醛类在碱性介质中不够稳定。遇光照、空气容易聚合或被氧化。有些醛遇含氨基的化合物容易起反应。

　　④ 腈类一般比相应的醛稳定，在弱酸及弱碱性介质中较稳定，但在强酸性介质（pH＝0.5～2）中不稳定。

⑤ 缩醛类物质在酸性介质中不够稳定。

⑥ 酮类物质在弱酸或弱碱性介质中比较稳定。

⑦ 缩酮类物质在酸性介质中不够稳定。

⑧ 低碳酯类物质在碱性介质中一般都不够稳定，会发生皂化或水解。

⑨ 内酯类物质在碱性介质中不够稳定。

⑩ 酚类在碱性介质中不够稳定，易与金属（特别是铁）发生反应。

⑪ 醚类物质一般都比较稳定。

⑫ 烃类物质中饱和烃类较稳定；不饱和烃，如单萜烯类不稳定，遇光照、空气及碱性介质易发生反应。

有些香料化合物具有多官能团，它的化学稳定程度要视其中活泼性较大的官能团而定，有时分子结构中的立体异构体与其化学稳定性程度也有关。

对于天然香料，例如用冷榨法制取的精油，特别是柑橘油，因为富含萜烯，且会有一定量的纤维素、糖分、蛋白质、单宁等成分，使用不当或过量会造成香精浮油、沉淀等质量问题，香水类香精要格外注意这类原料的用量。

≡ 第十四章 ≡

香料香精的安全性评价

香精的安全性取决于所用原料的安全性，只有构成香精的各种原料符合法规要求，它的安全性才能有保证。但一般不要求也不可能对每种香精的安全性一一进行评价。香精配方具有保密性，各国的法规都不要求在产品标签上标示香精的各种组分。因此，香料和香精的安全性必须关注香料的安全性。

第一节 日用香料香精的安全性评价

日用香精是一种混合物，它的安全性取决于所用香料以及辅料的安全性。只要构成日用香精的原料经过安全评价，品种和质量符合法规标准要求，其安全性就是有保证的。

一、国外日用香料香精的立法和管理概况

日用香料的立法和管理比较简单，到目前为止没有一个国家对日用香料进行立法。但这并不是说对日用香料没有管理。在对日用香料的管理方面，仍是 IFRA 发挥主要作用。关于日用香料香精的安全卫生管理工作，目前国外只有民间组织在进行，实行的是"行业内自己管理自己"的办法。在 1966 年由世界上 43 家具有一定规模的香料香精企业出资在美国设立了日用香料研究所（RIFM），从事有关香料（包括合成、单离与天然香料，但不包括香精）的安全问题研究。后来该组织还吸收了一些跨国公司成为其成员，与 IFRA 合作制订对日用香料安全评价的程序、办法以及评价计划。该组织内的专家组人员有化学家、生物学家、毒理学家等。该所的主要任务是：

① 收集香料及有关原料样品并进行分析测定；

② 向成员企业提出香料的测试（包括有关安全性的）方法和评估方法；

③ 与政府或有关部门合作进行香料安全性测试工作并评估结果；

④ 推动统一测试方法的实施等。

该所的工作程序是：由美国精油协会（the Essential Oil Association of USA，简称 EOA）或有关单位提供试样，进行毒理学方面的测试。测试的项目有：

① 大白鼠的急性经口毒性 LD_{50} 试验。

② 家兔的急性经皮毒性 LD_{50} 试验。

③ 家兔皮肤刺激性试验。

④ 人体皮肤刺激性试验。

⑤ 人体过敏试验。

⑥ 在动物（大白鼠、豚鼠或大白兔）皮肤上进行光敏毒性试验。

⑦ 在动物上进行代谢作用的试验。

⑧ 药理学试验。

⑨ 吸入毒害试验。

上述试验结果提交给研究所的专家小组（由药理学家、药物学家、皮肤学家等组成）审评。如专家小组认为试验结果可行时，就登记告知所有成员企业。如认为试验不完善，则再安排补充试验，但 RIFM 并不做出"肯定可用"或"不准使用"的决定，只是按期对被测试香料，写出专论刊载于《食品与化学毒理学》（*Food and Chemical Toxicology*，原 *Food and Cosmetics Toxicology*）期刊内，迄今为止该所已公布了 1000 多个品种的专论报告。

IFRA 设有技术顾问委员会（Technical Advisory Committee），收集有关日用香料的安全性的文献资料，与 RIFM 协作相互交换有关这方面的资料，并随时向各成员组织提出限制应用于日用香精的香料品种或建议。

IFRA 向各成员组织提出，凡是没有充分应用经验的香料品种都必须经有资格的毒理学家做出认为可以安全应用的评估后方能在香精中使用。对于安全性试验的项目与内容，至少为以下六个方面。

① 急性经口毒性试验。

② 如果急性经口毒性试验的 $LD_{50} \leqslant 50mg/kg$ 时，要进行急性经皮毒性试验。

③ 皮肤刺激性试验。

④ 眼睛刺激性试验。

⑤ 皮肤接触敏化作用试验。

⑥ 光敏中毒和皮肤光敏化作用试验。

二、国外与日用香料香精有关的法规和管理机构

（1）日用香料研究所（RIFM，Research Institute of Fragrance Materials）　出于对日用香料安全使用的关注，早在 20 世纪 60 年代，美国日用香料香精企业就出资成立了该研究所，后来该组织还吸收一些跨国公司为其成员。目前，该组织已经成为一个国际性的评价日用香料安全性的科学权威机构。RIFM 的工作主要有以下几个方面：

① 从事日用香料的研究和评价。该工作由 RIFM 内的一个独立专家组完成。所谓独立专家组是指由独立于行业之外的世界上知名的化学家、生物学家和毒理学家等组成的团体。

② 评价日用香料的安全性。

③ 收集、分析和发表有关日用香料的科学信息。

④ 向 RIFM 会员、工业协会和其他团体分发科学资料和安全评价结果。

⑤ 保持与官方的国际机构的积极对话。RIFM 收集和评价的结果公开发表于权威杂志上。RIFM 自 1983 年开始建立香料数据库，通过广泛地研究、试验和不断关注有关的科学文献，使其成为世界上有关日用香料资料最为完整的数据库。目前该数据库存有 5000 种香料的信息，5000 余种的参考资料，111000 余项有关人体健康和环境的研究报告。RIFM 对日用香料安全评

价的结果不是法规，但它是国际日用香料香精协会制定行业法规和标准的科学基础。

（2）国际日用香料香精协会（IFRA，International Fragrance Association） 国际日用香料香精协会成立于 1973 年，注册地在瑞士日内瓦，现总部办公地在比利时的布鲁塞尔。其会员均来自世界各个国家级或地区级的日用香料香精协会，从 2007 年开始，吸收大的日用香料香精制造商成为它的直接会员，目前已变为一个混合型协会。其成员企业所生产的日用香料香精约占世界份额的 90%，因此，可以说它代表了全球日用香料香精工业的组织。自 IFRA 成立以来，一直把工作的重心放在制定有关日用香料香精法规和标准，实现行业自律上，它所制定的实践法规已经成为行业自律的基础。

IFRA 实践法规涉及的范围很广，内容很多。有关涉及日用香料安全性方面的相关条款中规定，日用香料的使用必须始终符合使用国的法规要求，任何日用香料必须经过适当评价，并有足够信息证明它对人体健康和环境不存在危害时方可使用。当进行毒理测试时，尽量采用有效的可接受的非动物试验方法。

日用香料的安全性评价由 RIFM 进行。IFRA 负责收集并向 RIFM 提供待评的日用香料的有关信息，包括该香料的使用量（指总量）、在日用香精配方中的含量以及从科学期刊所取得的所有试验结果（包括香料对人体和环境的不良作用）。日用香料制造商以商业化生产的产品必须向 RIFM 提供安全资料，并录入日用香料数据库。制造商还要向 RIFM 提供产品的质量规格、使用水平、测试报告副本以及有关安全性的信息，供 RIFM 独立专家组讨论。当制造商改变生产工艺或改变质量标准时也应通知 IFRA，并向 RIFM 补充资料。RIFM 对日用香料的安全性进行评价后，对禁用物质和限用物质等提出建议，然后由 IFRA 讨论，经同意后以 IFRA 实践法规的形式公布。

IFRA 实践法规将日用香料分为三类：一是禁用物质，即它们由于对人体或环境有害，或由于缺乏足够的资料证明它们可安全使用，故被禁止作为日用香料使用。二是限量使用的日用香料，即它们的应用范围和在最终消费品中的最高允许浓度受到限制。2006 年以前，IFRA 实践法规中对限用的日用香料只规定它们在两大类最终产品（即接触皮肤的产品和不接触皮肤的产品）中允许使用的最高浓度。而自 2006 年以后，由于定量风险评价（QRA）的引入，目前已将使用日用香精的最终产品分为 11 类，IFRA 实践法规对限用的日用香料在这 11 类产品中的限量分别做出规定。三是某些香料，尤其是天然香料，由于含有某些会对人体造成不良影响的有害杂质，只有当它们的纯度达到一定要求后方可作为日用香料使用。凡 IFRA 不做出规定的日用香料一般视为可以安全使用。可以说，IFRA 实践法规提供的是一种否定表，而不是肯定表，这与食用香料完全不同。

IFRA 不仅制定实践法规，还对实践法规的实施进行监督。自 2006 年以后，IFRA 执行所谓的遵循计划，每年从若干个国家的市场上抽取一定数量和类别的加香产品，交第三方实验室进行分析，测定其是否添加了禁用物质或限用香料，或是否超过允许使用量。若是，IFRA 则要求加香产品生产商提供香精供应商名单，由 IFRA 直接联系香精生产商，要求其限期修改配方，使新的配方符合 IFRA 实践法规要求，如香精生产商在规定时间内未予纠正，IFRA 就会将香精生产商名单公布在 IFRA 网站上。

（3）欧盟化妆品指令 欧盟化妆品指令及其后来的数次修改均对某些日用香料在化妆品中的使用做出某种限制，化妆品中禁用的日用香料几乎全部出自 IFRA 提出的禁用名单。此外，2003 年 3 月欧盟化妆品指令做了第 7 次修改。此次修改将 26 种日用香料作为过敏原，当这些香料的用量（质量比）在驻留型化妆品中 $\geqslant 10 \times 10^{-6}$，在即洗型化妆品中 $\geqslant 100 \times$

10^{-6} 时，就必须在产品标签上标明其名称。事实上，欧盟化妆品指令只要求标示这些香料，而 IFRA 的实践法规要求它们在 11 类产品中的使用浓度不超过一定限量，以保证其安全性。由此看来，IFRA 标准是从源头上把关，以保护消费者的健康，这样做更为有效。关于欧盟的化学品注册、评估、授权和限制制度（REACH），目前仅只完成登记工作，其安全性评价工作刚刚开始，因此不在本文讨论范围之内。

三、中国日用香料香精的立法和管理概况

国内最大的香料香精化妆品协会——中国香料香精化妆品工业协会（CAFFCI），2001年首次邀请 IFRA 专家召开日化香料安全国际研讨会，目前已是 IFRA 组织成员，并常年保持与该组织的联系。目前日化香料和香精的国家标准为 GB/T 22731—2017《日用香精》。另外，涉及香料香精使用限制的还有《化妆品卫生规范》（2015 版）等日化产品技术规范，国内企业目前主要参照以上法规。

四、中国日用香料香精的管理标准

（1）GB/T 22731—2017《日用香精》　中国是一个面向全球的香料香精生产国和使用国，身为 IFRA 的观察员，有义务也有责任尽可能遵循 IFRA 实践法规的相关规定。为尽快解决这一问题，经过充分调查和研究国际上相关法规和标准的立法背景及工作内容，鉴于目前我国行业实际情况，不可能也没有必要对日用香料的安全性进行完全独立的评价，因此可借鉴国际上的评价结果及相关法规、标准制定我国的法规或标准。根据这一原则，在原行业标准的基础上起草了《日用香精》国家标准。该标准不但规定了日用香精的质量要求，还根据日用香精发展趋势以及市场需求，参考 IFRA 实践法规，提出了日用香精的安全性要求。该标准中还规定了日用香料的定义、要求、试验方法、检验规则、标志、包装、运输、贮存及保质期，适用于对日用香精的质量进行分析评价，已修订数次，对于稳定产品质量和协调供求双方的利益起到良好的作用。

2017 年《日用香精》标准明确列出 82 种在日用香精中禁用的香料，这既符合 IFRA 实践法规的规定，也符合中国《化妆品卫生规范》的相关规定。同时将使用日用香精的最终产品分为 11 类，并规定了 99 种限用香料在这 11 类产品中的最高使用量，部分被限用的常用香料有：α-戊基肉桂醇、α-戊基肉桂醛、大茴香醇、苄醇、苯甲酸苄酯、肉桂酸苄酯、水杨酸苄酯、对叔丁基二氢肉桂醛、对叔丁基-α-甲基氢化肉桂醛、肉桂醇、肉桂醛、柠檬醛、香茅醇、丁香酚、金合欢醇、香叶醇、反-2-己烯醛、α-己基肉桂醛、水杨酸己酯、羟基香茅醛、异环柠檬醛、异环香叶醇、异丁香酚、甲氧基二环戊二烯醛、2-甲氧基-4-甲基苯酚、α-甲基肉桂醛、甲基紫罗兰酮（异构体混合物）、1-辛烯-3-醇乙酸酯、秘鲁香膏提取物和蒸馏物、苯乙醛、玫瑰酮类（又称异突厥酮、γ-突厥酮）、茶叶净油、香豆素、甲基铃兰醇、龙涎酮、2-乙氧基-4-甲基苯酚、香芹酮、依兰依兰提取物、大花茉莉净油、小花茉莉净油、肉桂腈、新铃兰醛、紫苏醛、二烯-7-甲醇甲酸酯、庚炔羧酸甲酯、辛炔羧酸甲酯、橡苔提取物和树苔提取物等。

对于存在于天然香料中的某些日用香精中的禁用成分，这些成分可能是某一天然产物或合成香料中的一个成分，在使用这些天然产物或合成香料时，它们会以杂质的形式带入日用香精中。GB/T 22731—2017《日用香精》规定了这些禁用成分作为带入物质在最终加香产品中的最高限

量。该标准中对于日用香料安全性的要求采用的是"否定表"形式，即列出了日用香精中禁用香料（详见表 14.1）和限用香料，而对于标准中未禁用或限用的香料则视为可安全使用。

值得注意的是，某些限用香料常常是日用香精中常用的原料，有些还是普遍存在于许多天然香料（精油、浸膏和净油等）中的成分，如柠檬醛、香叶醇、香茅醇和丁香酚等。因此，调香师在设计日用香精配方时，除了考虑直接加入的某个限用香料的量外，还要考虑因使用其他含该限用香料的天然香料所带入的该物质的量，以使限用香料的总量不超过标准要求。另外还应注意，尽管大多数香料既可食用又可日用，但也有不少香料只能食用不能日用。

GB/T 22731—2017《日用香精》修订实施后，就要求生产企业对原有的日用香精配方逐一进行确认或调整，这对调香师提出了更高的要求。另外，对于香料产品标准，特别是天然香料产品标准提出了更高的要求，必须对其成分做出明确界定，并提供相应含量，以使调香师掌握足够的信息。

表 14.1　我国现已禁用的日用香料（截止到 2017 年）

编号	中文名称	英文名称	CAS 号
1	万山麝香（乙酰基乙基四甲基萘满）	versalide（acetyl ethyl tetramethyltetralin）	88-29-9
2	乙酰异戊酰（5-甲基-2,3-己二酮）	acetyl isovaleryl（5-methy-2,3-hexanedione）	13706-86-0
3	土木香根油	allantroot oil（elecampane oil）	97676-35-2
4	庚炔羧酸烯丙酯	allylheptine carbonate	73157-43-4
5	异硫氰酸烯丙酯	allylisothiocyanate	57-06-7
6	2-戊基-2-环戊烯-1-酮	2-pentyl-2-cyclopenten-1-one	25564-22-1
7	茴香叉基丙酮[4-(对甲氧基苯基)-3-丁烯-2-酮]	anisylidene actone [4-(*p*-methoxyphenyl)-3-butene-2-one]	943-88-4
8	顺式和反式细辛脑①	*cis*-and *trans*-asarone	2883-98-9 5273-86-9
9	苯②	benzene	71-43-2
10	苄氰③	benzyl cyanide	140-20-4
11	苄叉丙酮(4-苯基-3-丁烯-2-酮)	benzylidene acetone（4-phenyl-3-buten-2-one）	122-57-6
12	桦木裂解产物④	birch wood pyrolysate	8001-88-5 84012-15-7 85940-29-0 68917-50-0
13	3-溴-1,7,7-三甲基双环[2.2.1]庚烷-2-酮	3-bromo-1,7,7-trimethyl bicyclo [2.2.1]-heptane-2- one	76-29-9
14	溴代苯乙烯(溴代苏合香烯)	bromostyrene	103-64-0
15	对叔丁基苯酚	*p-tert*-butylphenol	98-54-4
16	刺柏焦油⑤	cade oil（*Juniperus oxycedrus* L.）	90046-02-9 8013-10-3
17	香芹酮氧化物	carvone oxide	33204-74-9
18	土荆芥油	chenopodium oil（*Chenopodium ambrosiodes* L.）	8006-99-3
19	肉桂丙酮	cinnamylidene acetone	4173-44-8
20	松香	colophony	8050-09-7
21	广木香根油、浸膏、净油	costus root oil, absolute and concrete	8023-88-9
22	兔耳草醇⑥	cyclamen alcohol[3-(4-isopropylphenyl)-2-methylpropanol]	4756-19-8
23	1,3-二溴-4-甲氧基-2-甲基-5-硝基苯	1,3-dibromo-4-methoxy-2-methyl-5-nitrobenzene（musk alpba）	63697-53-0
24	1,3-二溴-2-甲氧基-4-甲基-5-硝基苯	1,3-dibromo-2-methoxy-4-methyl-5- nitrobenzene	62265-00-0

续表

编号	中文名称	英文名称	CAS号
25	2,2-二氰-1-甲基环丙基苯	2,2-dichloro-1-methylcydo-propylbenzene	3591-42-2
26	马来酸二乙酯	diethyl maleate	141-05-9
27	2,4-二羟基-3-甲基苯甲醛	2,4-dihydroxy-3-methyl benzaldehyde	6248-20-0
28	4,6-二甲基-8-叔丁基香豆素	4,6-dimethy-8-*tert*-butyl coumarin	17874-34-9
29	3,7-二甲基-2-辛烯-1-醇	3,7-dimethyl-2-octen-1-ol	40607-48-5
30	顺式甲基丁烯二酸二甲酯	dimethyl citraconate	617-54-9
31	二苯胺	diphenylamine	122-39-4
32	2-辛炔酸酯类(庚炔羧酸甲酯除外)	esters of 2-octynoic acid，except methyl heptine carbonate	10031-92-2
33	2-壬炔酸酯类(辛炔羧酸甲酯除外)	esters of 2-octynoic acid，except methyl octine carbonate	10484-32-9 10519-20-7
34	丙烯酸乙酯	ethyl acrylate	140-88-5
35	乙二醇单乙醚及其乙酸酯	ethylene glyvol monoethyl ether and its acetate	110-80-5 111-15-9
36	乙二醇单甲醚及其乙酸酯	ethylene glyvol monomethyl ether and its acetate	109-86-4 110-49-6
37	无花果叶净油	fig leaf absolute oil	68916-52-9
38	糠叉基丙酮	furfurylideneacetone	623-15-4
39	香叶腈	gernayl nitrile	5146-66-7 5585-39-7 31983-27-4
40	反-2-庚烯醛	*trans*-2-heptenal	18829-55-5
41	六氢香豆素	hexahydrocoumarin	700-82-3
42	反-2-己烯醛二乙缩醛	*trans*-2-hexenal diethyl acetal	67746-30-9
43	反-2-己烯醛二甲缩醛	*trans*-2-hexenal dimethyl acetal	18318-83-7
44	氢化枞醇、二氢枞醇	hydroabietyl alcobol，dihydroabietyl alcohol	13393-93-6 26266-77-3 1333-89-7
45	氢醌单乙醚(乙氧基苯酚)	hydroquinone monoethyl ether (4-ethoxyphenol)	622-62-8
46	氢醌单甲醚(4-甲氧基苯酚)	hydroquinone monomethyl ether (4-methoxy phenol)	150-76-5
47	异佛尔酮	isophorone	78-59-1
48	6-异丙基-2-十氢萘酚	6-isopropyl-2-decalol	34131-99-2
49	香厚壳桂皮油	massoia bark oil	85085-26-3
50	马索亚内酯(5-羟基-2-癸烯酸内酯)	massoia lactone (5-hydroxy-2-decanoic acid lactone)	54814-64-1 51154-96-2
51	7-甲氧基香豆素^⑦	7-methoxy coumarin	531-59-9
52	1-(4-甲氧基苯基)-1-戊烯-3-酮	1-(4-methoxyphenyl)-1-penten-3-one	104-27-8
53	6-甲基香豆素	6-methylcoumarin	92-48-8
54	7-甲基香豆素	7-methylcoumarin	2445-83-2
55	巴豆酸甲酯	methyl crotonate	623-43-8
56	4-甲基-7-乙氧基香豆素	4-methyl-7-ethoxycoumarin	87-05-8
57	对甲基氢化肉桂醛	*p*-methyl hydrocinamic aldehyde	5406-12-2
58	甲基丙烯酸甲酯	methyl methacrylate	80-62-6
59	3-甲基-2(3)-壬烯腈	3-methyl-2(3)-nonenenitrile	53153-66-5
60	伞花麝香(1,1,3,3,5-五甲基-4,6-二硝基茚满)	moskene(1,1,3,3,5-pentamethyl-4,6-dinitroindane)	116-66-5
61	葵子麝香	musk ambrette	83-66-9
62	西藏麝香(1-叔丁基-2,6-二硝基-3,4,5-三甲基苯)	musk tibetene (1-*tert*-butyl-2,6-dinitro-3,4,5-trimethylbenzene)	145-39-1

续表

编号	中文名称	英文名称	CAS 号
63	二甲苯麝香	musk xylene	81-15-2
64	硝基苯	nitrtobenzene	98-95-3
65	2-戊叉基环己酮	2-pentylidene cyclohexanone	25677-40-1
66	秘鲁香膏粗品	Peru balsam crude	8007-00-9
67	苯基丙酮[甲基苄基(甲)酮]	phenyl acetone (methyl benzyl ketone)	103-79-7
68	苯甲酸苯酯	pbenyl benzoate	93-99-2
69	假性紫罗兰酮(2,6-二甲基十一碳-2,6,8-三烯-10-酮)⑧	pseudoionone(2,6-dimethylundeca-2,6,8-trien-10-one)	141-10-6
70	假性甲基紫罗兰酮(7,11-二甲基-4,6,10-十二碳三烯-3-酮)⑨	pseudo methylionone (7,11-dimethyl-4,6,10- dodecatrien-3-one)	1117-41-5 26651-96-7 72968-25-3
71	黄樟素、异黄樟素、二氢黄樟素⑩	safrole, isosafrole, dihydrosafrole	94-59-7 120-58-1 94-68-6
72	山通年油	santolina oil	84961-58-0
73	甲苯⑪	toluene	108-88-3
74	马鞭草油	verbena oil	8024-12-2
75	博尔多油	boldo oil	8022-81-9
76	2,4-二烯醛(一组物质)	2,4-dienals	764-40-9 80466-34-8 5910-85-0 30361-28-5 6750-03-4 2363-88-4 13162-46-4 21662-16-8 142-83-6 25-152-84-5 30361-29-6 4313-03-5
77	糠醇	furfuryl alochol	98-00-0
78	喹啉	quinoline	91-225
79	桧油(得自 Juniperus sabina L.)	savin oil	8024-00-8
80	1,2,3,4-四氢-4-甲基喹啉	1,2,3,4-tetrahydro-4-methyl quinoline	19343-78-3
81	2,4-己二烯-1-醇	2,4-hexandien-1-ol	111-28-4 17102-64-6
82	(反,反)-2,4-十二碳二烯-1-醇	(E,E)-2,4-dodecadien-1-ol	18485-38-6

① 因香精中使用顺式和反式细辛脑的精油而带入最终加香产品的此化合物含量应不大于 100mg/kg。

② 在日用香精中,苯的含量应不大于 1mg/kg。

③ 因香精中使用含苄氰的天然原料而带入最终加香产品的此化合物含量应不大于 100mg/kg。

④ 允许使用精制的桦木裂解产物。

⑤ 允许使用精制的柏焦油。

⑥ 兔耳草醇可能作为杂质存在于兔耳草醛中,但其含量应不大于 1.5%。

⑦ 因香精中使用含 7-甲氧基香豆素的天然原料而带入最终加香产品的此化合物含量应不大于 100mg/kg。

⑧ 紫罗兰酮中可能含有作为杂质存在的假性紫罗兰酮,但其含量应不大于 2%。

⑨ 甲基紫罗兰酮中可能含有作为杂质存在的假性甲基紫罗兰酮,但其含量应不大于 2%。

⑩ 因香精中使用含黄樟素的天然原料而带入最终加香产品的此化合物含量不应大于 100mg/kg,加香产品中黄樟素、异黄樟素和二氢黄樟素的总含量应不大于 100mg/kg。

⑪ 日用香精中甲苯的含量越低越好,但应不大于 100mg/kg。

（2）《化妆品卫生规范》（2015 年版）　　《化妆品卫生规范》（2015 年版）是以欧盟化妆品指令为蓝本，结合中国实际情况做了增删而制定的。该规范中禁用的日用香料名单与欧盟化妆品指令中的禁用名单几乎相同。

五、日用香料的毒性评价进展

日用香料对皮肤的刺激致敏是日用香料安全评价中最受科学家关心的议题。随着科学技术的不断进步，生产力的快速提高，人们的物质生活和文化生活水平大为改善，对化学品（包括日用香料香精）的安全问题更为关心。为此，对日用香料香精的安全性评价要求必须更上一个台阶，即从对人体的危害评价（刺激、过敏、光毒性和系统毒性）上升到对环境的危害评价（日用香料的持久性、生物体内的累积性及对水生生物的毒性等），从接触皮肤的危害评价到通过呼吸道的安全评价；从较为定性的评价到完全定量的评价。因此，从 2005 年以来，RIFM 对日用香料的安全评价有了许多变化。2007 年 3 月，RIFM 公布了一个名为《日用香料的皮肤过敏定量危险评估》的文件（Dermal Sensitization Quantitative Risk Assessment for Fragrance Ingredients，简称 QRA）。一种日用香料能否引起皮肤接触过敏，首先取决于该香料的化学结构。目前，日用香精中的日用香料多达几千种，在评价日用香料的安全性时，不可能也不必对每一种日用香料都进行毒理学试验，其中包括动物试验、局部淋巴结试验以及人体试验（包括临床试验）等。根据化学结构与毒理学的关系，人们常常将日用香料分成不同的结构类别，如芳樟醇及其酯类、无环萜醇类、乙酸环醇酯类、芳基烷基醇类、环戊酮类、芳香醛类以及支链醇类等。根据同一类别中一种或几种化合物的毒理学数据就可预测同类别中其他化合物的毒性。

另外，皮肤对香料过敏是一种临界现象，即一种日用香料即使是过敏性香料，其使用并不都会产生过敏现象，只有超过一定的使用量（指单位面积皮肤上的暴露量）后才会产生过敏现象。以前，RIFM 根据对日用香料的安全评价结果，将加香产品分为 2 类，即接触皮肤的产品和不接触皮肤的产品，然后规定过敏性香料在这两类产品中使用的最高限量。这种做法是基于定性的科学原则，相对而言比较笼统。现在 RIFM 是根据 QRA 进行评估的，其具体做法首先是对以前某种过敏性香料所进行过的试验数据（动物试验、鼠局部淋巴结试验和人体斑贴试验等）加以正确评价，以确定其证据的权重，并从试验中得到预期不引起过敏的量；然后考虑其暴露量，即它在各类加香产品中的用量、消费者如何使用该加香产品及最终导致消费者单位面积皮肤上的存在量等；再考虑消费者的个体差异、加香产品的基质差异和使用条件差异，即在安全评价时还要考虑一个不确定因子或称为过敏评价因子，从而计算得出可接受的暴露水平。

目前 RIFM 建议将加香产品分为 11 类，并对于每一种过敏性香料在 11 类产品中的安全使用浓度也提出了建议。这些建议已被国际日用香料香精协会实践法规所采纳，GB/T 22731—2017《日用香精》中关于日用香料的限制也借鉴了 RIFM 对日用品的分类标准。

第二节　食用香料香精的安全性评价

食品香精的安全性历来受到人们的关心，为了保障人身安全，在国际组织和一些国家中都有相应的法规来保障食用香精的安全性。

食用香精研发者和生产者应该了解和熟悉《国际食用香料香精工业组织的实践法规（Code of Practice IOFI）》和政府有关食用香料生产的法规，严格按照法规组织生产。本书所涉及的食用香精安全方面的内容仅作为参考，不能作为法律依据。影响食用香精安全性的因素主要是食用香料。食用香料属于重要的食品添加剂之一，它的安全性和食品香精中使用的添加物的安全性决定了食品香精的安全性。食用香精所用的原料都是经过长期、严格的毒理试验后才批准使用的，其中大部分香料是天然食物的香成分，在其使用范围内是安全的，调香师和食用香精生产者必须只使用被允许的原料，每一种原料的质量必须符合食用香精要求，每一种原料的用量必须在允许的范围内。常用香料的用量是调香师必须熟识的，文献中公布的香料参考用量一般是指其在食品中的用量，不是指其在香精配方中的用量。表 14.2 列举了部分香料在食品中的参考用量。

表 14.2　部分香料在食品中的参考用量（平均用量/平均最大用量）　单位：mg/kg

FEMA 编号	名称	焙烤食品	软饮料	肉制品	奶制品	软糖
3825	乙硫醚	1～6	0.2～2	4～44	—	0.2～2
3876	硫代乙酸甲酯	0.1～5	0.1～5	0.1～5	0.1～5	0.1～5
3898	1-吡咯啉	—	0.005～0.0025	0.0001～0.001	—	—
3949	2-甲基-3-甲硫基呋喃	0.02～0.2	—	0.005～0.05	0.005～0.05	—
3964	2-乙烷基-3-甲基吡嗪	1.3～3.4	0.3～0.6	1.3～6	0.3～3	1.0～4
3968	二异丙基二硫醚	5～15	0.5～4	1.2～5	0.8～4	1.4～6.0
3979	丙基糠基二硫醚	0.5～1	0.2～4	0.4～0.8	—	0.3～0.6
4003	甲硫基乙酸甲酯	4～8	2～4	2～4	—	2～4
4004	2-甲硫基乙醇	8～16	3～6	3～6	3～6	3～6
4005	12-甲基十三醛	35～70	0.7～7	3.5～35	0.7～7	—
4014	异硫氰酸苯乙酯	8～80	0.15～4	0.75～7.5	0.3～3	1.5～15
4021	2,3,5-三硫杂己烷	2～10	0.1～0.8	0.4～5	0.2～1	0.5～3
4023	香兰素苏和赤-2,3-丁二醇缩醛	200～400	60～120	4～44	60～120	120～240

从事食用香精生产的人员必须身体健康、无传染性疾病、穿戴合适并保持清洁。

食用香精生产的环境必须整齐、清洁、通风，符合食品卫生要求。应有适当的清洁设备和材料，并有相应的清洁规定。在生产区域不允许吃东西、抽烟和进行其他不卫生行为。生产工艺必须保证不影响食用香精的安全性能。

食用香精的安全性要通过加强立法和业内人员自律两方面保证。用允许使用的质量合格的原料，在允许的用量范围内，在生产环境和工艺都符合安全要求的情况下生产的食用香精，对人体才是安全的。

一、法规对食用香料的分类

食用香料分类是立法的基础，必须充分理解。联合国粮农组织和世界卫生组织所属的世界食品法典委员会（CAC）下的食品添加剂法典委员会（CCFA）、食用香料工业国际组织（IOFI）和欧洲理事会（CE）都把食用香料分为天然香料、天然等同香料和人造香料三类。我国食用香料分类方法与国际接轨，即把食用香料分为以下三类。

（1）天然香味物质（natural flavouring substances）　即天然食用香料（用 N 表示），指用纯粹物理方法从天然芳香原料中分离而得到的物质。一般来说，人们将用生物工艺手段（如发酵）从天然原料（如粮食）制得的香料以及由天然原料（如糖类和氨基酸类等）经过供人类食用的加工过程（如烹调），所得反应产物也划入天然香料范畴。

（2）天然等同的香味物质（natural- identical flavouring substances）　即天然等同的食用香料（用 I 表示），指用合成方法得到或从天然芳香原料经化学过程分离得到的物质，这些物质与供人类消费的天然产品（不管是否加工过）中仍存在的物质在化学上是相同的。

（3）人造香味物质（artificial flavouring substances）　即人造食用香料（用 A 表示），指在供人类消费的天然产品（不管是否加工过）中尚未发现的香味物质。

以上分类方法列入 GB 2760—2014《食品安全国家标准食品添加剂使用标准》分别依次将 N、I、A 字母写在每一品种编号前面，便于使用和管理。

二、影响食用香料香精安全性的因素

食用香料香精的原材料是影响其安全性的最主要因素之一。香料的生产绝不能使用未经许可的品种，更不能使用化工原料的香料单体来替代食品级香料。然而，一些不法生产者为了牟取暴利，采用伪劣原料或非食品级的原料进行生产致使食用香料香精的安全性问题日益凸显，成为制约食用香料香精发展和推广的首要问题。

（1）加工工艺的安全性问题

加工工艺是影响食用香料香精安全性的又一因素。自从 2002 年瑞典国家食物管理局（Swedish National Food Administration）和斯德哥尔摩大学（Stockholm University）的科学家报道油炸马铃薯和焙烤食品中含有丙烯酰胺以及丙烯酰胺的潜在危害以来，德国、比利时、中国、日本等国科学家相继发现热反应体系会产生丙烯酰胺这一安全性问题。自 20 世纪 60 年代以来，丙烯酰胺一直作为聚丙烯酰胺的原料应用于饮用水的净化和其他工业用途，在食品中的存在一直未被人所重视。丙烯酰胺对人体具有神经毒性、生殖毒性以及潜在的致癌性，会对大脑以及中枢神经造成损害，已被国际癌症研究机构（IARC）列为"可能对人致癌物质"。目前，对食品中丙烯酰胺的形成机理并没有确切结论，然而由氨基酸和还原糖在高温加热条件下通过美拉德反应生成丙烯酰胺这一反应机理已经得到了确认。对于肉味香精来说，热反应是制备香精的重要加工工艺，但是对于绝大部分热反应型香精的安全性评价以及各种成分的毒性分析数据却很少，还需要学者进行进一步的研究。

对于一些以肉类为原料制备得到的热加工型肉类香精来说，其可能产生的毒害物质不仅包括丙烯酰胺，还有杂环胺类物质。杂环胺主要是肉类在热加工过程中产生的一类致癌致突变物质，可导致多种器官肿瘤的生成。因而如何通过改善加工工艺避免生成杂环胺类物质或者降低杂环胺类在热加工肉类香精中的含量也是香料香精生产面临的安全性问题。

不仅如此，随着植物水解蛋白（HVP）作为天然调味香料在食品中的大量使用，其自身带来的安全性问题也逐渐引起人们的重视。传统的水解植物蛋白的生产工艺，是将植物蛋白质用浓盐酸在 109℃ 回流酸解，在这个过程中，为了提高氨基酸的得率，需要加入过量的盐酸。此时如果原料中还留存脂肪和油脂，则其中的三酰甘油就同时水解成丙三醇，并进一步与盐酸反应生成氯丙醇。氯丙醇具有生殖毒性、致癌性和致突变性，是继二噁英之后食品污染领域又一热点问题，被列为食品添加剂联合专家委员会（JECFA）的优先评价项目。因此如何优化工艺而降低植物水解蛋白中氯丙醇的生成也是食用香料香精安全甚至食品添加剂安全领域亟须解决的问题。

（2）储藏过程中的安全性问题

食品在储藏过程中会遇到不同的安全性问题，例如受微生物污染而引起的变质等，食用香料香精同样面临着相同的安全隐患。食用香料香精储藏时受到的微生物污染主要受环境、包装以及形态等因素影响。食用香料香精的形态主要包括精油、酊剂、浸膏、粉末等，不同的物质形态在储藏过程中受微生物污染程度的差别很大。有实验证明，在相同条件下粉末状香精的大肠菌群生成量要低于浸膏，因而粉末状香料香精的保质期应当更长，安全隐患也更小。这主要是因为液态及膏状香精的含水量大大高于粉末状香精，其中的水分活度更高，更适于微生物的生长。因此，在香料香精的储藏过程中不可忽视微生物污染问题，应根据产品的种类采用适宜的储藏方式和储藏条件，以最大限度地减少微生物污染的影响，防止食品安全事故的发生。

虽然食用香料香精被认为是可"自我限量"的添加物质，但是随着食品工业的日益发展，香料香精使用逐渐普遍，消费者的味蕾对于香味的识别阈值也在逐年提高，从而可能造成食用香料香精在使用过程中逐渐增加。

不仅如此，某些特殊的香料香精，例如苯甲酸的使用安全性问题也日益突出。苯甲酸又名安息香酸，具有微弱香脂气味，属于芳香族酸。它既是食品工业中普遍使用的防腐剂，也可以作为香料使用，尤其常在巧克力、柠檬等口味的食品中作为香精使用。防腐剂是食品安全监督非常受关注的一种食品添加剂，而苯甲酸既是防腐剂又是香料的特殊性使其使用受到多方的限制，也较容易出现安全性问题，并有可能因为将苯甲酸用作香精而不知情地扩大了苯甲酸适用范围或者超量使用，例如近年来出现的冰淇淋、面包以及乳制品中苯甲酸过量的问题就属于香精使用过程中的问题。尽管一般情况下苯甲酸被认为是安全的，但有研究显示苯甲酸类有叠加毒性作用，对于包括婴幼儿在内的一些特殊人群而言，长期过量摄入苯甲酸也可能引起哮喘、荨麻疹、代谢酸性中毒等不良反应，在一些国家已被禁止在儿童食品中使用。因而香料香精使用过程中的安全性问题同样不容忽视。

三、食用香料的立法特点

食用香料品种繁多，目前世界范围使用的约 3000 种，大多天然存在于供人类使用的食品中。目前人们已从各类食品中发现的风味物质达 1 万余种，且随着食品工业的发展和分析技术的进步，新的食用香料还会大量涌现。由于使用量和经济性的原因，目前世界上允许使用的食用香料约 3000 种，其允许使用的数目每年还以相当快的速度增长。

食用香料同系物众多。所谓同系物是指结构上完全类似的系列产物。如果一种食品中含有乙醇、丙醇和丁醇，同时含有乙酸、丙酸和丁酸，那么它很可能同时含有 9 种酯类，这 9 种酯类在结构上只有微细差别，香味上也有微细差别，但是它们哪一种都不能缺少，缺少其中任何一种就构不成某一食品和谐的特征香味。由于它们是同系物，往往从一个或几个化合物的毒理学资料，可推断其他同系物的毒理学性质，没必要对每个同系物都进行试验。

食用香料用量极度低，除个别用量较大的外，绝大多数（＞80％）用量在 mg/kg 级，甚至于 μg/kg 级。众所周知，评价一个化合物安全不安全，一个重要的因素是暴露量（exposure）。对于用量很小的化合物，即使其急性口服毒性（LD_{50}）很大，也不一定是不安全的。食用香料在食品中的添加量绝大多数小于其天然存在量。即使人们不吃含食品香精的食品，事实上也天天在吃天然存在的食用香料。因此多数食用香料是一种自我限量的食品添加剂。这一点很易理解，食品的风味要适度才能被消费者接受，过量使用食品香精的食品是不被消费者接受的，尽管它的营养价值可能很高。因此人们不必像关心防腐剂、色素等那样来担心食用香精的超量使用问题。但少数食用香料（如酰胺类）不是自我限量的。FEMA 专家组会特别关注其用量水平。

热加工香味料的研究和评价不必特殊化。FEMA 与 FDA 合作，在 20 世纪 90 年代对热反应香精进行了广泛分析试验，以便发现其中多环杂芳胺的含量，结论是从热加工香精中摄入的多环杂芳胺与从烹调食品中摄入的多环杂芳胺相比微不足道，在当前使用条件下，不存在安全问题。FEMA 将资料提交 FDA 后，FDA 认为对热加工香味料除原有规定外，不必制定更多的法规。

食用香料上述的特殊性引出了食用香料立法管理的特殊性。

四、国外食用香料香精的立法和管理概况

① 欧美国家的立法概况　最早建立香料法规的是德国和美国。关于世界食用香料立法情况，这里只简单地介绍与我国食用香料立法密切相关的工业发展国家或国际组织的法规。在工业发达国家的食用香料法规中，值得重视的是美国及欧洲理事会法规。美国的食用香料立法的基础工作由 FEMA 承担的，其结果得到 FDA 认可，他们对经过适当安全评价的食用香料以肯定的形式发表，并冠以 GRAS 的 FEMA 号码。冠以 GRAS 称号的食用香料在美国可以 GMP（良好操作规范）形式安全使用。对于列入 GRAS 目录的食用香料也不是一成不变的，随着科技进步和毒理学资料的积累，每隔若干年重新评价一次，重新确定 GRAS 的名录。

对于欧洲地区而言，尽管在欧盟范围内并没有一个真正意义上的食用香料法规，但是欧盟一向重视食品安全特别是食用香料香精的安全，欧盟各成员国也都执行各国自己的法规来规范和指导食用香料香精的生产和使用。欧洲对食用香料的第一个管理规章是在 1988 年发布的欧洲委员会指令 88/388。随后，又相继发布了指令 89/107、2232/96、178/2002 等，以声明对于食用香料香精的使用以及安全性评价的规则。这些指令和条例为食用香料香精的生产、食用以及安全性评价提供了有效的管理框架，填补了欧盟层面上食品法规的空白，也为欧盟乃至世界的食品质量与安全问题研究提供了参考与指导。

欧洲理事会的食用香料法规与 IOFI 类同，它们采用"混合体系"来为食用香料立法。对于已知毒性的天然香料规定它所在食品香精或最终食品中的最高限量；对于人造食用香料以肯定表的形式加以管理，即规定哪些人造食用香料可以安全食用；对于天然等同的食用香料不必列出。

② 日本的立法概况　日本于 1947 年由厚生省公布《日本食品卫生法》，并制定了食品中所用化学品的认定制度。但是日本的添加剂法规到 1957 年才真正公布和实施。1957 年同时出版《日本食品添加剂公定书》。这是日本食品添加剂的标准文件，文中规定了各种试验方法并规定了约 400 种食品添加剂的质量标准。随着科技进步和食品工业的发展，此公定书已进行过数次修订，如 1991 年对天然添加剂做了新的规定等，事实上，此公定书涉及的食用香料并不多。日本对天然香料也是采用否定表的形式加以管理，对合成香料才列出名单，并规定质量规格，但有标准可查的食用香料不足 100 种（氨基酸、酸味剂除外）。

由于世界各国食用香料的法规并不完全一致，FAO/WHO 的食品法典委员会（CAC）下有一个食品添加剂联合专家委员会（简称 JECFA）对食品添加剂的安全性进行客观的评价，这一机构评价的结果具有权威性。但是，由于食用香料品种太多，不可能对每种食用香料都加以评价，只能根据用量，和从分子结构上可能预见的毒性等来确定优先评价的次序。

目前日本倾向于接受 IOFI 和 JECFA 的规定，食用香料法规已逐步国际化。日本香料协会对日本香料行业的自律，对法规执行情况的监督检查起至关重要的作用。

五、国外与食用香精有关的法规和管理机构

食用香精与人们的饮食和健康密切相关，因此，不论在国内还是国外都有相应的机构对其进行管理。现对与食用香精有关的、在国际上具有一定权威性的法规和管理机构的英文缩写做如下说明。

① FCC（Food Chemicals Codex）　《食品化学品法典》（FCC）是国际公认的标准理论，用于验证食品成分的纯度及特性。自1966年公布以来，FCC通过极为严格和透明的科学流程制定、审查了多项标准，并一直敦促食品、食品成分、食品添加剂和加工助剂制造商遵循这些标准。2006年，美国药典（USP）从美国医学研究院（Institute of Medicine）收购了FCC，力争为后续修订工作和标准的更新提供全力支持。

USP计划两年出版一次FCC，在正文发布期间将公布相关的增补内容。这样，食品科学工作者和其他感兴趣的人士就可以全面定期地了解最新的科学进展和修订程序。USP将在线发出拟定修订公告，公众可以对此发表评论。这一程序用于在FCC中增添新的标准，以及现有标准的修订。USP鼓励全体利益关系人参与评论和修订程序，力求打造最为全面的FCC。历经90天的评论期后，工作人员将所收到的有关拟定修订的所有评论进行评定，随后递交USP专家理事会食品成分专家委员会做最终审查，专家委员会将根据相关的规则和程序投票，之后，将最终的文件标准写入下期增补内容或新版《食品化学品法典》。

USP制订的正规、透明的程序，方便了工业界、监管部门和学术界之间的交流，确保了分析的可靠性和科学性。食品行业的化学工作者需要遵循相关的标准，因此也鼓励他们为各项标准的修订建言献策。

② FDA（Food and Drug Administration）　美国食品和药物管理局（FDA）是国际医疗审核权威机构，由美国国会即联邦政府授权，专门从事食品与药品管理的最高执法机关，是一个由医生、律师、微生物学家、药理学家、化学家和统计学家等专业人士组成的致力于保护、促进和提高国民健康的政府卫生管制的监控机构。许多国家都通过寻求和接受FDA的帮助来促进并监控本国产品的安全。

FDA负责美国所有有关食品、药品、化妆品及辐射性仪器的管理，它也是美国最早的消费者保护机构。FDA不仅搜集处理美国境内制造或进口的产品样品并施以检验，而且，每年派遣上千名检查员，奔赴美国以外15000多个工厂，以确认他们的各种活动是否符合美国的法律规定。

1990年以后，FDA与ISO等国际组织密切合作，不断推动革新措施。尤其在食品、药品领域，FDA认证成为世界食品、药品的最高检测标准，被世界卫生组织认定为最高食品安全标准。

FDA对食品、农产品、海产品的管理机构是食品安全与营养中心（CFASAN），其职责是确保美国食品供应安全、干净、新鲜并且标识清楚。该中心的主要监测重点就包括食品添加剂（食用香料香精属于食品添加剂）。

FDA在美国乃至全球都有极其巨大的影响，时至今日，FDA已成为全球食品药品消费者心中的金刚盾牌。

③ JECFA（Joint FAO/WHO Expert Committee on Food Additives）　由于世界各国尤其是美国和欧盟国家对于食品添加剂的法规和标准并不完全一致，为了统一标准和控制食品添加剂的安全，FDA/WHO的食品法典委员会（CAC）下设一个食品添加剂联合专家委员会（JECFA）。

最初，该组织主要进行食用添加剂和最新有毒物质的安全性评价，然而随着世界贸易组织合约的签署和食用香料香精在国际范围内的发展，食用香料香精的安全性评价势在必行。他们开发了一种叫作调查得每日最大摄入量（the maximized survey-derived daily intake，MSDI）的方法。MSDI 主要用来进行食品中香味成分的安全评价，以及与每日允许最大摄入量（acceptable daily intakes，ADIs）等之前所用阈值比较。该方法以香料香精工业的生产量为基础，更为保守和实用。

用肯定表（positive list）的形式为食用香料立法，即只允许使用列于表中的食用香料，而不得使用表以外的其他香料。截至 2011 年，JECFA 已经完成 2076 种化学结构明确的食用香料的安全性评估工作，同时在其官方网站上公布食用香料的质量规格和指标，主要包括含量、香味、溶解度、沸点、相对密度、折射率等。

但是随后 FDA 发现新的食用香料层出不穷，用量又是那么小，仅靠国家机构来从事食用香料立法简直是不可能的。这一任务随之交给了美国食用香料与提取物制造者协会（FEMA）。

④ FEMA（Flavor Extract Manufacturers Association）　美国食用香料与提取物制造者协会（FEMA）成立于 1956 年，它是一个行业自律性组织。FEMA 约有 2000 名全职工作人员和 4000 名后备人员，总部位于华盛顿，FEMA 下设 10 个区域办公室，有蒙特气象紧急处理中心（Mount Weather Emergency Assistance Center）、国家应急培训中心（National Emergency Training Center）等 3 个国家处置服务中心。FEMA 组织内有一个专家组，他们不是 FEMA 专用人员，而是由行业内外的化学家、生物学家、毒理学家等权威人士组成，独立开展工作。自 1960 年以来，FEMA 连续对食用香料的安全性进行评价（因为没必要也不可能对每种食用香料进行毒理学试验，但必须逐个加以安全评价），评价的依据是物质的自然存在状况、暴露量（使用量）、部分化合物（或相关化合物）的毒理学资料、结构与毒性的关系等。其中，暴露量是评价食用香料安全性的重要数据。

FEMA 自 1965 年公布第一批一般认为安全（generally recognized as safe，GRAS）名单以来（公开发表于 *Food Technology* 杂志上），对每个经专家评价为安全的食用香料都给一个 FEMA 编号，编号从 2001 号开始，2022 年已达 4942 号，即一共允许食用 2900 多种食用香料。FEMA GRAS 得到美国 FDA 的充分认可，作为国家法规执行。冠以 GRAS 称号的食用香料在美国可以 GMP（即良好制造实践规范）形式安全使用。公布 FEMA GRAS 时，食品类别和香料平均使用水平/最高使用量不是一种刚性的限制，也不是最高可接受的暴露量，仅仅用于作出 GRAS 决定的参考，用作生产质量管理规范（GMP）使用的指南。

FEMA 专家组除评价食用香料外，也评价日用香精所用辅料（flavor adjuncts，如抗氧化性剂、乳化剂等）作为食用香精组分的 GRAS 地位（在已建立的限量内），提供其在香精中的功效，在最终食品中不起其他功效。

FEMA 的肯定表不是一成不变的，随着科技进步、毒理学资料的积累以及现代分析技术的提高，专家组每隔若干年会根据新出现的资料对已通过的香料进行再评价，重新确定其安全性。到目前为止已进行过二次再评价，撤去 FEMA 编号的只有极个别化合物。例如，第一次系统再评价于 1985 年完成 GRAS 确认，评价数约 1200 个，撤去 GRAS 称号的有 9 个（紫草根提取物、溴代植物油、菖蒲、菖蒲油、葵子麝香、3-壬酮-1-醇、2-甲基-5-乙烯基吡嗪、邻乙烯基茴香醚、邻氨基苯甲酸肉桂酯）。第二次系统再评价于 1994—2005 年进行，完成了 GRAS 确认，再评价超过 2000 种的单体香料，没有撤去任何一个 GRAS 称号。

FEMA 负责评价香料，FDA 认证其评价结果。FEMA 不公布质量规格或者安全标准，一般接受美国《食品化学品法典》（FCC）的质量规格；对于没有规格的但是批准使用的原料，由生产商负责它们的安全使用。食用香料的质量规格应符合 FCC。

FEMA 公布的食用香料名单不仅适用于美国，它在世界上也有广泛的影响。目前全部采用的国家有阿根廷、巴西、捷克、埃及、巴拉圭、乌拉圭等，原则采用的有 40 多个国家和地区。我国食用香料相关标准就是参照美国 FEMA 的 GRAS 表有关规定制定的。

⑤ COE（Council of Europe & Experts in Flavoring Substances）　即欧洲理事会与食用香料专家委员会。欧盟并没有公布真正法规意义上的食用香料名单，但它确实有 Council of Europe Blue Book（称为 COE 蓝皮书）。它包括一份可用于天然食用香料的天然资源表，天然资源中活性成分的暂时限制已有规定，它指出了使用于饮料和食品的最高浓度。COE 蓝皮书还包括一份可加到食物中而不危及健康的香味物质表和一份暂时能加到食物中的物质表。每种食用香料都有一个 COE 编号。由此可见欧盟对天然和天然等同香料采用否定表（negative list）形式加以管理，即只规定那些天然和天然等同香料不准用或限量使用。对人造食用香料才用肯定表形式加以管理，即只有列入此表的人造食用香料才允许使用。但是这一蓝皮书不是法律文件，而是一批专家的准备报告。此专家组于二十世纪九十年代初已停止工作。

⑥ IOFI（International Organization of Flavor Industry）　国际食用香料工业组织（IOFI）是食品法典委员会的观察成员，参与了制定《食用香料香精应用指南》的有关工作。目前欧洲大多数国家实际上采用 IOFI 的规定。该组织成立于 1969 年，总部设在瑞士日内瓦，是世界上食用香料、香精主要生产国的国家级工业协会。其宗旨是通过科学的工作，制定出能被全体会员接受的食用香料法规，以促进世界食用香精工业的健康发展。IOFI 的成员为世界上食用香料香精主要生产国的国家级食用香料香精工业协会。

IOFI 的食用香料法规为继承 COE 的混合体系，即对于有已知毒性的天然香料，规定它们在食品香精或最终食品中的最高限量；对于人造食用香料以肯定表的形式加以管理，即规定哪些人造食用香料可以安全使用；对于天然等同的食用香料不必列出。

1978 年，IOFI 制定了实践法规（Code of Practice），1985 年该法规出了第二版，并以英语、法语、德语、意大利语、西班牙语等多种文字出版，来约束其成员，更好地执行 CAC 的有关规定，安全使用经过 JECFA 批准的食用香料。目前，该法规可在 IOFI 的官网上下载，当中的内容包括：责任限度，质量保证和管理，关于 IOFI 质量控制和储存、保质期和重测的说明，食品对香料的需求及其功能，对"天然"的说明，香料的组成，热反应香料指南，香料和知识产权，烟熏香料指南，GMP 的基本标准，酶法和微生物法香料指南、标签、健康和环保指南、标签上的权利要求，展示或广告等。

由于 IOFI 的食用香料列表（global reference list）属于参考列表，收录各国批准使用香料的情况，因此本法规可以作为我国食用香料香精立法和管理借鉴。

六、中国食用香料香精的立法和管理概况

我国食用香料的立法工作起步较晚，因而关于食品特别是食用香料的安全性规范和立法就相应地滞后。自 1980 年开展以来已有 41 余年的历史。我国有关食用香料、食用香精的立法和管理隶属国家药品监督管理局。对于食用香料的安全评价由全国食品添加剂标准化技术委员会进行，报中华人民共和国国家卫生健康委员会（卫生健康委）批准，制定成国家标准后由中华人民共和国国家市场监督管理总局（原国家质量监督检验检疫总局）发布。自 1985 年以来，在该标准化技术委员会下又成立了食用香料分技术委员会，委员由食用香料

香精的科研、生产、使用和卫生管理等方面的专家组成，专门研究食用香料的立法和管理，主要依据以下四部法规进行食用香料的立法管理。

①《中华人民共和国食品卫生法》

②《食品添加剂卫生管理办法》

③《食品添加剂生产管理办法》

④《食品安全性毒理学评价》

我国与食用香料香精的有关的管理机构有：

国务院食品安全委员会、中华人民共和国国家市场监督管理总局、国家药品监督管理局、中华人民共和国国家卫生健康委员会、中国国家标准化管理委员会、各省质量技术监督局、中国香料香精化妆品工业协会、中国添加剂生产应用工业协会、全国香料香精化妆品标准化技术委员会香料香精分技术委员会（SAC/TC257/SC1）、全国食品添加剂标准化技术委员会食品香料分委会（SAC/TC11/SC1）。

因此，我国研制、生产、应用新食品香料的审批程序如下：凡未列入中华人民共和国食品添加剂使用卫生标准中的食品香料新品种，应由应用单位及其主管部门提出生产工艺、理化性质、质量标准、毒理试验结果、应用效果（应用范围、最大应用量）等有关资料，由当地省、直辖市、自治区的主管和卫生部门提出初审意见，由全国食品添加剂标准化技术委员会香料分委会预审，通过后再提交全国食品添加剂标准化技术委员会审查，通过后的品种报卫生健康委和中华人民共和国国家市场监督管理总局审核批准发布。

根据上述规定，报送时提供下列三方面资料：

① 生产单位提出生产工艺、理化性质、质量标准，同时列出国外同类产品标准用于比较，并列出近期的参考文献。

② 使用部门提出使用效果报告：使用在什么食品上、最大使用量。

③ 毒理试验报告：急性毒性试验、致突变试验、致畸试验、亚慢性试验，必要时进行慢性试验（包括致癌试验）。如该产品为 FAD/WHO 食品添加剂联合专家委员会（JECFA）已制订 ADI 值或 ADI 值不需制订的品种，质量又能达到国家标准，要求做急性试验即可，要列出近期的 ADI 值及参考文献。如 JECFA 未建立 ADI 值，要根据毒性试验结果提出 ADI 值。

对于食品香料，凡属世界卫生组织已批准使用或制订 ADI 值以及 FEMA、COE 和 IOFI 中的两个或两个以上组织允许使用的香料，应提出申请，一般只要求进行急性毒性试验，然后参照国外资料或规定进行评价。

关于外国香料公司的产品，需进入我国市场也必须按照我国的法规及审批程序办理，可持以上具备材料直接向全国食品添加剂标准化技术委员会香料分会办理申请批准手续。

七、中国食用香料香精的管理标准

（1）GB 2760—2014《食品安全国家标准 食品添加剂使用标准》

我国将食用香料的管理纳入食品添加剂范畴，允许使用的食品用香料名单以肯定表的形式列入 GB 2760—2014《食品安全国家标准 食品添加剂使用标准》中。食用香料和香精产品质量规格以国家标准或行业标准形式发布。

该标准明确规定了 28 种不允许添加香精香料的食品，它们分别是：纯乳（全脂、部分脱脂、脱脂）、原味发酵乳（全脂、部分脱脂、脱脂）、稀奶油、植物油脂、动物油脂（猪油、牛油、鱼油和其他动物脂肪）、无水黄油、无水乳脂、新鲜水果、新鲜蔬菜、冷冻蔬菜、新鲜食用菌和藻类、冷冻食用菌和藻类、原粮、大米、自发粉、饺子粉、杂粮粉、食用淀粉、生鲜肉、鲜水产品、鲜蛋、食糖、蜂蜜、盐及代盐制品、婴儿配方食品、较大婴儿和幼儿配方食品（法规有明确规定者除外）、包装饮用水、咖啡等。除此之外的食品，香料的添加量并无限制，只要使用的香料品种在该标准规定的肯定表内即可。

GB 30616—2020《食品安全国家标准 食品用香精》已经发布，针对 GB 2760—2014 中的食用香料进行了规定，正式规范了食用香料的术语，比如对目前常用的酶解方式、微生物工艺方法得到的天然食用香料的定义和范围进行了定义，对食用天然香料使用的提取溶剂的种类进行了规定，对海产品香料的名单、食用天然单体香料的含量、合成香料的含量进行了规定。

（2）GB 2760—2014 与 FEMA 的关系

长期以来，我国香料香精行业对 FEMA 编号在认识上，存在着一种误区。普遍认为香料只要有 FEMA 编号，就可以使用和生产。当然，在 GB 2760—2014 允许使用的香料名单中，绝大部分具有 FEMA 编号，但也有一小部分香料是没有 FEMA 编号的，这就引发了行业内，甚至职能部门的争议：没有 FEMA 编号的香料能否使用或有 FEMA 编号的香料产品是否在我国都可使用、生产。但在争议的焦点中，大家似乎忘记了一个根本要点：FEMA 编号在我国不是香料香精行业的金科玉律，相反我国颁布的 GB 2760—2014《食品安全国家标准 食品添加剂使用标准》中，所公布的食品添加剂名单（包括食用香料）才是我国食品添加剂企业使用、生产的法律依据。

因而在我国香料香精行业出现了以下情况：有些香精企业在调配香精时使用的香料，只注意是否有 FEMA 编号，而忽视了是否列入 GB 2760—2014 名单中。另一种情况，有些香料企业在生产或研发新产品过程中，也只注意有否 FEMA 编号，同样忽视了 GB 2760—2014 中的名单。

我国对研发出的新香料产品也有严格规定，必需按照《食品安全性毒理评价程序》，经过多种毒理性试验评价后才能决定能否生产、使用。而没有规定只要有 FEMA 编号就不需要进行毒理性试验和评价，相反哪怕有 FEMA 编号的新产品，也要有两个或两个以上国际组织（包括 FEMA、COE、IOCI 等）允许使用，虽不必进行毒性和致突变试验、亚慢性毒性（包括繁殖、致畸）试验和代谢试验、慢性（包括致癌）试验，但还需进行急性毒性试验后，再参照国外资料或规定进行评价。换句话说，光有 FEMA 编号的香料新产品还得经过上述多种试验作出评价后，才能决定能否生产并投入市场。这就说明，不是任何研发出的香料新品种均可投入市场作为香精配方中的原料。而我国部分香料香精企业忽视了这一点。

我国在有关对香料香精产品这方面知识的宣传、教育及法规的执行上还需进一步重视，有关职能部门也应加强这方面的监管力度。

八、食用香料的呼吸毒性评价争议

食用香料的安全性评价主要是依赖于口服各毒理学数据，一般不考虑其吸入毒性。然而，丁二酮事件之后，人们对食用香料通过呼吸引起的毒性十分关心，但 2007 年美国 FDA 的红皮书（Toxicological Principles for the Safety Assessment of Food Ingredients Redbook）中，不要求对任何食品配料做潜在呼吸暴露评价。

FEMA 和 JECFA 也不评价食用香料、香精和食品生产场所的呼吸安全性问题。工作场所暴露量的立法由其他立法部门负责（如职业病防护部门、环保部门）。

食品用香料香精的安全评价是一个动态的过程，因此今后的研究要根据科学技术的发展和食用香料业的变化进行调整，采用更简便迅速的评估方法。今后的研究重点，应放在各种香料的暴露量和使用范围上。在进行研究的同时，还应注意搜集国内外食用香精香料安全信息，加快标准的制定和相关法律的推行。

 **拓展阅读**

反应型食用香精的安全性评价

一般食用香精的安全性把握，主要在于控制食用香料和附加物的安全性，而反应型香精（一般有热反应型香精和酶解型香精）的成分很多都是在制备过程中产生，其安全性无法完全依赖制备原料的安全性去评判，因此对反应型食用香精安全性评价是一个值得讨论的课题。

1. 热反应型香精的安全性

从美拉德在 1912 年发现并论证了该类反应以来的一百多年中，人们大都将注意力集中在美拉德反应在食品加工、膳食改善等领域的应用，很少有人关注到该类反应在为人类提供美味佳肴的同时是否还存在某些不为人知的负面效应。

近年来，随着科学技术的发展和民众对食品安全的重视，人们逐渐对某类食品的安全性、致病性产生了疑虑，从目前媒体报道和学术界的研究成果来看，得出了以下共识：长期多吃烧烤、油煎的食品，如油条、糍饭糕、烤面包、炸猪排等，引起胃癌的风险明显增加，而经常以蒸煮菜肴为主的人群相对来说状况要好很多。科研人员对世界许多国家和地区的人群进行上述两类取证对比，数据出现了惊人的一致，这就对现代医学和食品加工技术提出了一个问题，究竟是什么原因导致这种现象的发生？

遗憾的是由于分工领域的限制，至今没有见到对该现象进行有说服力的解释的报道。经过多年的研究和工作实践以及对成分分析的不断深入，笔者发现这些现象与美拉德反应的原理或者进程有密切的关系。正如本书第二篇第十章已经谈到的美拉德反应实际经历两个重要阶段，即 Amadori 重排阶段和美拉德反应的终点阶段。这两个阶段最重要的特点就是反应温度不同。当反应温度在 100～105℃时美拉德反应进行到 Amadori 重排阶段，这时的主要产物是氨基脱氧酮糖，还有少量具有食品香味气息的杂环类化合物。如果用直观的现象来解释，这一阶段类似蒸馒头、清蒸带鱼或炖排骨汤、老母鸡汤这类食品，它们的特点是动物、植物脂肪和蛋白质在 100～105℃蒸煮下，生腥味和血腥味消失，并且产生了淡淡的令人愉快的食品香味。当反应温度上升至 140℃甚至超过 140℃时，美拉德反应进行到它的终点阶段，此时主要产物就是 130 多种类型的杂环化合物，特征是除了产生大量具有令人喜欢的香味物质外还会产生大量对人体有害的物质包括致癌物质，例如有强烈致癌作用的 3,4-苯并芘，这时人们的感觉是食品香味浓烈，通俗的讲法叫"香气扑鼻"，用直观的现象来解释，类似烤馒头、油煎带鱼或炸猪排、烤鸡腿这类食品。随着温度从 140℃进一步上升，愉悦的食品香味会被焦苦味所替代，这时产生的有害物质将大量增加。实验证明产生的有害物质的程度和数量与温度上升程度成正比。这就是为什么多吃清淡食品（主要是蒸煮类食品）对健康有益，而多吃烧烤、油煎类食品有损于身体健康的原因。在当今越发重视食品安全的同时，我们是否可以从另类的思维模式入手调整我们的生活习惯，在懂得上述美拉德反应机理的前提下，在食品加工和日常饮食中，进行一点高科技的食品安全研究与探讨，也许更有社会价值。

然而，利用美拉德反应制备的热反应型香精，其安全性并不会如利用美拉德反应热加工的食品那样令人担忧。在美国，热反应型香精是"一般认为安全"（GRAS）的。一些较早的反应型香精已被 FDA 与 FEMA 评估。FDA 审查了短期和长期的牛肉香精、鸡肉香精和烟熏火腿香精的动物饲喂研究，并没有发现任何毒副作用。

20 世纪 70 年代末，一日本团队在烧焦的鱼和肉中发现了几种多环杂环胺（PHAAs）。这些材料的污染物致突变性（Ames）试验均表现有诱发突变的活性。一份早期的研究表明了蒸煮时间/温度和 TA1538 沙门氏菌测试中突变体的产生之间的相关性。

20 世纪 80 年代的进一步研究，发现存在着超过 25 种具有不同诱变性的 PHAAs。已确定 PHAAs 的主要前体为肌酸氨基酸和肌酸酐。这两种氨基酸在动物的肌肉蛋白中都有发现。各种肉类的分析调查支持一种观点：肉类在高温烹调后含有一种或更多PHAAs。

20 世纪 80 年代后期，在小鼠、大鼠和灵长类动物的致癌性研究中发现，PHAAs是强力致癌物。由于热反应型香精的生产过程与肉类烹饪类似，美国的香精工业已经与 FDA 联合研究热反应型香精的化学性质，审查热反应型香精的生产制造过程。PHAAs 的定量分析方法已建立用于热反应型香精的定量审查过程。一项工艺条件调查表明，只有极少种类的热反应型香精是在会产生 PHAAs 的温度下生产的。下面为在熟肉制品中发现的一类主要的多环杂环胺，并将其作为分析研究对象。

IOFI 指导方针指出，控制热反应型香精的生产方法以确保香精中的有毒、致癌或致突变物质都在绝对最小水平，并提出香精的分析标准。欧洲香精专家小组委员会已表示，反应型香精中可接受的 PHAAs 是 $50\mu g/kg$。这些香精通常在一些食品中占 1% 或更低的比例。这意味着对消费者的风险非常小，与炸、烤甚至煮熟的肉类相比它是微不足道的。因此只要热反应型香精的操作规范严格遵循 IOFI 关于反应型香精的生产和商标的指导方针，就可以保证热反应型香精的安全性。

2. 酶解型香精的安全性

蛋白质的水解物是水解型香味料最常见的形式，而水解植物蛋白又是其中最常用的一种。据报道，在 20 世纪 70 年代末，生产水解植物蛋白的过程中产生了一些含氯化合物，这些化合物是由盐酸与残留在制造 HVP 的蛋白质中的脂质反应产生的。被报道的物质有：单氯丙二醇（MCPs，2-单氯-1,3-丙二醇和 2-单氯-1,2-丙二醇）、二氯丙醇（DCPs，2,3-二氯丙-1-醇和 1,3-二氯丙-2-醇）。在 HVP 中主要发现的氯丙醇也是美国和欧盟国家的监管部门所关注的，这类物质主要有 1,3-二氯丙-2-醇（DCP）和 3-单氯-1,2-丙二醇（3-MCP）。英国农业、渔业和食品部门已分别确定以 $50\mu g/kg$ 和 $1mg/kg$ 作为它们在商品所允许的最大含量。

在美国，FDA 安全与应用营养中心（CFSAN）在对 DCP 和 3-MCP 的致癌风险评估中认为，这两种化合物均为具有遗传毒性的致癌物质，这一结论是基于几种国际组织包括 FAO/WHO 的 JECFA 的毒理学报告做出的。JECFA 的结论是，这两种氯丙醇是不受欢迎的食品污染物，并且它们在水解植物蛋白中的含量应降低到技术可实现的最低水平。在美国 1958 年食品添加剂修订法案中，"德莱尼条款"禁止使用任何被证明的致癌物质作为食品添加剂。根据 FDA 的政策，这些物质被视为污染物。根据这一政策，如果一种污染物或者一种食品添加剂的成分（本身不是一种致癌物质）有致癌性，那么将对其进行定量风险评估，以确定其在食物中的存在水平是否达到公众所关心的安全水平。

水解液制造商贸易组织、国际水解蛋白理事会（IHPC）正根据《食品化学品法典》建立 DCP 和 3-MCP 的分析规范（分别为 $1mg/kg$ 和 $50\mu g/kg$），CFSAN 会把这一规范作为公众健康的保障。

我们可以推断的是，HVP 以不同的浓度被添加到反应型香精和食品中，但通常远低于配方中 100% 的含量。因此，反应型香精中氯丙醇的量将大大低于公众关心的安全水平。反应型香精一般都不会以使用水解植物蛋白的量在食品中使用，这会进一步降低公众接触这些化合物的风险。

第三节　总结

不可否认，日用香料和食用香料的确有一定安全问题。日用香精和食用香精的安全性取决于原料，只要把好原料的安全关，香精的安全就有保证，因为这是一种物理混合过程。不必也不可能对所有的香精进行安全试验或评价。

行业自律是对日用香料和食用香料管理的基础，只有当市场经济充分发展以后，企业真正承担安全责任时，管理才能到位。

对食用香料的安全考虑优先于日用香料。在我国目前的条件下，对食用香料的立法工作仍应重视。我们可以借鉴国外的经验，大胆引入允许使用名单，而不必从事重复的毒理学验证试验，但其先决条件是验证产品质量，因为任何毒理资料都是建立在一定的产品质量基础之上的。当然，对于国内外认为是新的食用香料品种，必须严格按程序试验和审批。

RIFM 对日用香料安全性评价的结果是 IFRA 制定行业法规和标准的科学基础。而 IFRA 实践法规是制定我国日用香料香精法规的重要参考。如何来评价日用香料的安全性，日用香料行业如何实行自律以维护消费者和行业利益，一直是世界各国行业组织考虑的重点问题。

加强我国的标准化工作，制订食用和日用香料的相关标准，让企业有标准可依，也为检测工作创造条件。

香料香精行业是个小行业，但已是一个全球化的行业。增强与国际组织（IOFI、IFRA、RIFM、EFFA、FEMA 等）的沟通（甚至参加 IOFI、IFRA、RIFM 组织），及时了解国外立法和管理信息是做好我国香料香精工业立法和管理工作的必要条件。

参考文献

［1］　Bedoukian P Z. Perfumery and flavoring synthetics［M］. Illinois：Allured Publishing Corporation，1986.

［2］　David J R. Aroma chemicals for savory flavors［J］. Perfumer & flavorist，1998，23（4）：9-16.

［3］　Farmer L J，Patterson R L S. Compounds contributing to meat flavour［J］. Food Chemistry，1991，40（2）：201-205.

［4］　Fazzalari F A. Compilation of odor and taste threshold data. ASTM Data Series DS 48A. 1978.

［5］　Henk M. Volatile compounds in foods and beverages. London，Routledge，2017.

［6］　Nijssen L M Visscher C A，Maarse H，et al. Volatile compounds in food［M］. 7th ed. Zeist：TNO Nutrition and Food Research Institute，1996.

［7］　（1）Morton I D，Macleod A J. Food Flavours Part A：Introduction. Elsevier Amsterdam-Oxford-New York-Tokyo，1990.
　　　（2）Morton I D，Macleod A J. Food Flavours Part C：The Flavors of Fruits. Elsevier Amsterdam-Oxford-New York-Tokyo，1990.

［8］　Newberne P，Smith R L，Doull J，et al. GRAS flavoring substances 19［J］. Food technology. 2000，54（6）：66-84.

［9］　Piggott J R，Paterson A. Understanding natural flavors［M］. New York：Blackie Academic & Professional，1998.

［10］　Shahidi F. Flavor of meat，meat products and seafoods［M］. 2nd ed. London：Blackie Academic & Professional，1998.

［11］　Smith R L，Doull J，Feron V J，et al. GRAS flavoring substances 19［J］. Food technology. 2001，55（12）：34-55.

［12］　Sun B G，Tian H Y，Zheng F P，et al. Characteristic structural unit of sulfur- containing compounds with a basic meat flavor［J］. Perfumer & Flavorist，2005，30（1）：36-45.

［13］　Teranishi R，Hornstein I，Wick E L. Flavour chemistry：30 years of progress［M］. New York：Kluwer Academic/Plenum Publishers，1999.

［14］　Thomas E F. Handbook of food additives［M］. 2nd ed. Cleveland：CRC Press，Inc，1986.

［15］　Yen G C，Hsien C L. Simultaneous analysis of biogenic amines in canned fish by HPLC［J］. Journal of Food Science，2010，56（1）：158-160.

［16］　程焕，陈健乐，林雯雯，等. SPME-GC/MS 联用测定不同品种杨梅中挥发性成分［J］. 中国食品学报，2014，14（9）：263-270.

［17］　丁耐克. 食品风味化学［M］. 北京：中国轻工业出版社，2005.

［18］　葛长荣，马美湖，马长伟，等. 肉与肉制品工艺学［M］. 北京：中国轻工业出版社，2001.

［19］　何坚，孙宝国. 香料化学与工艺学［M］. 北京：化学工业出版社，1995.

［20］　李明，王培义，田怀香. 香料香精应用基础［M］. 北京：中国纺织出版社，2010.

［21］　林翔云. 调香术［M］. 3 版. 北京：化学工业出版社，2013.

［22］　林翔云. 香味世界［M］. 北京：化学工业出版社，2011.

［23］　林旭辉. 食品香精香料及加香技术［M］. 北京：中国轻工业出版社，2010.

［24］　刘树文. 合成香料技术手册［M］. 北京：中国轻工业出版社，2009.

［25］　孙宝国，陈海涛. 食用调香术［M］. 3 版. 北京：化学工业出版社，2017.

［26］　唐会周，明建，程月皎，等. 成熟度对芒果果实挥发物的影响［J］. 食品科学，2010，31（16）：247-252.

［27］　易封萍，毛海舫. 合成香料工艺学［M］. 北京：中国轻工业出版社，2016.

［28］　俞根发，吴关良. 日用香精调配技术［M］. 北京：中国轻工业出版社，2007.

［29］　张翮辉，江青茵，曹志凯，等. 一种全自动智能调香机的设计［J］. 香料香精化妆品，2008（6）：5-7.

［30］　张翮辉. 香气分维公式的一个推论［J］. 香料香精化妆品，2008（2）：14-16.

［31］　章秀明. 药枕治疗机理浅谈［J］. 中医药临床杂志，2005，17（3）：303-304.

［32］　肖作兵，牛云蔚. 香精制备技术［M］. 北京：中国纺织出版社，2018.